林草发展"十四五"规划战略系列研究报告

宁夏回族自治区
林业和草原发展"十四五"规划战略研究

国家林业和草原局发展研究中心 ◎ 编

中国林业出版社
China Forestry Publishing House

图书在版编目(CIP)数据

宁夏回族自治区林业和草原发展"十四五"规划战略研究／国家林业和草原局发展研究中心编．—北京：中国林业出版社，2022.9

（林草发展"十四五"规划战略系列研究报告）

ISBN 978-7-5219-1675-1

Ⅰ．①宁… Ⅱ．①国… Ⅲ．①林业经济-五年计划-研究-宁夏-2021-2025 ②草原建设-畜牧业经济-五年计划-研究-宁夏-2021-2025 Ⅳ．①F326.23 ②F326.33

中国版本图书馆CIP数据核字(2022)第077698号

责任编辑：于晓文　于界芬　李丽菁　　　电话：(010)83143542　(010)83143549

出版发行	中国林业出版社有限公司（100009　北京市西城区刘海胡同7号） 网址　http：//www.forestry.gov.cn/lycb.html
印　　刷	河北华商印刷有限公司
版　　次	2022年9月第1版
印　　次	2022年9月第1次印刷
开　　本	889mm×1194mm　1/16
印　　张	19
字　　数	500千字
定　　价	128.00元

未经许可，不得以任何方式复制或抄袭本书之部分或全部内容。

版权所有　侵权必究

《宁夏回族自治区林业和草原发展"十四五"规划战略研究》
编委会

总报告组

中心组：李　冰　王月华　菅宁红　吴柏海　王亚明　刘　珉　曾以禹
　　　　张　升　赵海兰　王　海　李　想　汪　洋　赵广帅　崔　嵬
　　　　王　信　衣旭彤　李　扬　王雁斌　刘思敏　曹露聪　张灵曼
　　　　朱莉华　龚小梅　任海燕　赵建渭　赵媛媛　张振威
宁夏组：徐庆林　李　贤　徐　忠　王自新　郭宏玲　王东平　李怀珠
　　　　张　浩

分报告组

自然保护地体系整合优化完善研究
中心组：李　想　赵金成　夏郁芳　曹露聪　唐肖彬　朱莉华
宁夏组：徐庆林　郭宏玲　李　涛　景耀春　李　贤　史振亚　景耀春

重点生态工程"十四五"规划研究
中心组：张　升　彭　伟　韩　峰　唐肖彬　张　坤　朱莉华
宁夏组：徐庆林　李　贤　李怀珠　李惠军　张全科　王治啸　叶进军

区划布局研究
国家林业和草原局产业发展规划院组：赵英力　张中华　尚　榕　郭常西　刘　浩
　　　　　　　　　　　　　　　　　马昭羊　张力强
宁　夏　组：李　贤　李怀珠　张全科　赵　勇

政策研究
西北农林科技大学组：高建中　骆耀峰　龚直文　陈海滨　杨　峰
宁　夏　组：李　贤　徐　忠　李怀珠　赵　勇　苏亚红

湿地保护修复制度研究
中 心 组：苗　垠　谷振宾　朱莉华
宁　夏　组：郭宏玲　魏晓宁　李　贤　赵　勇

草原资源保护研究
中 心 组：张志涛　王建浩　张　宁　任海燕　王铁梅
宁　夏　组：郭宏玲　赵　勇　李　贤　于　钊　杨发林

林草产业发展研究
中 心 组：毛炎新　马龙波　孙　华　朱莉华
宁　夏　组：徐庆林　王自新　叶进军　李　贤　祁　伟　李　国

荒漠化及其防治研究
北京林业大学组：张宇清　赖宗锐
宁　夏　组：李　贤　李惠军　王治啸　苏亚红　汪泽鹏

综合覆盖度指标体系研究
北京林业大学组：张宇清　秦树高
宁　夏　组：李　贤　李怀珠　赵　勇　李惠军

天然林保护修复制度研究
中 心 组：崔　嵬　夏一凡
宁　夏　组：李　贤　汪泽鹏　卜全友　李怀珠

六盘山区森林质量精准提升研究
中国林业科学研究院组：王彦辉　王　晓　刘　珉
宁　夏　组：李　贤　李怀珠　李惠军　苏亚红

前　言

"十四五"时期，是我国"两个百年"奋斗目标的历史交汇期，也是宁夏与全国一道开启全面建设社会主义现代化强国新征程的第一个五年规划，是实施生态立区战略、建设美丽宁夏和生态文明先行示范区的关键阶段。为充分发挥林业草原在经济社会发展中的重要作用，宁夏回族自治区（简称宁夏）林业和草原局以习近平新时代中国特色社会主义思想为指导，准确研判宁夏"十四五"林业草原改革发展新特征新形势新变化，按照"四个全面"战略布局、守好"三条生命线"、走高质量发展道路的总体要求，坚持新发展理念，深入落实生态立区战略，全面加强黄河流域宁夏段生态保护和高质量发展，根据国家有关部门和自治区党委、政府关于做好"十四五"规划编制的有关文件精神，组织开展了宁夏林业和草原发展"十四五"规划战略研究。

2019年5月，宁夏林业和草原局与国家林业和草原局发展研究中心达成共识，共同开展宁夏林业和草原发展"十四五"规划战略研究，在银川市签订了战略协作框架协议，成立了研究课题组，标志着规划研究和编制工作正式启动实施。

课题组集中人力和精力，认真组织完成了一系列研究活动，形成了1个总报告和11个专题报告，这样的成果凝聚着大家的集体智慧，既有专家学者的理论贡献，又有一线林草工作者的实践创新。

一是深入开展规划调研。2019年5月10~15日，国家林业和草原局发展研究中心组织了包括北京林业大学、西北农林科技大学等 8 家单位在内的 5 个调研组共 40 余位专家团队，每个调研组由 1 位司局级领导干部带队，赴宁夏 5 个地级市全面开展前期调查研究工作，了解基层林草发展现状，既分析了"十三五"规划实施的成效和问题，又听取了对宁夏"十四五"规划的意见建议，让规划基本做到了顶层设计充分吸纳和参考基层的探索创新。

二是基本实现对主要业务的研判全覆盖。行业规划关键在于全面体现行业承担的职能职责。课题组认真梳理宁夏林业和草原局机构改革后承担的主责主业，特别是自然保护地、草原保护管理等新的职责，确定了分 11 个专题推进规划研究工作，内容涉及自然保护地管理、生态保护修复重点工程、区划布局、林草发展政策、湿地保护、草原保护、林草产业、防沙治沙、林草资源发展指标、天然林保护、林草质量提升，这些基本实现了职能任务全覆盖，基本做到研究和判断工作精准无死角。

三是多次进行专家论证。在调研活动结束后，课题组组织召开了调研座谈会，既对各组调研情况进行了汇总分析研判，又充分吸收了有关各单位专家的意见建议。初稿出来后多次征求宁夏林业和草原局和系统有关方面专家的意见。2019 年 9 月，在北京专门召开专家咨询论证会，研讨总报告和专题报告框架结构、主要观点以及数据准确性，收到各方面专家提出的超过 200 条修改建议，课题组全面汇总、逐条分析了这些建议，做到了能吸收的尽量吸收。2019 年 11 月，组织课题组组长专门赴宁夏听取林草专家委员会成员及宁夏林业和草原局领导和各处室对总报告和专题报告的意见，并全面梳理吸收采纳。2019 年 12 月，又将研究报告初稿书面征求宁夏林业和草原局意见。研究报告中很多判断、主张和部署也借鉴吸收了其他规划，这些举措大大提升了报告档次和水平。

四是积极对接国家前沿。课题组抓住质量和深度这个关键，坚持面向前沿、博采众长，广泛发动各方面力量，强化开放式研究，积极把事关宁夏"十四五"林草发展的战略性、基础性和关键性问题研究透彻，特别是重点开展了宁夏林草事业在黄河流域生态保护和高质量发展中的战略定位和重大任务研究。课题组积极发挥自身优势，主动对接中央有关决策机构规划编制专家，主动组织学习研究国家最新战略设想并征求林草行业资深专家专业性建议，使规划研究进一步提高站位、做深做实。

五是顺利通过专家组评审。2020 年 10 月，宁夏林业和草原局组织中国科学院、国家林业和草原局林草调查规划院、中国林业科学研究院、北京林业大学、宁夏农林科学院、宁夏大学等单位 7 位专家组成评审专家组对本书研究课题进行评审，专家评议认为本书贯彻了习近平生态文明思想和习近平总书记视察宁夏重要讲话精神，遵循了自治区党委和政府大力实施生态立区战略，努力建设黄河流域生态保护和高质量发展先行区等决策部署。研究报告突出了宏观性、战略性、前瞻性，具有重要的理论和实践意义。课题研究基于自治区生态文明建设现状，发展思路明确，规划定位准确，工程谋划合理，符合宁夏生态保护修复要求。为科学谋划宁夏林业和草原"十四五"规划打下坚实基础，对宁夏加快推进林草治理体系和治理能力现代化，推动努力建设黄河流域生态保护和高质量发展先行区，加快建设美丽新宁夏具有重要意义。经评议，专家组一致同意通过评审。

在本书编写过程中，国家林业和草原局各司局及相关直属单位给予了大力支持，北京林业大学、西北农林科技大学、中国科学院、宁夏大学、宁夏农林科学院等科研院所积极参与，宁夏林业和草原局各部门提供了大量资料，宁夏各市、市辖区(县级市、县)为调研工作顺利开展提供了力所能及的帮助。另外，写作过程中引用了一些专家学者的数据和观点，参考文献可能没有全部列出。在此一并表示感谢！

编　者

2022 年 5 月

目 录

前 言

总报告

1 宁夏林业和草原发展"十四五"规划战略研究 ········ 3
- 1.1 自治区区情、林情和草情 ········ 3
- 1.2 林草发展进入新时代 ········ 5
- 1.3 "十四五"时期林草发展总体思路 ········ 12
- 1.4 林草发展区划格局 ········ 15
- 1.5 战略任务 ········ 17
- 1.6 林业和草原重点生态工程 ········ 27
- 1.7 加强政策扶持 ········ 29
- 1.8 组织保障建设 ········ 33
- 参考文献 ········ 35

专题报告

2 自然保护地体系整合优化完善研究 ········ 39
- 2.1 研究内容及方法 ········ 39
- 2.2 保护地概况 ········ 41
- 2.3 存在问题 ········ 42
- 2.4 自然保护地体系构建 ········ 45
- 参考文献 ········ 52

3 重点生态工程"十四五"规划研究 ········ 53
- 3.1 研究背景及方法 ········ 53
- 3.2 "十三五"重点工程实施情况 ········ 54
- 3.3 "十四五"重点工程形势分析 ········ 59

3.4 强化统筹协调 ·· 63
3.5 总体思路 ·· 65
3.6 林业和草原重点生态工程 ·· 67
3.7 主要任务 ·· 72
3.8 保障措施 ·· 77
参考文献 ·· 77

4 区划布局研究 ·· 79
4.1 研究背景 ·· 79
4.2 生态承载力分析 ·· 80
4.3 总体思路 ·· 83
4.4 研究方法和数据 ·· 85
4.5 区划依据 ·· 87
4.6 区划结果与分析 ·· 90
4.7 结　论 ·· 93
参考文献 ·· 93

5 政策研究 ·· 94
5.1 研究背景 ·· 94
5.2 政策研究方法 ·· 95
5.3 政策现状 ·· 96
5.4 政策问题 ·· 103
5.5 政策机遇与挑战 ·· 107
5.6 政策建议 ·· 110

6 湿地保护修复制度研究 ·· 120
6.1 研究背景 ·· 120
6.2 湿地保护利用现状 ·· 122
6.3 湿地保护修复现行制度 ·· 124
6.4 湿地保护修复面临的主要问题 ·· 126
6.5 建立健全宁夏湿地保护修复制度体系 ·· 128
6.6 总结与思考 ·· 129
参考文献 ·· 130

7 草原资源保护研究 ·· 131
7.1 研究内容与方法 ·· 131
7.2 草原资源保护现状 ·· 132
7.3 草原资源保护存在问题 ·· 139
7.4 草原"十四五"发展机遇与挑战 ·· 142

7.5　草原"十四五"发展对策建议 ………………………………………………… 144
　　参考文献 ……………………………………………………………………………… 148

8　林草产业发展研究 …………………………………………………………………… 149
　　8.1　研究背景与方法 …………………………………………………………………… 149
　　8.2　产业现状 …………………………………………………………………………… 152
　　8.3　发展环境 …………………………………………………………………………… 159
　　8.4　发展格局 …………………………………………………………………………… 162
　　8.5　重点任务 …………………………………………………………………………… 165
　　8.6　支撑体系 …………………………………………………………………………… 175
　　8.7　保障措施 …………………………………………………………………………… 177
　　参考文献 ……………………………………………………………………………… 178

9　荒漠化及其防治研究 ………………………………………………………………… 180
　　9.1　研究背景与方法 …………………………………………………………………… 180
　　9.2　荒漠化和沙化土地现状 …………………………………………………………… 181
　　9.3　荒漠化和沙漠化的危害及成因分析 ……………………………………………… 187
　　9.4　荒漠化和沙化防治措施、成效及存在的问题 …………………………………… 189
　　9.5　荒漠化和沙化防治的建议 ………………………………………………………… 196
　　参考文献 ……………………………………………………………………………… 200

10　综合覆盖度指标体系研究 …………………………………………………………… 202
　　10.1　研究目标与思路 ………………………………………………………………… 202
　　10.2　国内外主要森林和草原覆盖指标 ……………………………………………… 205
　　10.3　森林和草原覆盖指标应用分析 ………………………………………………… 213
　　10.4　林草资源基本情况及潜力分析 ………………………………………………… 219
　　10.5　林草覆盖状况规划目标 ………………………………………………………… 234
　　10.6　研究建议 ………………………………………………………………………… 238
　　参考文献 ……………………………………………………………………………… 240

11　天然林保护修复制度研究 …………………………………………………………… 241
　　11.1　研究背景与方法 ………………………………………………………………… 241
　　11.2　天然林概况 ……………………………………………………………………… 242
　　11.3　天然林保护工程建设成效显著 ………………………………………………… 243
　　11.4　天然林保护制度建设 …………………………………………………………… 248
　　11.5　完善天然林保护修复制度面临的主要问题 …………………………………… 250
　　11.6　"十四五"期间天然林保护修复的目标任务 ………………………………… 252
　　11.7　建立健全天然林保护修复制度的建议 ………………………………………… 253
　　参考文献 ……………………………………………………………………………… 255

12 六盘山区森林质量精准提升研究 ·················· 256
  12.1 研究背景 ··· 256
  12.2 六盘山区自然环境、森林状况及林业发展 ················ 263
  12.3 森林质量精准提升的指导思想、基本原则、规划目标 ··· 270
  12.4 森林质量精准提升的技术与政策建议 ······················ 272
  参考文献 ··· 289

1 宁夏林业和草原发展"十四五"规划战略研究

该项研究采用理论联系实际、规划引领实践的方法，目标导向和问题导向相结合，边研究、边推广、边应用，充分发挥了国家林草核心智库指导地方林草发展与实践的关键作用。研究成果基本思路被及时应用在《中共宁夏回族自治区委员会关于制定国民经济和社会发展第十四个五年规划和二〇三五年远景目标的建议》《宁夏回族自治区国民经济和社会发展第十四个五年规划和2035年远景目标纲要》，研究成果的核心内容全面应用于《宁夏回族自治区林业和草原发展"十四五"规划战略研究》。

1.1 自治区区情、林情和草情

宁夏位于我国多个地理、生态分界线或者过渡带上，地理位置和生态系统类型决定了其在西北地区乃至全国具有重要的生态地位。此外，多变和多样的生态系统类型、生态过程以及生态改善的成果，也使得宁夏在全国乃至国际生态保护修复中具有示范作用。宁夏80%的地域年降水量在300毫米以下，西、北、东三面被沙漠和沙地包围，生态环境敏感复杂，水资源短缺，水土流失严重，是我国生态环境最脆弱的省份之一。近年来，宁夏经济社会快速发展，生态环境明显改善，为"十四五"时期加快全自治区林草事业发展奠定了良好基础。

1.1.1 区　情

宁夏位于我国中部偏北，与内蒙古、甘肃、陕西等省份为邻，疆域轮廓南北长、东西短，南北相距约456千米，东西相距约250千米。全自治区总面积6.64万平方千米，常住人口694.66万人。2019年，全自治区生产总值3748.18亿元，在全国排名第29位。一般公共预算总收入751.41亿元。

宁夏位于黄土高原、蒙古高原和青藏高原交汇地带，地处西北内陆、黄河上中游地区，属干旱半干旱地带，具有山地、黄土丘陵、灌溉平原、沙漠（地）等多种地貌类型，是我国生态安全战略格局"两屏三带一区多点"中"黄土高原—川滇生态屏障""北方防沙带""丝绸之路生态防护带"和"其他点块状分布重点生态区域"的重要组成部分，是我国西部重要的生态屏障，在祖国生态安全战略格局中具有特殊地位，生态区位十分重要，保障着黄河上中游及华北、西北地区的生态安全。

宁夏位于我国干旱区与半干旱区、半干旱与半湿润区、季风与非季风区的分界线上，气候变化具有明显的过渡性和不确定性，造就了宁夏的物种、生态类型和景观多样性，如贺兰山成为全国生物多样性保护区之一，还有山地、绿洲、湿地、城镇、草原、荒漠（沙漠）、森林、农田等生态系统和景观类型，使得宁夏成为西北生态的缩影，也使得其生态系统具有多变的生态过程和不稳定性。

宁夏是我国沙漠和沙地的分界线，是我国生态环境最脆弱的省份之一，西、北、东三面被腾格里沙漠、乌兰布和沙漠和毛乌素沙地包围，生态环境敏感复杂，水资源短缺，荒漠化和水土流失严重。

宁夏属典型的大陆性气候，为温带半干旱区和半湿润地区，具有春多风沙、夏少酷暑、秋凉较早、冬寒较长、雪雨稀少、日照充足、蒸发强烈等特点。各地年平均气温 5.6~10.1℃，自南向北递增；最冷月（1月）平均气温为-7.3℃，最热月（7月）为22.4℃。中北部气候干爽，光热资源丰富，全年晴朗天气达300天左右，年日照时数约3000小时；日平均气温≥10℃的积温近3400℃，气温日较差达13℃左右。全自治区年平均太阳总辐射量为4950~6100兆焦/平方米，年日照时数2250~3100小时，是全国日照资源丰富地区之一。

宁夏自然资源可利用面积有限，平原面积小，山地丘陵面积大，约为278.58万公顷，占全自治区总面积的53.79%。宁夏水平地带性土壤有黑垆土、灰钙土及灰漠土，自南向北分布，山地土壤主要是灰褐土，在贺兰山与六盘山呈现垂直变化。水平分布上，南部以黑垆土为主，中北部以灰钙土为主，北部以灰漠土为主。地带性土壤的植被类型：黑垆土—甘草源植被、灰钙土—荒漠草原、灰漠土—荒漠植被。

宁夏是我国水资源最少的省份之一，86%的地域年平均降水量在300毫米以下，大气降水、地表水和地下水都十分贫乏。人均水资源占有量仅为黄河流域的1/3，全国的1/12。且空间上分布不均、时间上变化大是宁夏水资源的突出特点。人均水资源可利用量仅为全国平均值的1/3；水资源地域分布极不平衡，绝大部分在北部引黄灌区，而中部干旱高原丘陵区最为缺水，不仅地表水量小，且水质含盐量高，多属苦水或埋藏较深的地下水，林草灌溉利用价值很低。

宁夏位于黄河上中游，除中卫市甘塘一带为内流区外，其余地区皆属黄河流域，盐池县东部为流域内之闭流区，是鄂尔多斯内流区的一部分。黄河在宁夏段流域面积（含闭流区）达5万平方千米，占全自治区总面积的96%。黄河干流流经宁夏397千米，一级支流主要有清水河、苦水河水系及祖厉河源头，流域面积达19050平方千米，主要分布在降水量300~400毫米的严重水土流失区和风沙区。二级支流主要有泾河、葫芦河水系，流域面积达8236平方千米，主要分布在降水量400毫米以上水土流失区域。黄河右岸诸沟流域面积9532平方千米，主要分布在河东毛乌素沙地，黄河左岸诸沟流域面积5177平方千米，主要分布在贺兰山地。黄河流域宁夏段地理位置独特，流域面积广阔，资源能源富集，城镇产业集中，生态地位、经济地位、战略地位重要。

1.1.2 林情和草情

截至 2019 年年底，全自治区林地资源总面积 170.73 万公顷（2019 年林地变更调查），其中乔木林地 21.6 万公顷，疏林地 1.93 万公顷，灌木林地 60.27 万公顷，未成林造林地（包括封育地）49.2 万公顷，其他林地 37.73 万公顷。2020 年森林覆盖率 15.8%。

全自治区草原总面积为 208.8 万公顷，约占全自治区总面积的 32%。其中，天然草原面积为 145.6 万公顷，人工草原面积为 3.6 万公顷，其他草原面积为 59.6 万公顷。退化草原面积占比 88%。到 2018 年，落实草原生态补奖面积 173.2 万公顷，天然草原补播改良达到 48.6 万公顷，草原综合植被覆盖度达到 56.5%。全自治区草原类型较为丰富，有温性草原、温性草甸草原、温性荒漠草原、温性草原化荒漠和温性荒漠等五种主要的草地类型，主要以温性草原、温性荒漠草原为主体，分别占草原总面积的 26.03% 和 59.06%。

全自治区有自然保护地 125 个，涉及 11 种类型，总面积 60.12 万公顷，约占全自治区总面积的 11.6%。其中，国家级和自治区级自然保护区共 14 处，总面积 5286.45 平方千米；国家级自然保护区 9 个，面积 4595.49 平方千米；自治区级自然保护区 5 个，面积 690.96 平方千米。同时，还设有风景名胜区、地质公园、矿山公园、森林公园、湿地公园、沙漠公园、沙化土地封禁区、水产种质资源保护区、饮用水水源保护区等各类保护地 111 处。

全自治区湿地资源类型多样，特色鲜明，有 4 类 14 型，主要分布在黄河、清水河、典农河两侧和腾格里沙漠及毛乌素沙漠边缘，实有湿地面积 20.72 万公顷，湿地保护率 55%。已建立湿地型自然保护区 4 处，其中国家级 1 处，自治区级 3 处；建设湿地公园 26 处，其中，国家级 14 处，自治区级 12 处；建设国家城市湿地公园 1 处。

全自治区有荒漠化土地面积 278.9 万公顷，占全自治区总面积的 53.68%，从荒漠化类型来看，风蚀荒漠化土地面积为 126 万公顷，占荒漠化土地总面积的 45.17%；水蚀荒漠化土地面积 147 万公顷，占 52.57%；盐渍化土地面积为 6 万公顷，占 2.26%。有沙化土地 112.5 万公顷，占全自治区总面积的 22.8%。

全自治区有陆生野生动物 428 种，属于国家重点保护野生动物有 54 种，其中，列入国家一级保护野生动物有黑鹳、中华秋沙鸭、金钱豹等 9 种，列入国家二级保护野生动物有马鹿、岩羊、蓝马鸡、红腹锦鸡等 45 种；全自治区有野生植物 1909 种，其中，国家重点保护野生植物 9 种。

1.2 林草发展进入新时代

林业草原事业是生态文明建设的重要阵地。党中央和自治区对林业草原建设高度重视并寄予厚望，自治区林草部门承担着重大历史使命，林草事业取得了历史性突破、进入了新时代。当前，站在推进黄河流域生态保护和林草高质量发展的新起点上，自治区各级林草部门肩负新任务，面临新机遇和新挑战，总的来看，机遇大于挑战，必须抢抓机遇、迎难而上，把林草事业推向全面发展新阶段。

1.2.1 "十三五"时期林草发展成效

"十三五"时期，宁夏深入贯彻落实党中央、国务院战略部署，在国家林业和草原局等有关部委(局)的大力支持下,自治区党委、政府高度重视林业草原工作,全自治区林草部门抢抓历史机遇,全面推进生态系统保护与修复治理,全自治区生态面貌持续改善,优美生态环境已成为宁夏最大优势,为实施生态立区战略、建设美丽宁夏作出了突出贡献。据统计,全自治区森林覆盖率提高到15.8%,森林蓄积量增加到995万立方米,林地保有量增加到192.2万公顷,湿地保护率达到55%,草原综合植被盖度达到56.5%,林业及其相关产业产值达到200亿元/年(表1-1)。

表1-1 "十二五"与"十三五"主要指标完成情况对比

指标	"十二五"指标完成情况	"十三五"指标完成情况(规划目标)
森林覆盖率(%)	12.63	15.80
林地面积(万公顷)	180.07	192.20
森林蓄积量(万立方米)	835	995
荒漠化面积(万公顷)	278.90	248.90
林业产业总产值(亿元/年)	200	200

1.2.1.1 国土绿化成效显著

扎实推进退耕还林还草、天然林资源保护、三北防护林体系建设、精准造林等重大生态工程建设,全面加强山水林田湖草一体化保护修复,生态建设成效显著。巩固退耕还林成果,完成退耕还林3.93万公顷,落实补助资金43.6亿元。推进城乡绿化美化进程,城乡人居环境明显改善,石嘴山市跻身国家森林城市,中卫市、固原市成功创建国家园林城市,永宁县被命名为国家园林县城。全自治区4545个规划村庄已有50%以上达到美丽乡村建设标准,乡村绿化美化初步实现田园美、村庄美、生活美。截至2018年年底,已完成各类营造林任务25.31万公顷,森林抚育9.09万公顷,分别完成了计划任务的61.06%和71.72%。完成义务植树3000多万株。森林资源总量稳步增长,生态环境持续向好。

1.2.1.2 防沙治沙走在全国前列

作为全国唯一的省级防沙治沙综合示范区,始终把防沙治沙工作放在突出位置,按照"科学治沙、综合治沙、依法治沙"方针,持之以恒推进防沙治沙工作。全自治区荒漠化面积由289.87万公顷减少到278.90万公顷,沙化面积由116.2万公顷减少到112.5万公顷,实现了荒漠化土地和沙化土地连续20多年持续减少的目标。宁夏治沙技术被认为在中国乃至世界防沙治沙领域都具有典型示范引领作用,为世界治沙贡献了"中国经验"。

1.2.1.3 湿地保护成为突出亮点

制定出台湿地保护法规制度,开展湿地生态综合治理,实施沿黄城市带湿地保护与恢复和国家湿地公园建设项目,建立国家级湿地自然保护区1处,自治区级3处;国家级湿地公园14处,自治区级12处。恢复和改善了湿地生态功能,极大改善了城乡人居环境,提升了沿黄城市品位。全自治区湿地面积20.72万公顷,湿地保护率为55%,初步形成了以湿地公园、湿地型自然保护区为主的保护体系,沙湖荣获"中国十大魅力湿地",银川市被授予全球首批"国际湿地城市"称号,湿地资源已成为重要的生态和景观资源。

1.2.1.4 草原生态功能逐步恢复

实施封山禁牧使草原得到休养生息,草原生态恶化趋势得到有效遏制,生产能力明显提升,草原生态建设成效显著。有效推进草原保护修复,禁牧封育区林草覆盖度增加到55.43%。全自治区草原补播改良55.33万公顷,重度沙化草原面积减少到13.65万公顷。

1.2.1.5 自然保护地建设初步探索

全自治区建成各类自然保护地 125 个，涉及 11 种类型，总面积 60.12 万公顷，占全自治区总面积的 11.6%。全自治区 400 多种野生动物和近千种野生植物得到全面保护与有效恢复。全自治区自然保护地整合优化有序推进，"天空地一体化"监测网络逐步建立，正在探索建立功能完备的自然保护地建设体系。

1.2.1.6 资源保护有力加强

102.05 万公顷天然林纳入天保工程管护范围，51.24 万公顷国家级公益林纳入中央森林生态效益补偿基金范围。森林资源管理围绕"守红线、严审批、强监管、重考核"目标，严守生态红线，强化资源管理，提升服务水平，实现森林资源管理"一张图"。打响贺兰山生态保卫战并取得阶段性胜利，169 处整治点全面完成整治修复任务。严格执行林地定额管理制度、采伐限额管理制度、森林经营方案编制制度和保护发展森林资源目标责任制，实现森林督查全覆盖。

1.2.1.7 林草改革稳步推进

持续推进集体林权制度改革，集体林业持续释放活力。完成确权集体林地 93.68 万公顷，确权率 100%，发证 90.64 万公顷，发证率 97%。林下经济规模达到 24.01 万公顷，林下种植、林下养殖、林产品采集加工、森林景观利用等带动 30.22 万农户脱贫增收，林下产品形成 9 大系列 20 多个品种，实现产值 20.8 亿元。全面完成国有林场改革。全自治区 96 个国有林场全部改革到位，国有林场经营总面积由改革前的 102.9 万公顷增加到 109.1 万公顷，国有林场管理体制进一步理顺，生态效益显著提升。在全国率先启动完成湿地产权确权试点工作，探索出一套可复制、可推广的经验，为实施"生态立区"战略奠定坚实基础。

1.2.1.8 特色产业发展态势良好

宁夏已成为全国枸杞产业基础最好、生产要素最全、品牌优势最突出的核心产区，初步形成了以中宁为核心、清水河流域和银川北部为两翼的"一核二带十产区"枸杞产业发展新格局。枸杞在册面积达 2.33 万公顷，枸杞干果总产量 12 万吨，加工转化率达 25%，年综合产值达到 155 亿元，中宁枸杞以 172.88 亿元品牌价值进入全国农业区域品牌价值十强。全自治区建成国家级研发平台 4 个、国家级枸杞种质资源圃 2 个，流通经营主体 730 余家。红枣、苹果、种苗、花卉等特色林草产业稳步发展，全自治区特色经济林面积达 13.33 万公顷，产量 36.1 万吨，产值约 30 亿元。生态旅游产业规模不断扩大，旅游服务水平全面提升，以国家森林公园和湿地公园为主体的生态旅游休闲体系逐步形成。全自治区林业及相关产业产值达到 200 亿元。

1.2.1.9 生态扶贫成效明显

扎实开展生态补偿脱贫，全自治区争取生态护林员 1.13 万名，直接带动 3.39 多万名贫困人口增收稳定脱贫。全自治区每年通过森林管护、营造林工程提供就业岗位 5000 多个，参与林业生产经营和加工的企业 200 多家，农户 31 万户，带动 13 万农民就业增收。实现了生态保护与脱贫致富双赢的目标。

1.2.1.10 支撑能力持续提升

持续加强林业标准化建设，新建 39 个标准化林业站、21 个科技推广站。争取国家和自治区项目资金 845 亿元。信息化水平明显提高。全自治区共实施中央财政科技推广项目 56 个，实施自治区财政优新树种引种驯化繁育项目 57 个，取得国家植物新品种保护权 14 种，审定宁夏林木良种 70 个，获得国家科技进步二等奖 2 个，宁夏科技进步三等奖 8 个，获得各类专利 19 件，制定地方标准 79 部，有力促进自治区林草科技得到长足发展。实施了林业有害生物防治能力提升项目，新建15个国家级中心测报点。森林病虫鼠(兔)害监测预警、检疫御灾、防治减灾体系建设得到进一步完善，累计完成林业有害生物防治面积52.13万公顷，林木爆发性食叶害虫、钻蛀性害虫和鼠(兔)灾害得到有效控制。全自治区森林防火信息指挥系统平台、数字无线通信系统和森林火险预警系统等基础设施建成，并购置了1.3万件(套)森林防火物资和装备，年度森林火灾受害率低于0.9‰、未发生重大以上的森林火灾、森林火灾当日扑灭率100%、森林火灾案件立案或查处率达到100%，连续60年没有发生重大森林火灾。建成国家级林木种质资源保护库3个，省级林木种质资源库9个，国家重点林木良种基地6个。改造提升12个六盘山特色林木种苗基地，建设5处沿黄经济区林木种苗基地。实施国家林木种质资源库保护工程项目1个。全自治区林木良种使用率达到60%。组织完成北京世园会室外展园和室内展馆建设、布展工作。连续开展两届枸杞博览会，开展了首届苹果节，人民日报头版头条刊登了《从"沙进人退"到"人沙和谐"》系列报道活动，宁夏电视台开辟了《防沙治沙宁夏故事》专栏，拍摄了反映了宁夏防沙事迹的电视剧《沙漠绿洲》，林草宣传工作为生态建设创造了良好氛围。

1.2.2 "十四五"时期林草发展的重大机遇

"十四五"时期，是自治区推进黄河流域生态保护与高质量发展，深入实施生态立区战略、加快建设美丽新宁夏的重要机遇期，也是实现自治区林草事业全面提升的重要转型升级期，林业草原改革发展具备了很多有利条件和积极因素。

1.2.2.1 实施黄河流域生态保护等国家重大战略赋予了林草事业重要使命

宁夏处在黄河中上游，是黄河流域承上启下的关键节点、中心区域，依黄河而生、因黄河而兴，对黄河生态影响重大。实施黄河流域生态保护和高质量发展国家战略，为宁夏林草改革发展注入了强大动力。一是提高了林草工作的战略地位和功能作用。黄河宁、天下平，保护黄河义不容辞，治理黄河责无旁贷，新战略赋予了林草事业在保护治理黄河中的主体地位和无可替代的特殊作用。二是突出了林草工作的主题和核心。宁夏绝大部分分布在黄河流域，生态兴则黄河兴，黄河流域生态保护和高质量发展是宁夏林草事业发展的根本遵循，贯穿林草工作的全过程，是林草工作的主题，黄河流域生态保护治理是林草工作的核心任务。三是明确了林草工作的总体目标和战略任务。黄河生态安全和长久安澜就是林草建设的奋斗目标，重在保护、要在治理、贵在修复，要做到土不下山、泥不出沟、沙不入河，就必须让山更绿、林更茂、草更丰、水更美，这就是林草工作的长期战略任务。四是为林草工作创造了有利条件。建设黄河流域生态保护和高质量发展先行区，有利于全面推进山水林田湖草一体化治理，把治水与国土空间绿化、生态保护修复等结合起来，谋划实施一大批林业草原重点工程和重大项目；有利于从高层推动，创新和完善中央财政、金融对宁夏投入激励机制和倾斜支持机制；有利于从国家战略高度推动，保障林业草原生态建设用地，以及健全生态修复责任制等政绩考核和责任追究制度；有利于促进黄河宁夏段传统林草产业转型升级，促进讲好"黄河故事"与发展"生态经济"融合起来，大力发展生态文化产业。五是为自治区林草部门赋予了责任担当。保障黄河水净、黄河健康、黄河安澜是自治区各级政府部门重要职责，林草部门必须承担起引领绿色理念，改善生态状况，筑牢生态安全屏障，促进绿色发展等重大责任。必须牢固树立大局观、长远观、整体观，扛起时代使命、拿出实干行动，以"功成不必在我"的精神境界和"功成必须有我"的历史担当，确保黄河安澜。

另外，国家大力实施西部大开发、"一带一路"倡议、乡村振兴、精准脱贫等重大战略，在宁夏全自治区落地了一大批涉林重大项目，陆续推出了一大批重大政策举措，为加快林业草原改革发展提供了重要平台和机遇。通过参与实施这些重大战略，为全自治区对接国家林业草原高水平建设、落实国家涉林草重大目标和任务、实现全自治区林业草原持续健康发展，创造了十分有利的条件。

1.2.2.2　生态文明思想为林草事业发展指明了前进的方向

党的十八大以来，党中央把生态文明建设提高到"五位一体"战略总布局的高度，习近平总书记高度重视生态文明建设，创立了习近平生态文明思想，成为建设美丽中国的根本遵循。党中央、国务院把林草事业定位为生态文明建设的主体，将森林草原作为陆地生态系统的主体、国家民族最大的生存资本，出台了《关于加快推进生态文明建设的意见》等一系列文件，持续加大对林草的投入支持，将森林覆盖率和蓄积量指标提升为约束性指标，林草资源保护修复成为党政领导干部政绩考核的重要内容，绿水青山就是金山银山的理念已经深入人心，形成了持续加强林草事业的强大保障，为自治区推进生态文明建设和林草事业发展指明了前进方向、提出了新的更高要求。自治区党委、政府深入贯彻落实习近平生态文明思想，作出了一系列重大部署，切实补齐生态这块短板，确保宁夏青山常在、清水长流、空气常新。特别是，自治区党委、政府把林草事业摆在更加突出的位置，确立了"生态立区"的战略，多次强调要加快建设美丽新宁夏，提出了筑牢生态安全屏障、打造特色枸杞产业等发展思路，出台了《宁夏生态保护与建设"十三五"规划》，完善了六盘山、贺兰山、罗山国家级自然保护区条例等地方性法规，连续多年不断加大投入，以更大的决心、更高的标准、更硬的举措，赋予林草事业切实担负起建设生态文明的重大责任。总之，中央和自治区对生态文明建设和林草事业发展空前持续的关心和重视，为加快推进林草事业建设提供了不竭动力。

同时，自治区党委、政府认真贯彻新发展理念推进生态文明建设，聚焦和支持生态保护修复、国土空间绿化、城乡绿化美化、林草特色产业等重大领域，林草事业在实现绿色发展中已经发挥重要作用。从林草工作自身来说，创新发展要解决林草发展动力问题，要求林草工作不断改革创新，提高林草科技贡献率。协调发展要解决林草发展不平衡、不充分的问题，要求补短板、强根基，推进城乡绿化平衡发展。开放发展要解决林草发展内外联动的问题，学习借鉴国际先进的林草技术和治理模式，宣传中国林草经验。共享发展要解决林草事业提供优质生态产品（服务）的问题，要求建设优美的环境、良好的生态、绿色的果品等林草产品，让人民群众有实实在在的收获感，共享优质的生态产品（服务）。综上所述，推进新发展理念，对林草工作提出了许多更高的要求，也提供了发展的新机遇，促进了生态文明建设。

1.2.2.3　重要的生态屏障地位让宁夏林草事业肩负重大职责

宁夏处在胡焕庸线分界上，是我国影响南北的重要生态过渡带，被列入国家生态安全战略"两屏三带一区多点"的"黄土高原—川滇生态屏障"和"北方防沙带""丝绸之路生态防护带"中，成为国家西部生态屏障的重要组成部分。近年来，宁夏又明确提出"生态立区"战略，并作为全自治区发展三大战略之一。习近平总书记指出，宁夏是西北地区重要的生态安全屏障，要大力加强绿色屏障建设。宁夏作为西北地区重要的生态安全屏障，承担着维护西北乃至全国生态安全的重要使命。这就要求林草部门提高站位，要从西北地区乃至国家的高度来认识宁夏的林草工作和生态屏障建设，从全局和国家层面来谋划宁夏的生态保护和系统修复，要重点构筑以贺兰山、六盘山、罗山自然保护区为重点的"三山"生态安全屏障，全面打造黄河流域生态保护体系，全面提升自然生态系统稳定性和生态服务功能，主动承担维护西北乃至全国生态安全的历史责任。

1.2.2.4 治理能力不断提升助推宁夏林草事业持续健康发展

长期以来，全国林草系统不断完善治理体系、持续提升治理能力，为下一步林草改革发展提供有益借鉴、形成有利环境。对森林、草原、湿地、荒漠等重要生态系统，国家层面已经形成了制度方案，基本覆盖了林业草原部门管理的重要生态系统；以《中华人民共和国森林法》《中华人民共和国草原法》《中华人民共和国防沙治沙法》《中华人民共和国种子法》《中华人民共和国野生动物保护法》为基础的林草法律体系，基本涵盖了林草事业的主要工作领域。特别是近年来，林业草原改革深入开展，宁夏国有林场和集体林权改革、湿地产权确权、防沙治沙机制和模式创新，走在了全国前列；基层林业草原人坚持艰苦奋斗、无私奉献、久久为功，涌现出了王有德等先进典型，铸就了林草行业精神。以上和林草事业相关的一系列成功经验，必将为宁夏林草改革发展在完善治理体系、强化制度保障、创新体制机制、鼓舞带动行业精神等方面，提供可复制、可借鉴、可推广的实现路径。

1.2.2.5 良好的国际合作机遇为宁夏林草改革发展提供了广阔空间舞台

"十四五"时期，宁夏林草改革发展也面临有利的国际机遇。一方面，宁夏是古丝绸之路的重要驿站，处在"一带一路"倡议实施的重要节点，宁夏银川还是中阿经贸论坛的永久举办地，面临着充分展示我国绿色"一带一路"建设成就、深化与阿拉伯国家合作的窗口机遇，这必将把宁夏林业草原建设纳入绿色"一带一路"的重要内容，必将为宁夏林业草原建设提供全新的合作接口、合作机制和运作平台，进一步深化林草建设的空间；另一方面，随着中国日益走近世界舞台中央，绿水青山就是金山银山等中国理念、防沙治沙的中国方案日益受到全球广泛关注，宁夏防沙治沙示范区率先实现"绿进沙退"就是其中的典型，得到了党中央肯定、受到了国际社会的认可，这些必将为"十四五"时期宁夏林草改革发展带来鼓舞士气、拓宽合作、扩大影响等十分有利的外部条件。

1.2.3 "十四五"时期林草发展面临的困难和挑战

虽然"十三五"时期宁夏林草建设取得了明显成就，但林业草原发展不平衡不充分问题依然突出，与实现两个一百年奋斗目标和满足人民群众生态需求相比还有较大差距。必须看到，受自然条件制约，经济发展滞后，资源开发依赖程度强，生态保护压力持续增加，尤其是在当前经济下行压力加大、生态承载力有限的情况下，实现美丽宁夏目标，进一步推动林草事业发展面临着不少挑战。

1.2.3.1 生态保护的压力越来越大

宁夏自然生态系统薄弱，人均森林面积为全国平均水平的62%，人均森林蓄积量仅为全国平均水平的9.3%，森林覆盖率位于全国31个省份第26位，在西北五省份中排名第2位，森林资源总量严重不足；草原生态系统仍十分脆弱，湿地生态功能退化严重，生态防护体系还不完善，城乡、山区、沙区、平原地区的绿化发展水平不平衡，特别是黄河主干支流缺林少绿、缺少水土保持林、水源涵养林和自然湿地。宁夏自然禀赋条件较差，多数地区天然降水严重不足，地表水和地下水十分贫乏，日照充足、蒸发强烈、气候干燥、风沙危害大、荒漠化和水土流失严重，荒漠化土地总面积占全自治区总面积的53.68%，沙化土地总面积占全自治区总面积的21.65%，生态用地资源紧张，生态承载力十分有限。宁夏是欠发达地区，发展经济是硬道理和当务之急，由于经济发展方式转变滞后，产业结构不尽合理，资源节约集约利用程度不高，导致生态保护面临巨大压力。工程、项目建设征占用林地、草原和湿地的数量不少，非法占地、破坏荒漠植被、偷猎贩卖野生动物的违法行为依然存在。随着经济社会全面高速发展，国家重点项目建设、产业发展、生态建设等社会各方面需求呈现几何级数增长，特别是面对实现中央"五位一体"战略布局目标、推进建设美丽宁夏、保护黄河流域生态安全，任务更加繁重，对生态承载力和生态容量形成巨大压力，与生态承载力的匹配矛盾更加凸显，已成为林草部门必须面对的重大挑战。

同时，宁夏高质量发展需要良好的生态环境来支撑，现有的生态基础、生态质量、生态优势还远远不能满足需求。从林草自身来看，保护任务持续加重、保护要求越来越高，但保护力量却有所削弱、保护工作的后台支撑却明显不足。机构改革后，市、县两级从事草原工作的人员减少了8%，专业化林草人员明显削弱。保护管理机构设置空白或者不到位，保护工作的资金支持和法律保障不足，多数自然保护地存在大量经营活动，清理整治工作难度大、退出补偿难度大，生态保护工作面临着严峻的挑战。

1.2.3.2 生态保护修复的任务越来越重

实施生态立区战略、建设美丽新宁夏，必须要在高水平上持续推进生态保护修复，但"十四五"期间，宁夏生态保护修复的任务越来越重，对林草事业挑战不少。从治理难度看，随着近30年大规模生态治理，自然条件适宜地区多已完成治理，剩下都是难啃的"硬骨头"。加之降水稀少、气候干旱、成本提高，森林、草原、湿地等生态保护修复的难度越来越大，任务越来越重，挑战越来越高。从阶段特征看，全自治区自然生态系统处在总体向好、局部相持的持久战阶段，生态恶化的形势尚未得到根本性扭转，生态保护修复正处在爬坡过坎的紧要关头，必须攻坚克难。从机制创新看，宁夏当前生态保护修复面临生态类型多样、治理区域分散、生态问题复杂、生态欠账过多，生态保护修复政策创新不足、体制机制建设滞后，不适应生态立区战略需要。另外，林草工程管理、科技支撑等明显存在短板，特别是工程支持资金缺口较大；全国层面对于退化林界定、退化程度分级、退化林改造标准等，不能全面适用于宁夏全自治区，需要制定地方标准。从保护修复自身看，面临的任务也越来越重。全自治区森林生态功能整体较弱，森林资源总量不足，森林质量不高，分布不均衡，结构不合理，中幼林、纯林比例偏大，林分单一，抗逆性差，造林成活率、保存率、成林转化率和整体功能效益较低，缺林少绿的林情还没有根本转变。草原生态保护和修复任务越来越大，困难逐渐增多，草原权属不清、功能定位模糊、管理制度落实机制尚未形成、政策支持缺乏、防火形势依然严峻等问题仍然存在。全社会湿地保护意识还不强，湿地保护恢复投入不足，管理体系不完善，生态功能退化和面积萎缩的现状仍然存在，湿地仍然是全自治区最脆弱、最容易遭受破坏和侵占的生态系统。荒漠化和沙化防治相关政策相对滞后、运行机制不完善，沙化危害依然突出，治理区域的条件愈加恶劣，治理难度进一步加大，巩固成果的形势更加严峻。野生动植物保护机构职能弱化、监管缺位、专员人才缺失。各类自然保护地还存在着管理体制不顺、保护效能低下、法律制度体系不健全、财政投入机制不完善等问题。全自治区降水量少，地下水超采严重，水资源严重短缺，生态用水短缺更是制约当地林草事业发展的关键因素。

1.2.3.3 林草基础支撑保障能力十分薄弱

宁夏是我国生态安全格局的重要组成部分，是我国西部重要的生态屏障，在国家生态安全格局中具有特殊地位，生态区位十分重要。宁夏林草部门承担着保障黄河上中游及华北、西北地区的生态安全、涵养水源、保护生物多样性、创造生态产品等多项艰巨使命，与之相比，林草事业支撑保障能力薄弱，两者之间的矛盾十分突出。主要体现在：基层林草机构基础装备落后，信息化程度不高，大数据融合度低，互联网等现代先进技术应用不足，科技支撑能力不强，基础设施和公共事业滞后，林业草原职工收入偏低，林草管理服务水平提升空间不大。林木采伐管理、自然资源产权确权、林草投融资政策、生态补偿机制等配套制度配套政策还没有完全建立健全。林草建设长期投入不足，资金短缺、标准过低。特别是，缺少技术标准、投入倾斜，对于宁夏生态脆弱地区、生态治理复杂艰巨地区、干旱半干旱地区没有出台差别化照顾支持政策。比如，退化林修复方案和技术标准、造林补助标准等国家标准，应当考虑对宁夏艰苦地区予以倾斜支持。机构改革后，全自治区市、县两级林草机构全部并入自然资源部门，出现了不同程度弱化，专业技术人员和管理队伍一定程度流失，对林草工作总体影响较大，林草管理和服务水平提升难度大。随着国家治理现代化要求，对林草管理服务水平精准度要求更高，目前，森林、草原、湿地、荒漠、野生动植物等资源监测和保护，还没有完全实现落在"一张图"和山头地块上，实现精准管理难度很大。

1.2.3.4 山水林田湖草系统治理理念落实不到位

人与自然是生命共同体，山水林田湖草是生命共同体，这要求我们要从系统工程和全局的角度寻求新的治理之道，必须统筹兼顾、整体施策、多措并举，全方位、全地域、全过程开展生态文明建设，深入实施山水林田湖草一体化保护和修复。在一定程度上，宁夏对于山水林田湖草生命共同体的内在机理和规律认识还不够，与落实整体保护、系统修复、综合治理的要求还有差距，解决自然生态系统各要素间割裂保护、单项修复等问题手段缺乏，没有形成系统治理的整体合力。

1.2.3.5 绿水青山转化为金山银山的路径不清晰

虽然近年来宁夏持续开展绿化造林、精准提升、生态修复和产业发展等工作，但森林、草原、湿地供给生态产品和生态公共服务的能力水平，与人民群众期盼相比还有很大差距。当前宁夏还面临着绿水青山转化为金山银山转化路径仍不顺畅、机制还不成熟，绿水青山与经济落后之间的矛盾比较大。主要表现：林草提供优质生态产品补偿的能力有限，林草特色产业还不能完全满足群众需求，林草自身还没有实现高质量发展，与人民群众期盼相比还有不小差距，林草生态产品价值实现还有不少瓶颈；受制于交通不便、经济基础弱等因素，生态旅游产业和绿色工业经济、服务经济等整体还不发达，绿水青山还没有变成金山银山；受干旱等地理条件限制，维护绿水青山所需成本高，发挥地域比较优势和增加农牧民收入的带动作用还不强；自然与人文景观比较优势还没有深入挖掘，引导各方面资金投入，激发社会资本投资的积极性还需要提升。

1.3 "十四五"时期林草发展总体思路

1.3.1 指导思想

"十四五"期间，宁夏林草发展的指导思想是以习近平新时代中国特色社会主义思想为指导，践行习近平生态文明思想，全面贯彻落实习近平总书记在黄河流域生态保护和高质量发展座谈会、视察宁夏时的重要讲话精神，牢固树立绿水青山就是金山银山理念，大力实施生态立区战略，坚决守好促进民族团结、维护政治安全、改善生态环境"三条生命线"，以加强黄河流域生态保护和林草高质量发展为主题，以林草事业现代化建设为目标，以实施重大战略、推进重大工程、深化重大改革、完善重大制度为抓手，以国土空间绿化、生态资源修复、产业提质增效、基础保障建设为重点，科技兴绿、依法治绿、完善政策制度、活化体制机制、加快推进林草治理体系和治理能力现代化，推动建设黄河流域生态保护和高质量发展先行区，整体保护、综合治理、系统修复，把黄河流域宁夏段建设成为人水和谐生态带、高质量林草产业聚集带、造福人民幸福带，加快建设美丽新宁夏。

"十四五"期间，宁夏回族自治区林草发展的基本思路：着力抓好黄河流域宁夏段生态保护与治理。打造以黄河干流为轴、支流为脉、两岸为单元，全区域统筹、干支流共治、左右岸齐抓的叶脉式治理新模式，确保黄河生态安全。着力提高发展质量，全面完善林草治理体系、提高治理能力，全面保护天然林、湿地、草原和生物多样性，加大防沙治沙力度，促进生态、经济、社会等多种效益充分发挥，探索以生态优先、绿色发展为导向的高质量发展新路子，推动形成人与自然和谐发展的林草现代化建设新格局。着力抓好国家公园建设，以实施重大战略、推进重大工程、深化重大改革、完善重大制度为抓手，加快自然保护地整合优化归并，创新自然保护地管理体制，强化自然保护法制建设和资金保障，积极构建以国家公园为主体的自然保护地体系。着力深化改革创新，继续巩固和深化国有林场、集体林权制度、林长制等林业改革，深化落实草原改革，创新完善绿水青山持续转化为金山银山的长效机制，促进宁夏林草事业释放动力活力。着力对接服务黄河流域生态保护与高质量发展、乡村振兴、"一带一路"建设、区域协调发展和西部大开发等国家战略，紧紧把握战略机遇，认真梳理自身承担的重大任务，充分发挥自身职能定位、发展格局和历史积淀的独特优势，加快形成与国家战略实施相匹配的高质量生态系统、生态资源、生态产业，努力建设祖国西部生态文明示范区、重要生态屏障，打造"丝绸之路经济带绿色明珠"，保障西部地区乃至全国生态安全。着力强化支撑保障，全方位强化自身建设，在制度建设、政策制定、保障机制等方面加大改革创新力度，扎实推进能力提升建设，加大基础设施、科技支撑、人才队伍、机构、种苗、灾害防控、生态资源监测等方面支撑保障能力。

1.3.2 基本原则

一是坚持绿水青山就是金山银山理念，坚持尊重自然、顺应自然、保护自然，坚持生态优先、保护优先、自然修复为主，守住自然生态安全边界。尊重客观规律、严格落实空间规划，科学布局生产、生活、生态空间，严守生态保护红线、筑牢生态平衡底线、把住资源利用上限，重在保护、要在治理、贵在建设，三管齐下，协同发力，整体保护、科学治理、系统修复相结合，实现由过去边治理边破坏向全域化保护、系统性修复转变。

二是坚持科学规划、系统治理，正确处理好重点突破和整体推进的关系，因地制宜、分类指导、分区施策，系统思维、工程手段、综合措施相结合，以黄河干流为轴、支流为脉、两岸为单元，全区域统筹、干支流共治、左右岸齐抓，努力实现由注重局部单一粗放式治理向山水林田湖草系统规划、系统治理转变。

三是坚持循序渐进、久久为功，正确处理好速度与成效的关系，近期目标和长远规划相结合，局部和全局协同推进、治标和治本相结合，典型引路和大工程带动相结合，生态空间扩容增量和质量精准提升相结合，努力实现由注重速度规模向量质并重、高质量发展转变。

四是坚持量水而行、营造片林，正确处理好社会需求与生态承载力的关系，以水定林、量水定绿，宜乔则乔、宜灌则灌、宜草则草、宜荒则荒，乔灌草相结合，注重片林建设，形成科学合理的植物分布，建立适宜本地的生物群落系统。

五是坚持产业富民、绿色发展，正确处理好保护与利用的关系，生态要美，百姓要富，对标新时代"好生态"标准和人民群众对美好生活的向往，打造高端化、智能化、绿色化林草产业，提供高质量的生态产品和服务,努力实现由注重改善生态环境向生态、经济和社会三大效益协调发展转变。

六是坚持创新机制、完善制度,正确处理好守正与创新的关系,有效促进动力变革、质量变革、效率变革,巩固和完善林草制度,标准化、规范化、法制化相结合,推进生态治理能力和治理体系现代化,努力实现由传统管理向现代治理、构建完备制度体系并重转变。

1.3.3 目标任务

到2025年,宁夏林草植被盖度和质量明显提升,水土流失得到有效控制,水源涵养和水土保持能力显著提高,湿地功能有效恢复,流域农田得到有效保护,林草产业得到健康发展,生态质量总体改善,黄河生态保护开创新局面,生态系统稳定性明显增强,生物多样性更加丰富,自然保护地体系初步形成,西北重要生态安全屏障更趋巩固,生态公共服务更加普惠,经济民生保障更加有为,林草治理体系和治理能力现代化取得重大进展,林业草原事业高质量发展有力支撑经济社会发展和美丽新宁夏建设(表1-2)。

表1-2 "十四五"时期宁夏林草发展主要指标

规划指标	2020年	2025年	属性
森林面积(万公顷)	82	104	约束性
森林覆盖率(%)	15.8	20	约束性
森林蓄积量(万立方米)	995	1195	约束性
草原面积(万公顷)	173.33	173.33	预期性
草原综合植被盖度(%)	56.5	57	约束性
湿地保有量(万公顷)	20.67	20.67	约束性
湿地保护率(%)	55	58	预期性
自然保护区面积占比(%)	11.88	11.88	预期性
林业及相关产业总产值(亿元/年)	200	700	预期性
森林火灾受害控制率(‰)	0.9	0.9	预期性
草原火灾受害控制率(‰)	3	3	预期性
有害生物成灾控制率(‰)	4	3.5	预期性

(1)山水林田湖草系统治理水平稳步提升。生态安全格局进一步优化,生态系统稳定性和质量进一步提升,生物多样性网络不断完善。森林面积达到106.7万公顷,森林蓄积量达到1195万立方米,草原面积稳定在173.33万公顷。森林覆盖率达到20%,草原综合植被盖度达到57%,林草覆盖率提高到54%。湿地保有量20.67万公顷,湿地保护率达到58%,自然保护地面积占宁夏面积比例达10%以上。

(2)造林绿化再上新台阶。完成营造林40万公顷,其中新增人工造林20万公顷,未成林抚育提升20万公顷。

(3)林草产业再造新优势。特色产业稳中有升,市场竞争力显著增强,林业及相关产业产值达到700亿元。

(4)重大改革取得新突破。集体林权制度改革、国有林场改革、草原改革取得积极进展,全自治区以国家公园为主体的自然保护地体系初步建成,林草治理能力和治理现代化水平显著提升。

1.4 林草发展区划格局

按照黄河流域生态保护和高质量发展战略在宁夏布局实施、区域生态主体功能定位、林草业生产力布局、区域地貌特点和林草资源禀赋、区域气候和水土条件等基本原则和实际情况，推进形成合理的林业草原发展分区，着力形成全自治区生态平衡、维护黄河生态安全、广大群众共享优质生态产品的格局合理、功能适当的林草资源空间布局。

1.4.1 区划依据和主要结果

依据《全国生态功能区划》《中国林业发展区划》《宁夏林业发展区划》及《宁夏生态保护与建设"十三五"规划》等内容，结合全自治区自然地理条件、林草业发展条件及需求变化，把水资源作为最大的刚性约束，按照山水林田湖草系统治理和黄河流域协同保护发展思路，坚持尊重自然、顺应自然、保护自然和绿水青山就是金山银山的生态文明理念，坚持保护优先、自然恢复为主的方针，坚持以提升发展质量和效益为重点，以宁夏"两屏两带"发展格局为基础，根据黄河流域生态保护需要，结合全自治区特点，按照"保护优先、统筹规划、空间均衡、整体提升"的总体思路，打造"一带一路"经济带战略支点，维护黄土高原—川滇生态屏障生态平衡，保障黄河上中游及华北、西北地区生态安全，强化山水林田湖草系统保护与修复，创新驱动、优化产业区域布局，结合国家精准扶贫、乡村振兴等战略，构建宁夏"十四五"时期"一带三区多点"的林草发展新格局。

"一带"指黄河及两岸绿色发展带。

"三区"是指以石嘴山、银川北部、吴忠北部、中卫北部为主的北部绿色发展区，以银川南部、吴忠南部、中卫南部为主的中部防沙治沙区，以固原为主的南部水源涵养区。

"多点"是指要建设"多点串联的城乡绿网"，以全自治区城镇、乡村、产业园区、交通主干道为重点区域，大力推进城乡人居环境绿化，加强城镇绿色化、园区绿色化，加快建设美丽乡村，引导农村巷道植绿、庭院增绿、道路护绿，构建城市为载体、园区为点缀、道路为纽带、林网为支撑的绿化网络。

1.4.2 区划分区和重点发展方向

1.4.2.1 北部绿化发展区

该区域年平均降水量200~400毫米，在中国林业发展一级区划里属于内蒙古、宁夏、青海森林草原治理区；在中国林业发展二级区划里属于黄河河套防护经济林区中的宁夏贺兰山山地森林生态恢复保护区。

区域范围：石嘴山市全境，银川市兴庆区、西夏区、金凤区、永宁县、贺兰县全境，吴忠市利通区、青铜峡市全境及中卫市沙坡头区北部、中宁县北部部分行政区域。总面积2.87万平方千米。

综合评价：区域西北部为贺兰山水源涵养区，生态区位十分重要，是宁夏西部生态屏障和生物多样性保护核心区，区域东南部为重点开发区和农产品主产区。该区域自然条件较差，气候干旱少雨，现有林草资源结构、种类相对单一，草原生态脆弱，草场退化明显，林草有害生物危害比较严重。林草保护修复难度较大，可造林地面积较小，造林成活率不高，人工修复投入成本高、见效慢且稳定性较差。湿地破坏现象仍然存在，水体污染现象未完全解决。林草产业化程度还不够高，特色经果林科学化生产管理水平有待提高。

发展方向：加强对贺兰山国家公园等自然保护地的管理，丰富林草结构，提升林草质量，提高水源涵养功能。加强林草有害生物普查和综合防治。通过三北防护林工程，加强黄河沿岸生态公益林和农田防护林建设，强化林草管护，构筑黄河两岸生态屏障。开展沿黄水系水生态修复，防治水体污染，强化黄河河滩湿地保护及生物多样性保护，提高湿地保护和管理水平。打造银川都市圈绿色生态廊道，推进银川都市圈生态建设。加强石嘴山森林城市建设和城乡绿化工作。加快推进特色经济林、种苗花卉、生态旅游一体化，突出林草产业发展特色，充分发挥枸杞、葡萄等特色产业的品牌和区位优势。

1.4.2.2 中部防沙治沙区

该区域年平均降水量 200~400 毫米，在中国林业发展一级区划里属于内蒙古、宁夏、青海森林草原治理区；在中国林业发展二级区划里属于鄂尔多斯高原防护林区里的宁夏毛乌素沙地南缘沙化土地综合治理区和青东陇中黄土丘陵防护经济林区里的盐同海中山丘陵山间平原水土流失综合治理区。

区域范围：包括银川市的灵武市全境，吴忠市的红寺堡区、同心县、盐池县全境和中卫市沙坡头区南部、中宁县南部和海原县北部部分行政区域。总面积 2.31 万平方千米。

综合评价：该区域为防风固沙和水土保持重点区域，土地沙化和水土流失问题依然严峻。林草资源碎片化，草原生态脆弱，草场退化现象比较明显。林龄、树种结构单一，林木稳定性差，林草质量亟待提高。林草生态保护修复难度较大，水资源短缺，可造林面积小，造林成活率低，管护成本高。林草产业化程度较低，综合效益差。

发展方向：植被保护和恢复的方针是草为主、灌作护、零星植乔木；封为主、造为辅，人工促修复。推动白芨滩、哈巴湖、罗山等自然保护地建设，切实加强现有林草资源保护。实施防沙治沙综合治理，加快推进三北防护林体系建设，强化退化林分和退化草原修复，努力扩大林草植被盖度。以水土保持为主体功能，大力开展林草生态保护修复，精准提升林草质量，继续实施退耕还林还草，封坡育草，进一步推行并巩固已经形成的舍饲圈养畜牧业生产方式。加强对内陆河流湿地的规划管理，合理配置水资源，保护沙区湿地。加快林草产业发展，促进林草相关产业升级，推广高效节水农业，发展特色林果业和沙产业。

1.4.2.3 南部水源涵养区

该区域年平均降水量大于 400 毫米，在中国林业发展一级区划里属于华北暖温带落叶阔叶林保护发展区；在中国林业发展二级区划里属于宁南陇东黄土高原防护林区里的固原黄土丘陵沟壑水土流失综合治理区和宁夏六盘山土石水源涵养林区；在国家重点生态功能区里属于黄土高原丘陵沟壑水土保持生态功能区。

区域范围：包括固原市全境和中卫市海原县南部部分行政区域。总面积 1.46 万平方千米。

综合评价：该区域为宁夏水源涵养核心区域，生物多样性保护区域，属于禁止开发区域，自然文化资源的重要保护区域，珍稀动植物基因资源保护地，生态文明的科普教育基地。林草基础相对较好，是宁夏天然次生林主要分布区。存在人工纯林、林木稳定性差、生长速度慢、水源涵养和水土保持功能不强等问题。草原退化严重，保护修复难度大。山地造林成本高，管护难度大。林草病虫鼠兔害严重。林草产业集约化程度低，没有形成主导产业，经济效益不高。

发展方向：加大土石山区天然林保护和南部山区封山育林育草力度，严格保护具有水源涵养功能的自然植被，严禁无序开采、毁林开荒和滥垦草地。全面提高林草水源涵养和水土保持功能，加大林草植被恢复力度，加强退化林分修复，重点实施400毫米降水线造林绿化工程和森林质量精准提升工程，努力恢复近自然的多功能植被。在重要河流沿线及邻近地区推行退耕还林还草，加快推进生态移民迁出区生态保护修复。实施天然草场自然修复、退化草原补播改良和毒害草、鼠兔害治理。推进六盘山国家公园建设，保护生态原真性和生物多样性。推进枸杞、红梅杏、苹果、李、梨等特色经济林基地建设和提质增效，推进生态旅游发展，高质量发展林草产业。

1.5 战略任务

深入践行"两山"理念、山水林田湖草综合治理理念，大力推进林草治理体系和治理能力现代化，聚焦林草职能职责，整体保护、综合治理、系统修复一体推进，重大项目、重大工程、重大政策、重大改革协调兼顾，以黄河生态保护和林草高质量发展"一个主题"为总的统领，以自然保护地建设与林草现代化治理"两大重点"为主要支撑，继续推进自治区科学国土绿化、产业提质增效、资源保护管理创新"三大行动"，认真落实好中央明确的天然林、湿地、荒漠、草原保护修复"四大制度"，不断强化科技、种苗、防火防灾、基层队伍、基础设施"五大保障"，全面持续深化国有林场林区、集体林权制度、草原制度、林草资源资产、林（草）长制、林草行政审批等"六大改革"，着力构建稳固的生态安全屏障体系、优质的生态产品供给体系、完善的生态公共服务体系、先进的生态文化建设体系、成熟的生态保护修复制度体系、牢固的林草基础保障体系、现代的林草治理能力和治理体系等"七大体系"，努力将宁夏建设成为全国生态文明先行区、绿色"一带一路"建设示范区。

1.5.1 围绕一个主题

围绕黄河流域生态保护和林草高质量发展，全面推进山水林田湖草沙一体化保护修复这个主题。按照习近平总书记在黄河流域生态保护和高质量发展座谈会上的重要讲话精神，坚持重在保护，尊重规律、顺应自然，以水定绿、量水而行，严格落实空间规划，科学布局生产、生活、生态空间，严守生态保护红线，筑牢环境质量底线，把住资源利用上线，守住守好贺兰山、六盘山、罗山"三山"生态屏障。以系统化的思维、综合性的措施、强有力的手段，上下游统筹、干支流共治、左右岸齐抓，生态保护、生态治理、生态建设三管齐下，推进荒漠化科学治理、小流域综合治理，抓好全国防沙治沙综合示范区建设，努力做到土不下山、泥不出沟、沙不入河。统筹推进森林、湿地、草原、流域、农田、城市生态系统建设，实施天然林保护和三北防护林工程，继续推进封山禁牧、退耕还林还草，大力实施国土绿化行动，加强湖泊湿地全域化保护、整体性修复，让山更绿、林更茂、草更丰、水更美，努力建设西北地区重要生态安全屏障。

1.5.1.1 编制实施黄河流域宁夏段生态保护修复规划

规划定位于新时期黄河流域宁夏段生态保护修复的顶层设计，提出实施黄河流域生态保护修复行动的具体思路和重大任务，重点是统筹设计宁夏境内黄河主干流、黄河一二级支流生态保护修复活动的实施范围、预期目标、工程内容、技术要求、投资计划和实施路径，组织规划实施，做到整体保护、综合治理、系统修复，确保提升生态保护修复活动的综合效益。

1.5.1.2 谋划启动并组织实施一批黄河流域重大生态工程

聚焦黄河主干流和一、二级支流，以及东西岸屏障等重点地区，继续深入实施国家国土绿化行动、天然林资源保护修复、退耕还林还草、森林质量精准提升、三北防护林体系建设、草原生态补助奖励、自然湿地保护恢复等林草重点工程，推出一系列支持政策，推动林草植被持续改善。同时，着力创新推出并实施黄河干流绿色长廊、黄河支流源头水源涵养林和两岸水土保护林、黄河两岸沙化土地治理、特色经济林提质增效等自治区层面重大林草行动，加快工程实施进度，全面提升黄河生态功能。要充分考虑黄河流域各区域生态差异性，主干流区重点是综合治理，在现有基础上进一步巩固和完善灌区防护林体系，实施造林绿化和综合治理，大大减少黄河泥沙的输送和流入。支流源头区重点是精准提升林草质量，充分发挥六盘山地区外围水源涵养林的功能，着力在政策上实现大突破，扩大退耕还林还草范围，使黄河生态得到更好保护。西岸区重点是构建保护地体系，全面保护黄河沿线自然湿地，积极发展黄河沿岸特色产业，深入开展美丽乡村建设。东岸区重点是生态修复，以草原保护和恢复为主，修复和改善脆弱生态环境，有效防治荒漠化。

1.5.1.3 强化黄河流域生态保护执法监管

建立健全黄河流域宁夏段林草执法队伍体系和监管机制，进一步加强黄河流域生态保护修复监管。严格实施林草资源监督，严厉打击违法违规破坏林地、草地、湿地和沙区植被的行为。持续完善公益林管护县、乡（林场）、村三级保护责任体系。

1.5.1.4 加快建立黄河流域宁夏段生态补偿机制

积极推动中央层面建立黄河流域生态保护补偿专项，中央财政加大对黄河流域宁夏段水土保持林和水源涵养林、水土流失和荒漠化治理等工程的支持力度。积极建议自治区财政部门完善重点生态功能区等一般性转移支付资金管理办法，不断加大对黄河流域林草资源保护的支持。把国家林草改革发展资金、林草生态保护恢复资金等向黄河流域宁夏段予以重点倾斜，支持开展林草资源培育、天然林、湿地、草原等保护修复。

1.5.1.5 完善推动林草事业高质量发展

"十四五"期间，要充分发挥森林和草原生态系统多种功能，促进资源可持续经营和产业高质量发展，有效增加优质林草产品供给，到2025年基本形成林草资源合理利用体制机制。一要坚持生态优先，绿色发展。正确处理林草资源保护、培育与利用的关系，建立生态产业化、产业生态化的林草生态产业体系。二要坚持因地制宜，突出特色。根据林草资源禀赋，培育主导产业、特色产业和新兴产业，培植林草产品和服务品牌，形成资源支撑、产业带动、品牌拉动的发展新格局。三要坚持创新驱动，集约高效。加快产品创新、组织创新和科技创新，推动规模扩张向质量提升、要素驱动向创新驱动、分散布局向集聚发展转变，培育发展新动能。四要坚持市场主导，政府引导。充分发挥市场配置资源的决定性作用，积极培育市场主体，营造良好市场环境。

1.5.2 突出两个重点

认真落实中央印发的《关于建立以国家公园为主体的自然保护地体系的指导意见》，充分体现黄河流域生态大保护思想，坚持尊重自然、顺应自然、保护自然理念，突出以国家公园为主体的自然保护地体系建设。同时，林草部门深入贯彻落实党的十九届四中全会精神，积极推进林草现代化治理体系制度建设。

1.5.2.1 自然保护地体系建设

加快建立自然保护地体系，开展自然保护地摸底调查和资源评估，到2022年全面完成整合优化和勘界定标。推动设立六盘山、贺兰山国家公园，加快自然保护区生态修复，完善自然公园公共服务基础设施，健全管理体制和发展机制。加强珍贵稀有动植物资源及其栖息地保护，除法律法规或生态修复、发展需要另有规定外，自然保护区内全面禁伐、禁牧、禁采、禁火、禁猎，禁止新建墓葬。

（1）推进自然保护地整合优化归并。查清全自治区自然保护地本底，建立大数据平台，编制全自治区自然保护地总体规划。谋划设立六盘山、贺兰山等国家公园。按照保护从严、等级从高要求，整合交叉重叠保护地，归并优化相邻保护地。在部分现有自然保护区基础上，整合区域内各类保护地设立自然保护区；将未整合进国家公园和自然保护区的保护地，保留类型名称，统一划为自然公园。在科学评估基础上，按照保护地面积不减少、保护强度不降低原则，分类有序解决历史遗留问题，做到一个保护地、一个名称、一套机构、一块牌子。国际履约的保护地，可以保留履约名称。力争实现自然保护地规模提升到全自治区面积的15%~20%。

（2）理顺管理体制机制。建立分级统一管理体制，由宁夏林业和草原局统筹管理全自治区各类自然保护地，行使全民所有自然资源资产所有者管理职责。各保护地整合优化后，整合原有管理结构建立二级管理机构，作为自治区林草局直属或派出机构，明确职能和编制，履行管理职责。建立完善自然保护地内自然资源产权体系，清晰界定产权主体，划清所有权与使用权的边界，逐步落实保护地内全民所有自然资源资产代行主体的权利内容，非全民所有自然资源资产实行协议管理。认真解决保护地内长期存在的"一地多证""重复命令""交叉重叠"等问题。

（3）建立资金保障机制。中央与自治区分别出资保障保护地体系建设，自治区财政在保证"三山"专项支持的基础上，设立自然保护地能力建设专项资金，加大建设力度。创新横向生态补偿机制，在六盘山自然保护区探索建立碳汇交易补偿。加强保护地特许经营和社会捐赠资金管理，定向用于保护地生态保护、设施维护等。鼓励金融机构对自然保护地建设项目提供信贷支持，发行长期专项债券。鼓励社会资本发起设立绿色产业基金参与保护地建设。

（4）加快移民搬迁和企业清退。编制全自治区自然保护地生态移民安置专项规划，将国家公园核心保护区、自然保护区核心区的居民逐步搬迁到区外，严格限制国家公园、自然保护区和自然公园一般控制区内的居民数量，妥善解决移民安置后就业。研究制定全自治区保护地矿产退出办法，违法违规开矿采矿企业，一律清退并履行生态修复责任；对依规工矿企业，开展分类退出试点。制定自然保护地矿山废弃地修复方案。设置生态管护岗位，优先安置贫困户和生态移民。同时要深入实施生物多样性保护工程，保护和修复珍稀濒危野生动植物栖息地，建设生态廊道，改善栖息地碎片化、孤岛化、种群交流通道阻断的状况。

1.5.2.2 林草现代化治理体系制度建设

建立完备的制度体系是实现宁夏林草治理体系治理能力现代化、实现林草高质量发展的必然要求，也是解决深层次体制机制性问题的重要基础。围绕构建最严格的生态保护修复治理体系，对现有林草制度进行梳理，摸清缺项弱项，补齐短板漏洞，建立健全林草资源保护修复、利用监管、产权保护、科学经营、生态补偿等制度体系。一是建立健全林草资源资产产权制度，明晰国家所有的林草资源产权，强化集体林地、草原经营权能，推进国有森林、草原、重要自然保护地和野生动植物资源严格保护和永续利用。二是建立健全林草资源用途管制制度，加快制定生态保护红线管控办法，坚持和完善林地分类分级管理制度，实行林地用途管制和定额管理，完善森林督查制度，建立"天上看、地面查"的全覆盖督查体系。三是建立健全生态环境损害责任追究制度，严格实行生态环境损害赔偿制度，健全生态损害赔偿等法律制度、评估方法和实施机制，建立领导干部自然资源资产离任审计制度，建立生态资源监测和评估机制，完善生态监测、生态价值核算、生态风险评估、生态文明考核评价等标准体系，建立生态资源社会监督机制。四是建立健全自然保护和生态补偿制度，探索建立多元化的生态补偿机制和横向生态保护补偿机制；谋划设立国家公园，不断建立健全国家公园制度体系，建立科学的规划体系、完善的标准体系和综合执法体系；合理划分中央与宁夏事权，探索成立国家公园公益性基金，建立以财政投入为主的多元化投入保障机制；完善国家公园自然资源资产管理、特许经营、访客管理、资源调查、生态监测等制度标准体系。五是建立健全林草资源利用监管制度，实施林草科学经营制度；完善森林采伐限额、林木采伐许可证制度，推广应用"互联网+采伐"管理模式，全面推行"一站式办理"；严格执行野生动物特许猎捕证管理、人工繁育许可证管理和经营利用专用标识管理等制度。六是建立健全林草支持政策制度，建立中央主导、地区差别化的林草生态保护修复投入标准和投资机制，完善林业草原生态补助制度，建立健全金融保险服务制度，加大金融扶持和创新力度，完善林权抵押贷款管理、林业贷款贴息政策和森林草原保险制度，积极推广政府与社会资本合作(PPP)模式。七是建立健全科技和人才支撑制度，加强林草科技创新体系建设，完善创新激励机制和政策制度；优化科技创新平台运行机制，建立产学研紧密结合、多主体协同推进的科技成果转移转化新机制；推进林草信息化；完善人才引进、培养、使用机制；健全基层专业技术人才职称评审、技能人才技能鉴定和岗位晋升激励制度。

总之，要创新林业草原体制机制，加快建立健全林草资源保护修复制度、产权保护制度、科学经营制度、生态补偿制度等制度体系，全面提升依法治林治草能力、科技支撑能力、灾害防控能力、林草信息化建设能力、基础设施支撑能力等，推动建立更加成熟、更加定型、更加完善的林草事业制度体系。

1.5.3 开展三大行动

1.5.3.1 科学国土绿化和林草质量精准提升行动

(1)科学国土绿化行动。树立正确的绿化发展观，科学节俭开展城乡绿化美化，推动国土绿化由数量增长向质量提升转变，由人工增绿为主向自然增绿为主、人工增绿促进转变，为人民种树，为群众造福。推进黄河支流源头水源涵养林和两岸水土保护林建设，坚持新造与补植相结合，完成退化林分改造，加大草原保护修复制度，扩大林草资源，提高林草覆盖率。扎实提升黄河干流绿色长廊功能，建设高标准农田防护林和生态防护植被体系，加快构建布局合理、功能完善、景观优美的黄河干流绿色长廊生态系统。以南华山—月亮山—西华山主山脉为中心，沿河流、山脊向两侧辐射，覆盖海原县、西吉县土石山区，建设结构稳定、功能完备的水源涵养林基地。在同心、红寺堡中部干旱带地区，依托企业建设产业基地，稳步发展特色经济林。力争到2025年，全自治区完成营造林任务30万公顷。

推进银川都市圈生态建设，加强银川、石嘴山、吴忠和宁东造林绿化和草原保护修复，建设一批高标准生态廊道、生态休闲公园，筑牢都市圈绿色生态屏障。力争相关市县每年建成3~5个园林式居住区，全自治区每年建成100个示范美丽村庄，新规划工业园区绿化率达20%以上，打造阡陌纵横、湿地星罗、林带美观、视野开阔的"塞上江南"风貌。

认真做好部门绿化、全民义务植树种草和城市绿化，积极推进森林公园、休闲游憩生态空间、生态教育基地等设施建设。力争到2025年，全自治区森林公园总数达到40处，其中国家级森林公园4处、自治区级森林公园8处、市民休闲森林公园28处，总经营面积4.8万公顷；建设森林康养基地5处。

（2）林草质量精准提升行动。依托三北防护林、天然林资源保护、退耕还林等国家重点工程进行，遵循不同区域水资源状况实施。在六盘山土石山区，强化植苗造林，保护天然林，实施封育保护，提高林草综合植被盖度。在宁南黄土丘陵区，开展黄土高原综合治理和退化林分改造，营造一批生态防护型经济林。在中部风沙区，推进科学营造防风固沙林，继续实施禁牧封育，推进防沙治沙示范县建设。在北部平原绿洲区，采取"宽林带、大网格"造林模式，以雨养为主，采用抗旱造林、抗盐碱造林等技术，形成"轴、网、片、点"相结合的北部平原生态防护林。重点在黄河干流沿线修复提升林草植被，强化护岸行洪和保护灌溉平原功能。在贺兰山重点围绕矿山实施植被恢复工程，增强水土保持能力。同时，着力建设一批科技支撑能力强、森林经营水平高、具有全国和区域示范推广价值的森林经营样板示范区，科学编制和执行森林经营方案，强化造林、抚育、有害生物防治等管理和技术指导服务。植被恢复既要考虑成活率，也要注重树种混交比例和林分结构，更要注重保护和恢复灌草植被。要以《中华人民共和国森林法》《中华人民共和国自然保护区条例》修改为契机，启动保护区非核心区森林经营和森林质量精准提升试点工作，提高区域森林质量。实施森林经营行动。全面宣传和提升六盘山多功能林业发展理念、构建六盘山区通过森林多功能管理来提质增效的技术基础、确定易于推广应用的六盘山区人工林和天然林及灌丛的多功能营造与管理模式、加强发展多功能林业实现提质增效的政策保障与创新。到2025年，森林经营支撑体系基本建成，森林抚育15万公顷，退化林改造6.67万公顷。乔木林每公顷蓄积量达到49立方米以上、年均生长量达到40万立方米。混交林面积比例达45%以上，珍贵树种和大径级用材林面积比例达15%以上。

1.5.3.2 林草产业提质增效行动

做大做强枸杞产业，提升优化红枣、苹果、种苗、花卉等产业，打造以枸杞为核心的"一核多点"特色产业体系。枸杞产业要坚持问题导向，推动产区化种植、夯实产业基础、标准化生产、实现提质升级，优化枸杞产品市场流通体系，引导枸杞产业融合发展、多元发展，增加品牌叠加效益，走"一特三高"（特色、高效、高质、高端）发展路子，构建"一核两带十产区"产业发展新格局。始终占领枸杞产业科技引领高地。打造全国枸杞人才培养中心。加强枸杞良种采穗圃、良种繁育基地建设，把宁夏建成中国枸杞苗木培育中心。精心打造"宁夏枸杞""中宁枸杞"两个区域公用品牌。要在适宜地区大力发展高品质的红枣、苹果等特色经济林基地建设，突出名特优新，打有机品牌，加强市场营销，提高林产品市场竞争力，切实提质增效。创新金融支持，为优质中小企业提供贷款担保和项目资金支持。不断壮大花卉苗木产业，提高生产设施档次，推进花卉苗木电子商务发展，健全产业链、提高附加值。到2025年，全自治区枸杞面积稳定在6.67万公顷，枸杞总产量达20万吨（以干果计），枸杞产业总产值达到300亿元。红枣等特色经济林面积达16万公顷，产量达72万吨。积极培育生态草产业，推进畜牧业舍饲、半舍饲养殖，加快人工草地建设，重点建设贺兰山东麓引黄灌区优质牧草产业带。充分利用柠条等作为青贮饲料，提高草产业化水平，推进建立机械化、规模化、标准化的现代化种植生产模式，提高原料品质。

大力发展森林草原生态旅游，构建以国家森林公园为主体，湿地公园、自然保护区、沙漠公园等融合的生态旅游休闲体系，打造区域生态旅游胜地。充分挖掘丰富的自然生态资源和人文生态资源，开发生态旅游新产品，延伸生态旅游产业链，提升生态旅游供给品质，开发具有宁夏特色的标志性生态旅游产品，探索生态旅游业发展与生态建设互为支撑的特色发展路径，打造全域生态旅游胜地。优化生态旅游发展布局，围绕"两区两廊"的空间布局，加快建设沙坡头旅游经济开发试验区、六盘山旅游扶贫试验区、贺兰山东麓葡萄文化旅游长廊、黄河金岸文化旅游廊道建设，开展绿色旅游景区建设，加大生态资源富集区基础设施和生态旅游设施建设力度，推动贺兰山生态旅游区、六盘山生态旅游区、罗山生态旅游区、黄河湿地生态旅游区、大漠长城生态旅游区五大生态旅游区建设，提升生态旅游示范区发展水平，构建以国家森林公园为主体，湿地公园、自然保护区、沙漠公园等融合的生态旅游休闲体系。创新生态旅游形式，结合生态旅游资源、交通干线、主要城市等布局特点，推动"重点近自然生态旅游目的地""近自然生态旅游精品线路""近自然生态风景道"建设，开展近自然生态观光；在重点生态旅游景区建设生态旅游宣教中心和环境科普教育场所，开发面向青少年、教育工作者、特需群体和社会团体工作者的自然教育旅游产品；开发具有宁夏区域特色的体验式旅游产品，产品设计以人文、生态、民俗为主，充分利用现有资源条件进行设计开发，打造宁夏特有的森林、草原、沙漠体验旅游项目。谋划生态旅游重点线路，打造"激情沙漠探险""奇享塞上江南""探秘西夏古国""观光黄河金岸""漫步葡萄长廊""重走丝路北道"六大精品线路，形成区域联动，全面提升宁夏生态旅游综合服务供给能力，增加生态旅游的参与性、独特性、娱乐性，丰富生态旅游内容。全域布局生态旅游示范基地，按照"一村一品、一乡一特色、一区一优势"的思路规划建设具有人文、风景、科研、教育、游憩、娱乐、旅游等多功能生态旅游项目示范点，重点扶持建设森林人家、林家乐、森林景观利用示范户、示范村建设，加强生态旅游与其他产业的融合发展，各类产业在兼营实业的同时也提供旅游服务。加强生态旅游配套体系建设，加快重点生态旅游目的地到中心城市、交通枢纽、交通要道的支线公路建设畅通重点生态旅游目的地之间的专线公路，建成高效便捷的旅游交通网络体系，支持区域性旅游应急救援基地、游客集散中心、集散点及旅游咨询中心建设，完善生态旅游宣教中心、生态停车场，生态厕所、绿色饭店、生态绿道等配套设施。

1.5.3.3 资源管理创新行动

一是实施资源保护红线行动。划定林地和森林、湿地、荒漠植被、物种、自然保护区五条红线，实施最严格的生态红线管理制度。二是实施森林资源动态监测。建立林地"一张图"更新与应用机制；积极开展有关监测理论与技术方法的研究。三是提升森林草原防火能力。加强高新技术手段和现代交通工具的装备应用，升级改造森林草原火险预警和显示系统。建立完善航空消防、森林草原消防队伍营房、应急物资储备等基础设施。四是开展野生动植物拯救。对麝、鹅喉羚、普氏原羚、豹、黑鹳、鹤、水曲柳、四合木、沙冬青、裸果木等珍稀野生动植物进行保护。五是开展野生动物疫源疫病监测。加强重点时节、重点区域和重点疫病的监测防控，建立陆生野生动物疫源疫病监测防控体系。完善疫病疫情防控应急制度，完善野生动物源人兽共患病防控策略，提高分类监测和主动预警水平。六是深化林木采伐审批改革。逐步实现依据森林经营方案确定采伐限额，改进林木采伐管理服务。建设林业基础数据库、资源监管体系、林权管理系统和林区综合公共服务平台。发挥好行业组织在促进林草产业发展方面的作用。

1.5.4 落实四大生态修复制度

1.5.4.1 天然林保护修复制度

认真落实国家《天然林保护修复制度方案》，加快建立全面保护、系统恢复、用途管控、权责明确的天然林保护修复制度体系。建立健全天然林保护修复制度体系。一要科学开展天然林退化修复，稳步提升天然林生态功能。人工促进稀疏退化天然林更新，恢复退化次生林；停止在水资源匮乏地区造乔木林，转向培育灌草植被；在重度盐渍化和极度干旱地区营造耐盐碱、耐旱类灌木林；严格封育保护天然荒漠植被和废弃矿山。二要强化天然林资源利用管控制度。把所有天然林都保护起来，对纳入保护重点区域的天然林，除森林病虫害防治、森林防火等维护天然林生态系统健康的必要措施外，禁止其他一切生产经营活动。针对林地、林木、野生动植物、景观等资源制定严格的利用管控制度，对于影响天然林资源保护修复的相关产业建立约束机制，出台负面清单。三要完善天然林保护修复绩效监测评价制度。制定系统、科学的天然林保护修复监测评价技术标准，建立高素质的监测评估队伍，加快监测样本布点，定期公布天然林保护修复成效评估结果。四要建立天然林保护修复绩效奖惩制度。将天然林保护和修复目标任务纳入经济社会发展规划，实行市、县政府天然林保护修复行政首长负责制，建立党政领导目标责任考核、绩效奖惩制度，列入领导干部自然资源离任审计事项，制定天然林损坏评估和损害赔偿办法，实行天然林资源损害终身追究制。

1.5.4.2 湿地保护恢复制度

认真落实《湿地保护修复制度方案》，加快推进宁夏湿地保护修复制度体系的建设。加强退化湿地修复，建立完备的湿地保护修复制度体系，按照《宁夏回族自治区湿地保护修复制度工作方案》要求，积极督促各市、县（区）制定出台切实可行的湿地保护修复制度工作方案，推进全自治区湿地保护修复目标任务和措施的落实。建立规范的湿地用途监管体系，严格按照"先补后占、占补平衡"的原则，明确湿地征占用分级审批权限和程序，强化湿地监督管理，有效维护湿地资源安全。建立完善的湿地监测体系，持续推进各市、县（区）开展湿地资源动态监测，逐步完善重要湿地保护监控体系建设，努力实现全自治区所有重要湿地视频在线监测监控和互联互通，建立健全湿地资源监测数据库，为湿地资源考核、审计和保护恢复等提供数据支撑。健全积极有效的湿地保护修复考核体系，将湿地面积、湿地保护率等指标，纳入生态文明建设目标评价考核、责任追究和领导干部离任审计等制度体系，通过考核等措施引起各级党委政府的高度重视，推动湿地保护修复工作，落实各市、县（区）湿地保护修复主体责任。

1.5.4.3 沙化土地治理保护修复制度

认真落实国家制定的《沙化土地封禁保护修复制度方案》，加强沙化土地封禁保护，持续推进沙化土地综合治理。贯彻全自治区禁牧政策方针，强化封禁保护，封飞造、乔灌草、片网带结合，重点对毛乌素、腾格里连片沙漠、引黄灌区与沙漠边缘交错地带进行综合整治，构建东防毛乌素、西御腾格里的两条阻沙屏障，建设全国防沙治沙示范区、"丝绸之路生态防护带"。要针对不同区域实施草方格加造林种草、封育等防治措施，特别在黄河主干流和重要支流沿线，大力实施草原生态修复工程。要量水而行，避免在沙区大面积营造乔木林、大量抽取地下水灌溉造林、大面积破坏原生植被。把"小老树"逐渐恢复为草地、灌木林地或疏林草地。严厉打击破坏沙区植被的违法行为。

1.5.4.4 草原保护修复制度

认真落实国务院办公厅印发的《关于加强草原保护修复的若干意见》，全面加强草原保护管理，强化草原生态空间用途管制，严守草原生态保护红线，严格保护黄河流域天然草原，严禁不符合草原保护功能定位的各类开发利用活动。加快推进《宁夏回族自治区草原管理条例》《宁夏回族自治区禁牧封育条例》修订。加快形成和落实基本草原保护、草原生态保护红线等制度体系。严格草原征占使用审核审批流程，建立负面清单，实行审核审批终身责任制。科学修复退化草原，对全自治区退化草原进行分级评价，制定极度退化、重度退化、中度退化、轻度退化分级标准，确定具体区域。每年实施退化草原治理1.33万公顷。重点在中部吴忠市、中卫市、银川市实施退化草原修复工程，实施南华山等自然保护区迁出区退耕还草工程。严格落实草畜平衡制度，对173.33万公顷草原，每年按照国家草原生态保护补助奖励政策标准进行禁牧补助。合理利用草原，加快现代畜牧业转型升级。科学发展草原牧区旅游、生态体验、生态教育等生态产业，创建一批特色草原旅游示范村镇和精品线路。设立草原生态修复重大专项，攻克草种业、天然草原生态恢复、人工草地建设、草产品加工、鼠虫害生物防治等重大瓶颈。

总之，通过天然林、湿地、沙化土地、草原生态保护修复，逐渐构建生物多样性保护网络，保护好重点野生动植物种和典型生态系统。

1.5.5 夯实林草五大基础保障

1.5.5.1 强化科技支撑

落实黄河流域生态保护国家战略，着力加强退化林分修复、荒漠化治理、草原保护修复、自然保护地资源监测管理等关键技术攻关，争取完成一批国家重大专项。针对地方需求，大力开展自治区林草科技专项研究，重点对困难立地造林、抗逆性乡土树种选育、良种引种驯化、林草病虫害和有害生物防治、次生盐碱地改良与示范、草原鼠害防治等进行攻关，计划引种驯化树（品）种共20个。建立重大科技项目揭榜挂帅制度。创新林草科技推广载体，在现有宁夏农林科学院荒漠化治理研究所、植物保护研究所等基础上，设立草原科研机构和草勘院。加强与科研机构等合作，建立林草科技协同创新机制和创新联盟。建立政府委托或购买科技服务机制。健全覆盖区、市、县、乡四级的林草技术应用和推广体系，稳定林草技术推广队伍。提高林草科技成果管理使用水平，增强科技推广与林农群体、企业需求的精准度、融合度、匹配度。完善林草科研评价和激励机制。要对国内近年来取得的适合在宁夏推广的技术成果、治理模式进行梳理和组装配套，进行分区分步全面推广，切实提高科技贡献率。以继续教育、关键岗位、重点工程和绿色证书培训为重点，加强对林业草原各级领导干部职工、林农果农的教育培训，培训技术骨干1000人。

1.5.5.2 抓好林草种苗培育

提高良种生产供应能力。在现有林草种苗基地的基础上，以国有育苗单位为主渠道，以民营育苗企业为骨干，以农民专业合作社和育苗户为补充，建设一批自治区级骨干育苗基地，积极开展提质增效，大力发展乡土树种育苗、珍稀树种育苗、良种育苗，育苗形式可探索新技术育苗、智慧育苗、互联网育苗等。加大乡土树（草）种、珍贵树种和适宜困难立地造林的抗逆性树种的良（品）种选育力度，积极培育良种壮苗。建立健全种苗检测联动机制，高标准建成自治区种苗检测中心，强化林木种苗执法站建设。继续深入开展古树名木抢救性保护，集中对全自治区古树群和散生古树名木全部实行原地保护。加强种质资源保护利用。推进林草种质资源普查，全面摸清种质资源家底。加大乡土树种草种研究攻关、保护和利用力度，制定乡土树种草种推广行动计划，加强国家级和省级林草种质资源保存原地库、异地库、设施保存库建设，科学贮藏林草种质资源。建设一批优良乡土树种草种基地，实施林草种业科技入户工程，满足生态修复治理需要。到2025年，全自治区林草育苗面积稳定在2万公顷，苗木生产总量保持在10亿株，年种子采收量30万千克；林草良种使用率达65%以上。

1.5.5.3 加强防火防灾

贯彻生命至上、安全第一、源头管控、科学施救的根本要求，坚持一盘棋共抓、一体化推进，早发现、早处置,"打早打小打了"全面提升森林草原防灭火能力。健全预防管理体系。坚持预防为先,建立健全森林草原火灾数字化、智能化监测预警体系,综合利用航空、瞭望塔、林火视频、地面巡护等立体化监测手段,提高火情发现能力。严格落实党政同责、行政首长负责制,层层传导市、县、乡、村干部防火责任和压力,强化网格管理队伍,充分发挥护林员、瞭望员预防"探头作用"。完善网格管理制度,定区域、定职责、定任务,推进精细化、常态化、规范化管理。创新科学防火方式方法,积极推进"互联网+防火"。健全各级特别是县级防火机构,保证编制、人员力量。探索实行防火购买服务机制,吸引社会力量参与森林草原防灭火工作。提高早期火情处置能力。完善森林草原火灾应急处置和早期火情处理方案,推行一区一策、一地一案,提高火情处置的针对性和可操作性。全面推进地方专业防扑火队伍标准化建设,深入开展火灾隐患排查和重点区域巡护,做到早发现、早排除、早处置、早扑灭。切实加强风险防范、依法治火、科学施救,预防发生人员伤亡和扑火安全事故。提升防控保障水平。科学优化防火应急道路、林火阻隔带、防火物资储备库、瞭望塔、航空护林站(点)等森林草原防灭火基础设施布局,构建自然、工程、生物阻隔带为一体的林火阻隔系统。加强专业化、现代化装备配备,提升基础通信、指挥调度和数据共享等监控能力。建立多层次、多渠道、多主体的投入机制,实施科学化"闭环式"项目管理,加强项目监督检查。2025年,通过森林草原防火建设,实现全自治区重点防火区域森林草原火情监测全覆盖,森林草原火灾防控能力显著提高,森林火灾受害率稳定控制在0.9‰以内,草原控制在3‰以内。

加强林草有害生物监测预警体系、检疫御灾体系、防治减灾体系、应急防控体系建设。建立有害生物资料数据库,强化预报工作。完善全省林草有害生物灾害应急指挥制度,强化检疫执法和检查检验队伍建设,更新和配备现代化防治设备,加强应急防治物资储备,强化应急防控演练和技术培训,提升应急处置和防治减灾能力。完善草原有害生物灾害监测预警体系,建设省级监控中心、地级监控站、县级监测防治站,探索建立边境生物灾害防火墙,建立重大入侵生物灾害定点测报系统。吸纳有能力、有经验的企业或组织作为防治主体,推进草原生物灾害专业化统防统治、全程承包服务模式。到2025年,林草有害生物成灾率控制在3.8‰以下。

1.5.5.4　健全基层队伍

要健全基层机构,加强队伍建设,明确基层林业、草原工作站(所)的公益属性,解决好身份编制问题,改善基层工作和生活条件,稳定健全林业和草原基层生产、技术、管理队伍。推进林草基层站所标准化、规范化建设,创新基层站所服务模式和服务机制。发挥基层林业站、森林管护所、木材检查站、草原站等机构人员优势,成立统一的林草综合执法队伍、综合防火队伍、技术推广队伍。加快生态护林员、公益林管护员、草管员等林草管护人员职能任务融合,保持10000人以上的生态管护队伍。牧区县、半牧区县设置草原工作站,改善执法检查装备条件。建立健全自治区林业和草原人才发展规划体系,多渠道引进和培养高水平专业技术和经营管理人才,建立高层次人才库。稳定现有林草从业人员队伍,促进人才合理流动和优化组合。完善基层林业草原专业技术人才继续教育体系,加快实施专业技术人才知识更新工程,激励人才向基层流动、到一线创业,优化基层森林经营人才配置机制。大力培养在全自治区具有显著影响力的科技领军人物、科技拔尖人才和基层技术骨干。

1.5.5.5　完善基础设施

推进林区牧区林场道路、给排水、供电、供暖、通信等生产生活条件改善。将基层林业工作站、草原站基础设施建设和仪器设备的配备纳入林草体系建设专项投资,改善办公条件,配备先进仪器设备。充分利用互联网、物联网、大数据、云计算等信息技术，加强信息化基础设施、林草资源数据库、业务应用、森林草原防火（森林）管理系统建设，加强林草信息化保障体系、综合管理、支撑平台等建设，逐步实现林草信息资源数字化、林草系统管控智能化和林草管理服务协同化。加强陆生野生动物疫源疫病监测防控，完善应急处置体系，科学应对疫情发生。严厉打击非法猎捕贩卖野生动物行为。要在林草资源调查体系基础上，建立林草资源生态状况动态监测评价体系。

1.5.6 深化六项林草改革

1.5.6.1 深入推进国有林场改革

认真落实中央和自治区关于巩固国有林场改革成果的有关精神。在完成国有林场改革任务基础上，积极落实国有林场林地确权颁证及生态移民迁出区土地划归国有林场管理工作，落实《宁夏国有林场管理办法》《宁夏国有林场场长森林资源离任审计办法》《宁夏国有林场森林资源有偿使用管理办法》《宁夏国有林场森林资源保护管理考核方案》的实施工作，完善国有森林资源管理体制，建立权属清晰、权责明确、监管有效的森林资源产权制度。建立并推行以森林经营方案为核心的现代国有林场经营模式。

1.5.6.2 深化集体林权制度改革

积极深化所有权、承包权、经营权三权分置，深入推进包括森林生态效益补偿、林木采伐限额管理、林权流转、森林保险等内容的配套改革。着力放活经营机制，促进集体林地适度规模经营，扶持林业专业大户、家庭林场、林业合作社、龙头企业发展壮大。积极将生态公益林补助、特色经济林扶持、退耕还林等惠农政策与发展林下经济有机结合，鼓励各种社会主体投资发展林下经济产业。完善生态公益林补助、特色经济林扶持、林权抵质押贷款制度等惠农政策。

1.5.6.3 推进草原制度改革

地方各级要落实和完善草原承包经营制度，认真解决长期存在的"一地两证"甚至"一地多证"问题，把地块、面积、合同、权属证书落实到户，真正赋予农牧民稳定的承包经营权。推进草原所有权（使用权）、承包权和经营权分置，明确所有权、使用权，稳定承包权，放活经营权，保障收益权。推行国有草原有偿使用制度，明确国有草原有偿使用范围和方式，推进国有草原确权登记颁证工作，规范国有草原流转管理，强化国有草原资源有偿使用监管。强化基层监管队伍建设，推进草原监督管理体制机制改革。

1.5.6.4 探索自然资源资产产权改革

总结湿地产权确权试点经验，完善确权登记办法和规则，推动确权登记法治化。推进各类自然保护地、国有林场、湿地等重要自然资源和生态空间确权登记，逐步实现全自治区自然资源确权登记全覆盖。研究制定自治区国有森林资源、草原资产有偿使用办法。通过租赁、特许经营等方式积极发展森林旅游。

1.5.6.5 推行林（草）长制改革

按照中央统一部署，在全自治区森林资源管理推行林长制，建立自治区—县级—乡级—村级—护林员五级管理制度，将森林资源小班落实到每个护林员，实现班班有责任，块块有人管。形成对生态资源保护、管理、监督、利用等方面全方位、强有力监管新格局。

1.5.6.6 深化林草行政审批改革

全面落实中央和自治区行政审批改革部署，精简审批事项，实行并联式审批或集中审批，优化公共服务水平，推动林草审批改革。加快推进政务服务"一网通办"深化"最多跑一次""不见面马上办""互联网+监管"等改革，提高行政审批效率，为自治区生态建设和经济高质量发展提供有力支撑。

1.5.7 构建七大体系

按照把宁夏作为一个城市来经营的理念，积极倡导生态文明理念，大力推进"三山"、黄河两岸、交通沿线、河流沟渠、城镇村庄和工业园区等区域生态建设，实现城镇园林化、村庄绿荫化、渠路林带化、农田林网化，河流湿地生态景观化，成为保障和支撑发展的永久性生态屏障，形成人口、经济、生态保护协调发展的林草事业建设新局面。到2025年，初步构建以森林、草原、湿地为主体的健康稳定的生态安全屏障体系，以枸杞等特色经济林、林下经济、森林旅游产业为主导的优质的生态产品供给体系，以森林城市、自然保护地、公园绿地等为代表的完善的生态公共服务体系，以国土绿化、资源保护等制度体系为保障的完善的保护修复制度体系，以林草基础设施完善、基层站所网络完整、人才科技有力高效为支撑的牢固的基础保障体系，以生态价值观念为准则、科学低碳绿色为引领的先进的生态文化体系，以法律制度、政策体系健全为标志的现代的林草治理体系，共同构成完整的"十四五"林草目标体系。

1.6 林业和草原重点生态工程

林业草原重大工程项目是有效解决长期困扰和阻碍自治区经济社会发展生态问题的重要着力点，是推进山水林田湖草沙生态保护与修复、保障国家生态安全的关键举措，是实现绿水青山就是金山银山、提供生态产品和服务的重要载体，是实现绿色发展、推进林业草原治理现代化的战略途径。党的十九大报告、中共中央、国务院印发的《关于加快推进生态文明建设的意见》等重要文件中，对重要生态系统修复工作作出重点部署。贯彻落实习近平生态文明思想和关于实施重要生态系统修复重大工程的重要指示，特别是贯彻落实习近平总书记关于黄河流域生态保护和高质量发展的重要讲话精神，必须坚持整体推进与局部突破相结合的重大原则，必须坚持"条块结合"的生态工程建设格局，必须坚持一盘棋思想、全方位全地域全过程开展保护修复，绝不能顾此失彼、条块割裂。基于以上考虑，"十四五"期间，依托国家退耕还林（草）、天然林资源保护、三北防护林体系建设等重点工程，拟在自治区全面实施北部绿色发展区防护林建设、中部防沙治沙建设、南部水源涵养建设、湿地保护恢复建设、以国家公园为主体的自然保护地建设、天然林保护修复、退化草原生态修复、特色经济林提质增效、自然保护地生态修复以及林草治理能力提升等十大工程。

1.6.1 北部绿色发展区防护林建设工程

在13个县（市、区）的引黄灌溉区，以黄河为轴，对黄河干流护岸林、标准化堤防、两侧主要入黄干沟、重要防洪设施、道路、渠、黄灌溉区农田防护林采取新建、改造提升等措施，建设大网格、宽带幅、高标准防护林体系。形成"纵贯三市、东中西布局、林田水相依"的都市圈绿色生态屏障，构建黄河流域绿色生态长廊。

1.6.2 中部防沙治沙建设工程

遵循沙区自然规律，坚持"宜乔则乔、宜灌则灌、宜草则草、宜荒则荒、宜沙则沙"的治理方针，按照"防沙、用沙、绿沙"的原则，对毛乌素沙地、腹部沙地、腾格里沙漠、中南部黄土丘陵区等重点区域，针对不同立地条件，采取封禁保护、工程加生物固沙、人工种灌草等措施进行综合修复治理，建设中部防风固沙林体系。

1.6.3 南部水源涵养建设工程

对黄河支流清水河、泾河、葫芦河等源头，采取封育保护、人工造林种草措施，加快生态修复，提高林草综合植被覆盖度，增强水源涵养和水土保持功能，建设水源涵养和水土保持林体系。黄河支流两岸，在降水量400毫米以上黄土丘陵沟壑区，采取封育保护、人工造林措施等，增加林草面积，增强水土保持功能。在降水量300~400毫米水土流失严重区域，主要采取种植灌草、封育保护等措施，增加灌草面积，减少水土流失。推广彭阳县小流域综合治理"彭阳模式"，科学搭配树种，兼顾经济效益、生态效益和社会效益，把水源涵养和林业发展与经果林发展、结构调整、国土绿化结合起来，与环境治理结合起来，在气候、立地条件适宜区域，积极鼓励营造经济林和生态景观兼用林，因地制宜打造一批特色林果基地和生态景观林。

1.6.4 湿地保护恢复建设工程

加强沿黄重要湿地和湿地公园的保护与恢复，优化布局、扩大面积、增加质量、提升功能，实行湿地总量管理，在沿黄滩区开展生态修复和岸线整治，落实源头治理、过程管控、生物净化等措施，在南部、中部、北部三个区域因地制宜还湿建湿、退耕还湿、扩水增湿、生态补湿，实施退养还滩、盐碱地复湿和退化湿地恢复，修复受损湿地、恢复水生生物，在有条件的入黄沟道末端适度建设人工湿地，让各类湿地连起来、水源流起来、生态活起来，基本形成布局合理、类型齐全、功能完善、规模适宜的湿地保护体系。提高湿地的完整性，确保发挥湿地生态功能、景观效益和经济效益。

1.6.5 以国家公园为主体的自然保护地体系建设工程

加快推动以国家公园为主体的自然保护地体系建设，构建以国家公园为主体、富有宁夏区域特点的自然保护地体系，建设健康稳定高效的自然生态系统，提升生态产品和生态服务供给能力，使其成为宁夏"生态立区"的战略基点。重点对云雾山、南华山为主的保护区进行人工促进，全面加强生态修复。对以贺兰山、六盘山、罗山"三山"为主的自然保护地整合优化后，加强科研监测、森林防火等基础设施建设，构建"天空地"一体化智慧监测系统，形成体系完备、功能齐全、治理科学的以国家公园为主体的自然保护地体系。

1.6.6 天然林保护修复工程

严格执行天然林保护修复制度，对纳入天保工程管护的49.87万公顷林木资源和纳入森林生态效益补偿的51.24万公顷国家公益林进行全面管护。对天保工程区退化林分进行改造修复，健全相关管护和信息化设施建设等，进一步提升天然林资源保护工程的管护能力。

1.6.7 退化草原保护修复工程

根据不同的草原类型和立地条件,结合退化程度,选择科学合理的修复技术措施进行生态修复治理,大力实施人工种草生态修复工程和退牧还草工程。争取启动草原生态补偿,继续实行禁牧封育政策,对退化草地采取围栏封育、免耕补播、生境改善、灾害防治、植被重建等管理及技术措施,促进草原植被迅速恢复,使草原生态系统持续健康发展。

1.6.8 特色经济林提质增效工程

发挥宁夏特色经济林特有的优势和增长潜力,做大做强枸杞主导产业,做精做细红枣、苹果、种苗、花卉等特色林业产业,做深做特林下经济、生态旅游等新兴产业,培育形成"两业驱动、多业互补"的绿色富民产业体系,打造宁夏绿色经济增长极。

1.6.9 自然保护地生态修复建设工程

加快推进森林经营,强化森林抚育、退化林修复等措施,精准提升黄河干流沿线、黄河支流源头、沙化地区、生态移民迁出区、国有林场和集体林区的森林质量,促进培育健康稳定优质高效的森林生态系统。加强森林生态效益补偿,落实公益林管护责任。建设一批多功能森林经营示范基地和技术模式示范林。推进建立全自治区和县森林经营规划体系和各类经营主体森林经营方案体系。

1.6.10 林草治理能力提升工程

强化森林草原火灾预防、防火应急道路、林(草)火预警监测、通信和信息指挥系统建设。完善有害生物监测预警、检疫御灾、防治减灾三大体系,加强重大有害生物以及重点生态区域有害生物防治。加强国有林场道路、饮水、供电、棚户区改造等基础设施建设,提升装备现代化水平。加强林业草原基层站所标准化建设,推进机构队伍稳定化、管理体制顺畅化、站务管理制度化、基础设施现代化、履行职责规范化、服务手段信息化、人才发展科学化、示范效益最大化。推进林业科技支撑能力建设,系统研发重大共性关键技术,加强科技成果转化应用,健全林业草原标准体系,建设林业草原智库。开展"互联网+"林草建设,构建林草立体感知体系、智慧林业草原管理体系、智慧林草服务体系。全面提升发展支撑能力,切实保障林草发展需要。

1.7 加强政策扶持

实施宁夏"十四五"林草发展规划,必须聚焦"黄河流域生态保护和林草高质量发展战略"这一主题在政策上取得突破,加快建立健全涵盖森林、草原、湿地、荒漠、自然保护地、野生动植物等配套协同的政策体系,不断推动林草事业高质量发展。

1.7.1 完善生态保护修复政策

1.7.1.1 创新生态保护修复扶持政策

创新生态修复政策,因不可抗拒自然因素造成的造林种草面积损失,经省级工程管理部门组织认定后，审核报损，列入下一年度工程建设任务。扩大退化林分修复试点面积，加大三北防护林工程退化林分改造和灌木平茬任务面积，分不同类型区域、针对退化主导因素，制定具体措施，促进防护林建设优化升级。加快推进流域上下游横向生态保护补偿机制，推动开展跨省流域生态补偿机制的试点，建立省内流域下游横向生态保护补偿机制，以地级市为单元，自治区通过积极争取中央财政支持、本级财政整合资金对流域上下游建立横向生态保护补偿给予引导支持，推动建立长效机制。完善草原生态管护员管理办法，建立草原管护员制度，在"一户一岗"基础上，对管护面积超过户均水平一定规模的增加1名管护员。根据不同地区的地理气候和生态区位差异，适当提高宁夏造林补助标准，建立差异化的生态建设成本补偿机制。建立六盘山自然保护区人工林经营试验区，允许保护性采伐。完善自然保护地产权制度，建立自然保护地现代化治理体系，建立多元化资金投入机制。

1.7.1.2 完善天保等工程到期后接续政策

完善天然林保护修复制度、管护制度及配套政策。对全自治区所有天然林实行保护，依据全自治区国土空间规划划定的生态保护红线以及生态区位重要性等指标确定天然林保护重点区域，通过制定天然林保护规划、实施方案，逐级分解落实天然林保护责任和修复任务，完善天然林管护体系，加强天然林管护能力建设。严管天然林地占用，严格控制天然林地转为其他用途，在不破坏地表植被、不影响生物多样性保护前提下，可在天然林地适度发展生态旅游、休闲康养、特色种植养殖等产业。完善天然林保护修复支持政策，加强天然林保护修复基础设施建设，加大对天然林保护公益林建设和后备资源培育的支持力度。提高天然林管护和国家级公益林补助标准。加大对天然林抚育的财政支持力度。鼓励社会公益组织参与天然林保护修复。

1.7.1.3 建立巩固退耕还林还草的长效机制

制定退耕还林还草后续补偿政策，在新一轮退耕补助到期后，按照不低于第一轮补助标准总额对退耕户继续进行后续补助。扩大退耕还林还草规模，对生态地位十分重要、生态环境特别脆弱的退耕还林还草地区，在替代政策尚未出台前，继续实施补助；林木生长缓慢、植被恢复难而且没有发展后续产业条件、农村劳动力转移也比较困难的退耕还林地区，应继续实施政策补助。后续产业和结构调整还需要一段时间才能见效的退耕还林地，应给予适当补助。将退耕地上营造的生态公益林纳入各级政府生态效益补偿基金，并适当提高补偿标准，加大森林资源管护资金投入。在落实退耕农户管护责任的基础上，逐步将退耕还林地纳入生态护林员统一管护范围。以资源约束紧、生态保护压力大的地区为重点，将退耕政策与耕地轮作休耕政策相衔接，积极争取将退耕地，特别是农牧交错地区的退耕地纳入耕地轮作制度试点范围，将坡度15°以上、25°以下的生态严重退化地区的退耕地纳入耕地休耕制度试点范围。

1.7.1.4 探索建立宁夏国家生态特区

制定生态特区发展规划，按照"生态保护国际示范区、高品质生态产品供给区、国家级生态旅游示范区"协同创建的思路，以黄河流域宁夏生态保护修复及重大项目为基本抓手，坚持特别的定位、实施特别的举措、体现特别的支持，加快构建纵贯上下游、畅通左右岸的水生态保护体系；坚持通过高位规划、外部新动能的注入和内部治理结构的创新，通过综合施治和全社会力量参与，实现整个区域产业结构、生产方式、生活方式以及制度体制的改革，巩固提升生态保护与建设成果，打开绿水青山向金山银山转化的通道；将宁夏生态特区建设列入国家专项规划给予支持，大力发展生态产业，完善生态基础设施，创新治理体制机制，为全国生态文明建设创造成功经验，把宁夏打造成人与自然和谐共生的"美丽宁夏"的样板地、绿水青山就是金山银山理念的实践区、城乡融合生态富民的示范区、生态文明制度改革创新的先行区。

1.7.2 完善林草改革相关配套政策

"十四五"时期,全自治区林草改革任务繁重,必须完善相关配套政策,为林草深化改革提供适宜的政策土壤环境。

1.7.2.1 完善集体林地承包经营改革政策

稳定和完善集体林地承包制度,大力发展抵(质)押融资担保机制,积极推进林业信用体系建设,加快发展林权管理服务中心,推进集体林业综合改革试验工作。探索在林区实施三权分置,鼓励和支持各地制定林权流转奖补、流转履约保证保险补助、减免林权变更登记费等扶持政策,积极引导林权规范有序流转,重点推动宜林荒山荒地荒沙使用权流转。加快推进"互联网+政务服务",推进互联互通的林权流转市场监管服务平台建设,提高林权管理服务的精准性、有效性和及时性。探索开展特色林果经济林确权发证。

1.7.2.2 完善巩固国有林场改革成果配套政策

制定《宁夏国有林场管理办法》《宁夏国有林场场长森林资源离任审计办法》《宁夏国有林场森林资源有偿使用管理办法》《宁夏国有林场森林资源保护管理考核方案》配套政策。建立"国家所有、分级管理、林场保护与经营"的国有森林资源管理制度和考核制度。建立完善以政府购买服务为主的国有林场公益林管护机制的相关政策规定。出台国有林场基础设施建设实行市、县财政兜底的配套政策。充分利用国家生态移民政策,全力保障生态移民迁出区土地划归国有林场管理得到贯彻落实。

1.7.2.3 完善草原承包经营制度改革配套政策

坚持"稳定为主、长久不变"和"责权清晰、依法有序"的原则,依法赋予广大农牧民长期稳定的草原承包经营权,规范承包工作流程,完善草原承包合同,颁发草原权属证书,加强草原确权承包档案管理,健全草原承包纠纷调处机制,扎实稳妥推进承包确权登记试点。积极引导和规范草原承包经营权流转,草原流转受让方必须具有畜牧业经营能力,必须履行草原保护和建设义务,严格遵守草畜平衡制度,合理利用草原。

1.7.3 加快建立产业高质量发展政策

践行"绿水青山就是金山银山"理念,大力培育和合理利用林草资源,充分发挥林草生态系统多种功能,促进资源可持续经营和产业高质量发展,有效增加优质林草产品供给,推动林草产业全环节升级、全链条增值。

1.7.3.1 增强产品供给能力

大力实施枸杞产业创新提升工程,因地制宜、适度规模发展林下经济,推进红枣、苹果等特色经济林产业发展。加大人工种草投入力度,扩大草原改良建设规模,提高牧草供应能力。启动草业良种工程,选育优良生态草种,建设牧草良种繁育基地,启动优质牧草规模化生产基地建设项目,提升牧草良种生产和供应能力。培育一批草产业生产加工龙头企业、专业合作组织和种草大户,带动种养大户和广大农户种草,并通过土地流转,建设稳定的自有牧草生产基地,为草产品生产加工提供稳定的原料来源,促进草产业提质增效。启动草产业产业化建设项目,促进草产品生产加工提档升级。苗木产业向销售、施工、设计等产业链延伸。

1.7.3.2 大力发展生态旅游

制定森林草原生态旅游与自然资源良性互动的政策机制。积极培育森林草原生态旅游新业态新产品。将重点生态工程建设与"贫困地区特色产业提升工程"相结合，深化全域旅游示范区建设，推行"旅游+"模式，完善生态旅游宣教中心、生态停车场、生态厕所、绿色饭店、生态绿道等配套设施建设，加快复合型旅游景区开发建设，开发精品线路，丰富产品供给，实施重点旅游景区升级改造工程，提升沙坡头、沙湖、六盘山等景区景点档次。努力铸造融合生态旅游和文创产业于一体的产业体系。大力发展森林生态旅游，积极发展森林康养，建设森林浴场、森林氧吧、森林康复中心、森林疗养场馆、康养步道、导引系统等服务设施，大力兴办保健养生、康复疗养、健康养老等森林康养服务。引导各地围绕林业草原生态旅游开展森林城镇、森林人家、森林村庄建设。加强试点示范基地建设，打造国家森林步道、特色森林草原生态旅游线路、新兴森林生草原态旅游地品牌。积极发展草原旅游，开展大美草原精品推介活动，打造草原旅游精品路线。

1.7.3.3 维护产品质量安全

加快宁夏枸杞产品质量追溯体系和质量认证体系建设。深入实施森林生态标志产品建设工程，围绕枸杞、红枣、苹果等主要特色经济林产品，建立完善统一规范的区域性产品标准、认定和标识制度，加强区域特色品牌、区域公用品牌、国内知名品牌和国际优良品牌建设，积极争取枸杞、长枣、花卉等多产业进入国家林草产业投资基金项目库，探索建立宁夏林草产业投资基金。建设林草产业示范园区项目，以园区为平台，培育形成草产业生产基地、草产品加工基地、交易集散基地、储藏基地、牧草良种繁育和科研示范基地，逐步形成草产业信息中心、质量检验监测中心和科技培训中心。在林草产业示范园区搭建电子商务平台，加强大数据应用，促进线上线下融合发展。

1.7.3.4 建设林草产品电子商务体系

探索建立"互联网+林草+大数据"产业信息平台。积极争取进入国家林业和草原局与阿里巴巴集团的战略合作范围，在经济林、林下经济，在电子扶贫、电子商务、大数据运用、互联网金融、电商培训、钉钉平台等领域，促进林产品销售，打通产销渠道，增强林草产业发展后劲。

1.7.4 建立健全支持支撑政策

立足林业草原生态建设实际，切实转变政府职能，进一步加大公共财政支持力度、拓宽生态建设投融资渠道、发挥科技政策服务功能，增强能力、释放活力、提高效率，全面支撑引领林草事业发展。

1.7.4.1 完善财政政策

加大对林草的扶持力度，建立和完善以国家投资为主、地方投资为辅、金融和社会资本参与的林业草原投融资体制。加大对生态功能区财政转移支付力度，争取对生态涵养功能区特别是黄河沿线地区的生态补偿和政策资金支持，不断扩大建设规模，逐步提高建设标准。各级政府根据财力状况，调整财政支出结构，将林草生态建设、林果产业发展纳入公共财政预算体系，建立稳定的投资渠道。完善重点生态工程投资结构，将造林基础设施建设、抚育管护纳入投资范畴，逐步提高单位面积造林补助标准。将退化林分修复纳入工程新造林范围，享受新造林补贴政策。按照生态保护成效，探索开展森林生态效益分档补偿试点。积极争取将生态型经济林纳入森林生态效益补偿范围。建立省内流域下游横向生态保护补偿机制，以地级市为单元，积极争取中央财政支持、省级财政整合资金，引导建立流域上下游横向生态保护补偿基金。积极探索建立六盘山国家生态补偿示范区，在六盘山国家公园设立前，由国家按照重点生态功能区转移支付制度给予生态资源补偿，推动建立跨省份流域上下游横向生态保护补偿机制和水权交易制度。探索"湿地资源恢复费"相关政策，从水电费等有关湿地资源利用收益中按比例安排湿地保护资金。完善林业草原财政贴息政策，提高林权抵押贷款贴息率，延长贴息时间，对林权抵押贷款符合国家林业草原贷款贴息政策的，优先给予财政贴息补助。探索将水土保持补偿费中每年切块一定比例用于林草业生态保护与修复。建立绿色GDP核算机制，为实施区际生态转移支付和交易做准备，为生态政绩考核提供依据。按照年度财政支出的固定比例用于生态建设，增大财政支出中用于生态建设的比例。

1.7.4.2 完善投融资政策

引导金融机构开发贷款期和宽限期长、利率优惠、手续简便、服务完善等适应林草业特点的金融产品。鼓励建立合作社信用联盟，探索开展林区、牧区微型金融和农户互助金融。切实增加林业草原贴息贷款等政策覆盖面。大力发展抵(质)押融资担保机制，完全林权抵押贷款政策，将特色林果经济林纳入政策范围，开展林木所有权证抵押贷款试点。积极试点公益林补偿收益权质押贷款，启动林地承包经营权抵押贷款，开展草场承包经营权质押贷款。建立和完善重点生态工程建设林业草原信贷担保机制，拓宽信贷担保物范围。推广政府和社会资本合作、信贷担保等市场化运作模式。在国家储备林、国家公园、湿地公园、沙漠公园优先探索实施PPP项目。提高财政森林保险补贴规模、范围和标准，完善森林保险政策，研究制定宁夏《森林保险条例》，将生态经济林纳入森林保险范围。积极开展以保价值、保产量、保收入为主要特征的特色经济林和林木种苗商业性保险。推动建立特色优势农产品保险的中央财政以奖代补政策，争取扩大入险的特色优势农产品对特色经济林的覆盖面。积极争取开展草原保险试点。深入推进林业草原投融资体制机制改革，筹建宁夏林业草原生态建设投资有限责任公司。探索发行长期专项债券，定向投资于国家公园以及自然保护地的建设与开发。积极引进省外、国外资金，探索生态产品价值实现机制，有效利用世界银行、欧洲投资银行等金融项目推进林草建设。创造宽松环境，在项目准入、资金扶持、税费和资源利用政策等方面给予社会资本平等待遇，引导流向全自治区林草建设。

1.7.4.3 完善科技政策

各级应安排一定比例的林业草原科技和教育经费，增加林业草原科技投入，加大科技创新力度，加快现有科技成果转化及适用技术的推广。加强与科研院校的合作，加大防护林建设可持续经营的技术研究、技术储备。促进林草科技对口援助，鼓励和支持国内重点农林高校和相关科研机构在宁夏设立若干个区域性林草综合试验示范站或推广基地；通过建立林草科技扶贫开发示范样板、选派林草科技扶贫专家、培养乡土技术能人等方式，促进林草科技在贫困地区真正落地。加快编制林草科技发展专项规划，建立不同区域草原生态保护修复技术标准体系，鼓励支持草原实验监测站(点)建设，积极开展草原生态修复专题研究和技术示范。加大林草业技术人才培育和引进，鼓励科技人员通过技术承包、技术转让、技术服务、创办经济实体等形式，加快科技成果转化。推进林草科技体制改革，建设林草科技创新基地，促进产学研结合，逐步建立产学研紧密结合、多主体协同推进的林草科技成果转移转化新机制。

1.8 组织保障建设

实施"十四五"林草发展规划是一项宏大系统工程，对推动落实黄河流域生态保护和林草高质量发展战略、加快建设美丽新宁夏具有重要作用，要敢于担当作为，勇于攻坚克难，加强协调配合，完善政策制度，强化科技创新，加大投资力度，增加公众参与度，确保规划各项任务落到实处。

1.8.1　加强组织领导

成立规划实施领导小组，统一部署、综合决策、监督评估，确保规划实施。各级党委、政府要切实加强领导，把林草建设纳入当地经济社会发展总体规划，提上政府工作重要议事日程，统一规划实施，整体协调推进。把森林覆盖率、林地草原征占用审核审批率等重要指标，纳入各级政府年度督查和考核体系，对工作滞后的市州县进行通报批评。宁夏林业和草原局牵头抓总做好规划实施，相关部门要积极支持。

1.8.2　强化法治保障

完善林草法治体系，提高林草法治水平，用最严格的制度和最严密的法治保护生态资源。推动国家公园、自然保护地、草原等地方立法，制修订林草法律法规及部门规章，建立要素紧密结合的法律法规体系。加大林草执法力度，严厉打击违法行为，持续保持高压震慑态势。加强林草执法监管体系建设，建立素质过硬、业务精通的林业草原执法队伍。强化普法宣传，提高生态意识，形成全社会自觉保护生态的共同行动。

1.8.3　践行"两山"理念

践行习近平总书记"两山"理念，坚持改革创新，探索把"绿水青山"转化为人民群众手中的"金山银山"。创新完善"绿水青山"利用的政策制度，构建自然资源资产产权制度、生态产品价值核算、市场交易平台新体系。围绕资源变资产和资本，激活"两山"相互持续转化机制，把生态优势转化为经济优势。突出枸杞、花卉苗木、森林草原旅游等绿色产业高端智慧化发展，建立"生态+、品牌+、互联网+"等市场模式，探索生态变经济路径机制。

1.8.4　严格考核评估

各级林草部门要切实履行职责，加大工作力度，统筹各类生态空间规划，做好政策和任务相互衔接，做到集中发力、重点突破，切实解决突出生态问题。开展规划中期评估和终期考核，加强对规划执行情况的监督和检查，定期公布重点工程项目进展情况和规划目标完成情况。宁夏林业和草原局组织编制一批落实本规划的重点专项规划，基层林草部门要结合地方实际，做好地方规划与自治区规划衔接协调。

1.8.5　加大宣传力度

以习近平新时代中国特色社会主义思想为指导，深入宣传贯彻习近平生态文明思想和习近平总书记关于林业草原工作重要指示批示精神，增强"四个意识"，坚定"四个自信"，做到"两个维护"，自觉履行举旗帜、聚民心、育新人、兴文化、展形象的使命任务，努力把全自治区林草系统扩大干部职工的思想认识统一到党中央、国务院和自治区党委政府的决策部署上来，把全自治区林草系统干部职工的干劲、热情凝聚到加快林业草原事业的大局上来，进一步总结经验，凝聚共识，大力宣传全自治区林业草原工作成就和重大林草项目工程，挖掘模范人物和典型集体，切实增强做好林业草原工作的政治担当和行动自觉,大力开展形式多样的宣传实践,形成全民动员,全社会参与林草事业发展的良好局面。

参考文献

常纪文,2019. 国有自然资源资产管理体制改革的建议与思考[J]. 中国环境管理,11(01):11-22.

刁巍杨,2013. 我国区域资源保障程度评价及空间分异特征研究[D]. 吉林:吉林大学.

国家林业局,2016. 林业发展"十三五"规划[Z].

黄泽云,2017. 天然林资源保护工程推进宁夏生态移民迁出区生态修复的研究及对策[J]. 宁夏农林科技,58(12):29-30+64.

姜霞,王坤,郑朔方,等,2019. 山水林田湖草生态保护修复的系统思想——践行"绿水青山就是金山银山"[J]. 环境工程技术学报,9(05):475-481.

孔德祥,钱拴提,周广阔,等,2003. 宁夏盐池半荒漠区沙漠化土地综合治理生态工程效益评价[J]. 水土保持学报(01):80-83.

李庆波,2011. 浅谈宁夏土地荒漠化成因及防治对策[J]. 宁夏农林科技,52(10):68-69.

李小明,2016. 宁夏林业生态产业发展现状与建议[J]. 中国农业信息(24):153.

林宣,2019. 国家林草局印发林草产业发展指导意见[J]. 绿色中国(04):68-69.

刘治彦,2017. 我国国家公园建设进展[J]. 生态经济,33(10):136-138+204.

刘钟龄,2017. 中国草地资源现状与区域分析[M]. 北京:科学出版社.

卢欣石,2019. 草原知识读本[M]. 北京:中国林业出版社.

宁夏回族自治区人民政府,2016. 宁夏林业"十三五"规划(2016—2020年)[Z].

宁夏回族自治区人民政府,2016. 宁夏生态保护与建设"十三五"规划(2016—2020年)[Z].

宁夏回族自治区人民政府,2017. 推进生态立区战略的实施意见[Z].

宁夏回族自治区人民政府,2020. 推进农业高质量发展促进乡村产业振兴的实施意见[Z].

宁夏回族自治区人民政府办公厅,2016. 宁夏回族自治区国民经济和社会发展第十三个五年规划纲要[Z].

宁夏回族自治区人民政府办公厅,2020. 2020年自治区政府工作报告任务分工[Z].

宁夏回族自治区统计局,2019. 宁夏回族自治区2018年国民经济和社会发展统计公报[Z].

孙业强,2019. 林业"三变"改革的障碍及其消解[J]. 绿色科技(15):212-214.

唐晶晶,李生红,2011. 宁夏林业生态产业发展现状与建议[J]. 现代农业科技(22):235-236.

唐小平,栾晓峰,2017. 构建以国家公园为主体的自然保护地体系[J]. 林业资源管理(6):8.

王自新,王静戟,2018. 践行"两山"理念建设美丽宁夏——赴黑龙江省学习考察生态建设的报告[J]. 宁夏林业(05):8-11.

魏朝晖,陈继红,2019. 林业生态文化建设的有关问题探讨[J]. 现代园艺,42(17):106-107.

魏耀锋,李怀珠,马孝仓,等,2018. 宁夏空间规划试点中林业与国土部门关于林地分类差异的政策分析[J]. 宁夏林业(04):57-62.

习近平,2017. 决胜全面建成小康社会夺取新时代中国特色社会主义伟大胜利——在中国共产党第十九次全国代表大会上的报告[Z].

张玉龙,2016. 森林立法完善对林业保护的促进分析[J]. 农业与技术,36(04):181.

中共中央办公厅、国务院办公厅,2020. 关于构建现代环境治理体系的指导意见[Z].

中华人民共和国中央人民政府,2016. 中华人民共和国国民经济和社会发展第十三个五年规划纲要[Z].

Martinez-Zavala L, Jordan-Lopez A, Bellinfante N, 2008. Seasonal variability of runoff and soil loss on forest road backslopes under simulated rainfall [J]. Catena, 74 (1): 73-79.

Moreno-de Las Heras M, Merino-Martin L, Nicolau J M, 2009. Effect of vegetation cover on the hydrology of reclaimed mining soils under Mediterranean-Continental climate [J]. Catena, 77: 39-47.

专题报告

2 自然保护地体系整合优化完善研究

建立以国家公园为主体的自然保护地体系，是党的十九大提出的重要目标任务，是加快生态文明体制改革和建设美丽中国的必然要求，对于推进自然资源科学保护与合理利用，促进人与自然和谐共生，具有极其重要的意义。宁夏地处西北内陆，是我国北方防沙带、"丝绸之路生态防护带"和黄土高原—川滇生态修复带"三带"交汇点，在全国生态安全战略格局中占有特殊地位，也是西北地区重要的生态安全屏障，集中分布有森林、湿地、草原、和高山等多种生态系统，建立了分各级各类自然保护地加以保护。多年来，宁夏自然保护地生态保护成效显著，但也存在资源本底不清，体制机制不顺，交叉重叠、保护不敌开发等问题。

为切实推进宁夏回族自治区建立起分类科学、布局合理、保护有力、管理有效的自然保护地体系，国家林业和草原局于2019年4月正式复函同意宁夏回族自治区开展建立以国家公园为主体的自然保护地体系试点，建议开展自然保护地整合优化完善工作。本研究通过分析宁夏回族自治区当前自然保护地的现状和问题，明确整合优化目标方向，制定整合原则，提出优化方案，为解决自然保护地区域交叉重叠、保护管理分割、破碎化问题，理顺管理体制等提供科学依据和解决办法。

2.1 研究内容及方法

2.1.1 研究内容

根据研究目的，本研究主要包括以下3项内容：
（1）分析梳理宁夏自然保护地现状及管理体制和运行机制方面存在的问题。
（2）提出"十四五"期间宁夏保护地整合优化的基本原则和主要方向。
（3）根据存在问题和整合优化原则，提出"十四五"期间拟开展工作的具体建议。

2.1.2 研究方法及技术路线

2.1.2.1 研究方法

本研究采用资料和文献分析法为主，结合实地调研、访谈座谈、问卷调查等方法开展研究，最后在听取专家学者意见建议基础上形成《宁夏自然保护地体系整合优化完善研究报告》。具体研究方法包括以下三方面。

一是通过查阅资料和梳理文献，系统总结宁夏自然保护地的现状，重点分析在管理体制机制、运营机制及保护效能、法治体系、资金投入机制等方面存在的问题。

二是到典型保护地（如六盘山、贺兰山、白芨滩、沙坡头等自然保护区）调研，实地踏查保护效果，与保护地管理人员和工作人员进行交流座谈，听取情况汇报和建议意见；通过访谈和问卷调查，了解保护地内居民对相关问题的认识理解和意见建议。

三是听取专家学者意见建议，通过召开专家座谈会等方式广泛征求专家意见，了解掌握并吸收专家对"十四五"期间，宁夏自然保护地整合优化的相关看法，在此基础上，经过修改完善，形成最终的研究报告。

2.1.2.2 技术路线

综上，根据研究内容及研究方法，本研究生成的技术路线如图 2-1。

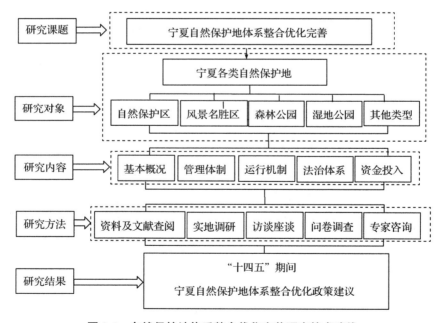

图 2-1 自然保护地体系整合优化完善研究技术路线

2.2 保护地概况

2.2.1 基本情况

截至2019年5月,宁夏共有自然保护地125个,涉及11种类型,总面积60.12万公顷,约占全自治区总面积的11.6%。其中,自然保护区14处(国家级9处、省级5处),同时,还设有风景名胜区、地质公园、矿山公园、森林公园、湿地公园、沙漠公园、沙化土地封禁区、水产种质资源保护区、饮用水水源保护区等各类保护地(表2-1)。

表2-1 宁夏自然保护地现状

保护地类型	保护地级别	个数	合计
自然保护区	国家级	9	14
	自治区级	5	
森林公园	国家级	4	11
	自治区级	7	
湿地公园	国家级	14	24
	自治区级	10	
风景名胜区	国家级	2	4
	自治区级	2	
地质公园	国家级	1	4
	自治区级	3	
沙漠公园	国家级	4	4
水产种质资源保护区	国家级	5	5
水利风景名胜区	国家级	12	13
	自治区级	1	
饮用水水源保护区	地市级	17	40
	县级	23	
矿山公园	国家级	1	1
沙化土地封禁区	国家级	5	5
合计			125

2.2.2 管理体制

2018年,国家机构改革之前,由于各类型自然资源分属于不同部门管理,林业、环保、住建、水利、国土等部门根据自身管理职能和自然资源保护与利用的特点,对自然保护区、风景名胜区、森林公园、地质公园等各类保护地进行相应管理。根据《宁夏回族自治区机构改革方案》,宁夏林业和草原局于2018年10月成立,统筹负责管理自治区各类自然保护地。宁夏林业和草原局成立后,与自治区农业农村厅、生态环境厅、住建厅等做了工作交接,已转入保护地近60处,转入工作人员16名。目前,保护地管理基本架构已经建立,林业和草原局与各保护地管理机构关系正在调整理顺。

2.2.3 法制体系

截至目前,宁夏涉及自然保护地的自治区级法规和政府规章共有13部。其中,地方性法规9部,政府规章4部(表2-2)。

从自然保护地类型来看,宁夏针对自然保护区和森林公园这两类自然保护地进行了专门立法。自然保护区方面,有政府规章和地方性法规各1部,即《宁夏回族自治区自然保护区管理办法》《宁夏回族自治区六盘山、贺兰山、罗山国家级自然保护区条例》;森林公园方面,有1部政府规章,即《宁夏回族自治区森林公园管理办法》。而针对风景名胜区、地质公园、湿地公园、沙漠公园等类型自然保护地尚未进行专门的地方立法。

表2-2 宁夏涉及自然保护地地方性法规和地方政府规章(自治区级)

序号	类别	名 称
1	地方性法规	《宁夏回族自治区实施〈中华人民共和国土地管理法〉办法》
2	地方性法规	《宁夏回族自治区实施〈中华人民共和国水土保持法〉办法》
3	地方性法规	《宁夏回族自治区草原管理条例》
4	地方性法规	《宁夏回族自治区生态保护红线管理条例》
5	地方性法规	《宁夏回族自治区禁牧封育条例》
6	地方性法规	《宁夏回族自治区湿地保护条例》
7	地方性法规	《宁夏回族自治区防沙治沙条例》
8	地方性法规	《宁夏回族自治区六盘山、贺兰山、罗山国家级自然保护区条例》
9	地方性法规	《宁夏回族自治区野生动物保护实施办法》
10	地方政府规章	《宁夏回族自治区自然保护区管理办法》
11	地方政府规章	《宁夏回族自治区森林防火办法》
12	地方政府规章	《宁夏回族自治区林地管理办法》
13	地方政府规章	《宁夏回族自治区森林公园管理办法》

2.3 存在问题

尽管宁夏保护地在自然资源和生态环境保护方面起到了重要作用,但仍存在一些不容忽视的问题,主要包括以下四方面。

2.3.1 管理体制不顺

宁夏自然保护地长期存在多头管理的问题,自治区林业、环保、农业、地质矿产、水利、海洋、水利厅等履行各自职责,但相互协调不力,政出多门现象严重,分工不明确。沙坡头国家级自然保护区分属沙坡头国家级自然保护区管理局、沙坡头旅游产业集团、沙坡头区人民政府、中卫市旅发委、林业生态建设局、农牧局、工业和信息化局、交通运输管理局、商务和经济技术合作局、国土资源局等11家企事业单位管理，同时涉及部分企业。机构改革明确宁夏林业和草原局负责管理全自治区保护地后，上述问题正在逐步得到解决。但一些保护地长期没有管理机构，如石嘴山国家矿山地质公园，另一些由旅游公司经营管理，保护不敌开发，自然资源和生态环境遭到损害破坏。另一方面，正式成立保护地保护管理机构的地区，也存在因同时管理多处自然保护地，保护管理范围过大、任务过重的问题，如火石寨国家级地质森林公园管理处负责管护火石寨国家级地质公园以及党家岔湿地保护区。

此外，宁夏部分自然保护地跨几个县(区)，县(区)之间保护管理合力不够，无法实现有效管理。如青铜峡库区自然保护区隶属于吴忠市人民政府管理，但因为地跨青铜峡市和中宁县，导致两县对保护区的管理重叠交叉、失位错位，无法实现有效管理。

另外，宁夏与中央在保护地管理中的关系尚未理顺，财权事权并不对等。宁夏财力有限，保护地管理经费不足，中央投入力度不够，影响保护效果。

2.3.2　保护效果有待提高

管理上主要存在以下四个问题，一是"一地多牌"和"重复命名"问题严重。"一地多牌、重复命名"意味着保护地管理机构林立、部门主管增多，建设和管理依据不统一，难以进行有效管理。各类自然保护地不同程度存在一地多牌问题，自然保护地内既有自然保护区的牌子，同时加挂森林公园、地质公园、湿地公园、国有林场、风景名胜区等牌子；其中，还有集体土地，既有农户个体的种养殖经营，又有对外承包的旅游经营，造成职责不清，权属不明，没有形成高效统一的管理模式，不仅给自然保护地的清理整治工作带来了诸多困难，也给日常的巡查管护带来了很多阻碍。例如，沙坡头国家级自然保护区同时挂沙坡头国家沙漠公园、中卫市沙坡头长流水沙化国家级土地封禁区、腾格里湖金沙岛国家级水利风景区、中卫腾格里湖省级湿地公园、沙坡头5A级景区6块牌子；火石寨国家级自然保护区同时挂国家级地质公园、国家级森林公园、4A级景区4块牌子；须弥山石窟国家级风景名胜区同时挂国家级重点文物保护单位、4A级景区3块牌子；六盘山国家级自然保护区同时挂六盘山国家级森林公园、4A级景区3块牌子。

二是保护地交叉重叠。各类自然保护地既存在范围完全重合、部分重叠、交叉重叠等情况。例如，沙坡头国家级自然保护区与沙坡头国家沙漠公园、中卫市沙坡头长流水沙化国家级土地封禁区、腾格里湖金沙岛水利风景区、中卫腾格里湖省级湿地公园、沙坡头水利风景区、中卫市林场部分重叠；火石寨国家级自然保护区与火石寨国家级地质公园完全重叠，同时与火石寨国家级森林公园部分重叠；六盘山国家级自然保护区与六盘山国家级森林公园、泾河源风景名胜区、卧龙湖省级湿地公园部分重叠，挂马沟省级森林公园与六盘山省级自然保护区、挂马沟国有林场部分重叠。

三是保护地严重破碎化，边界不清，区划不合理。一些调查资料显示，宁夏保护地设置缺乏联通性，相邻保护地之间破碎化严重，未能构成完整的生态系统，不利于关键物种保护。绝大部分自然保护地存在范围界限不清的问题，因此导致保护地管理机构无法对保护地内自然资源进行有效管理，违法违规活动也难以得到有效控制。一方面，部分自然保护地编制的总体规划未经有关部门正式批复，甚至没有编制总体规划，导致边界范围不清，相关管理机构无法对保护地内自然资源进行有效管理，违法违规活动也难以得到有效控制。如挂马沟省级自然保护区编制了总体规划、泾河源省级风景名胜区编制了风景名胜区总体规划，但均未得到有关部门正式批复，实际管理边界线属近期新勘边界；六盘山国家级自然保护区与六盘山省级自然保护区因边界不清，功能区划不明确；党家岔省级湿地保护地无边界范围、无总体规划，正在进行勘界定桩。另一方面，宁夏绝大部分自然保护地边界均未实现省级落界确界，均以自然保护地成立时的申报范围为边界依图管理保护，亟须相关部门予以核实确认。如白芨滩国家级自然保护区边界历经两次调整，因相关部门对边界未予核实确认，导致实际管理的边界线与相关部门掌握反馈的不一致；贺兰山、哈巴湖、罗山、六盘山、白芨滩等国家级自然保护区边界均未得到相关部门的核实确认。

四是"一地多证"问题普遍存在。近半数自然保护地内有集体林地，存在人类活动，当地居民持有林权证、草原证，存在"一地多证"问题。例如白芨滩国家级自然保护区与河东机场、临港产业园、东塔镇农民草原承包地、再生资源园区、郝家桥镇农民种植地等有重叠情况，"一地多证"矛盾突出，纠纷较多。

2.3.3 法律制度不健全

宁夏自然保护地相关法律制度体系不完善，主要有三方面的问题：

一是一些类型自然保护地尚无专法可依。从宁夏自然保护地立法现状看，仅自然保护区、森林公园有专门的地方立法，而风景名胜区、地质公园、湿地公园、沙漠公园尚未进行专门的地方立法，存在立法空白。有的省份，如黑龙江省已就地质公园的保护开展了地方性立法，如《黑龙江省五大连池世界地质公园保护条例》等。

二是现有立法缺乏地方特色，区域特征考虑不足。目前，宁夏自然保护区立法较好实现了与上位法的对接，有效实现了法律法规中的相关规定，但其应有的地方、特色和结合地方实际体现得不够。以《宁夏回族自治区自然保护区管理办法》为例，其中的条款多重复上位法或仅简单对上位法具体化。如其中的第八条和第九条基本上是对《中华人民共和国自然保护区条例》第十条与第二十二条的简单重述，而缺乏对自治区本土特色的考虑。

三是立法内容上软法色彩浓厚，权责设置有偏失。现有宁夏自然保护地立法中为行政机关设立了较多职责，如《宁夏回族自治区湿地保护条例》中规定了政府部门应当编制湿地保护规划并建立湿地资源档案等职责。但此类规定疏于操作程序的规范，且对具体的监管、主管、配合部门的职责与权限也没有明确划分。如《宁夏回族自治区湿地保护条例》中第七条规定"县级以上人民政府应当建立湿地评审制度，组织有关主管部门开展对湿地资源的调查、监测和评估，并按有关规定向社会公布相关情况"。但该条例未将政府责任后果具体化，没有针对未履职行为设立相应的惩戒措施，难以达到执行之效果。此外，在法律责任部分多集中于对公民违法行为的处罚，而较少规定主管部门及其工作人员的责任，大多只规定了滥用职权、玩忽职守、徇私舞弊行为的行政处分和刑事责任。

2.3.4 财政投入机制不完善

第一，宁夏保护地投入缺乏公共财政机制保障。按照《自然保护区条例》的规定，"自然保护区所需经费，由自然保护区所在地的县级以上地方人民政府安排。国家对国家级自然保护区的管理，给予适当的资金补助"。可见，宁夏自然保护区的管理经费主要由自治区和市县人民政府解决，这一资金机制不能保证建设管理经费。主要原因是宁夏经济不够发达，但生态环境严峻，需要投入经费较多，宁夏当地政府负担严重。

第二，多元投入机制尚未建立。在地方财政投入不足的情况下，宁夏保护地的多元投入机制不完善，中央财政和社会资本投入不足，社会捐赠制度并未建立。

目前，绝大部分自然保护地均因缺乏资金导致基础设施不健全或陈旧不堪、管护站点偏少等问题，自然资源保护管理和服务保障能力整体薄弱。如国家级森林公园、湿地公园建设项目较少，省级森林公园和湿地公园基本没有任何项目支持；平罗庙庙湖国家沙漠公园等自然保护地自批复成立后，几乎没有得到任何项目投资，保护管理和服务保障能力较差。

2.4 自然保护地体系构建

上述分析表明，宁夏自然保护地亟须整合优化完善，构建起统一规范高效的保护地体系，交叉重叠、多头管理的碎片化问题得到有效解决，重要自然生态系统原真性、完整性得到有效保护，形成自然生态系统保护的新体制新模式。

2.4.1 指导思想

以习近平新时代中国特色社会主义思想为指导，深入贯彻落实党的十九大精神和习近平生态文明思想，紧紧围绕统筹推进"五位一体"总体布局和协调推进"四个全面"战略布局，牢固树立和贯彻落实新发展理念，加快推进生态文明建设和生态文明体制改革，将自然保护地体制改革与推进实施"一优两高"战略紧密结合。坚持保护优先、系统管理、规范利用、严格监管，以理顺管理体制、实现统一管理为核心，创新运营机制，健全法治保障，强化监督管理，改革宁夏现有自然保护地管理格局，探索整合优化现有自然保护地的程序、方法、模式，核准保护地唯一属性，进一步厘清自然保护地自然资源权属，健全完善管理机构，规范管理职责，优化管理模式，改进监管方式，加强联合执法，生物多样性监测，着力构建分类科学、主体分明、权责对等、保护有力的自然保护地新体系，坚持以国家公园为主体，以自然保护区为基础，各类自然公园为补充。推动自然保护地生态系统原真性、完整性、系统性保护，为筑牢西北地区重要生态安全屏障提供支撑，为全国建立以国家公园为主体的自然保护地体系提供先行示范和宁夏样板。

2.4.2 基本原则

（1）统筹规划、系统保护。牢固树立山水林田湖草生命共同体理念，统筹考虑保护与利用，严守生态保护红线，结合"空间规划"成果和"三区三线"规划，科学确定自然保护地体系空间布局，优化生态空间布局。明确自然保护地进行功能定位。按照自然生态整体性、系统性及其内在规律，实行整体保护、系统修复、综合治理、科学管理。

（2）分级管理、分区管控。按照山水林田湖草生命共同体的理念，改革以部门设置、以资源分类、以行政区划分设的弊端，完善国家和地方两级设立、分级管理制度，合理划分中央与宁夏回族自治区在保护地体系管理层面的财权事权。科学划定自然保护地功能分区，实现差别化管控。坚持保护面积不减少、保护强度不降低、保护性质不改变。

（3）政府主导、多方参与。突出自然保护地体系建设的社会公益性，合理划分发挥自治区政府在自然保护地规划、建设、管理、监督、保护等方面的主体作用。建立健全政府、企业、社会组织和公众参与自然保护的长效机制，探索社会力量参与自然资源管理和生态保护的新模式。加大财政支持力度，广泛引导社会资金多渠道投入。

2.4.3 类型划分

按照山水林田湖草是一个生命共同体的理念和相关原则,将宁夏自然保护地类型划分为国家公园、自然保护区和自然公园三类(表2-3)。

在具有国家代表性的重要自然生态系统区域内申请设立国家公园,实施最严格的保护;将典型的自然生态系统、珍稀濒危野生动植物种的天然集中分布区、有特殊意义的自然遗迹的区域设置为自然保护区,分为国家级和自治区级;将重要的自然生态系统、自然遗迹和自然景观,具有生态、观赏、文化和科学价值,可持续利用的区域设置为自然公园,包括森林公园、地质公园、海洋公园、湿地公园等。最终逐步建立以国家公园为主体、自然保护区为基础、自然公园为补充的自然保护地管理体系。

表2-3 保护地类型划分标准

类型划分标准	自然属性	生态价值	保护与利用等级	管理层级
国家公园	自然生态系统中最重要、自然景观最独特、自然遗产最精华、生物多样性最富集的部分	生态功能非常重要、生态环境敏感脆弱,具有全球保护价值、国家代表性	实施长期的严格保护	最高,自治区级
自然保护区	典型的自然生态系统、珍稀濒危野生动植物种的天然集中分布区、有特殊意义的自然遗迹区域	具有典型性、代表性和特殊意义	严格保护	较高,国家级不低于县(处)级、省级不低于副县(处)级
自然公园	具有生态、观赏、文化和科学价值的典型自然生态系统、自然遗迹和自然景观	具有重要生态价值	限制利用或可持续利用	适合,副县(处)级

2.4.4 重点工作

综上分析,宁夏应探索开展各项自然保护地分类试点,以创新体制机制为核心,有序推进自然保护地的优化归并整合,逐步建立。具体重点工作应包含本底调查等前期准备工作,整合归并优化工作和体制机制创新等三方面。

2.4.4.1 基础准备

(1)开展本底调查。统筹考虑宁夏自然资源和生态保护状况,查清全自治区自然保护地本底,包括名称、建立时间、类型、面积、边界范围、自然资源状况、管理机构和人员等,科学评估自然保护地生态状况,分析其功能定位和空间分布特征,建立宁夏自然保护地基础资料和数据库。通过实地考察、专家论证等方式,将宁夏全域范围内最具代表性、最珍贵和最有生态价值的自然生态系统和自然景观,以及重点保护物种等进行排序。

(2)编制总体规划。在本底调查的基础上,与相关科研院所和规划单位共同研究编制《宁夏自然保护地总体规划》《自然保护地体系试点区总体规划》,明确建立或整合归并优化自然保护地的原则、目标、管理方式,以及在管理体制、运行机制、财政保障、法律法规等方面的发展方向和相关制度设计安排等。

(3)妥善解决历史遗留问题。在科学评估的基础上,按照自然保护地面积不减少、保护强度不降低的基本原则,分类有序解决历史遗留问题。

①边界划定和功能分区不合理的应进行优化、调整。

②核心保护区内原住居民应当实施有序搬迁，暂时不能搬迁的，在不扩大发展和保障生活方式不变的前提下，严格控制生产活动。一般控制区内原住居民在不扩大现有规模前提下，可酌情保留生活必需的少量种植、放牧、养殖等生产活动。

③将保护价值低的建制城镇、村屯或人口密集区域、社区民生设施，调整出自然保护地范围，不能调出的按程序报批，申请划为传统利用区或一般控制区。

④对自然保护地内的违法违规建设设施，采取多种方式退出，进行生态修复。对线型基础设施，包括铁路、公路、石油与燃气管线、渠道、管道、输电线路等，开展生态环境影响评价，除严重影响居民生活的相关设施外，其余应整改修复。风电、光伏设施应无条件退出。

⑤核心保护区内的永久基本农田、村镇逐步有序退出；一般控制区内的永久基本农田、村镇，对生态功能造成明显影响的，逐步有序退出，并进行生态修复。根据保护需要，按规定程序对自然保护地内的耕地实施退田还林还草还湖还湿。

⑥摸排清理整治自然保护地内的探矿采矿、水电开发、工业建设等项目，通过根据相关规定有序退出，开发区应当退出。

⑦对划入各类自然保护地内的集体所有土地及其附属资源，按照依法、自愿、有偿原则，探索通过租赁、置换、赎买、合作等方式解决权属问题，实现多元化保护。

⑧对保护价值低且分散的自然保护地，在确保面积不减少的前提下，可以探索采取置换、区域互补、区级协调的方式并入其他自然保护地。

2.4.4.2 整合优化归并

上述分析显示，宁夏各类保护地存在破碎化、空间布局交叉重叠，保护地管理机构缺失、重叠、级别交错的问题突出，亟须加速推进整合优化归并，按照在对现有各类保护地及其关联区域进行全面评估的基础上，以保护面积不减少、保护强度不降低、保护性质不改变为基本原则，按照国家公园、自然保护区、自然公园三大类保护地的功能定位进行整合与优化，形成布局合理、分类科学、定位明确、保护有力、管理有效的具有中国特色的以国家公园为主体的自然保护地体系。

(1)优先整合设立国家公园。着眼于山水林田湖草大生态体系建设，大力实施"生态立区"战略，构筑以贺兰山、六盘山、罗山自然保护区为重点的"三山"生态安全屏障。在全面评估的基础上，按照国家顶层设计下的国家公园设立标准和程序，在维护国家生态安全的关键区域，最珍贵、最重要的生物多样性集中分布区，考虑到生态系统完整性、原真性与面积适宜性，近期优先考虑设立贺兰山国家公园，并长远谋划设立六盘山国家公园，相关区域内不再设立或保留其他类型保护地。设立国家公园后同步开展体制机制创新，按照"山水林田湖草是一个生命共同体"的原则和机构改革要求，完善区域内管理机构系统整合，组建新的管理实体，创新管理运行机制、财政投入机制、法律法规、生态文明考核机制、综合执法机制等。

(2)评估其他保护地性质，整合交叉重叠保护地。对于未纳入国家公园范围，且空间上不存在重叠、相连、毗邻等情况的保护地，评估后与自然保护区和自然公园功能定位对标，确定最符合保护要求的保护地类型。多个保护地交叉重叠的区域，按照保护从严、等级从高的要求整合。原则上，涉及自然保护区和其他类型保护地交叉重叠时，尽量将其整合为自然保护区；若不涉及自然保护区的其他自然保护地重叠时(例如风景名胜区和森林公园)，按照性质和生态系统状况不同，同级别保护强度优先、不同级别低级别服从高级别的原则进行整合，分别整合为国家级和自治区级自然保护区和自然公园；如有多个国家级保护地或全为省级保护地，则通过全面评估，基于资源特征和保护要求确定保护地名称。

按照保护地命名机关等级，同一区域内完全交叉重叠或部分交叉重叠的保护地中，优先保留等级高的国家级自然保护区，其余合并或撤销。同一区域内完全重叠的自然保护地，优先保留国家级自然保护区，其余合并撤销；对内部分交叉重叠的自然保护地，优先保留国家级自然保护地及保护对象价值典型且有重要功能的保护地；对同一区域内保护对象、范围、功能发生变化、已丧失保护价值或人类活动频繁的保护地进行调整、合并或撤销；对同一区域内存在多个保护地且无自然保护区的，根据设立时间先后，只保留最高级别的保护地。整合后，区域内其他保护地不在保留，做到一个保护地、一个名称、一套机构、一块牌子。对涉及国际履约的自然保护地，可以保留履行相关国际公约的名称。

（3）归并优化相邻保护地。对于同一自然地理单元内相邻、毗连的保护地，打破因行政区划、资源分类造成的条块割裂的局面，解决保护管理分割、自然保护地破碎化和孤岛化问题，按照自然生态系统完整性、物种栖息地连通性、保护管理统一性的原则进行合并重组，按照保护从严、等级从高原则确定整合后的自然保护地类型和功能定位，优化边界范围和功能分区，被优化归并的自然保护地名称和机构将不再保留。

（4）整合后概况。在部分现有自然保护区和水产种质资源保护区基础上整合区域内各类保护地设立自然保护区；将未整合进国家公园和自然保护区的风景名胜区、森林公园、地质公园、湿地公园、沙漠公园、水利风景名胜区等，保留保护地类型名称，整合实现一区一牌后，统一划为自然公园类。整合归并优化完成后，宁夏将形成以六盘山国家公园（贺兰山国家公园）为主体、贺兰山自然保护区等各类国家级和自治区级保护区为基础，各类自然公园为补充的自然保护地体系，自然保护地总面积提升到全自治区面积的15%~20%。

2.4.4.3 创新体制机制

（1）建立分级统一的管理体制。建立统一管理机构。宁夏林业和草原局统筹管理全自治区范围内的自然保护地，行使保护地范围内各类全民所有自然资源资产所有者管理职责。各保护地根据实际整合优化后，根据不同的自然保护地类型，整合原有管理结构，分别建立二级管理机构如管理局或管委会等，作为宁夏林业和草原局的直属或派出机构，履行管理职责，明确其职能配置、内设机构和人员编制，实现"一个保护地一个牌子、一个管理机构、一套人马"。

分级行使自然资源所有权。宁夏自然保护地内的全民所有自然资源资产所有权由中央政府和宁夏回族自治区政府分级行使。每个自然保护地作为独立的登记单元，依法对区域内水流、森林、山岭、草原、荒地、滩涂等所有自然生态空间统一进行确权登记。可选择代表性保护地开展先期试点，如六盘山自然保护区等，待条件成熟后，要建立完善自然保护地内自然资源产权体系，清晰界定区域内各类自然资源资产的产权主体，划清各类自然资源资产所有权、使用权的边界，明确各类自然资源资产的种类、面积和权属性质，逐步落实自然保护地内全民所有自然资源资产代行主体与权利内容，非全民所有自然资源资产实行协议管理。要建立宁夏自然保护地国土空间用途管制制度，确定保护地的自然资源生态空间用途、权属和分布。宁夏应对保护地的生态空间依法实行区域准入和用途专用许可制度，严禁任意改变用途，严格控制各类开发利用活动对生态空间的占用和扰动，防治不合理开发建设活动对生态红线的干扰。

分级行使管理职责。合理划分中央与宁夏事权，对于国家公园、国家级自然保护区和自然公园，由国家批准设立，管理主体可由国家委其自然资源资产所有权，由中央政府直接行使。对于自治区级自然保护区和自然公园，由宁夏林业和草原局统一管理，自然资源管理，试点期间可由自治区林业和草原局代行，条件成熟时逐步过多到要建立由国家林业和草原局或自治区政府直接管理的机构，例如整合自然保护区、森林公园整合六盘山国家级自然保护区管理局、六盘山自治区级自然保护区管理局、六盘山林业局、六盘山森林公园管理局等机构和人员，组建六盘山国家公园管理局。

实施差别化管理，分区管控。根据宁夏自然保护地自然资源、生态系统基本情况和管理目标，实施差别化管控，在国家公园和自然保护区设置核心保护区和一般控制区，原则上核心保护区内禁止人为活动，一般控制区内限制人为活动。自然公园原则上按一般控制区管理，限制人为活动。国家公园实行最严格的保护，自然保护区实行严格保护，自然公园实行重点保护。

（2）建立资金保障机制。要建立财政投入为主的多元化资金保障机制。主要应建立以下四种资金渠道：

一是财政资金。中央与宁夏按照事权划分分别出资保障自然保护地建设管理，国家公园、国家级自然保护区和自然公园应由中央政府出资保障，自治区政府酌情进行补助；自治区级自然保护区和自然公园，自治区政府应加大投入力度。自治区财政设立全自治区自然保护地能力建设专项资金，加大各类自然保护地基础能力建设。各级各类自然保护地所在地政府要分别设立自然保护地管理和野生动植物保护专项经费，纳入年度地方财政预算，并根据国民经济增长速度逐年增长，为自然保护地野生动植物保护、救助提供保障。继续争取中央、自治区财政加大项目、资金支持，全面加大自然保护地森林防火、生产道路、野生动植物栖息地等基础设施建设、信息化智能提升和人员培训力度，有效提升自然保护地能力建设水平。自治区财政、发改、自然资源、生态环境等部门要倾斜加大自然保护地生态修复、生态保护、环境整治等方面的投入力度。

二是生态补偿。研究建立生态综合补偿制度，创新现有生态补偿机制落实办法，引导建立生态产品提供者和受益者等等横向生态补偿关系，在六盘山自然保护区探索建立碳汇交易等市场化生态补偿机制。整合转移支付、横向补偿和市场化补偿等渠道资金，结合当地实际制定有针对性的综合性补偿办法。构建科学有效的监测评估考核体系，把生态补偿资金支付与生态保护成效紧密结合起来，让原住居民在参与生态保护中获得应有的补偿。要建立完善野生动物肇事损害赔偿制度和野生动物伤害保险制度。

三是经营收入和社会捐赠。宁夏自然保护地特许经营和社会捐赠资金均实行收支两条线管理。特许经营费由各保护地管理单位编制单位预算，汇总到自治区林草业和草原局编制部门预算，其收入全额纳入部门预算进行管理，支出按基本支出、项目支出进行编列，严禁各保护地管理机构"坐收坐支"。各保护地管理机构作为特许经营和社会捐赠收入执行部门，必须严格按照规定的特许经营项目、征收范围、征收标准和捐赠性质等进行征收，足额上缴国库。社会捐赠资金必须严格规范管理，及时公开公示，提高使用透明度。特许经营和社会捐赠收入只能专款专用，定向用于保护地生态保护、设施维护、社区发展及日常管理等。

四是绿色金融。大力发展绿色金融，加快构建基于绿色信贷、绿色基金、绿色保险、碳金融等在内的绿色金融体系。鼓励社会资本发起设立绿色产业基金，推进绿色保险事业的发展。发挥开发性、政策性金融机构作用，鼓励其在业务范围内，对符合条件的自然保护地体系建设领域项目提供信贷支持，发行长期专项债券。建议联合国内商业银行共同发行宁夏自然保护地体系建设长期专项债券，筹集资金推进保护地建设。

（3）完善法律法规，严格执法。按照自然保护地类别，分类制定完善相关法律法规。

一是在国家层面的《国家公园法》《自然保护地法》出台前，制定《六盘山国家公园管理条例》，明确规定国家公园的规划建设、资源保护、利用管理、社会参与、法律责任等。

二是修改现行《宁夏回族自治区自然保护区管理办法》(简称《管理办法》)，提高其立法位阶，上升为地方性法规，条件成熟时推进保护区的"一区一法"。一方面，从立法内容上看，《管理办法》2002年制定，虽经2006年和2017年两次修正，都仅对个别条款稍作修改，2017年的《管理办法》整体结构未作调整，条款没有增减，仅对第十四条和第十七条第一款内容稍作改动，建设项目环境影响评价和禁止范围扩大，增加了"开垦、烧荒、开矿和采石"4项；内容范围仅涉及自然保护区的管理体制和组织机构方面，在内容上有较大局限。目前，宁夏自然保护区管理中面临诸多重大问题亟待规范，如自然资源被滥用，自然环境被破坏，一些单位和个人知法犯法，一些行政机关、管理机构不作为、执法监督不到位；生态旅游如何监管、经营单位的权利和责任等未明确规范；居住在自然保护区，特别是居住在核心区和缓冲区的村民，生活生产受限，村民的经济利益得不到补偿，或者补偿不到位，矛盾比较突出；《管理办法》也没有规定明确的罚则，无法起到应有的威慑作用，在执法中选择适用处罚时也往往难以操作，导致违法行为得不到应有的惩戒。2017年修订后的《中华人民共和国自然保护区条例》对管理体制的健全完善提出了新的要求。另一方面，从立法位阶上看，《管理办法》由宁夏回族自治区人民政府制定并颁布，属政府规章，立法位阶较低，当与其他法规发生适用冲突时，根据上位法优先于下位法的原则，往往不能优先适用本办法。综上所述，有必要对《管理办法》进行再次修改，对诸多重大问题予以规范，以保证法律体系的统一和在地方的可执行性，同时，提高其立法位阶，上升为地方性法规。

三是整合《风景名胜区条例》《森林公园管理办法》等，制定《宁夏回族自治区自然公园管理办法》，明确自然公园功能定位、保护目标、管理和利用原则，确定管理主体，并着手制定特许经营等配套法规。

四是制定《宁夏自然保护地生态环境监督办法》，建立包括相关部门在内的统一执法机制，在自然保护地范围内实行生态环境保护综合执法，制定自然保护地生态环境保护综合执法指导意见，构建自然资源刑事司法和行政执法联动机制。强化监督检查，定期开展监督检查专项行动，及时发现涉及自然保护地的违法违规问题。对违反各类自然保护地法律法规等规定，造成自然保护地生态系统和资源环境受到损害的机构和人员，按照有关法律法规严肃追究责任，涉嫌犯罪的移送司法机关处理。建立督查机制，对自然保护地保护不力的责任人和责任单位进行问责，强化自治区各级政府和管理机构的主体责任。

(4) 建立支撑保障和监督考核体系。

一是要建立监测体系，强化动态监测。建立定期监测制度，实现对生态系统、环境、气象、水文水资源、水土保持等的实时立体监测。启动宁夏自然保护地科研监测智能化统一指挥平台规划设计，全新建立全自治区自然保护区空间信息数据、遥感监测信息、科研资源信息、森林防火监测等智能化信息传输分析集成体系，推动区、市(县)、局、站、点五级信息连通、实时监控，引领全自治区自然保护地由传统保护向现代保护转变。强化保护地日常巡护，广泛运用卫星遥感等高科技手段开展天地空一体化监测，每季度进行一次保护地生态环境遥感"体检"，及时掌握自然保护地生态环境保护动态，加强对自然保护地内基础设施建设、矿产资源开发等人类活动实施全面监控。

二要建立生态文明绩效考核制度。要建立清单负责制，明确各级保护地管理机构的责任，实行权力清单和责任清单制，明确责任人，坚持依法依规、严格监管，明确、落实地方政府主体责任、保护地管理机构保护责任、行业主管部门管理责任、生态环境监督责任。要编制全自治区范围内的自然资源资产负债表，建立自然资源资产离任审计制度，自然资源和生态环境损害责任终身追究制度等，定期进行考核评估，并将考核结果纳入生态文明建设目标评价考核体系，作为党政领导班子和领导干部综合评价及责任追究、离任审计的重要参考。

三是建立科技支撑体系。开展宁夏生态保护等重大科学研究，与宁夏大学等高等院校和科研、咨询机构开展相关合作。充分利用大数据、物联网、云计算等现代技术手段开展保护利用活动。加强国际交流合作，借鉴国际先进技术和体制机制建设经验。

2.4.4.4 协调发展机制

（1）生态移民机制。按照分级管理和分区管控要求，结合"三区三线"划定范围、精准扶贫搬迁规划、周边小城镇建设等实际情况，统计核定生态移民数量规模，编制《宁夏自然保护地生态移民安置专项规划》，将国家公园核心保育区、自然保护区核心区的居民逐步搬迁到区外集中居住。严格限制国家公园、自然保护区和自然公园一般控制区内的居民数量。

在生态移民搬迁的实施过程中，优先安置国家公园核心保育区和自然保护区核心区内居民；对上述自然保护地一般控制区内受到生态工程影响的居民，在充分尊重其意愿的基础上，根据生态环境影响评估结果，统一实施移民安置。一般控制区内其他区域居民可暂不外迁，引导其参与自然保护地的管护、服务，鼓励自然保护地内居民外迁就业，逐步消减区内人口规模。

移民安置过程中，涉及需要征收农村集体土地的，依法办理土地征收手续，并结合生态移民搬迁进行妥善安置。移民安置点选择在自然保护地外的就近县城和乡镇，或少量就近安置在一般控制区内的人口聚集村屯。研究制定《宁夏自然保护地生态移民安置办法》，明确移民原则、补偿方式、压实领导责任、加大动员力度，妥善解决移民安置后续工作，对实施移民搬迁家庭中具备劳动能力的成员优安排生态公益岗位。

（2）工矿企业有序退出机制。全面排查统计宁夏自然保护地内的工矿企业数量、规模、资质、合同订立年限等，在摸清家底的基础上，研究制定宁夏自然保护地矿产退出条例或办法，对违法违规开展探矿采矿的企业，一律清退，并要求相关企业履行生态修复责任。对依规的工矿企业，开展分类退出试点，采取注销退出、扣除退出、限期退出、自然退出等多种方式，对开采范围涉及国家公园和自然保护区核心区的工矿企业，可结合财力进行补偿退出，加快核心生态系统和自然资源的保护修复。同时，明确在全省自然保护地内，不再受理新的探矿权和采矿权。

要加快制定宁夏自然保护地矿山废弃地修复方案，实现对自然保护地内山水林田湖草的系统治理修复，开展文化保护和宣教项目，设立遗址遗迹纪念地，以示后人。同时要建立定期评估宁夏自然保护地内自然资源利用方式和效益、以及对生态环境的影响等。

（3）原住民替代生计机制。主要是通过设置公益岗位和培养原住民参与管理两种方式。参照宁夏自然保护区、天然林保护、生态公益林、草原等生态管护员管理标准，科学合理设置生态管护岗位。将自然保护地体系内的林地、草原、湿地等管护岗位统一归并为生态和自然资源管护岗位，优先安置建档立卡贫困户和生态移民，实现对自然保护地内的土地、矿产、水、森林、草原、海域海岛、地质遗迹、风景名胜等资源的全方位巡护管理。研究制定保护地内原住民培养计划，增加直接或间接为自然保护地提供服务的原住民员工数量。设立原住民学员培养岗位，接受培训的原住民自费或公费完成培训课程后，通过考试，获得国家认可的自然保护地管理培训证书。宁夏林业和草原局为成绩优秀的学员提供实习岗位，通过基层锻炼后逐步选拔到自然保护地管理岗。同时，积极鼓励年轻原住民参与保护地内的志愿者服务，开展志愿者培训和优秀志愿者评选活动，不断提高原住民的存在感和参与度。

(4)构建"沿黄"协调发展机制。一是在自治区范围内,探索构建以"林长制""草长制"为管理基础,以水资源配给为主要手段,以生态保护修复成效为主要评价标准的,沿黄县市区域化、次区域化协调发展机制。二是对接国家国土功能区规划、"双重"规划,利用好纵向生态补偿资金积极参与国家黄河流域工作平台建设,探索流域间以及省内横向生态补偿。政府市场两手并用,建立完善市场化社会化生态补偿新渠道,探索国家公园生态产品价值实现路径,示范"两山"转化宁夏实践。三是充分利用好国家西部大开发"36条",打造我国"生态开放"前沿和窗口。努力推动对外开放由"要素和商品流动型"输出向以国家公园为代表的"规则制度型"输出转变,推动由传统初级产品和加工产品输出向以生态产品为主输出转变,建设生态开放新示范,生态产品和生态保护制度打通"外循环"的新示范。

参考文献

常纪文,2019. 国有自然资源资产管理体制改革的建议与思考[J]. 中国环境管理,11(01):11-22.

陈朋,张朝枝,2019. 国家公园的特许经营:国际比较与借鉴[J]. 北京林业大学学报(社会科学版),18(01):80-87.

邓毅,高燕,蒋昕,等,2019. 中国国家公园体制试点:地方国有旅游开发公司该何去何从[J]. 环境保护,47(07):57-61.

弗兰克·乔森·迪恩,2018. 国家公园的特许经营管理[J]. 林业建设(05):72-81.

高燕,邓毅,2019. 土地产权束概念下国家公园土地权属约束的破解之道[J]. 环境保护(Z1):48-54.

何思源,苏杨,2019. 原真性、完整性、连通性、协调性概念在中国国家公园建设中的体现[J]. 环境保护(Z1):28-34.

李想,郑文娟,2018. 国家公园旅游生态补偿机制构建——以武夷山国家公园为例[J]. 三明学院学报,35(03):77-82.

刘嘉琦,曹玉昆,朱震锋,2019. 东北虎豹国家公园建设存在问题及对策研究[J]. 中国林业经济(01):21-24.

刘翔宇,谢屹,杨桂红,2018. 美国国家公园特许经营制度分析与启示[J]. 世界林业研究,31(05):81-85.

刘岳秀,张海霞,2018. 空间正义视角下国家公园地役权的科学利用——以普达措国家公园为例[J]. 天水师范学院学报,38(06):98-102.

刘治彦,2017. 我国国家公园建设进展[J]. 生态经济,33(10):136-138+204.

吕忠梅,2019. 关于自然保护地立法的新思考[J]. 环境保护(Z1):20-23.

马建章,2019. 遵循自然生态规律 加强东北虎豹保护[J]. 国土绿化(01):14-17.

任建坤,2017. 国内外国家公园特许经营对三江源国家公园的经验借鉴及启示[J]. 江苏科技信息(08):28-30.

石健,黄颖利,2019. 国家公园管理研究进展[J]. 世界林业研究,3(2):40-44.

童彤,2019. 加快推进国家公园试点有方向[J]. 中国林业产业(Z1):37-38.

王丹彤,唐芳林,孙鸿雁,等,2018. 新西兰国家公园体制研究及启示[J]. 林业建设(03):10-15.

王天明,2018. 东北虎豹国家公园监测、评估和管理[J]. 林业建设(05):151-166.

魏静,李月安,2018. 虎豹长啸 腾跃绿水青山——吉林省建设东北虎豹国家公园纪实[J]. 智慧中国(09):60-64.

吴健,王菲菲,余丹,等,2018. 美国国家公园特许经营制度对我国的启示[J]. 环境保护,46(24):69-73.

向宝惠,曾瑜皙,2017. 三江源国家公园体制试点区生态旅游系统构建与运行机制探讨[J]. 资源科学,39(01):50-60.

杨锐,2019. 论中国国家公园体制建设的六项特征[J]. 环境保护(Z1):24-27.

张彩南,张颖,2019. 青海省祁连山国家公园生态系统服务价值评估研究[J]. 环境保护(Z1):41-47.

张朝枝,2017. 基于旅游视角的国家公园经营机制改革[J]. 环境保护,45(14):28-33.

张陕宁,2018. 扎实推进东北虎豹国家公园两项试点[J]. 林业建设(05):197-203.

张壮,2019-03-18(007). 破解祁连山国家公园体制试点区现实问题[N]. 中国社会科学报.

3 重点生态工程"十四五"规划研究

3.1 研究背景及方法

3.1.1 研究背景

"十三五"以来,宁夏回族自治区区委、区政府确立了"生态立区"发展战略,以林业和草原重点生态工程(以下简称"重点生态工程")建设为抓手,推动全自治区生态保护修复事业大发展,为加快美丽宁夏建设、推进乡村振兴作出了突出贡献。全自治区森林覆盖率提高到15.8%,森林蓄积量增加到995万立方米,林地保有量增加到2883万亩①,湿地保护率达到51.6%,草原综合植被盖度达到56.5%。

当前,中国特色社会主义步入新时代,改革开放进一步纵深发展,生态文明建设被确立为关系中华民族永续发展的千年大计,"一带一路"倡议给中西部地区发展带来的新历史机遇,西部大开发新格局的加速形成,给宁夏包括生态治理和发展在内的各项经济社会事业创造了空前的历史机遇。这种历史背景下,系统梳理总结"十三五"时期重点工程的成绩和经验,分析当前林草事业发展的形势和任务,科学谋划"十四五"时期重点工程的方向和内容具有重要意义。

3.1.2 研究方法

林业和草原事业是一项生态、经济、社会效益"三效统一",农村生产、生活与生态改善"三结合"的系统工程。研究重点生态工程需要按照系统思维方法,根据社会经济发展需求,以及林业和草原发展需要,明确总体目标、基本内容、重点任务,确保研究结论有事实为依据。

---

① 1平方千米=1500亩

3.1.2.1 研究目标

本项研究的目标是在总结分析宁夏回族林业和草原重点工程建设现状的基础上，提出"十四五"时期宁夏林业和草原重点生态工程建设的思路和内容，为保障工程建设顺利建设提出对策建议。

一是分析现状。从国家和宁夏回族自治区两个层面，系统梳理当前正在实施的重点生态工程，重点关注工程建设目标、内容、布局，并采用定性分析与定量分析相结合的方法，反映工程建设成效。

二是研判形势。重点生态工程建设是生态文明建设的重要手段、黄河流域生态治理的主要方式，也是宁夏生态立区战略的重要着力点，研究这些重大宏观战略是重点生态工程发展的需求，有助于合理布局谋划重点生态工程建设方向、目标、内容。

三是发现问题。按照问题导向，深入研究工程建设中存在突出的问题，分析这些问题的成因，为"策"而"谋"，提出有用、可用、管用的对策建议，助推重点生态工程建设顺利开展。

3.1.2.2 调查方法

（1）文献调查法。项目组系统地搜集、整理、汇编了党的十八大以来，国家、宁夏回族自治区林业和草原改革与发展政策，集中围绕重要规划、重要文件、重要讲话、重要活动，研究宁夏林业和草原发展的政策机遇与挑战。

（2）实地调查法。到宁夏固原、中卫、吴忠、银川、石嘴山等地进行实地调研，通过实地勘察，了解调查地区生态区位、生态资源保护管理现状、产业发展情况，以及林业和草原发展在地区社会经济发展中所处的地位及发挥的作用。

（3）访谈调查法。与宁夏回族自治区林业和草原局各处室负责人、实地调查地区行业主管部门管理人员、农民等相关利益群体，进行详细、深入地交流。

（4）会议调查法。在银川市与自治区林业和草原局、发改委、财政局等部门进行会议交流，充分听取政策诉求和政策建议；在实地调查地区与州、县行业主管部门与自治区林业和草原局、发改委、财政局等部门进行座谈交流。

（5）专家调查法。邀请国家林业和草原局生态修复司、国家林业和草原局管理干部学院、北京林业大学等单位的专家，对研究思路、方法、结果等提出修改意见，并结合专家意见进行反复修改完善。

3.2 "十三五"重点工程实施情况

"十三五"期间，宁夏坚定不移地落实"生态立区"战略，紧紧依托三北防护林、天然林资源保护、退耕还林等国家重大林业工程，组织实施了六盘山重点生态功能区降水量400毫米以上区域造林绿化、引黄灌区平原绿洲绿网提升工程、南华山外围区域水源涵养林建设提升工程、同心红寺堡文冠果种植工程、主干道路大整治大绿化、生态移民迁出区生态修复、市民休闲森林公园建设等自治区生态工程，全自治区山川面貌不断美化优化，生态环境质量总体改善，优美生态环境成为宁夏最大优势和靓丽名片。

3.2.1 工程体系

"十三五"时期，宁夏回族自治区已经形成以国家重点生态工程为主干，以自治区重点生态工程为补充的较为健全的重点生态工程体系。

3.2.1.1 国家重点工程

(1)三北五期防护林工程。三北防护林工程覆盖宁夏全境。"十三五"时期宁夏将三北防护林工程同自治区"四大工程"有机结合,乔木林在国家投资500元的基础上,自治区和市县区分别配套,达到每亩1650元的投资。灌木林在国家240元的基础上,增加到500元每亩。全部实行工程化管理,实行招投标制、监理制等管理体制机制,极大地提升了造林质量,提高了造林的成活率和保存率。2016—2018年,全自治区共完成造林任务121.4万亩(人工造林70万亩、封山育林51.4万亩),中央预算内投资42080万元。

(2)退耕还林还草工程。完成新一轮退耕还林造林19.9万亩,退耕还草2万亩,中央投资30450万元。2016年度15万亩退耕还林任务顺利完成,兑现中央补助资金5亿元。积极争取自治区支持,对第一轮退耕还林补助政策到期后按照每年20元/亩继续补助5年,对新一轮退耕还林在中央补助基础上自治区财政再增加300元/亩。

(3)退牧还草工程。完成退牧还草工程补播改良33万亩,人工饲草地14.9万亩,舍饲棚圈10400户,毒害草治理3万亩。中央投资11856万元。2016—2018年退牧还草工程各项任务顺利完成,兑现中央补助资金6240万元(舍饲棚圈)。

(4)天然林保护二期工程。宁夏天然林资源保护工程二期覆盖全自治区22个市、县(区)以及5个国家级自然保护区管理局。"十三五"规划实施以来,全自治区完成森林管护面积1530.8万亩,国有天然林面积达到365万亩。完成天保工程造林任务33.6万亩、森林抚育32.7万亩,全自治区国有林业场圃6879名在职职工纳入天保工程养老、医疗、失业、工伤、生育五项保险补助范围,101名林业行政执法人员及林场教师享受到政策性社会性补助政策。2016—2018年,全自治区累计完成投资72599万元,其中,中央投资63695万元、占87.7%,地方配套资金8904万元、占12.3%。2016—2018年,全自治区共完成天保工程造林任务33.6万亩(人工造林19万亩、封山育林14.6万亩),中央预算内投资7580万元。

3.2.1.2 自治区重点工程

(1)六盘山重点生态功能区降水量400毫米以上区域造林绿化工程。围绕尽快提高森林覆盖率这一约束性指标,坚持以水定林、量水而行、适地适树的原则,在六盘山重点生态功能区降水线400毫米以上、坡度25°以上区域规模化启动实施该项工程。规划营造林总规模260.0万亩,其中,新造林90.0万亩,未成林补植补造110.0万亩,退化林改造60.0万亩。目前,已完成各类营造林132.33万亩。

(2)引黄灌区平原绿洲生态区绿网提升工程。坚持新植改造并举,树随路栽,绿随沟建,林随田织,以建设大网格、宽带幅、高标准防护林体系为原则,重点建设引黄灌区农田防护林、黄河主河道护岸林、灌溉渠系防护林、贺兰山东麓葡萄长廊等防护林体系,形成布局合理、功能完善、景观优美的引黄灌区平原绿洲生态系统,打造阡陌纵横、田地规整、水网密布、湿地星罗、林带美观、视野开阔的"塞上江南"风貌。规划营造林总规模27万亩,其中,新造林13.0万亩,未成林补植补造5.0万亩,退化林改造9.0万亩。目前,已完成各类营造林14.97万亩。

(3)南华山外围区域水源涵养林建设提升工程。通过新造林以及改造提升,以月亮山—南华山—西华山主山脉为中心,沿河流、山脊向两侧辐射,将规划区打造成结构稳定,景观多样,功能完备的水源涵养林基地。规划营造林总规模60.0万亩,其中,人工造林20万亩,封山育林20万亩,改造提升20万亩。目前,已完成各类营造林14.34万亩。工程的实施,加快了海原县、西吉县主要河流源头的生态修复步伐，初步达到缓解水资源压力、改善生态环境、促进区域经济社会环境的协调发展的目的。

（4）同心红寺堡文冠果种植工程。计划2018—2022年在同心县、红寺堡渠两个规划区开展文冠果生态经济林种植，充分利用规划区丰富的土地资源，在生态移民迁出区、新一轮退耕还林地和部分旱耕地等区域实施文冠果种植生态修复工程。其中同心县规划区主要包括其辖区下的韦州镇、预旺镇、马高庄乡、田老庄乡、兴隆乡、王团镇、张家塬乡、河西镇8个乡镇；红寺堡区规划区主要包括其辖区下的红寺堡镇、太阳山镇和南川乡，规划面积40万亩。至2019年时的计划总任务5.2万亩，目前已初步建成布局合理、集中连片、生态效能突出的文冠果生态林基地5.2172万亩。

（5）银川都市圈绿色生态廊道建设。规划营造林总规模10.62万亩。其中，贺兰山东麓文化旅游生态廊道营造林4.79万亩；典农河多彩休闲生态廊道营造林1.65万亩；滨河大道"黄河金岸"生态廊道营造林4.19万亩。目前，项目已全面启动。

（6）"三山"保护能力提升工程。自2016年开始，自治区财政每年安排2000万元，用于实施贺兰山、罗山和六盘山自然保护区能力建设工程。提高自然保护区在资源监督、林政执法、灾害防控、基础设施、森林防火、野生动植物保护、生态文化传播等方面的能力，推进自然保护区社区共建模式，维护生物多样性。开展自然保护区生态本底调查，构建自然保护区和野生动植物监测、监管与评价预警系统。

3.2.2 主要成绩

"十三五"期间，在重点生态工程的直接推动下，宁夏回族自治区山川面貌不断美化优化，生态环境质量总体改善，优美生态环境成为宁夏最大优势和靓丽名片。

一是绿化造林有效推进。通过三北防护林、天然林资源保护二期、退耕还林等重点生态修复工程建设，宁夏工程造林有效推进，森林资源持续增长。至2018年，已完成各类营造林任务379.65万亩，森林抚育136.3万亩，义务植树3000多万株，荒漠化修复面积204.6万亩。通过大规模的工程造林，宁夏森林面积由之前的103万亩增加到目前的997万亩，净增894万亩，森林覆盖率由2.4%提高到目前的15.8%，森林覆盖率净增13.4个百分点。

二是草原资源逐渐恢复。在飞播、禁牧等各项措施的综合作用下，草原得到休养生息，草原生态恶化趋势得到有效遏制，生产能力明显提升。到2018年，全自治区补播改良退化草场面积达到820万亩，重度沙化草原面积由634.4万亩减少到204.8万亩，草原围栏建设面积达到2330万亩。天然草原可食干草产量由2010年的183.16万吨增加到2018年的205.86万吨，理论载畜量由278.78万羊单位增加到313.34万羊单位。禁牧封育区内林草覆盖度由15%增加到55.43%。

三是防沙治沙成效显著。"十三五"期间，宁夏防沙治沙目标任务为30万公顷，截至2018年年底，已完成24.9万公顷，其中人工造林19.26万公顷、封山育林5.64万公顷。国家第五次全国荒漠化和沙化监测结果显示，全自治区沙化土地面积由1958年的2475万亩减少到1686万亩，荒漠化土地面积由1999年的4811万亩减少到4184万亩。率先在全国实现了沙漠化逆转，连续20年沙化、荒漠化土地"双缩减"，实现了由"沙进人退"到"绿进沙退"的历史性转变，得到了习近平总书记等中央领导同志的充分肯定，宁夏也成为全国唯一的省级防沙治沙综合示范区，并在国际上产生了广泛影响。

四是湿地保护成绩突出。根据宁夏湿地资源类型多样、特色鲜明的特点，初步建立区、市、县三级湿地保护管理框架，建立湿地类型自然保护区 4 处，其中国家级 1 处，自治区级 3 处；建设湿地公园 23 处，其中国家级 14 处，自治区级 10 处，全自治区湿地保护率为 51.6%。完成退耕还湿 8 万亩，受损湿地补偿 24 万亩，保护和恢复湿地 60 万亩。通过实施沿黄城市带湿地恢复和保护工程，建成中卫腾格里湖、吴忠滨河、银川典农河、石嘴山星海湖等重点湿地示范区，恢复和改善了湿地生态功能，极大改善了城乡人居环境，提升了沿黄城市品位。银川平原形成了"湖在城中、人在景中"的"塞上江南"新景观，湿地已成为宁夏的靓丽名片。

五是资源保护不断加强。有效防治林草病虫灾害，建立完善林业有害生物联防联治机制，有害生物成灾率下降到 5.2‰，无公害防治率达到 91.46%，种苗产地检疫率达到 100%。积极开展野生动植物保护，新建 7 个国家级及 20 个基层野生动物疫源疫病监测站，严厉打击乱占滥建、乱砍滥伐、滥捕乱猎等违法犯罪行为，重特大涉林刑事案件上升势头得到有效遏制。随着生态环境的不断好转，白琵鹭、白鹭、鬣羚、豹子、大麻鳽等珍稀野生动物频频出现，贺兰山已成为世界岩羊分布密度最大的地区。自然保护地管理不断加强，加强自然保护区基础设施和能力建设，南华山晋升国家级自然保护区，有效推进贺兰山生态环境综合整治。

各项生态修复工程的稳步推进，给宁夏带来了显著的生态福祉。

一是生态环境有效改善。多年来累计治理水土流失面积 1.76 万平方千米，每年可保水 16 亿立方米、减少排入黄河泥沙量 0.4 亿吨，累计治理沙化土地 705 万亩，实现了沙化土地治理速度大于扩展速度的历史性转变。

二是人居环境显著提升。借助创建园林城市、建设美丽乡村的契机，一批市民休闲森林公园、大环境绿化、村镇庄点绿化点初步建成，石嘴山跻身国家森林城市，中卫市、固原市成功创建国家园林城市，永宁县被命名为国家园林县城，城乡绿化美化进程加快推进。

三是增收作用日益显现。在相关工程实施过程中，采取购买建档立卡贫困户苗木和让其直接参与荒山绿化的方式，推进精准扶贫，同时积极争取国家林业局下达 8500 名建档立卡贫困人口转为生态护林员指标，落实补助资金 2.2 亿元。

四是农林产业长足发展。重点生态修复工程实施有力促使农民从广种薄收的传统生产方式转变到发展优势特色农业、设施农业、旱作节水高效农业比重不断加大，草畜、林果、育苗等产业迅速发展，枸杞产业等特色做大做强，红枣等优势产业做精做细，林下经济蓬勃发展。

3.2.3 基本经验

"十三五"期间，宁夏的生态建设取得了良好成效，这主要得益于以下几点经验。

3.2.3.1 坚持服务大局，确保生态治理正确方向

重点生态工程实施坚持服务区域可持续发展的大局，坚持服务中华民族永续发展千年大计的大局，坚持服务贯彻落实习近平总书记对宁夏"经济繁荣、民族团结、环境优美、人民富裕"要求的大局，将工程实施与生态文明建设相结合，与生态惠民相结合，与区域绿色发展相结合，正确处理保护与发展、生态与经济、短期利益与长期取舍的正确关系，努力克服技术、资金、人员等各项困难，推进重点生态修复工程稳步实施。坚定的大局意识，保证了宁夏生态建设、城乡绿化、生态系统治理的正确方向，使工程实施的各项工作不断取得新的突破，仅 2018 年便完成营造林 150 万亩、荒漠化治理 90 万亩，城市建成区绿地率达 37.2%，森林覆盖率达 14.6%，国土绿化成效显著，民众获得感明显增强。

3.2.3.2 加强组织领导，统筹各项工作安排部署

"十三五"期间，宁夏切实加强对重点工程实施的组织领导，积极争取各项重点工程实施的安排部署、协同推进。首先，在《宁夏回族自治区国民经济和社会发展第十三个五年规划纲要》中，单独用一章陈述改善生态环境、加强生态保护修复等相关工作的目标、内容和方式，赋予生态保护修复工作重要地位，与其他经济社会发展工作共同统筹协同部署；其次，单独出台《宁夏生态保护与建设"十三五"规划》，对"十三五"期间宁夏林草重点工程实施做了详细设计和安排；再次，成立生态立区战略实施领导小组，统筹协调生态立区战略实施中的重大事项，使加强组织队伍建设，专项资金统筹整合，稳定增加生态环境保护建设投入等工作平稳推进。最后，各地市根据自身实际情况，结合上级规划内容，纷纷制定出台自己的规划，确保各市县自身的工程建设有章可循。

有力的组织领导，使得宁夏能够站在全局高度了解自身实际、认识自身发展需要的基础上，制定核心目标，统筹调配各项资源，优化相关工作事序，积极稳妥推进重点生态建设。

3.2.3.3 强化制度建设，健全工程实施管理规范

"十三五"期间，宁夏积极推进重点工程管理的制度化建设，出台了一系列涉及造林绿化、工程管理、资源保护、禁牧丰育、防沙治沙、湿地保护等工程的条例规章，以具体条文、具体要求落实工程具体实施，使全自治区的生态修复与建设有序、统一。同时，积极配合自治区有关部门推进空间规划（多规合一）工作，初步完成森林、湿地两条生态保护红线划定工作，为后续生态建设准备基本依据。健全的制度体系，使得宁夏重点工程实施各环节有章可循、有据可依，规范了工程建设，为工程管理提供了必要的基础保障。

3.2.3.4 加大资金投入，夯实工程建设物质基础

宁夏采取多种措施争取资金投入。一是积极争取中央财政资金支持。2011—2018年，国家共安排宁夏天然林资源保护工程财政专项资金121133万元，其中：森林管护资金57223万元，森林抚育补贴资金10464万元，社会保险补助资金52504万元，政策性社会性补助资金942万元。按照国家相关要求，各项资金及时分解下达到各项目实施单位。二是不断加大生态补偿力度。将全自治区1531万亩森林资源纳入天然林资源保护工程范围内实施管护，国家级公益林893万亩纳入生态效益补偿范围。三是积极开辟新的投入渠道。组织召开全自治区林权抵押贷款签约暨座谈会，与农行宁夏分行等3家银行签订5年60亿元投资协议，完成涉林贷款21亿元。必要的资金投入，为工程建设提供了基本物质条件，使得工程开展、成果产生有力基本条件。

3.2.3.5 积极创新模式，开辟国土绿化新型途径

一是着眼于有效提高造林的成活率、转化率、保存率和森林覆盖率，提出了精准造林的理念，遵循降雨线分布和不同区域水资源分布规律，编制下发了《宁夏精准造林规划》和《宁夏精准造林实施方案》，遵循降雨线和不同区域水资源分布规律，实施规划设计、造林小班、造林模式、造林措施、项目管理、成林转化"六精准"，分类提升山川沙不同区域造林绿化的质量与效益，以创新的绿化方式和造林模式，启动精准造林工程。二是在长期防沙治沙工作中，依靠科技带动，探索出了不同区域的治沙模式。在腾格里沙漠建成包兰铁路两侧固沙防火带、灌溉造林带、草障植树带、前沿阻沙带、封沙育草带组成的长60千米、宽500米的防风固沙体系；在毛乌素沙地，探索出了灵武白芨滩"五带一体"滩林场的外围灌木固沙林，周边乔灌防护林，内部经果林、养殖业、牧草种植、沙漠旅游业"多位一体"防沙治沙发展沙区经济的模式；在盐池县等半荒漠地区，积极推广流动半流动沙丘草方格固沙种树（灌木）种草治沙技术，并在乔灌草合理配置、杨树沙柳深栽、

营养袋反季节造林等方面取得了突破。宁夏是草方格技术的形成地，也是率先大面积推广该技术的省区(外援项目)。新模式的创新应用，使得宁夏重点工程成效显著，特别是不少治沙模式实现了国内相关领域的零的突破，在中国乃至世界防沙治沙领域都具有典型的示范引领作用，得到了国际社会的重视与普遍认可。

3.3 "十四五"重点工程形势分析

3.3.1 加强重点工程建设的必要性

3.3.1.1 巩固提升现有建设成果的必然要求

"十三五"期间，宁夏重点工程建设虽然取得了显著成绩，但是全自治区生态条件总体上依然十分脆弱，部分地区生态状况恶化的趋势还没有从根本上扭转，林草植被覆盖度不高、土壤抗蚀能力差的情况依然存在，山水林田湖草系统治理还处于起步阶段。目前，工程建成的人工植被大多处于中幼龄期或过熟期，且树草种较为单一，稳定性较差，抗干旱、抗风蚀、抗病虫害能力弱，极易受到外界环境的影响而发生逆转。同时，工程成果的生态功能和价值还有极大的挖掘空间。为巩固已有建设成果，有效提升现有生态资源质量，促进生态状况进一步好转，"十四五"期间加强重点工程建设非常必要。

3.3.1.2 继续构筑北方生态屏障的必然要求

宁夏是构筑我国北方生态屏障的重要一员，是唯一一个三北防护林工程全覆盖的省份，担负着阻遏北方土地沙化趋势、减少沙尘东向京津冀地区侵肆、卫护中华民族的生存空间的历史重任。虽然当前宁夏的国土绿化、沙漠化防治工作成效有目共睹，但沙尘灾害并未完全消除，已治理沙区固沙植被退化问题不容忽视，待治理荒漠化土地面积依然不小，河流、湿地等流域治理还需继续加强。这种形势下，加强宁夏地区的重点工程建设，是构筑北方绿色生态屏障，抵御生态灾害、维护生态安全的必然要求。

3.3.1.3 改善民生建成小康社会的必然要求

工程区总体经济发展水平与沿海发达地区相比还有较大差距，人均地区生产总值还没有达到全国平均水平，农牧业人口和贫困人口的比重仍然不少，目前仍然有6个工程县为国家扶贫开发工作重点县。生态条件恶化、难以为社会经济发展提供所必需的社会承载力，是致贫的重要原因；这种情况下，加强重点工程建设，以改善林草生态条件、促进生态承载力提升，提高工程区林草产业规模，积极引导资源优势到经济优势的转变，更好发挥林草事业对区域经济和农牧民脱贫致富的带动作用，促进地区就业，助推精准扶贫，增加生态富民的渠道和效果。因此，加强宁夏地区的重点工程建设，是促进区域经济发展、改善农牧民生产生活条件、推进全面建设小康社会进程的必然要求。

3.3.1.4 实现区域协作共同发展的必然要求

宁夏位于我国三级阶梯地势中的第二阶梯，与第一阶梯紧相毗邻，是我国东西联结的关键省区。从地势特征上看，其境内的六盘山、贺兰山间的平缓地带，既是连结西部甘肃河西走廊和东部宁夏平原、陕西黄土高原，东北部内蒙古河套平原的重要通道，也是联通我国中东部发达地区和阿富汗、哈萨克斯坦等位置的咽喉要道，具有欧亚大陆桥黄金交汇点的美称，位置十分重要。

从流域特征上看，宁夏位于黄河中上游段，境内有麻春堡河、清水河、苦水河、西天河等注入黄河，有 397 公里黄河主河道，其水质水量的变化，对下游地区产生很大影响。从经济布局上看，宁夏处于我国东强西弱的经济大格局中于东西部交界的过渡位置，是东西部经济交流的交通要道。因此，宁夏的生态安全和生态承载力，不仅关系着自身的发展，更对西部大开发乃至东西部区域协作共同发展、"一带一路"联通有着非常重要的作用。

3.3.1.5 振兴乡村建设美丽乡村的必然要求

作为党的十九大提出的一项重大战略，乡村振兴是关系全面建设社会主义现代化国家的全局性、历史性任务。宁夏是自然风光别样、民族风情独特的民族地区，同时，也是总体自然条件薄弱、生态提升潜力巨大的内陆区域。加强宁夏生态保护修复工程，不仅能为乡村正常的生产生活提供必要的生态基础，更是建设美丽乡村关键的实现途径。进一步加强林业和草原生态重点工程的实施，将更好地推进生态环境改善，更加有效地促进城乡居民生产、生活空间提升，更加清晰地展示宁夏独有的文化生态内涵，更加科学地处理人与自然、生态与经济、保护与利用的相关关系；更为显著地发挥林业草原事业在宁夏区域发展中重要作用的基本方式。

3.3.1.6 履行生态文明历史使命的必然要求

全面、正确理解生态文明的科学含义，需要充分认识到生态文明涉及资源保育提质、发展理念调整、体制机制改革、经济结构调整、产业发展促进等各个方面。而重点工程是实践生态文明的重要抓手和着力点，工程建设不但是发展生态资源、提供生态价值的重要途径，也是实现生态治理顶层设计强化，制度体制创新，监管水平提高，产业发展促进的重要机会，是全面促进生态文明五大体系建立健全的一项抓手。

3.3.2 重点工程面临的挑战性

3.3.2.1 资源制约不容忽视

（1）土地空间不足。宁夏自然地理条件差异明显，适宜大规模开展造林绿化工程的土地资源原本有限，而且随着近些年生态建设的推进，可供继续成规模实施重点工程的集中连片土地越发稀缺。除此之外，土地空间的制约作用还表现在以下几种类型：一是不合理的基本农田与非基本农田的划分，导致部分农户参与意愿强烈、产量不高适宜发挥生态效益的农田，无法安排退耕还林任务；二是一些符合退耕政策能退耕的耕地，因与基本农田"插花"分布，导致可退耕地块呈现"碎片化"，无法形成规模效益；三是一些必要的生态保护修复工程，如平原绿网工程，实施中难以征用相关农田；四是部分保护区划定不合理或历史债务纠纷，导致大面积低质低效的人工林无法开展植造管护等经营活动，相关土地难以有效利用；

（2）绿化用水紧缺。水资源缺乏，干旱土地面积比重偏大是宁夏的区情，严重制约着重点工程的实施。据不完全统计，宁夏年平均降水量约为 280 毫米，不足全国平均水平的 1/2，平均蒸发量 1250 毫米，人均水资源利用量每年 172 立方米，仅为全国平均水平的 1/12。2018 年，宁夏所分配的黄河用水量为 40 亿立方米，其中可用于河湖修复、保护绿化等用途的生态用水 2.3 亿立方米。这种情况下，开展系统性的生态建设与修复，必须正视用水多，用水难，用水贵的问题，科学利用好有限的水资源。

3.3.2.2 工程管理存在短板

部分地区工程实施中片面强调植造，对管护重视不足，片面强调建设规模速度，对治理成本效益重视不足，在工程成果的可保持性、可提升性方面留有隐患：一是部分工程实施地水资源稀缺，大面积栽植高大乔木产生高昂用水成本，给工程建设带来较大经济压力；二是有些工程造林方案执行不到位，未能乔灌结合，多树种搭配，实造结果多为单一树种纯林，限制了森林生态系统功能发挥，且存在病虫害防治隐患；三是部分已建成林地疏于管理、放任自流，森林质量不高，中幼林、成林比重偏大，成林转化率、保存率偏低，森林整体功能效益偏低；四是部分工程招投标程序运行不够顺畅，存在行政程序延误错失春季造林最佳季节的问题；五是不少经济林营造不够科学，整地除草等破坏性营造方式客观存在，导致林下裸露土壤易遭风蚀起尘；六是部分林场对森林经营方案不够重视，经营、考核与之完全没有关联，导致相当一部分国有林经营计划性、可控性较差。

3.3.2.3 资金瓶颈日益凸显

"十三五"期间，自治区财政安排全自治区造林资金投入总额为23.7亿元，平均每年5.9亿元。而国家造林投资为补助性质，仅为100~500元/亩，对于每年大规模的造林投入仅是"杯水车薪"。近年来，随着造林难度加大，工程实施中的整地换土、水源保障、劳动力投入等成本不断加大，工程实施的资金负担日益加重。而目前宁夏重点工程建设所需投入，主要由中央和各级地方政府承担，投资渠道单一，社会参与植树造林国土绿化的积极性还不够高、社会化、多元化投入机制尚未形成，导致林业建设投入总量严重不足、与实际需求存在较大缺口，财政资金的撬动作用和金融投入的带动作用有限，林草事业发展欠账多、包袱重，基础设施设备滞后。这种形势下，为了完成生态建设任务，大量投资负担下沉到市、县，已经积累起大量隐形债务，成为生态绿化最重要的制约因素。

3.3.2.4 科技支撑发挥不足

与工程实施相关的基础研究还不够深入完备，科学理论的指导作用发挥不够彻底完善。例如，林草融合下的生态系统功能耦合，以及如何开展山水林田湖草系统治理等基础研究方面还有不少空白，导致工程不能充分实现因地施策的目标。部分领域技术瓶颈客观存在，例如，在乡土树种培育和应用、困难立地条件下的生态修复、干旱沙区退化植被快速恢复等关键技术的缺失，导致部分区域工程效果不够理想；此外，还存在专业技术应用不足的问题，基层施工一线缺乏懂技术、会经营、接地气的专业人才，也极大地制约着工程建设质量；最后，还存在信息技术应用不足、对工程建设和工程成效缺少系统性监测的不足。

3.3.2.5 部分认识存在误区

目前，生态治理中的一些片面认识，干扰了重点工程的实施效果。这些认识主要包括：

一是"树大绿多就是生态好"。重点工程实施要真正树立起"尊重自然，顺应自然"的理念，尊重并保护生态系统的多样性，真正做到保护为主、修复为主，以水定绿、适地适绿，以生适态、适生适态，注重生态系统的适应性、完整性，避免工程建设单纯追求高大乔木的价值取向，加强工程建设成效的系统性、可持续性，避免过度建设、破坏性建设。

二是"生态好就是生态文明好"。文明是社会进步状态，生态文明不单指人与自然和谐的状态，亦指为实现这种和谐而形成的文化、思想、制度等体制机制。以重点工程建设推进生态文明建设，不能只片面追求森林覆盖率、保存率、蓄积量等生态指标的短期改善，还要在工程实施中加强对工程管理、认识深化等思想性、文化性、制度性等成果的发掘，以利生态文明的全面建设。

三是"生态文明下保护与利用间的矛盾冲突不可调和"。保护与利用间的冲突具有阶段性，二者在一定条件可以相互转化，需要保护时彻底保护，需要利用时规范利用，确保不同尺度范畴间生态系统的物质能量可以顺畅繁衍转化，及时交流循环，既要避免系统在封闭隔绝中功能衰退，又要避免系统在交换利用中过度损耗。因此，要走出保护和利用绝对对立的认识误区，认识到特定条件下的适度利用，可以是一种有益的保护方式，在实现人类社会持续发展的同时，帮助原生态系统演化更新。

3.3.3 加强重点工程建设的可行性

3.3.3.1 深化改革为工程建设提供创新机遇

改革创新既是推进生态治理的动力源泉，又是破解林草保育的有力武器。改善当前重点工程建设机制，更好地发挥重点工程建设作用，需要财政、产业、土地、环境、农业、人口等领域政策的协同支持。不管挑战存在与政策、体制、还是市场，不管困难是新是旧，深化改革给打破思维定式，冲破观念障碍，跳出老套路、旧框框，寻找新思路，发现新办法，在探索中完善，在完善中提高提供了历史性机遇。紧紧抓住这一历史性机遇，直面问题，破除一切不合时宜的思想观念和体制机制弊端，突破思维固化的藩篱，激发社会全体成员的热情和智慧，将有助于形成更高水平的系统合力，使重点工程建设效能发挥出前所未有的作用。

3.3.3.2 生态共识为工程建设强化思想认识

建设生态文明已经成为一种社会共识，"绿水青山就是金山银山""山水林田湖草是一个生命共同体"等论点正在日常生产生活中发挥越来越有力的指导作用。一旦思想认识达成一致并落实于具体实践，将使"生态方法论"贯穿重点工程建设始终，将使"生态价值论"成为重点工程建设成效评价标准，形成强大的生态合力，使各种资源得以统筹集中，使各类要素得以优化配置，使各项行动得以同频共振，促使工程实施实现新突破。

3.3.3.3 经济发展为工程建设充实物质基础

当前，宁夏回族自治区经济持续稳中向好的发展态势，且经济具有韧性强、回旋空间大的特点，具备保持稳定增长的巨大潜力和坚实基础。至2018年，宁夏全自治区生产总值、公共预算收入分别达到历史新高；宁夏及其周边地区交通、水利等基础设施不断完善；经济结构进一步调整完善，科技创新在经济发展、产业进步中的作用进一步提高，高质量、高效益发展势头良好；住户存款总额和城乡居民可支配收入继续增加；绿色金融、互联网金融的不断发展，使得在更大时空范围内调集资金更为便利。这些都是为更好地实施重点工程建设提供了雄厚的物质基础。

3.3.3.4 历史经验为工程建设提供有效借鉴

从1979年启动三北防护林工程建设开始，宁夏便开始组织重点工程建设，迄今历时40多年，在水土保持、防沙治沙、植树造林、工程管理、灾害防治等方面所积累的丰富经验和历史资料，具有十分重要的理论价值和实践价值，可以为进一步开展工程建设提供有效借鉴。

3.3.3.5 科学技术为工程建设准备强大武器

近年来，我国生态治理相关的理论所取得新进展、新突破，不断提升着人们对开展重点工程建设的认识水平，综合治理、系统治理、林草融合等科学思维正越来越多地应用于工程实践当中，工程实施效能日益提高。可以确信，我国生态文明建设思想的不断丰富充实，必然给重点工程建设提供更多动力。同时，节水滴灌、荒漠化防治、湿地保护等领域的专利、设备、技术体系的不断完善，应用水平的持续提高，都将使得未来重点工程的实施更加便捷、优质、高效。

3.3.3.6 创新优化为资源利用发掘可能空间

加强水资源节约利用、高效利用的模式创新，加强林地、草地、耕地三权分置背景下的配置创新，强化顶层设计，从气候地理条件的宏观尺度，区域流域特征的中观尺度，山头地块土壤地力、水循环特点的微观尺度3个层次，结合城乡布局优化、美丽乡村建设、森林城市建设等政策，综合考虑重点工程的实施强度和建设模式，构建健康、综合效应最佳的生态系统，形成能最大限度体现人与自然和谐共生、相互促进的完整系统。将重点工程建设放在宁夏山水林田湖草系统治理中统筹考虑，将宁夏生态治理放在西部大开发、"一带一路"发展倡议的大背景下审视布局，从不同的维度创新优化人、财、物、水、空间等各种资源的配置模式，在不同尺度发掘可相关资源的利用空间，可以为解决重点工程建设面临的资源瓶颈提供新的思路。

3.4　强化统筹协调

3.4.1　处理好十大关系

林草业重点生态工程是一项复杂的系统工程，也是一项长期的战略任务，是人类改造自然的社会实践，应遵循自然规律和经济规律搞建设，辩证地处理多种关系，科学地确立指导方针，实现经济效益、社会效益和生态效益的协调统一。

一是处理好保护与治理的关系。长期以来，宁夏在生态建设的许多方面创造和积累了大量的成功经验，许多地区采取人工促进天然更新和恢复的方式，取得了明显成效。但是在某些方面也存在过度建设的问题，具体表现：重人工干预轻自然恢复，重人工造林轻封育飞播，甚至用次生植被替代原生植被，人工纯林比重过大，造成造林保存率低，森林覆盖率增长缓慢，林木病虫害发生严重。按照中央十九届四中全会决定意见，生态工程建设要坚持节约优先、保护优先、自然恢复为主的方针，尊重自然选择，注重发挥自然力量，通过适当的人工干预，促进形成宁夏特定的自然生态系统。

二是处理好乔木与灌草荒的关系。乔灌草的生存环境差异较大。大量调查和观测研究证明，在干旱、瘠薄的侵蚀劣地，乔木生长不良，而灌木具有较强的适应性，而且生长快，见效快，具有较好的生态效益及经济效益。宁夏属西北干旱内陆地区，大部分地区年降水量不足300毫米，又无灌溉条件，重点生态工程建设要根据"山沙川"分类指导的方针，针对不同的区域特点，因地制宜，综合治理，宜乔则乔、宜灌则灌、宜草则草，宜荒则荒，乔灌草荒结合，多样结合，分清主次，适地适绿，防止重乔木轻灌草，加快实现由单纯营造乔木林向乔灌草相结合治理转变。

三是处理好绿与水的关系。水是社会经济发展中最为敏感的限制因子之一。宁夏地处干旱半干旱地带，水资源短缺、水土匹配条件差是重点生态工程建设的主要瓶颈。2019年国家分配宁夏黄河耗水指标43.73亿立方米，其中分配生产生活耗水指标41.49亿立方米，首次单列宁夏生态用水指标2.24亿立方米。生态用水有量有限，决定了重点生态工程建设应充分考虑水资源承载力，用水要适量、适度、适地、适时，量水而行，以水定绿，不能以绿定水，用水资源倒逼的办法，加快实现由过去的从粗放式建设逐步走向精细化建设转变。

四是处理好传统治理与现代科技的关系。宁夏盐碱地、干旱荒地面积大，立地条件差，严重影响着全自治区生态面貌和生态安全，制约了当地经济社会可持续发展和脱贫攻坚进程。盐碱地、干旱荒地生态修复既需要采用传统的治理手段，更要多采用乡土树种草种、先锋树种草种治理，也要加强顶层设计和统筹规划，主动依靠科技，加强抗逆新品种选育和治理模式创新，真正将科技成果应用到工程建设中，维护生物多样性和生态系统的稳定性，加快实现生态治理由全面修复向精准修复转变。

五是处理好林与农的关系。宁夏地处黄土高原与蒙古高原的过渡带，年降水量少，降水时空分布不匀，而且常以暴雨形式出现，加上山上植被稀疏，调蓄能力弱，水土流失严重。森林具有涵养水源的作用，通过在生态移民搬迁腾退耕地、坡耕地上的基本农田，进行生态化利用，大力发展梯田地埂林，变"单"为"混"，通过"混植"，向农要地，向土地要效益，寻求土地产出效益的最大化。

六是处理好绿景与美景的关系。当前宁夏各地结合生态建设地区特色，开展全域化、精准化、特色化生态旅游，提升旅游产品供给水平，满足市民城郊游、乡村游、温泉游、生态游、养生游、避暑游等旅游休闲需求。按照生态建设产业化的发展要求，宁夏生态建设需要在按照"生态+旅游"的模式，在树种选择、基础设施建设等方面，为生态旅游、森林康养等事业发展留出空间，让绿色做底色，美景做彩色，产业添成色，绿景美景一个都不能少。

七是处理好建与管的关系。生态治理具有三分造七分管的特点，管护跟不上，生态建设的成果就难以巩固。特别是宁夏生态条件较差，造林种草的难度越来越大，造成一片很不容易，每一分绿色都来之不易、弥足珍贵，要更加重视和加强森林等生态资源管理，必须像保护眼睛一样保护生态环境、像对待生命一样对待生态环境，严格森林等生态资源保护，加强湿地保护，通过强有力的保护，让人民望得见贺兰山，看得见黄河水，记得住塞上江南风情。

八是处理好保护与发展的关系。生态保护与修复是可持续发展的根本。生态保护是为了发展，不能因为保护就不发展。生态建设要考虑生态资源的有效利用、高效利用、多样化利用的问题，树立"科学利用是最好的保护"的理念，统筹生态体系与产业体系建设，更加重视林草产业的发展，以林草产业的发展促进和保障生态体系的建立与巩固。

九是处理好生态建设时间和空间的关系。宁夏干旱少雨，自然条件严酷，生态系统脆弱，生态建设的自然资源约束多，约束力大，决定了生态建设不能贪多求快求大，不能一味求快、求绿，不能追求当年植树，当年成林，当年成景，不能一味地以植树造林数量的多少衡量政绩，用"政绩工程"替代"生态工程"，不搞"大跃进"，而是以小步快跑搞建设，绵绵用力，久久为功，以时间换空间，就能拉长、稀释、缓解要素约束和资源承载压力。

十是处理好中央事权与地方积极性的关系。十九届四中全会把"健全充分发挥中央和地方两个积极性机制体制"作为推进国家治理体系和治理能力现代化的重要内容做出了部署，提出"建立权责清晰、财力协调、区域均衡的中央和地方财政关系"。鉴于重点生态工程建设的社会公益属性，对于国家级重点生态工程中央财政的资金要保障到位，对于宁夏回族自治区的重点生态工程中央财政要给予合理的补助支持。在生态工程建设的方案设计、技术规程要求等方面，要支持地方围绕中央顶层设计进行差别化探索，争取形成富有宁夏特色的重点生态工程建设模式。

3.4.2 加快实现六大转变

（1）生态建设的目标要从总量扩张向量质并重转变。近年来，宁夏大力推广抗旱造林系列技术。在造林过程中，大力推广树盘覆膜、大苗全株浸泡和针叶树容器苗造林，并应用生根粉、保水剂、稀土抗旱剂、喷洒抑制蒸腾剂等系列抗旱造林技术；在工程建设上，顺应自然规律，挖大坑、栽小苗，冬天聚雪、夏天积雨，坚持适地适树的原则，科学调整树种结构，实现了从注重造林面积向注重造林质量转变。

（2）生态建设的内容要从以林为主向林灌草荒并重转变。宁夏属西北干旱内陆地区，在大部分地区年降水量不足 300 毫米，无灌溉的条件下，森林植被只能以灌草型为主。特别在南部山区，如果一味追求营造乔木林，则会因立地条件差、气候干旱，影响树木成活率，极易形成"小老头树"，造林成本大，成效不明显，而且森林系统的稳定性也较差。而灌草型生态植被，经过多年的自然选择，作为优势种植被在宁夏特定的气候条件中生息、繁衍，适应性和生命力较强，具有天然更新能力，即使在干旱年份，也能较好地生长，其形成的林分生态稳定性强、保水固土的效果好。因此，应把灌草作为宁夏南部山区生态系统的主体，把封山育林育草作为恢复植被、培育资源的多快好省的途径。

（3）生态建设的方向要从绿量向绿景、美景转变。特色文化不够突出，文化特色是某一区域营造林突显的重要内容之一，营造林区规划设计过程中，通过不同植物的搭配，突显地域文化，营造文化氛围，但宁夏营造林区的这一特点却不明显。树木种植过程中仅仅模仿了植物生长的原生态环境，植物景观不够优美，文化氛围营造得不够明显。在造林过程中，可以根据造林区的环境特点，将多种树木进行混合栽种，提高植物的多样性。

（4）生态建设的模式要从补助造林向工程造林转变。当前国家对林业建设主要采取造林补助政策，造林补助低，苗木质量、造林工程标准都大打折扣，部分区域出现造林不见林的现象，林业建设的质量和效果很难保证。为了提高造林成效，需要参考工程造林的市场成本重新核算造林补助标准，以便于林业部门能够采购高质量苗木、提高造林质量标准，从而从根本上提高造林的成活率和保存率。

（5）生态建设的方式要从造林为主向营造并重转变。从林木抚育、病虫害防治、林木补植、护林防火等方面入手，提升林地管理的水平和质量，确保现有林地能够健康、稳定地持续发展。针对当前造林树种偏少的现实，以科研部门为主体，通过选育、驯化和引进新的造林树种，以增加造林苗木的种类，提高林木多样性，增加林地稳定性，支持林业生态建设的可持续发展。在充分了解林木耗水和环境水分供应的基础上，科学规划，提出适合于不同树种的合理造林密度。对于当前造林密度过大的林地，通过间伐的方式降低密度，以保证林水平衡，实现林地稳定可持续发展。

（6）生态建设的区域从局部治理向系统治理转变。立足生态环境脆弱的实际，宁夏要把山水林田湖草作为一个生命共同体，统筹实施一体化生态保护和修复，全面提升自然生态系统稳定性和生态服务功能。推进林草深度融合，改变"种树的只管种树、治水的只管治水、护田的单纯护田"的观念，遵循生态系统内在的机理和规律进行修复治理。自治区林业和草原局科技处相关负责人说，坚持自然恢复为主的方针，进行统一保护和修复，形成山水林田湖草的共生关系。

3.5 总体思路

3.5.1 指导思想

全面贯彻落实党的十九届一中、二中、三中、四中全会精神，认真践行新发展理念和绿水青山就是金山银山理念，深入贯彻落实习近平总书记在全国生态环保大会和黄河流域生态保护和高质量发展座谈会上的重要指示，按照全国"双重"规划，持续落实自治区第十二次党代会安排部署，大力实施生态立区战略，根据建设美丽新宁夏主题，建立全面覆盖黄河"一主一支""三山"生态安全屏障、重要自然保护区、国有林区林场等生态区位重要地区，覆盖水土流失、荒漠化和沙化等生态退化严重地区的林草业重点生态工程体系，加快山水林田湖草沙生态空间一体化保护和系统治理，统筹抓好"护山、治水、造林、蓄湖、育草、固沙"工作，着力加强生态系统保护和修复，着力提高生态产品供给质量，大幅提升全自治区绿量绿质绿效，加快建设西部绿色生态高地，为打造西部地区生态文明建设先行区奠定坚实的生态基础。

3.5.2 基本原则

（1）坚持生态优先，自然恢复与人工适度干预相结合。按照生态系统的原真性、完整性、系统性及其内在规律，统筹自然生态各要素，加大人工治理和自然修复相融合程度，发挥生态系统自我修复能力，促进生态系统良性循环，努力提升生态系统服务功能。

（2）坚持因地制宜，量力而行。遵循自然规律，以水定地、以水定绿、以水定型、以水定需、量水而行，宜乔则乔，宜灌则灌，宜草则草，宜荒则荒，实行乔灌草荒结合、封飞造护并举，既要防止重林轻草，也要防止重草轻荒。

（3）坚持量质量并重，质量优先。注重数量增长、质量提升，扩大湿地、森林面积，保护生物多样性，推进沙漠化、水土流失治理，系统增加绿量、绿质、绿景，推进重点生态工程高质量发展。

（4）坚持保护优先，协调发展。妥善处理经济发展与生态保护建设的关系，以不影响生态系统功能为前提，结合生态保护与修复，进行产业发展布局，严格实行重点生态功能区产业准入负面清单制度，实现发展与保护的内在统一、相互促进。

（5）坚持政府引导，社会参与。建立起政府主导、公众参与、社会协调的造林绿化新机制，调动全社会积极性，部门联动，市场推动，多层次多形式推进生态保护与修复。

（6）坚持依法治绿、制度保障。完善生态治理法规体系，加大执法力度，强化执法监督。健全完善生态治理制度，完善配套政策措施，保障重点生态工程建设持续开展。

3.5.3 目 标

"十四五"期间，建立以重点生态功能区为主体、以专项工程为支撑的"一总五区多项"的重点生态工程体系，加快北部平原绿洲、中部干旱带防风固沙、南部山区绿岛三大生态系统建设，巩固提升贺兰山、六盘山、罗山生态环境综合整治成果，重点生态功能区生态功能得到提升，生态资源质量不断提升，生态产品供给能力不断提高，国土生态安全骨架更加完善，生态环境持续改善，切实筑牢我国西部生态安全屏障。

（1）国土生态安全格局更趋完善。引黄灌区平原绿洲生态区、中部荒漠草原防沙治沙区、南部黄土丘陵水土保持区、"三山"森林生态功能区等四大重点生态功能区林草植被持续增加，各生态区的生态功能得到恢复和提高，国土生态安全格局基本形成。

（2）人居环境"增绿工程"取得重大成效。以"沿黄城市带""清水河城镇产业带"和"太中银发展轴""银宁盐发展轴"为主线，以"森林乡镇、森林村庄、森林人家、绿色乡村、企业、校园"等为载体，加强城乡人居环境保护建设，提升人居环境质量。高标准绿色廊道骨架景观初步形成。

(3)"两山"转化机制基本形成。依托优势生态资源,大力发展优势特色林产业,延长产业链条,提高附加值;通过森林湿地管护和沙化封禁补助、生态补偿等林业补贴方式,使有劳动能力的贫困人口转化为生态管护员,实现生态保护与服务脱贫一批。绿色富民水平显著提高。

(4)建立财政投入为主的多元化资金保障机制。进一步健全完善各项生态补偿政策,将生态补偿与保护政策、保护效果相挂钩,加快建立多元化生态补偿机制,拓宽补偿资金来源渠道,推动建立生态保护的长效机制。

(5)治理体系和治理能力明显提升。以提升重大生态工程实施管理水平为重点,创新管理机制,加强监督考核,强化宣传引导,推动全社会共治局面的形成。

3.6 林业和草原重点生态工程

"十四五"期间,宁夏回族自治区林业和草原重点生态工程(以下简称"重点生态工程")应聚焦北、中、南三大区域,着力做好林、草、沙、湿等生态资源保护修复,加快推动重点生态工程高质量发展,为全面推进国土绿化工作、建设"生态高地"担当主干责任,发挥引领作用。

3.6.1 北部绿色发展区防护林建设工程

在13个县(市、区)的引黄灌溉区,以黄河为轴,对黄河干流护岸林、标准化堤防、两侧主要入黄干沟、重要防洪设施、道路、渠、黄灌溉农田防护林采取新建、改造提升等措施,建设大网格、宽带幅、高标准防护林体系,形成"纵贯三市、东中西布局、林田水相依"的都市圈绿色生态屏障,构建黄河流域绿色生态长廊(专栏3-1)。

专栏3-1　北部绿色发展区防护林建设项目主要建设内容

(1)黄河护岸林。在黄河干流沿岸完成人工造林7万亩,未成林抚育提升3万亩。

(2)道路防护林。在高速公路、国省县道路、铁路等道路两侧完成人工造林5万亩,未成林抚育提升7万亩。

(3)农田防护林。在沟、渠、田间道路以及城镇农田周边等区域完成人工造林20万亩,未成林抚育提升35万亩。

3.6.2 中部防沙治沙建设工程

遵循沙区自然规律,坚持"宜乔则乔、宜灌则灌、宜草则草、宜荒则荒、宜沙则沙"的治理方针,按照"防沙、用沙、绿沙"的原则,对毛乌素沙地、腹部沙地、腾格里沙漠、中南部黄土丘陵区等重点区域,针对不同立地条件,采取封禁保护、工程加生物固沙、人工种灌草等措施进行综合修复治理,建设中部防风固沙林体系(专栏3-2)。

专栏3-2　中部防沙治沙建设项目主要建设内容

(1)毛乌素沙地治理区。突出"防沙",坚持"草为主、灌为护、零星植乔木,封为主、造为辅、重点抓修复"的方针,在流动、半流动沙地进行人工扎设草方格后种植灌草进行治理。在沙丘间地下水分好的区域采取乔、灌、草疏林搭配进行治理。完成防风固沙林40万亩,未成林抚育提升65万亩。

(2) 腾格里沙漠东南缘治理区。突出"绿沙",将治理重点放在沙漠边缘,在绿洲外围沙漠边缘建设沙漠绿带,阻止沙漠进一步入侵扩张,守好沙漠边缘、绿洲外围防线。完成防风固沙林 20 万亩,未成林抚育提升 25 万亩。

(3) 同心海原丘陵治理区。突出"防沙",重点是防止土地沙化和水土流失,坚持植被修复和水利建设相结合,开展流域综合治理。完成水土保持林 50 万亩,未成林抚育提升 50 万亩。

3.6.3 南部水源涵养建设工程

对黄河支流清水河、泾河、葫芦河等源头,采取封育保护、人工造林种草措施,建设水源涵养和水土保持林体系,提高林草综合植被覆盖度,增强水源涵养和水土保持功能。黄河支流两岸,在降水量 400 毫米以上黄土丘陵沟壑区,采取封育保护、人工造林措施等,增加林草面积,增强水土保持功能。在降水量 300~400 毫米水土流失严重区域,主要采取种植灌草、封育保护等措施,增加灌草面积,减少水土流失。推广彭阳县小流域综合治理"彭阳模式",科学搭配树种,兼顾经济效益、生态效益和社会效益,把水源涵养和林业发展与经果林发展、结构调整、国土绿化结合起来,与环境治理结合起来,在气候、立地条件适宜区域,积极鼓励营造经济林和生态景观兼用林,因地制宜打造一批特色林果基地和生态景观林(专栏 3-3)。

专栏 3-3 南部水源涵养建设项目主要建设内容

(1) 水源涵养林。在清水河、泾河、葫芦河流域源头区域和海原县南华山、西华山等水源涵养重点生态功能区,完成人工造林 33 万亩,未成林抚育提升 65 万亩。

(2) 水土保持林。在清水河、泾河、葫芦河等流域的原州、西吉、彭阳、隆德等县(区)的黄土丘陵重要生态功能区,完成人工造林 75 万亩,未成林抚育提升 120 万亩。

3.6.4 湿地保护恢复建设工程

加强沿黄重要湿地和湿地公园的保护与恢复,优化布局、扩大面积、增加质量、提升功能,实行湿地总量管理,在沿黄滩区开展生态修复和岸线整治,落实源头治理、过程管控、生物净化等措施,在南、中、北三个区域因地制宜还湿建湿、退耕还湿、扩水增湿、生态补湿,实施退养还滩、盐碱地复湿和退化湿地恢复,修复受损湿地、恢复水生生物,在有条件的入黄沟道末端适度建设人工湿地,让各类湿地连起来、水源流起来、生态活起来,基本形成布局合理、类型齐全、功能完善、规模适宜的湿地保护体系。提高湿地的完整性,确保发挥湿地生态功能、景观效益和经济效益(专栏 3-4)。

专栏 3-4 湿地保护恢复建设工程主要建设内容

(1) 开展重要湿地保护恢复。加强艾伊河、沙湖、阅海、鸣翠湖、沿黄滨河等 20 处重要湿地保护恢复。实现湿地水系连通、植被恢复,建成水安全、水环境、水景观、水文化、水经济"五位一体"的景观水道。抓好包兰线生态道、贺兰山东麓生态修复等项目。

(2) 开展退耕还湿。对黄河南北滨河大道内侧所有耕种的非基本农田全部实施退耕还湿,无明显河堤的,将干流水域边界两侧 300 米范围内的非基本农田全部实施退耕还湿。其中,黄河干流两侧、南北滨河大道内侧滩涂实施退耕还湿 10 万亩,黄河两侧退化湿地和退耕还湿 20 万亩。

(3) 建设湿地公园。新增国家级湿地公园 2 处、面积 200 公顷;新增自治区级湿地公园 2 处、面积 200 公顷。在中宁县、永宁县、灵武市、青铜峡市、吴忠市、平罗县、隆德县、彭阳县、海原县、西吉县各建设 1 处自然或城市湿地公园。

(4) 完善湿地保护制度。完善《宁夏湿地保护修复制度》《宁夏湿地保护红线制度》等，研究出台《宁夏湿地生态效益补偿办法》。

(5) 开展湿地生态修复。支持有条件的市、县(区)在污水处理厂周边或排水沟建设人工湿地，建设浅滩污水净化湿地、种植芦苇等水生植物，对污水处理厂尾水进行植被吸收净化和过滤沉淀，提高水质标准。建设湿地野生动植物生境，为水鸟等野生动物提供栖息、觅食、繁殖等场所，维护生物多样性。通过湿地植被恢复、驳岸整治和园林绿化、景观营造等，打造"水清、流畅、岸绿、景美"的湿地景观。支持石嘴山市星海湖水质提升、水循环、水生态修复专项工程建设。

(6) 提升湿地综合管理水平。重点加强黄河、清水河等流域湿地、湖泊、水系保护性开发，深化湿地产权确权，建立湿地生态修复机制，规范湿地利用保护行为。

(7) 完善湿地监测体系。完善自治区级湿地监测体系，完善银川市、吴忠市湿地监测体系，提升湿地监测能力。

3.6.5　以国家公园为主体的自然保护地体系建设工程

对以贺兰山、六盘山、罗山"三山"为主的自然保护地整合优化，加快构建以国家公园为主体、富有宁夏区域特点的自然保护地体系，建设健康稳定高效的自然生态系统，提升生态产品和生态服务供给能力，使其成为宁夏"生态立区"的战略基点(专栏3-5)。

专栏3-5　湿地保护恢复建设工程主要建设内容

(1) 加快自然保护地体系建……设。完成全自治区自然保护地本底调查，编制《宁夏自然保护地总体规划》，尽快完成各类自然保护地整合归并，勘界立标，确权登记。优先设立六盘山国家公园，积极创建白芨滩国家公园和贺兰山国家公园。统一管理机构，统筹管理全自治区自然保护地，建立一个自然保护地由一个部门、一个管理机构全过程统一管理的管理体制。研究制定《六盘山国家公园管理条例》。

(2) 实施生态修复。修复以哈巴湖、白芨滩、沙坡头为主的疏林草原荒漠生态系统，以贺兰山、罗山为主的灌丛森林和草原生态系统，以六盘山、南华山为主的森林生态系统，以云雾山、西华山、香山为主的草原生态系统。

(3) 创新自然资源使用制度。在六盘山地区建立国家级生态补偿示范区，积极推动国家对重点生态功能区转移支付，推动建立跨省份流域上下游横向生态保护补偿机制和水权交易制度。全面实行自然资源有偿使用制度。对自然保护地内基础设施建设、矿产资源开发等人类活动实施全面监控。

(4) 加快移民搬迁和企业清退。编制全自治区自然保护地生态移民安置专项规划，妥善解决移民安置后就业问题。制定全自治区保护地矿产退出办法，制定自然保护地矿山废弃地修复方案。

(5) 加强自然保护地能力建设。开展平罗天河湾、吴忠黄河等7个国家级湿地公园，沙坡头、白芨滩、沙湖、青铜峡库区4个自然保护区生态修复与建设，建设智慧保护地。在贺兰山、六盘山、罗山、南华山、云雾山、火石寨等6个国家级自然保护区开展基础设施、"天空地一体化"监测等建设。重点建设宁夏自然保护地科研监测智能化统一指挥平台。实施贺兰山、六盘山、罗山云雾山国家级自然保护区能力提升工程。

3.6.6　天然林保护修复工程

严格执行天然林保护修复制度，对纳入天保工程管护的748万亩林木资源和纳入森林生态效益补偿的768.61万亩国家公益林进行同等对待、统一保护、全面管护。对天保工程区退化林分进行改造修复，健全相关管护和信息化设施，提升天然林资源保护工程的管护能力(专栏3-6)。

> **专栏 3-6　天然林保护修复工程主要建设内容**
>
> （1）加快研究编制天然林保护修复中长期规划。全面总结评估天然林资源保护二期工程执行情况，继续实施好天保二期工程，在此基础上编制天然林保护修复规划，市（县）级政府必须编制天然林保护修复实施方案，确定本行政区域天然林保护范围、目标、举措。
>
> （2）组织实施退化天然林修复工程。组织对不同程度已退化天然林区域状况、水土资源的科学评估，根据天然林演替规律和发育阶段，科学实施天然林修复措施。
>
> （3）落实天然林保护修复制度。把天然林保护修复目标任务纳入地方经济社会发展规划，实行市、县政府天然林保护修复行政首长负责制。争取国家财政专项探索天然林保护修复工程。
>
> （4）研究制定宁夏天然林保护地方性法规规章。各地结合实际制定天然林保护地方性法规、规章，用最严格的制度、最严密的法治保护天然林。
>
> （5）落实天然林保护责任。地方各级党委政府要切实担当尽责，抓紧建立天然林保护行政首长负责制和目标责任考核制，统筹安排天然林保护修复基础设施建设，健全天然林保护修复机构队伍，真正把天然林保护修复工作落实到位。

3.6.7　退化草原生态修复工程

加快中部荒漠草原防沙治沙区、南部黄土丘陵水土保持区草原治理力度。根据不同的草原类型和立地条件，结合退化程度，选择科学合理的修复技术措施进行生态修复治理，大力实施人工种草生态修复工程和退牧还草。争取启动草原生态补偿，继续实行禁牧封育政策，对退化草地采取围栏封育、免耕补播、生境改善、灾害防治、植被重建等管理及技术措施，促进草原植被迅速恢复，使草原生态系统持续健康发展，逐步建立健康稳定的草原生态系统（专栏3-7）。

> **专栏 3-7　退化草原生态修复工程主要建设内容**
>
> （1）草原保护工程。落实好草原保护修复制度，完成盐池县、灵武市、红寺堡区、沙坡头区、中宁县、同心县、海原县、原州区、彭阳县共9个县（市、区）的基本草原划定，将全自治区80%的可利用草原划为基本草原，纳入保护范围，确保基本草原面积不减少、质量不下降、用途不改变，在划定区域内设立保护标志。制定完善的草原保护利用规划。贯彻草原生态保护奖补政策。
>
> （2）退牧还草工程。对于重点生态区域，坚持长期禁牧制度，恢复天然草原生态和生物多样性。加快推进休牧制度，科学确定放牧时间、强度和范围，紧密配合各成员单位继续加大禁牧督查力度，坚决打击返青放牧。有条件的地方逐步进行划区轮牧试点。转变畜牧业发展方式，大力推行舍饲圈养，提高畜牧业经营水平，提高农牧民收入，实现草原生态保护和畜牧业良性发展。
>
> （3）退化草原生态修复工程。在同心县、海原县完成天然草原质量提升12万亩。在青铜峡市、利通区、红寺堡区、中宁县完成荒漠化草原植被修复42.5万亩。在灵武市、平罗县、盐池县完成沙化草原治理45.5万亩。

3.6.8　特色经济林提质增效工程

以助力发展黄河生态经济带为目标，发挥特色经济林的优势和增长潜力，做精枸杞主导产业，做精做细红枣、苹果、种苗、设施果树、花卉等特色林业产业，做深做特林下经济、生态旅游等新兴产业，培育形成"两业驱动、多业互补"的绿色富民产业体系，打造自治区绿色经济增长极（专栏3-8）。

专栏 3-8　特色经济林提质增效工程主要建设内容

(1)做精做强枸杞产业。围绕建设"一核两带十产区"枸杞产业格局,着力做好种苗培育提升、示范基地建设、知名品牌建设、新型经营主体培育等项目。强化枸杞产品质量控制,推广枸杞标准化生产、枸杞生产危害分析与关键控制体系(HACCP)认证。建设枸杞产业研发平台、世界级枸杞种质资源圃;绘制枸杞遗传图谱。重点突破关键技术,开发适合宁夏栽植的鲜食、榨汁枸杞新品种。研制或集成改进枸杞采收、施肥、制干、拣选配套机械。定向培育枸杞新品种,着力建设良种种源基地、良种采穗圃和良种苗木繁育基地。建设新品种、新技术、新装备示范园区,组建专业化统防统治服务队,做强中宁国家级出口枸杞质量安全示范区,建设枸杞科技产业园、枸杞特色文化园。在特色经济林主产区建设一批专业批发市场和物流园区。精心打造"宁夏枸杞""中宁枸杞"两个区域公用品牌。申报名特优经济林地理标志。

(2)做精做细其他产业。在沙坡头区、中宁县、青铜峡市、平罗县、原州区、彭阳县等地发展苹果10万亩。在海原县、同心县、灵武市及农垦集团发展优质梨2万亩。在中宁县、永宁县等地发展优质桃2万亩。在原州区、彭阳县、西吉县、隆德县、海原县、盐池县等地发展红梅杏、山楂、大果榛子、黑果花椒等其他经果林26万亩。

(3)加快发展新型经营主体。重点培育特色经济林产业重点龙头企业、特色经济林专业合作社示范社。建设深加工产业园区,培育标志性企业和龙头企业,引进大型知名企业,培育产业集团。鼓励发展经济林行业协会、企业联合会和产业技术联盟。

3.6.9　自然保护地生态修复建设工程

加快推进森林经营,强化森林抚育、退化林修复等措施,精准提升黄河干流沿线、黄河支流源头、沙化地区、生态移民迁出区、国有林场和集体林区的森林质量,促进培育健康稳定优质高效的森林生态系统。加强森林生态效益补偿,落实公益林管护责任。建设一批多功能森林经营示范基地和技术模式示范林。推进建立全自治区和市(县、区)森林经营规划体系和各类经营主体森林经营方案体系(专栏 3-9)。

专栏 3-9　自然保护地生态修复建设工程主要建设内容

(1)修复以六盘山、南华山为主的森林生态系统。推进黄河支流源头森林保育,继续提升六盘山"绿岛"生态工程和六盘山重点生态功能区400毫米降水量以上区域造林绿化工程,加强天然林资源保护,采取封育保护措施,提高林草综合植被覆盖度,调整林草结构,优化树种草种组成,大力培育混交林和复层异龄林,增强水源涵养和水土保持功能;对现有林分质量低、木本植被退化或林木盖度达不到成林要求的林地进行更新与恢复造林;强化森林抚育、退化林修复,重点对六盘山土石山区密度过大、病虫害较重、林分退化、易遭雪压危害的人工纯林进行森林质量精准提升,改善林分质量,提高生产力和综合效益。

(2)修复以哈巴湖、白芨滩、沙坡头为主的疏林草原荒漠生态系统。实施全国防沙治沙综合示范区建设项目,以保护优先,采取飞、封、造相结合的方式,加强对原生植被的保护。严禁各类破坏沙区植被的开发活动,禁止区域内开垦、采砂、取土、滥捕滥采野生动植物,确保沙区资源及生态环境安全。

(3)修复以贺兰山、罗山为主的灌丛森林和草原生态系统。实施封山育林,禁止采伐林木,防治水土流失,保护生物多样性。重点在贺兰山东麓加快生态防护林和百万亩葡萄文化长廊建设,全面完成贺兰山自然保护区综合整治,加快采煤沉陷区、破损矿山地质环境整治生态修复,及时实施植被自然恢复工程,增强水土保持和水源涵养能力。加强罗山生态沙化土地封禁保护区建设和管理,继续实施禁牧封育。

(4)修复以云雾山、西华山、香山为主的草原生态系统。坚持自然修复与工程治理相结合,加大退耕还草、退牧还草、草原有害生物防控等工程实施禄麑,全面加强草原生态脆弱区治理,对已垦草原实施退垦修复,对荒漠化草原飞播改良,对退化草原围栏封育,建设西华山、香山国际草原自然公园试点,打造黄土高原半干旱区典型草原生态系统样板。

3.6.10 林草治理能力提升工程

强化森林草原火灾预防、防火应急道路、林(草)火预警监测、通信和信息指挥系统建设。完善有害生物监测预警、检疫御灾、防治减灾三大体系，加强重大有害生物以及重点生态区域有害生物防治。加强国有林场道路、饮水、供电、棚户区改造等基础设施建设，提升装备现代化水平。加强林业草原基层站所标准化建设，推进机构队伍稳定化、管理体制顺畅化、站务管理制度化、基础设施现代化、履行职责规范化、服务手段信息化、人才发展科学化、示范效益最大化。推进林业科技支撑能力建设，系统研发重大共性关键技术，加强科技成果转化应用，健全林业草原标准体系，建设林业草原智库。开展"互联网+林草建设"，构建林草立体感知体系、智慧林业草原管理体系、智慧林草服务体系。全面提升发展支撑能力，切实保障林草发展需要(专栏3-10)。

专栏3-10　林草治理能力提升工程主要建设内容

(1)林草防火基础建设项目。加强林草消防队伍建设，推进森林草原火险预警监测体系建设，完善森林防火通信指挥系统，建设卫星应急通信系统。强化防火阻隔带道路、生物防火林带建设。

(2)林草有害生物防治能力提升项目。全面清理遭受松材线虫病、松褐天牛等危害致死的枯死松木。在交通主干道两侧、城镇周边、重点景区周围等重点地段，实施药剂防治松褐天牛。每年对古松树打孔注射防治，每年开展草原鼠虫害防治。

(3)林草科技创新项目。计划引种驯化树(品)种共20个(以每年平均立项引种驯化4个树种计)，培训技术骨干1000人，保持10000人以上的生态护林员队伍。

(4)国有林场建设提升项目。强化国有林场水电路气网等基础设施建设，加快国有林场管护站点用房建设。建立全自治区国有林场资源资产基础数据库。建设科普基地。

(5)林木种苗建设项目。到2025年，全自治区林木育苗面积稳定在30万亩，苗木生产总量保持在10亿株，年种子采收量30万千克；林木良种使用率达到60%。

(6)信息化建设项目。建设重点林区森林资源管护智拍预警系统50套，重点出入卡口智能联动跟踪监控系统50套，林场分控中心50套，标准化生态观测管护站15个。

(7)林业草原基层站所标准化建设项目。强化林业草原工作站所、林业草原生态定位站、基层林业草原科技推广站、林木种苗站标准化、规范化建设。

3.7　主要任务

以山水林田湖草沙生态空间一体化保护和系统治理为重要内容，建立生产、生活、生态兼容、配套、协同的政策体系，切实推动林业和草原发展实现质量变革、效率变革和动力变革，加快实现经济高质量发展目标。

3.7.1　完善生态保护修复政策

按照问题导向，做好到期重大工程的政策接续，建立政策调整机制和退出机制，根据主要问题的变化不断修订调整相关政策，优化完善政策体系，以确保政策的持续效果。

3.7.1.1 做好到期重大工程的政策接续

加快完善天然林保护修复制度。完善天然林管护制度。对全自治区所有天然林实行保护，依法合理确定天然林保护重点区域，通过制定天然林保护规划、实施方案，逐级分解落实天然林保护责任和修复任务，完善天然林管护体系，加强天然林管护能力建设。建立天然林用途管制制度。全面停止天然林商业性采伐，建立天然林休养生息促进机制。严管天然林地占用，严格控制天然林地转为其他用途，在不破坏地表植被、不影响生物多样性保护前提下，可在天然林地适度发展生态旅游、休闲康养、特色种植养殖等产业。健全天然林修复制度。对于稀疏退化的天然林，开展人工促进、天然更新等措施，加快森林正向演替；强化天然中幼林抚育；加强生态廊道建设；鼓励在废弃矿山、荒山荒地上逐步恢复天然植被。建立全自治区天然林数据库。落实天然林保护修复监管制度。完善天然林保护修复监管体制，将天然林保护修复成效列入领导干部自然资源资产离任审计事项，作为地方党委和政府及领导干部综合评价的重要参考。强化天然林保护修复责任追究，建立天然林资源损害责任终身追究制。完善天然林保护修复支持政策。加强天然林保护修复基础设施建设。加大对天然林保护公益林建设和后备资源培育的支持力度。统一天然林管护与国家级公益林补偿政策。对集体和个人所有的天然商品林，中央财政继续安排停伐管护补助。逐步加大对天然林抚育的财政支持力度。鼓励社会公益组织参与天然林保护修复。

建立巩固退耕还林的长效机制。扩大退耕还林还草规模。尽快将坡度 25°以上非基本农田坡耕地、严重沙化耕地、重要水源地 15°~25°坡耕地纳入退耕还林范围。对于已划入基本农田的 25°以上坡耕地，在确保基本农田保护面积不减少的前提下，调整为非基本农田后方纳入新一轮退耕范围。对生态地位十分重要、生态环境特别脆弱的退耕还林地区，在替代政策尚未出台前，继续实施补助；林木生长缓慢、植被恢复难而且没有发展后续产业条件、农村劳动力转移也比较困难的退耕还林地区，应继续实施政策补助。后续产业和结构调整还需要一段时间才能见效的退耕还林地，应给予适当补助。将退耕地上营造的生态公益林纳入各级政府生态效益补偿基金，并适当提高补偿标准，加大森林资源管护资金投入。多渠道对退耕还林后续产业进行资金扶持，通过小额信贷、财政贴息等方式，扶持退耕农户发展种养业；支持农林产品加工企业进行技术引进和技术改造，扩大规模，培育和壮大龙头企业，带动退耕农户的产业发展。

3.7.1.2 积极开展生态恢复

创新造林绿化方式和模式，树立绿随人走、树随水走的理念，遵循全自治区降雨线分布和不同区域水资源分布规律，大力实施精准造林战略。科学编制年度造林实施方案，确定造林绿化重点区域，实施规划设计、造林小班、造林模式、造林措施、项目管理、成林转化"六精准"。生态修复尽力维护原有的生物链，尽量利用原有的耐旱耐瘠薄的植物建立多种乔、灌、草相结合的稳定的生态体系。根据黄河流域干支流不同区域山、沙、川不同自然条件，遵循以水而定、量水而行，明确不同区域林草建设任务和措施，创新生态治理模式。水源涵养区，封山育林草，以自然修复，辅以人工措施；水土保持区，固沟保土，坡面退耕林还林草，沟道拦蓄整地；沙区，封沙育林草，固沙还灌草；灌区，改造提升防护林体系，发展绿色经济。

3.7.1.3 加强生态资源管护

以宁夏开展空间规划试点改革为契机，以自然保护地和国家公益林为重点，以林地"一张图"数据为基础，以守红线、严审批、强监管、重考核为目标，科学划定林地和森林、湿地、荒漠植被、物种保护4条生态保护红线，划定并严守黄河流域及主要支流生态保护红线，把生态红线落实到山头地块，推进生态资源管理法制化、规范化、制度化、常态化发展。建立森林、林地、湿地长效管护机制，确保生态资源有人治理、有人管。加强自然保护区基础设施建设，实施自然保护区能力提升工程，严厉打击破坏生态资源的违法行为，推进贺兰山环境综合整治，打赢贺兰山生态保卫战。完善草原生态管护员管理办法，建立草原管护员制度，增加草原管护员，大幅度提高管护员工资，以提高管护员积极性，在"一户一岗"的基础上，对管护面积超过户均面积80%的增加1名管护员。全面落实森林资源保护发展目标责任制，加强全自治区森林资源的管护工作。

3.7.1.4 探索建立宁夏国家生态特区

制定生态特区发展规划，将自然保护区提升为生态特区的建设，按照"生态保护国际示范区、高品质生态产品供给区、国家级生态旅游示范区"协同创建的思路，以保护生态环境、推动绿色发展、增进民生福祉为重点，以体制创新、制度供给、模式探索为动力，以高水平保护、高质量发展、高品质生活为路径，以黄河流域宁夏生态保护修复及重大项目为基本抓手，坚持特别的定位、实施特别的举措、体现特别的支持，加快构建纵贯上下游、畅通左右岸的水生态保护体系；坚持通过高位规划、外部新动能的注入和内部治理结构的创新，通过综合施治和全社会力量参与，实现整个区域产业结构、生产方式、生活方式以及制度体制的改革，巩固提升生态保护与建设成果，打开绿水青山向金山银山转化的通道；将宁夏生态特区建设列入国家专项规划给予支持，大力发展生态产业，完善生态基础设施，创新治理体制机制，为全国生态文明建设创造成功经验，把宁夏打造成人与自然和谐共生的"美丽宁夏"的样板地、绿水青山就是金山银山理念的实践区、城乡融合生态富民的示范区、生态文明制度改革创新的先行区。

3.7.2 持续深入推进自然资源产权制度改革

按照建立系统完整的生态文明制度体系的要求，在不动产登记的基础上，清晰界定森林、草原、湿地等自然资源资产的产权主体，划清自然产权边界，推进确权登记法治化，推动建立归属清晰、权责明确、监管有效的自然资源资产产权制度，支撑自然资源有效监管和严格保护。

3.7.2.1 稳定和完善集体林地承包制度

推行集体林地所有权、承包权、经营权的三权分置运行机制，充分发挥"三权"的功能和整体效用。鼓励和支持各地制定林权流转奖补、流转履约保证保险补助、减免林权变更登记费等扶持政策，积极引导林权规范有序流转，重点推动宜林荒山荒地荒沙使用权流转。推广集体林资源变资产、资金变股金、农民变股东的"三变"模式，建立多种形式的利益联结机制。加快推进"互联网+政务服务"，加快发展林权管理服务中心，以林权权源表为核心，加快推进互联互通的林权流转市场监管服务平台建设，提高林权管理服务的精准性、有效性和及时性。探索开展对特色林果经济林确权发证。

3.7.2.2 巩固扩大国有林场改革成效

落实国有林场事业单位独立法人和编制，落实国有林场法人自主权。整合归并同一行政区域内规模过小、分布零散的林场，开展规模化林场建设试点。加快分离各类国有林场的社会职能，公益林日常管护要面向社会购买服务。建立"国家所有、分级管理、林场保护与经营"的国有森林资源管理制度和考核制度，对国有林场场长实行国有林场森林资源离任审计。充分利用国家生态移民工程和保障性安居工程政策,改善国有林场职工人居环境。

3.7.2.3 加快完成草权承包制度改革

坚持"稳定为主、长久不变"和"责权清晰、依法有序"的原则,依法赋予广大农牧民长期稳定的草原承包经营权,规范承包工作流程,完善草原承包合同,颁发草原权属证书,加强草原确权承包档案管理,健全草原承包纠纷调处机制,扎实稳妥推进承包确权登记试点,实现承包地块、面积、合同、证书"四到户"。积极引导和规范草原承包经营权流转,草原流转受让方必须具有畜牧业经营能力,必须履行草原保护和建设义务,严格遵守草畜平衡制度,合理利用草原。

3.7.2.4 积极开展湿地产权确权工作

以不动产登记为基础,在全要素自然资源统一确权登记试点工作基础上,以湿地作为独立登记单元,摸清湿地资源的家底,查清每个湿地资源登记单元内湿地资源的类型、边界、面积、数量、质量及所有权、用益物权状况等,开展确权登记,清晰界定湿地的所有权人和行使代表主体,明确相应权利义务和保护责任,构建归属清晰、权责明确、监管有效的湿地产权制度,提升湿地生态系统服务功能。

3.7.3 加快建立产业高质量发展政策

践行"绿水青山就是金山银山"理念,深化供给侧结构性改革,大力培育和合理利用林草资源,充分发挥森林和草原生态系统多种功能,促进资源可持续经营和产业高质量发展,有效增加优质林草产品供给,为实现精准脱贫、推动乡村振兴、建设生态文明和美丽中国做出更大贡献。

3.7.3.1 推动林业产业提质增效

积极争取枸杞、长枣、文冠果、花卉等多产业进入国家林业产业投资基金项目库。加快宁夏枸杞产品质量追溯体系和质量认证体系建设。苗木产业向销售、施工、设计等产业链延伸。努力铸造融合生态旅游和文创产业于一体的产业体系。大力发展森林生态旅游,积极发展森林康养。推进林产品精深加工。探索建立"互联网+林业+大数据"产业信息平台。将重点生态工程建设与"贫困地区特色产业提升工程"相结合,深化全域旅游示范区建设,推行"旅游+"模式,完善配套设施和服务,加快复合型旅游景区开发建设,开发精品线路,丰富产品供给,实施重点旅游景区升级改造工程,提升沙坡头、沙湖、六盘山等景区景点档次。推动特色林产业全环节升级、全链条增值。大力实施枸杞产业创新提升工程,因地制宜、适度规模发展林下经济,推进红枣、苹果等特色经济林产业发展。

3.7.3.2 培育壮大草产业

加大人工种草投入力度,扩大草原改良建设规模,提高牧草供应能力。启动草业良种工程,选育优良生态草种,建设牧草良种繁育基地,启动优质牧草规模化生产基地建设项目,提升牧草良种生产和供应能力。启动草产业建设项目,促进草产品生产加工提档升级。建设草产业示范园区项目,以园区为平台,培育形成草产业生产基地、草产品加工基地、交易集散基地、储藏基地、牧草良种繁育和科研示范基地,逐步形成草产业信息中心、质量检验监测中心和科技培训中心。培育一批草产业生产加工龙头企业、专业合作组织和种草大户,带动种养大户和广大农户种草,并通过土地流转,建设稳定的自有牧草生产基地,为草产品生产加工提供稳定的原料来源,促进草产业提质增效。积极发展草原旅游,打造草原旅游精品路线。

3.7.3.3 开展宁夏草原生态保护修复关键技术研究与示范

围绕宁夏草原生态保护修复关键技术攻关及其示范推广,从发展规划、政策措施、理论机制、技术创新、人才培养等方面入手,启动以草原退化分级标准与评价指标体系、草原生态修复乡土灌草种选育扩繁、典型草原生态退化区域人工种草生态修复技术、生态草牧业与生态宜居、全域旅游融合建设模式、草原生态产品(服务价值)评价及其评价指标体系等技术攻关专题为骨架的"宁夏草原生态文明示范区建设"重大专项课题,全面构建今后一个时期宁夏草原生态修复关键技术与示范推广模式,为推进宁夏草原生态保护建设高质量发展提供技术支撑及培养本土技术人才。

3.7.4 建立健全支持支撑政策

充分发挥市场在资源配置中的决定性作用和更好发挥政府作用,立足林业生态建设实际,切实转变政府职能,进一步加大公共财政的支持力度,进一步拓宽生态建设投融资渠道,进一步发挥科技支撑服务功能,增强能力、释放活力、提高效率,全面支撑引领林业和草原发展现代化建设。

3.7.4.1 创新林业补偿机制

根据不同地区的地理气候和生态区位差异,研究开展不同区位造林成本核算,按照"存量不动,增量倾斜"的基本原则,建立差异化的生态建设成本补偿机制,适当提高生态修复成本高地区的财政补助标准。按照生态保护成效,探索开展森林生态效益分档补偿试点。积极争取将生态型经济林纳入森林生态效益补偿范围。以地级市为单元,通过积极争取中央财政支持、省级财政整合资金,对流域上下游建立横向生态保护补偿给予引导支持,推动建立长效机制。完善林业财政贴息政策,提高林权抵押贷款贴息率,延长贴息时间,对林权抵押贷款符合国家林业贷款贴息政策的,优先给予财政贴息补助。研究制定相关管理办法,将水土保持补偿费中每年切块一定比例用于林草业生态保护与修复。建立绿色 GDP 核算机制,为实施区际生态转移支付和交易做准备,及生态政绩考核提供依据。

3.7.4.2 完善投资金融政策

大力发展抵(质)押融资担保机制,完全林权抵押贷款政策,将特色林果经济林纳入政策范围,开展林木所有权证抵押贷款试点。积极试点公益林补偿收益权质押贷款,启动林地承包经营权抵押贷款,开展草场承包经营权质押贷款。推广政府和社会资本合作、信贷担保等市场化运作模式。鼓励社会资本参与林草发展政策,加大财政资金对林业种养业的扶持,增加基础设施建设投入,降低工商资本非生产性投入;完善"租赁—建设—经营—转移(LBOT)"林业生态基础设施 PPP 模式。完善森林保险政策,研究建立森林巨灾分散再保险机制和赔偿金的用途引导监督机制;建议尽快出台宁夏《森林保险条例》;建议国家采取差异化补贴政策,由中央财政转移支付承担全部生态公益林森林保险费,降低生态经济林被保险人负担比例,不断提高政策性森林保险覆盖面和赔付率;建立第三方森林保险灾害评估机构。积极推进林业信用体系建设。深入推进林业投融资体制机制改革,筹建宁夏林业生态建设投资有限责任公司。探索发行长期专项债券,定向投资于国家公园以及自然保护地的建设与开发。

3.7.4.3 强化科技支撑能力

加强与科研院校的合作,加大防护林建设可持续经营的技术研究、技术储备,促进生态修复从水土流失变化向生态水文变化方面转变。不断创新林草科技推广载体和模式，在现有的宁夏农林科学院荒漠化治理研究所、植物保护研究所等科研机构基础上，设立专门的草原科研机构和草勘院，加快探索建立以政府为主导、以高校和科研机构为依托、以基层站所为支撑、以企业参与为特色的林草科技推广模式。促进林草科技对口援助，鼓励和支持国内重点农林高校和相关科研机构在宁夏设立若干个区域性林草综合试验示范站或推广基地；通过建立林草科技扶贫开发示范样板、选派林草科技扶贫专家、培养乡土技术能人等方式，促进林草科技在贫困地区真正落地。加快编制林草科技发展专项规划，建立不同区域草原生态保护和修复技术标准体系，鼓励支持草原实验监测站（点）建设，积极开展草原生态修复专题研究和技术示范，建立草业科技联盟。加大林草业技术人才培育和引进，鼓励科技人员通过技术承包、技术转让、技术服务、创办经济实体等形式，加快科技成果转化，引导和提高林业和草原发展的科技含量和科技管理水平。增设草原生态保护与修复方面的课题研究和技术推广项目，适当增加林草岗位，特别是专业技术人员编制。

3.8　保障措施

一是加强组织领导。地方各级政府要以高度的责任感和使命感，把重点生态保护与建设工程提上重要议事日程，放到更加突出的位置。人民代表大会、政治协商会议应加强重点生态工程建设执法检查和民主监督工作，纪检监察机关和审计部门加强重点生态工程各项政策措施贯彻落实情况的监督检查和责任审计，强化工作作风，加大执纪问责力度，各有关部门（单位）要明确职责，密切配合，推动各项工作落实到位。

二是加大资金扶持力度。各级政府要把重点生态工程建设作为公共财政支持的重点，每年列出一定比例的资金予以投入。公益林建设管理，重大林业基础设施建设投资，国家、自治区级林业重点工程配套资金，要纳入各级政府的财政预算。市县两级政府也要根据生态建设需要，投资启动一批林业生态工程建设项目。要落实国家已经出台的各项林业税收优惠政策，清理取消对林业生产经营者的各种不合理收费。对公益林建设用地，要按国家规定享受土地税费优惠政策。

三是加快法制化建设。建立健全重点生态工程项目建设公众参与、专家论证、风险评估、合法性审查、集体讨论决定等民主决策程序。建立完善生态建设考核评价和生态环境破坏责任追究机制，加强林业执法队伍建设，推进综合执法，实现森林资源持续增长。

四是加强统计监测。加快推进对森林、草原、湿地、沙化土地的统计监测核算能力建设，提升信息化水平以及准确性和及时性，实现信息共享。加强生态环境状况、珍稀野生动植物保护、森林草原防火及有害生物防治为重点的生态环境监测预警体系建设，提高生态环境动态监测能力，开展全方位的生态监测工作。加大对"三山"森林资源、中部荒漠草地资源、北部灌区湿地资源等生态系统及南部黄土丘陵区水土流失和生物多样性的监测力度。加快监测防控装备现代化，全面提高灾害监测防控装备水平和应急处置能力。

参考文献

韩建军，韩瑞，2016. 宁夏开展大规模国土绿化的思考[J]. 宁夏农林科技，57(2)：56-57.

金治文，2015. 宁夏营造林工程实施存在的问题及完善对策[J]，北京农业(11)：92-93.
宁夏回族自治区人民政府，2016. 宁夏生态保护与建设"十三五"规划[Z].
孙长春，1999. 关于加快宁夏生态环境建设的思考[J]. 中国林业(11)：18-19+21.
王治啸，2018. 筑梦"绿色长城"——宁夏三北防护林体系建设工程40年[J]. 宁夏画报(4)：12-23.
于丽政，2009. 宁夏三北防护林综合评价与分析研究[D]. 杨凌：西北农林科技大学.

4 区划布局研究

4.1 研究背景

4.1.1 生态因子情况

宁夏位于我国地势第一、第二级阶梯的分界线上，总体呈南高北低，南北狭长，东西分异之势，地形复杂，地貌多样。全自治区被毛乌素、腾格里、乌兰布和三大沙漠包围，荒漠化严重，沙化土地约占全自治区总面积的1/4，宁夏水平地带性土壤有黑垆土、灰钙土及灰漠土，自南向北分布，山地土壤主要是灰褐土，在贺兰山与六盘山呈垂直变化，平原引黄灌区主要是灌淤土(灌淤土俗称人为土，是在人为因素作用下形成的熟化程度较高的土壤，由宁夏土壤工作者提出并命名)。

宁夏属温带大陆性干旱、半干旱气候。位于中国季风区的西缘，夏季受东南季风影响，时间短，7月最热，2019年平均气温10.5℃，年平均降水量346毫米。

宁夏是中国水资源最少的省份，大气降水、地表水和地下水都十分贫乏，且时空分布不均。全自治区水资源总量14.7亿立方米，地表水资源量12.0亿立方米，地下水资源量18.1亿立方米，地下水与地表水资源不重复量2.7亿立方米。

宁夏有野生植物1909种，其中国家重点保护野生植物9种；有陆生野生动物428种，属于国家重点保护珍稀野生动物有54种。

4.1.2 生态资源区位情况

宁夏位于我国多条生态防护带交汇区，在我国生态安全战略格局中占位极特殊。自治区荒漠化土地面积278.9万公顷，占自治区总面积的53.7%，其中沙化土地112.5万公顷，占自治区总面积的22%，生态环境非常脆弱。自治区森林面积66万公顷，森林覆盖率15.8%。活立木总蓄积量 1111 万立方米，森林蓄积量 835 万立方米。天然林面积 6 万公顷，天然林蓄积量 384 万立方米；人工林面积 15 万公顷，人工林蓄积量 451 万立方米；自治区现有草原面积 208.8 万公顷，占自治区总面积的 32%，其中退化草原面积 184 万公顷，占比 88%。自治区内的黄河平原区有"塞上江南"之称，湖泊众多，湿地连片且特色鲜明，湿地总面积 20.72 万公顷，分 4 类 14 型。

截至 2018 年，宁夏已完成荒漠化修复 13.64 万公顷；防沙治沙 24.9 万公顷；湿地保护率为 51.6%，受损湿地补偿 1.6 万公顷，保护和恢复湿地 4 万公顷。已建立自然保护区 14 个，建成国家级自然保护区 6 个，面积 51.66 万公顷，其中湿地类型自然保护区 4 处（国家级 1 处）；建成森林公园 11 处（国家级 4 处）；建设湿地公园 23 处（国家级 14 处）。

4.1.3　林业生产力情况

依托三北防护林、天然林资源保护、退耕还林等国家重大林业工程，宁夏先后组织落实的工作内容包括创新方式方法，编制规划与实施方案，制定政策法规，签订合作项目，实施重点工程，发展特色林业经济，开发建设模式等。做到了精准造林育林，快速推进国土绿化量；强力推进防沙治沙，全面建成自治区级综合示范区；积极保护湿地，着力打造靓丽新名片；全面促进升级，再造林产发展新优势；深化改革林业，激发行业发展内动力；强化管护资源，切实巩固新成果。

4.1.4　社会人文经济情况

宁夏常住人口 694.66 万人，户籍人口城镇化率为 59.86%。少数民族人口 253.34 万人，占总人口的 36.82%，主要有回族、满族、东乡族和蒙古族等。

宁夏属于经济欠发达地区。2019 年 GDP 为 3748.48 亿元，排名位于第 29 位。全年一般公共预算总收入 751.41 亿元。全年全自治区学龄儿童入学率 99.99%，普通初中毛入学率 110.47%，高中阶段毛入学率 89.71%；卫生机构 4451 个。其中，医院 231 个，基层医疗卫生机构 4121 个，执业医师和助理医师 19415 人，注册护士 23281 人。全年诊疗 4147.3 万人次，入院 120.81 万人次；参加基本医疗保险 626.25 万人。

4.2　生态承载力分析

围绕林业和草原发展，以区划布局为导向，宁夏资源环境承载力分析主要关注生态功能指向的承载能力。结合农业农村部门农业功能指向的承载能力分析及自然资源部门城镇功能指向的承载能力分析，为划定生态红线、基本农田保障线、城市发展控制线提供理论依据，从而为下一步国土空间开发的适宜性评估打下基础，最终指导全自治区国土空间规划。

4.2.1　水资源情况分析

宁夏地处我国内陆中部偏北，降水量稀少，水资源短缺，严重制约当地林草事业发展。人均水资源占有量仅为黄河流域的 1/3，全国的 1/12，人均水资源可利用量仅为全国平均值的 1/3（表 4-1）。

表 4-1　宁夏 2015—2017 年年降水量与水资源情况

地区	指标	年度				
		2015 年	2016 年	2017 年	2018 年	2019 年
银川市	年降水量（毫米）	227.1	264.9	211.3	266	197
石嘴山市	年降水量（毫米）	191.1	148.9	250.2	314	164
吴忠市	年降水量（毫米）	207.5	288.7	217.0	328	288
固原市	年降水量（毫米）	377.6	465.2	504.5	638	628
中卫市	年降水量（毫米）	155.2	229.9	238.0	355	325
全自治区平均值	年降水量（毫米）	231.7	279.5	284.2	389	346
宁夏	水资源总量（亿立方米）	9.2	9.6	10.8	14.67	12.58
	地表水资源量（亿立方米）	7.1	7.5	8.7	11.95	10.34
	地下水资源量（亿立方米）	20.9	18.6	19.3	18.09	18.36

宁夏水资源地域分布极不平衡。绝大部分在北部引黄灌区，中部干旱高原丘陵区最为缺水，地表水量小，水质含盐量高，多属苦水或埋藏较深的地下水，林草灌溉利用价值很低，水质堪忧；自治区内地表水资源量中苦咸水占 22%，占全自治区地表水总面积的 57%，主要分布于中部的苦水河中下游、红柳沟河、黄河右岸诸沟，南部的祖厉河、清水河中游及葫芦河流域；水资源使用效率有待提高。南部半干旱半湿润山区，河系较为发达，水资源丰富，但实际利用率较小。

4.2.2　土地利用资源分析

宁夏面积狭小，自然资源可利用面积有限。植树造林是重点发展方向，林地面积呈逐年上升态势；牧草地面积略有下降；为避免超载发展，受限城乡建设用地、城镇工矿用地规模有所增加；园地面积增加，主要发展以枸杞、葡萄等为代表的林业产业；耕地面积小幅降低，但基本农田面积保持稳定，有持续推行退耕还林还草的条件（表 4-2）。

表 4-2　宁夏 2006—2020 年土地利用总体规划调控指标

指标		2005 年	2010 年	2020 年	指标属性
总量指标	耕地保有量（万公顷）	109.99	109.47	108.67	约束性
	基本农田保护面积（万公顷）	88.33	88.53	88.53	约束性
	园地面积（万公顷）	3.42	5.67	8.00	预期性
	林地面积（万公顷）	60.37	65.36	90.09	预期性
	牧草地面积（万公顷）	227.85	223.62	212.29	预期性
	建设用地总规划（万公顷）	20.31	22.43	26.50	预期性
	城乡建设用地规模（万公顷）	15.91	17.10	19.30	约束性
	城镇工矿用地规模（万公顷）	4.97	6.00	7.50	预期性
	交通、水利及其他用地规模（万公顷）	4.40	5.33	7.20	预期性
增量指标	新增建设用地总量（万公顷）	—	2.47	6.67	预期性
	新增建设占农用地规模（万公顷）	—	1.80	5.27	预期性
	新增建设占用耕地规模（万公顷）	—	1.07	3.13	约束性
	整理复垦开发补充耕地规模（万公顷）	—	1.07	3.13	约束性
效率指标	人均城镇工矿用地（平方米）	197.30	197.30	197.30	约束性

(续)

指标		2005年	2010年	2020年	指标属性
治理水土流失沙漠化指标	治理水土流失面积(平方米)	—	50	90	预期性
	治理沙漠化面积(平方米)	—	60	108	预期性

4.2.3 自然生态环境基础分析

宁夏自然资源本底良好，森林、湿地、草场、野生动植物等资源含量相对丰富，随着政府近年封牧育草、三北防护林、天然林资源保护、水土保持、防沙治沙等项目的执行，全自治区自然资源得到了明显的恢复与发展。同时，自治区生态环境状况总体稳定，开展了蓝天保卫战、碧水保卫战、净土保卫战等生态环境专项治理工程。大气和水环境质量持续改善，剔除沙尘天气影响后，2019年全自治区地级城市平均优良天数比例达到87.9%。水质优良比例达73.3%，劣Ⅴ类水体断面实现了"清零"目标；土壤环境质量良好，全自治区监测的22个背景点位无机及有机污染物均未超标；核与辐射环境正常，全自治区电离辐射水平处于本底涨落范围内，电磁辐射水平远低于国家规定的控制限值，环境电磁质量状况良好。

4.2.4 自然灾害情况分析

宁夏生态环境脆弱，生态敏感度高，自然灾害相对频发，对林草事业发展造成了不利影响。自然灾害主要有地质灾害、森林火灾、生物灾害、气象灾害等(表4-3)。气象灾害最为突出，包括干旱、冰雹、暴雨(洪涝)、大风沙尘暴、霜冻、寒潮等类型。

表4-3 宁夏2015—2017年自然灾害统计

名称	2015年	2016年	2017年
地震灾害(次数)	0	0	0
地质灾害(次数)	5	3	13
森林火灾(次数)	7	20	30
生物灾害(万公顷)	26.02	25.50	31.84
气象灾害(万公顷)	21.88	39.04	17.44

宁夏自然灾害发生有一定的区域性差异。北部引黄灌区属于轻灾害区，受干旱气候影响，自然灾害以干旱、大风(沙尘暴)、暴雨(洪涝)、病虫害为主；南部山区及灵武地区属于小灾害区，自然灾害以暴雨(洪涝)、干旱、冰雹、病虫害为主，灾害类型较多，这与较复杂的地质地貌及区域干旱、半湿润气候条件有关；中部干旱带属于中灾害区，自然灾害以大风(沙尘暴)、干旱、暴雨(洪涝)、病虫害、冰雹为主，灾害类型多，灾害形成与气候环境恶劣和地质地貌较复杂有关；海原一带属于大灾害区，自然灾害以大风(沙尘暴)、暴雨(洪涝)、干旱、泥石流(滑坡、崩塌)、冰雹、雷暴、病虫害为主，灾害类型多，这与恶劣的气候环境和复杂的地质地貌密切相关。宁夏自然灾害的灾度未达到重灾害区的划分标准。

4.2.5 综合评价

总体来说，宁夏自然生态环境基础等方面的资源承载能力较强，有一定基础和发展潜力；但在水资源、土地资源利用、自然灾害等层面限制了林草事业发展，资源承载能力有待加强。

4.3 总体思路

4.3.1 指导思想

深入贯彻习近平新时代中国特色社会主义思想和党的十九大精神，牢固树立和践行"绿水青山就是金山银山"理念，深入贯彻党的十九大和十九届二中、三中和四中全会精神，充分响应中央黄河生态保护和高质量发展战略和自治区第十二次党代会提出的"脱贫富民"战略，建设生态文明，坚持绿色发展、实施生态立区战略，按照"保护优先、统筹规划、空间均衡、整体提升"的总体思路，打造"一带一路"经济带战略支点，维护黄土高原—川滇生态屏障生态平衡，保障黄河上中游及华北、西北地区生态安全，强化山水林田湖草系统保护与修复，创新驱动、优化产业区域布局，结合国家精准扶贫、乡村振兴等战略，构建宁夏林草发展新格局。

4.3.2 区划原则

4.3.2.1 科学发展原则

以科学的发展观为指导，以遵循自然规律、尊重科学为依据。基于区域的具体实际，在现状分析上着眼于发展。生态功能布局着重考虑生态区位和生态敏感性，生产力布局着重考虑物质产品布局、生态产品和森林文化产品。根据林草生产潜力和市场导向，扬长避短、因势利导，合理利用资源，避免对区域生态环境造成危害。

4.3.2.2 可持续发展原则

遵循林业生态建设产业化和林业产业建设生态化的原则。分级区划坚持立足实际，协调长远利益与眼前利益、局部利益与整体利益、国家利益与地方利益的关系，为区域林草业可持续发展提供依据。

4.3.2.3 统筹协调发展原则

坚持与国家及自治区主体功能区划、相关区划和规划的科学衔接。统筹与林草业发展方向有关区划、规划、工程的衔接，遵循科学客观结合；与其他行业区划的关系，遵循以林草为主，科学融合。

4.3.2.4 主导因子分异原则

区划过程中着重考虑主导因子与优先因子，二级区划突出区域生态功能及产业功能。区域共性主导优先指标包括生态区位、生产力级数、非木材资源的产值和规模。其他主导因素和优先原则根据区域主要生态威胁和区位优势来确定。

4.3.2.5 相似性和区际分异性原则

同一区域内的总体自然、社会、经济特征趋于一致，具有相似性，但因多种因素影响，同一区域内空间结构存在一定的差异性，区划应对相似性和差异性加以识别和概括，在其基础上进行区域合并和分异。

4.3.2.6 区划界线完整原则

区划界线以县界为主，至少保证乡镇界线的完整。各级区划面积以实际确定，不追求一致，但不宜过碎。

4.3.3 区划主要任务

4.3.3.1 区域生态保护和林草发展问题分析

根据实地调研及材料收集对宁夏各市辖区、县级市及各县的自然资源、气候条件、生态区位、林草业发展现状、发展问题及需求采用科学的研究方法进行分析；充分结合黄河生态保护和高质量发展战略要求，《中国林业发展区划》《全国生态功能区划》《宁夏林业发展区划》《宁夏生态保护与建设"十三五"规划》及草原发展区划，在现有"两屏两带"发展格局的基础上，重点分析现有区划下各区林草生态保护和建设的主要问题。

4.3.3.2 功能定位及区划

综合分析区划生态保护和发展问题，明确宁夏区划系统的生态功能和产业发展定位。

（1）林草业生态功能布局。

①保障黄河主干流流域、支流源头、两岸生态屏障和其他点块状分布重点生态区域战略格局生态安全。根据生态区位重要性，确定生态功能级别，明确林业生态功能、主要生态产品类型和生态影响范围。

②根据国家新时代林草大融合大发展，整合林业和草原资源并逐步由大规模生态建设向生态可持续性发展转变，调整优化林业和草原生态资源区域布局。

③从全自治区角度出发，整体上协调山水林田湖草沙生态功能，对各级自然保护地进行统筹区划，围绕黄河确定区域主导生态功能，对贺兰山山地森林进行生态修复，对毛乌素沙地南缘进行绿化土地综合治理，对盐同海中山丘陵山间平原水土流失区域进行综合治理，对固原黄土丘陵沟壑水土流失区域进行综合治理，对六盘山区域进行水源涵养治理。

（2）林草业生产力布局。

①从空间分布与组合上，对各类林业和草原产品进行战略性的总体部署、安排和调整，充分发挥区域优势，解决林业和草原生产力布局划分以及生产要素分配问题。

②打造"一带一路"经济带战略支点，积极融入"一带一路"发展机遇，引领林草产业升级。

③综合分析黄河两侧冲积平原的生态退化等情况，结合农田防护、果林产业发展确定林草生产力发展综合定位。

④依据社会需求、区域优势、林草资源现状和发展潜力，确定可以满足社会经济可持续发展的可能性，为宁夏新时期林草事业发展提供区划依据。

4.3.3.3 区划目标

（1）为促进黄河生态保护和高质量发展提供区划依据。

（2）为整合新时期林草资源、山水林田湖草共同发展提供区划依据。

（3）为统筹建设各级自然保护地提供区划依据。

（4）为确定各区域林草生产力的空间发展方向提供区划依据。

（5）为推动林草生产力发展、实现脱贫富民、乡村振兴、生态惠民提供区划依据。

4.4 研究方法和数据

4.4.1 研究方法

4.4.1.1 主成分分析法

主成分分析也称主分量分析，该方法可以降低维度，通过统计技术把相互关联的复杂指标体系转化为简单指标体系，体系中的各项指标（即主成分）无相关性，每个主成分都能够反映原始指标的绝大部分信息，而且所含信息互不重复，进而提高评估的科学性和有效性。该方法应用于林草发展区划研究的技术流程如图4-1所示。

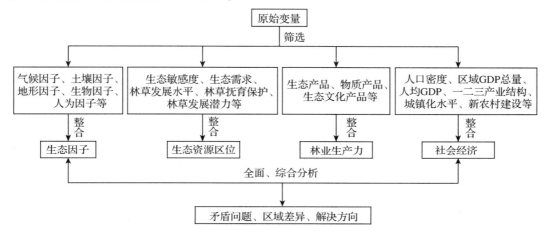

图4-1　林草发展区划研究的主成分分析法技术流程

（1）基于数据整理与分析，筛选出气候因子、土壤因子、地形因子、生态敏感度、环境承载力、生态需求、林草发展现状水平、林草抚育保护、林草发展潜力、人口密度、区域GDP总量、人均GDP等原始变量。

（2）确定主成分类型，将气候因子、土壤因子、地形因子、生物因子、人为因子等合成为生态因子；将生态敏感度、生态需求、林草发展现状水平、林草抚育保护、林草发展潜力等合成为生态资源区位等级；将各类林草相关生态产品、物质产品、生态文化产品等合成为林业生产力；将合为人口密度、区域GDP总量、人均GDP、产业结构、城镇化水平、新农村建设等合成为社会经济现状。

（3）基于主成分系统分析林草发展的矛盾问题、区域差异、解决方向等，为区划做基础。

4.4.1.2 德尔菲法

德尔菲法，也称专家调查法，本质上是一种反馈匿名函询法。该方法是指建立一个针对专题研究的组织。其中，包括若干专家和组织者，按照规定的程序，面对面或背靠背地征询专家的意见或判断，并按整理、归纳、统计等技术流程进行研究。该方法应用于林草发展区划研究的技术流程如图4-2所示。

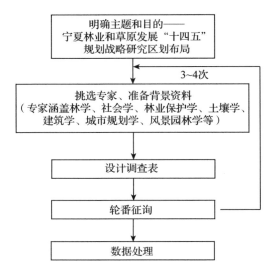

图 4-2 林草发展区划研究的德尔菲分析技术流程

(1) 确定调查主题，即宁夏林业和草原发展"十四五"规划区划研究，拟定调查提纲，准备向专家提供的资料（包括预测目的、期限、调查表以及填写方法等）。

(2) 针对本次区划专题研究成立科研专家小组，成员涉及专业包括林学、社会学、林业保护学、林业经济学、草学、生态学、植物学、湿地生态学、自然保护区学、野生动植物保护与利用学、土壤学、地理信息系统学、水土保持学、城市规划学、建筑学、风景园林学等。

(3) 通过实地调研和大量基础资料及数据分析，向所有专家明确问题及有关要求，并附上有关背景材料。专家根据材料提出预测意见，并说明所提预测意见的方法和依据。

(4) 汇总所有专家的初次判断意见，列成图表并进行对比，再反馈给各位专家，让专家比较同他人的不同意见，修改自己的意见。也可以把专家的意见加以整理，请资历更深的专家加以评论，然后把这些意见再次反馈各位专家，以便参考后修改意见。

(5) 再次汇总所有专家的修改意见反馈各位专家做第二次修改。逐轮收集意见反馈专家是德尔菲法的主要环节。收集意见和信息反馈一般要经过 3~4 轮。在向专家进行反馈的时候，只给出各种意见，并且需要匿名。这一过程重复进行，直到每一个专家不再改变自己的意见为止。

通过这个过程，充分整合各位专家的意见，集思广益，提高准确性；把各位专家意见的分歧点总结出来。经多轮统筹，以确定科学合理的分区规划。

4.4.2 数据来源与处理

4.4.2.1 引用相关法定调查、监测、统计资料等基础数据

向各级（自治区、市、县）自然资源部门、林业部门、环境保护部门、应急管理部门、发改部门、财政部门、统计部门、民政部门、气象部门、农业部门、水利部门等收集资源、土壤、气象、水文、环境、人口、自然地理、地貌、行政界线等方面的基础资料，经严格筛选，将其分为林草资源资料数据、生态因子资料数据、土地利用资料数据、社会经济发展资料数据。为避免错误信息的误导和人为因素的干扰，全部基础数据为截至 2018 年的监测和统计资料。

4.4.2.2 相关专业的科学研究成果

综合分析自治区内以及全国其他可参考区域已有的林业、草业、农业、水利、城市规划、新

农村建设、绿地系统规划、气象、土壤、植被、地貌、地理、野生动植物、自然保护区、湿地生态系统、森林生态系统、荒漠生态系统、草地生态系统、综合区划等方面的研究成果，参考自治区内已有关于生态、经济、农业、水利等不同专业的规划和自然资源状况相近省份的区划实践。

4.5 区划依据

4.5.1 现实依据

4.5.1.1 林业发展区划

（1）一级区划。宁夏绝大部分区域属于蒙宁青森林草原治理区，地带性植被和地理气候条件呈明显的过渡性特点，因此又分为森林草原地带与草原地带，植物区系以中亚东部成分和蒙古草原成分为主。生态区位敏感，是宁夏及全国保障国土生态安全主战场之一。主要特点包括森林草原呈窄带状和岛状分布；灌丛资源丰富，发展潜力巨大；风沙肆虐，土地沙化危害严重；水土流失危害严重，生态环境退化；干旱及低温冷害等气象灾害频发，制约发展；林业生态体系有一定建设成果，但力度有待持续加强。

宁夏南部以固原市部分区县为代表的区域属于华北暖温带落叶阔叶林保护发展区，森林资源相对丰富，林木蓄积量高，树种结构基本合理，发展态势良好。重点建设的工程包括三北防护林工程、退耕还林工程、天然林保护工程等。发展格局以建设水土保持林与经济林为主，确保降低黄河含沙量和下游水库安全，适宜发展城郊森林，改善生态环境。

（2）二级区划。在一级区划的框架内，以区域生态需求、限制性自然条件和社会经济发展对林业的根本要求为依据划定的林业主导功能区。中卫市、吴忠市、石嘴山市、银川市的全部或部分区县为黄河河套防护经济林区，重点实施了天然林保护、退耕还林、三北防护林等工程，持续健全林业保障体系与林业产业的发展；银川市、吴忠市、石嘴山市的部分区县为鄂尔多斯高原防护林区，防护林是本区的建设重点，通过林业重点工程和保障体系建设，确保防护林体系建设的快速发展；吴忠市、中卫市的部分区县为青东陇中黄土丘陵防护经济林区，主导定位于发展防护林和经济林，以治理荒漠化，加强优化土地结构的进程；退耕还林和天然林保护等工程为重点建设方向；固原市为宁南陇东黄土高原防护林区，水土保持和水源涵养是该区的核心任务，建立了西吉防护林工程和水源涵养林建设工程等。同时，自实施西部大开发以来，本区确立了走以生态经济型为主的林业发展道路，使林区有林地面积保持稳定的增长趋势。

（3）三级区划。三级区划在一级区划、二级区划体系的指导下，充分考虑生态保护、林业产业发展与生态文化建设的合理区划和布局。现行宁夏三级区划中将全自治区划分为6个区。

（4）全国生态功能区划。

根据生态系统服务功能类型及其空间分布特征，进行统筹布局。按照生态系统的自然属性和所具有的主导服务功能类型，将生态系统服务功能分为生态调节、产品提供与人居保障三大类；在生态功能大类的基础上，依据生态系统服务功能重要性划分9个生态功能类型。其中，生态调节功能包括水源涵养、生物多样性保护、土壤保持、防风固沙、洪水调蓄五个类型；产品提供功能包括农产品和林产品提供两个类型；人居保障功能包括人口和经济密集的大都市群和重点城镇群两个类型；根据生态功能类型及其空间分布特征，以及生态系统类型的空间分异特征、地形差异、土地利用的组合，划分生态功能区。

宁夏属于生态功能调节中的防风固沙区域，具体为鄂尔多斯高原防风固沙重要区；属于生态功能调节中的水源涵养重要区，具体为西鄂尔多斯—贺兰山—阴山生物多样性保护与防风固沙重要区；属于生态功能调节中的土壤保持区域，具体为黄土高原土壤保持重要区。

①鄂尔多斯高原防风固沙重要区。包括银川和吴忠等两市等，该区属内陆半干旱气候，发育了以沙生植被为主的草原植被类型，土地沙漠化敏感性程度极高，是我国防风固沙重要区域。

②鄂尔多斯—贺兰山—阴山生物多样性保护与防风固沙重要区。包括石嘴山、银川、吴忠和中卫等市，该区建有多个国家级自然保护区，对保护多种残遗濒危植物以及山地森林和荒漠生态系统等具有极为重要的作用。该区位于我国中温带干旱—半干旱地区，区内植被在涵养水源和防风固沙方面发挥着重要作用。

③黄土高原土壤保持重要区。包括固原市与吴忠市，地处半湿润—半干旱季风气候区，主要植被类型有落叶阔叶林、针叶林、典型草原与荒漠草原等。水土流失和土地沙漠化敏感性高，是我国水土流失最严重的地区，土壤保持极重要区域。

（5）宁夏林业发展区划。在中国林业发展区划的指导下，依据区域生态区位等级、生态敏感性、生产力级数、非木材林业资源、自然地理条件、社会经济条件、自然灾害、生物多样性、森林资源、社会需求和主导布局的差异性，充分考虑生态保护、林业产业发展与生态文化建设的合理区划和布局，以生态优先，生态恢复和治理为重点，积极发展速生丰产林、特色经济林，保护与发展并重，建立林业生态体系、产业体系、生态文化体系，构建现代林业空间布局。最终将宁夏区划为六个区，即宁夏贺兰山山地森林生态恢复保护区、宁夏平原农田防护果树林区、宁夏毛乌素沙地南缘沙化土地综合治理区、盐同海中山丘陵山间平原水土流失综合治理区、固原黄土丘陵沟壑水土流失综合治理区、六盘山土石山水源涵养林区。

宁夏生态保护与建设"十三五"规划结合当地自然条件、生态环境特征、生态系统类型、生态环境问题，并严格按照中国林业发展三级区划执行，整合形成"两屏两带"模式，将全自治区生态保护与建设划分为5个区域。

①引黄灌区平原绿洲生态区。覆盖宁夏北部黄河沿岸，北到石嘴山惠农区，南至中卫沙坡头区，东跨黄河东岸接鄂尔多斯台地，西止贺兰山。属于重点开发区和国家农产品主产区，是宁夏现代产业的集聚区，统筹城乡发展的示范区，生态文明的先行区，内陆开放型经济试验区的核心区，国家向西开放的战略高地，社会主义新农村建设的示范区。

该区工作重点包括划定湖泊湿地、自然保护区、林地生态红线。加强沿黄湿地、现有林地、灌区农田防护林网的保护。保护好基本农田、城市绿地、景观水系水质。严格控制地下水资源开采。加强沿黄城市带黄河金岸防护林网、市民休闲森林公园、城市绿地建设和美丽乡村绿化美化，加强景观水系、交通主干道、主要灌溉渠系、工业园区绿化等。

②中部荒漠草原防沙治沙区。位于宁夏中部，东北灵盐台地与内蒙古鄂托克前旗、陕西定边相邻，西南卫宁盆地与甘肃景泰接壤，西临引黄灌区，南以盐同黄土丘陵沟壑区为界。属于限制开发区域的防风固沙型重点生态功能区。是宁夏生态环境最脆弱的地区，也是形成我国北方沙尘暴的主要源区之一。

该区工作重点包括划定草原、荒漠植被保护红线，以封育为主，实行自然修复，有效保护草地生态系统。继续封育禁牧，禁止滥垦滥牧。保护改良天然草场，对风沙危害严重的天然草原实行划管封育，防止草场退化沙化。加强自然保护区、沙区湿地和现有人工林地的保护。严格控制地下水开采。禁止发展高耗水工业等。

③南部黄土丘陵水土保持区。位于宁夏南部，北临中部干旱风沙草原区，东、南、西面分别与甘肃环县、平凉、靖远接壤。属于限制开发区域的水源涵养型和水土保持型重点生态功能区。是保障国家生态安全的重要区域，西北重要的生态功能区，人与自然和谐相处的示范区。

该区工作重点包括划定森林、草原、自然保护区等生态保护红线。封山育林、封坡育草，严格保护现有森林、草原、水土资源，增强水源涵养、水土保持功能。禁止毁林毁草开荒，禁止陡坡垦殖，防止产生新的水土流失。严格保护地下水资源等。

④贺兰山林草区。位于宁夏西北部，北接内蒙古乌海市，西临内蒙古阿拉善左旗，南至三关口明长城，东接银川平原。属于禁止开发区域。是有效阻挡腾格里沙漠东移的重要区域，银川平原防风防沙的生态安全屏障。

该区工作重点包括划定森林、草原保护红线。加强天然林资源保护和野生动植物保护，加强贺兰山东麓地下水资源保护，禁止一切与保护无关的开发建设活动。实施封山育林，禁止采伐林木，防治水土流失，保护生物多样性等。

⑤六盘山水源涵养林草区。位于宁夏西南部，北起南华山，西至月亮山、东至云雾山，南接甘肃平凉市。属于禁止开发区域。是保护自然文化资源的重要区域，点状和条带状分布的生态功能区，珍稀动植物基因资源保护地，生态文明的科普教育基地。

该区工作重点包括划定森林保护红线。加强天然林资源保护，保护生物多样性。实施六盘山水源地保护和管理，增强水源涵养能力。加强生态环境保护，有计划地进行生态修复和培育，禁止一切与保护无关的开发建设活动等。

4.5.1.2 草原发展区划情况

根据宁夏自然资源及气候条件，结合各地草原生态保护和畜牧业发展状况，宁夏的草原发展区划可以划分为黄土丘陵水土保持山地草甸草原生态区、中部防沙治沙荒漠草原生态区、贺兰山林草区和鄂尔多斯台地过渡地带草原生态区。

（1）黄土丘陵水土保持山地草甸草原生态区。包括吴忠市同心县东南部、盐池县东南部、中卫市海原县大部分；固原市原州区东北部、彭阳县东部、西吉县西部、隆德县西部。发展重点为划定草原、自然保护区等生态保护红线；封坡育草，严格保护现有草原，增强水源涵养、水土保持功能；禁止毁林毁草开荒，禁止陡坡垦殖，防止产生新的水土流失；加强宁南中心城市、大县城、工业园区的绿化和美化，大力推行节水灌溉，合理配置利用水资源，实施移民迁出区生态修复等。

（2）中部防沙治沙荒漠草原生态区。包括银川市灵武市东部、吴忠市红寺堡区全部、利通区南部、青铜峡市南部、盐池县北部、同心县西北部、中卫市沙坡头区南部、中宁县南部、海原县北部。发展重点为划定草原、荒漠植被保护红线；以封育为主，实行自然修复，有效保护草地生态系统；继续封育禁牧，禁止滥垦滥牧；保护改良天然草场，对风沙危害严重的天然草原实行划管封育，防止草场退化沙化；加强自然保护区、沙区湿地和现有人工林地的保护；严格控制地下水开采，禁止发展高耗水工业；建设草地防沙林带，实施新一轮退耕还林；加大退牧还草和退耕还草力度，人工种草，发展舍饲养殖，恢复草原植被等。

（3）贺兰山林草区。包括银川市永宁县、西夏区、贺兰县西部，石嘴山市平罗县、大武口区、惠农区西部。发展重点为加强区域草原保护，做好区域水源地草原保护；防治水土流失，保护生物多样性；加快贺兰山东麓生态防护林和百万亩葡萄文化长廊建设，积极发展特色产业和生态旅游业等。

(4) 鄂尔多斯台地过渡地带草原生态区。包括石嘴山市惠农区东南部、大武口区南部、平罗县大部分，银川市兴庆区全部、金凤区全部、西夏区东部、永宁县东部、贺兰县东部、灵武市西部、吴忠市利通区北部、青铜峡市北部、中卫市沙坡头区北部、中宁县西北部。发展重点为划定基本草原和草原生态保护红线；加强区域草原保护，防止过度开发利用；保护好基本农田、城市绿化景观水系需水水质；加强沿黄城市带黄河金岸防护网、市民休闲森林公园、城市绿地建设和美丽乡村绿化美化，加强景观水系，交通主干道，主要灌溉渠系、工业园区绿化；构架环城、环镇、环村、环路、环水、环田、环园区的草原网，营造覆盖城乡舒适和谐的绿色生空间，开展沿黄水系生态修复，建设海绵城市等。

4.5.2 战略依据

习近平总书记在黄河流域生态保护和高质量发展座谈会上提出黄河流域生态保护和高质量发展的国家重大战略。宁夏处在黄河中上游，是黄河流域承上启下的关键节点、中心区域，对黄河生态影响重大。宁夏回族自治区党委、政府对黄河流域综合治理高度重视，提出有利于黄河生态保护和高质量发展的新思路和新要求。因此，在现实依据的基础上，宁夏"十四五"时期的林草发展区划应将黄河流域宁夏段的保护和发展置于核心位置，坚持以水而定、量水而行，上下游、干支流、左右岸统筹谋划，充分考虑自治区内黄河主干流绿色长廊、支流源头、黄河东西两岸生态屏障所发挥的生态功能差异，制定差异化的生态保护和修复战略任务，因地制宜、分类施策，协同促进黄河流域生态保护和高质量发展。

4.6 区划结果与分析

按照黄河生态保护和高质量发展在宁夏的战略布局，基于宁夏地貌特点、气候水土等自然条件，结合区域生态主体功能定位以及现有林草资源禀赋和生产力布局，推进形成合理的林草发展分区，着力形成维护黄河生态安全和促进广大群众共享优质生态产品的林草资源空间布局。

4.6.1 区划结果

依据《全国生态功能区划》《中国林业发展区划》《宁夏林业发展区划》《宁夏生态保护与建设"十三五"规划》《黄河流域宁夏段国土绿化和湿地保护修复规划（2020—2025年）》等发展区划内容，按照"保护优先、统筹规划、空间均衡、整体提升"的总体思路，结合全自治区自然地理条件、林草发展条件及需求变化，把水资源作为最大的刚性约束，按照山水林田湖草沙系统治理和黄河流域协同保护发展思路，坚持尊重自然、顺应自然、保护自然和"绿水青山就是金山银山"的生态文明理念，坚持保护优先、自然恢复为主的方针，维护黄土高原—川滇生态屏障生态平衡，保障黄河上中游及华北、西北地区生态安全。坚持以提升发展质量和效益为重点，结合国家精准扶贫、乡村振兴等重大战略，创新驱动、优化产业区域布局，打造"一带一路"经济带战略支点，构建宁夏"十四五"时期"一带三区多点"的林草发展新格局。

"一带"指的是黄河及两岸绿色发展带。涵盖整个宁夏回族自治区，其中沿河区域是重点。宁夏地处黄河上游，河道自正西由南向北流经，形成了一大沙漠绿洲。流域面积内，集中了宁夏最发达的农产品产区、城镇群等重点发展区域；涉及了诸多特色林草经济产品；包含诸多重点河流湿地；是宁夏的生态环境生命线。加强沿黄重要湿地和湿地公园的保护与修复；落实沿黄滩区开展生态环境综合整治，以岸线整治、生物多样性恢复等为重点；加快推进流域内自然保护地生态修复建设；发挥沿黄特色经济林草产品产业；做好做深生态旅游等第三产业，为黄河生态经济带助力。

"三区"指的是以石嘴山、银川北部、吴忠北部、中卫北部为主的北部绿色发展区，以银川南部、吴忠南部、中卫南部为主的中部防沙治沙区，以固原为主的南部水源涵养区。

"多点"是指要建设"多点串联的城乡绿网"。

4.6.2 区划布局和重点发展方向

由于"一带"是体现宁夏整体上的战略定位，以下主要对"三区"和"多点"的具体情况进行分析。

4.6.2.1 北部绿色发展区

该区域年平均降水量200~400毫米，在中国林业发展一级区划里属于内蒙古、宁夏、青海森林草原治理区，在中国林业发展二级区划里属于黄河河套防护经济林区中的宁夏贺兰山山地森林生态恢复保护区。

区域范围：石嘴山市全境，银川市兴庆区、西夏区、金凤区、永宁县、贺兰县全境，吴忠市利通区、青铜峡市全境及中卫市沙坡头区北部、中宁县北部部分行政区域。总面积2.87万平方千米。

综合评价：区域西北部为贺兰山水源涵养区，生态区位十分重要，是宁夏西部生态屏障和生物多样性保护核心区，区域东南部为重点开发区和农产品主产区。该区域自然条件较差，气候干旱少雨，现有林草资源结构、种类相对单一，草原生态脆弱，草场退化明显，林草有害生物危害比较严重。林草保护修复难度较大，可造林地面积较小，造林成活率不高，人工修复投入成本高、见效慢且稳定性较差。湿地破坏现象仍然存在，水体污染现象未完全解决。林草产业化程度还不够高，特色经果林科学化生产管理水平有待提高。

发展方向：加强对贺兰山国家公园等自然保护地的管理，丰富林草结构，提升林草质量，提高水源涵养功能。加强林草有害生物普查和综合防治。通过三北防护林工程，加强黄河沿岸生态公益林和农田防护林建设，特别是黄河护岸林、道路防护林，强化林草管护，构筑黄河两岸生态屏障。开展沿黄水系水生态修复，防治水体污染，强化黄河河滩湿地保护及生物多样性保护，提高湿地保护和管理水平。打造银川都市圈绿色生态廊道，推进银川都市圈生态建设。加强石嘴山森林城市建设和城乡绿化工作。加快推进特色经济林、种苗花卉、生态旅游一体化，突出林草产业发展特色，充分发挥枸杞、葡萄等特色产业的品牌和区位优势。

4.6.2.2 中部防沙治沙区

该区域年平均降水量200~400毫米，在中国林业发展一级区划里属于内蒙古、宁夏、青海森林草原治理区，在中国林业发展二级区划里属于鄂尔多斯高原防护林区里的宁夏毛乌素沙地南缘沙化土地综合治理区和青东陇中黄土丘陵防护经济林区里的盐同海中山丘陵山间平原水土流失综合治理区。

区域范围：包括银川市的灵武市全境，吴忠市的红寺堡区、同心县、盐池县全境和中卫市沙坡头区南部、中宁县南部和海原县北部部分行政区域。总面积2.31万平方千米。

综合评价：该区域为防风固沙和水土保持重点区域，土地沙化和水土流失问题依然严峻。林草资源碎片化，草原生态脆弱，草场退化现象比较明显。林龄、树种结构单一，林木稳定性差，林草质量亟待提高。林草生态保护修复难度较大，水资源短缺，可造林面积小，造林成活率低，管护成本高。林草产业化程度较低，综合效益差。

发展方向：推动白芨滩、哈巴湖、罗山等自然保护地建设，切实加强现有林草资源保护。实施防沙治沙综合治理，特别是毛乌素沙地、腾格里沙漠和同心海原丘陵区。加快推进三北防护林体系建设，强化退化林分和退化草原修复，努力扩大林草植被盖度。以水土保持为主体功能，大力开展林草生态保护修复，精准提升林草质量，继续实施退耕还林还草，封坡育草，进一步推行并巩固已经形成地舍饲圈养畜牧业生产方式。加强对内陆河流湿地的规划管理，合理配置水资源，保护沙区湿地。加快林草产业发展，促进林草相关产业升级，推广高效节水农业，发展特色林果业和沙产业。

4.6.2.3 南部水源涵养区

该区域年平均降水量大于 400 毫米，在中国林业发展一级区划里属于华北暖温带落叶阔叶林保护发展区，在中国林业发展二级区划里属于宁南陇东黄土高原防护林区里的固原黄土丘陵沟壑水土流失综合治理区和宁夏六盘山土石水源涵养林区，在国家重点生态功能区里属于黄土高原丘陵沟壑水土保持生态功能区。

区域范围：包括固原市全境和中卫市海原县南部部分行政区域。总面积 1.46 万平方千米。

综合评价：该区域为宁夏水源涵养核心区域，生物多样性保护区域，属于禁止开发区域，自然文化资源的重要保护区域，珍稀动植物基因资源保护地，生态文明的科普教育基地。林草基础相对较好，是宁夏天然次生林主要分布区。存在人工纯林、林木稳定性差、生长速度慢、水源涵养和水土保持功能不强等问题。草原退化严重，保护修复难度大。山地造林成本高，管护难度大。林草病虫鼠兔害严重。林草产业集约化程度低，没有形成主导产业，经济效益不高。

发展方向：加大土石山区天然林保护和南部山区封山育林育草力度，严格保护具有水源涵养功能的自然植被，严禁无序开采、毁林开荒和滥垦草地。全面提高林草水源涵养和水土保持功能，加大林草植被恢复力度，注重水源涵养林、水土保持林建设，加强退化林分修复，重点实施 400 毫米降水线造林绿化工程和森林质量精准提升工程，努力恢复近自然的多功能植被。在重要河流沿线及邻近地区推行退耕还林还草，加快推进生态移民迁出区生态保护修复。实施天然草场自然修复、退化草原补播改良和毒害草、鼠兔害治理。推进六盘山国家公园建设，保护生态原真性和生物多样性。推进枸杞、红梅杏、苹果、李、梨等特色经济林基地建设和提质增效，推进生态旅游发展，高质量发展林草产业。

4.6.2.4 多点串联的城乡绿网

区域范围：22 个区县中的城镇、乡村、产业园区、交通干道。

综合评价：宁夏辖 5 个地级市，22 个县、市（区），2019 年年末，全自治区常住人口 694.66 万人；三面环沙，水资源条件贫乏，生态环境脆弱，城乡人居绿色环境不足。

发展方向：大力推进城乡人居环境绿化，加强城镇绿色化、园区绿色化，加快建设美丽乡村，引导农村巷道植绿、庭院增绿、道路护绿，构建城市为载体、园区为点缀、道路为纽带、林网为支撑的绿化网络。

4.7 结　论

本研究以黄河生态保护和高质量发展为战略指导，以《全国生态功能区划》《中国林业发展区划大纲》《宁夏林业发展区划》《宁夏生态保护与建设"十三五"规划》《黄河流域宁夏段国土绿化和湿地保护修复规划（2020—2025年）》等材料为重要依据，通过主成分分析法、德尔菲法等分析方法，在现有"两屏两带"生态安全战略格局的基础上，基于黄河流域不同区域生态功能差异，将宁夏林草事业发展划分为"一带三区多点"的林草发展新格局。

本研究的创造性与先进性在于：一是将林草发展区划全面置于黄河生态保护和高质量发展战略框架下，将黄河流域生态功能差异作为区划依据，打破了原有林草发展格局和思路。二是在国家新时代林草大融合背景下首次将草原资源与林业资源进行统筹研究区划布局。三是采用主成分分析法、德尔菲法，全面、系统、科学地建立了宁夏林草事业发展区划指标体系。四是在中国林业发展区划、宁夏林业发展区划、宁夏主体功能区划、宁夏保护发展区划、宁夏草原发展指导意见等基础上，根据新时代林草事业发展要求建确立了区划布局。五是建立在对宁夏各市、县调研基础上，理论结合实际，在符合国家主体生态功能需求同时，充分考虑地方发展要求，具有较强的实践性。

本研究为宁夏林业和草原事业发展提供了一套完整、科学、合理的林业发展区划体系，对宁夏林业和草原发展"十四五"规划进行区划管理和指导，以期提高宁夏林业和草原发展水平。

参考文献

国家林业局，2011．中国林业发展区划［M］．北京：中国林业出版社．
国家林业局，2011．中国林业发展区划图集［M］．北京：中国林业出版社．
环境保护部，中国科学院，2015．全国生态功能区划［R］．
米文宝等，2010．西北地区国土主体功能区划研究［M］．北京：中国环境科学出版社．
宁夏林业厅，2005．宁夏生态保护与建设"十三五"规划［R］．
宁夏林业厅，2020．黄河流域宁夏段国土绿化和湿地保护修复规划（2020—2025年）［R］．
全国林业发展区划工作组，2007．全国林业发展区划三级区区划办法［R］．
张超，黄清麟，2005．林业区划研究综述［J］．林业资源管理(5)：16-20，23．

5 政策研究

5.1 研究背景

宁夏位于黄土高原、蒙古高原和青藏高原交汇地带,地处西北内陆、黄河上中游地区,属干旱半干旱地带,具有山地、黄土丘陵、灌溉平原、沙漠(地)等多种地貌类型,是我国生态安全战略格局"两屏三带一区多点"中"黄土高原—川滇生态屏障""北方防沙带"和"其他点块状分布重点生态区域"的重要组成部分,是我国西部重要的生态屏障,在祖国生态安全战略格局中具有特殊地位,生态区位十分重要,保障着黄河上中游及华北、西北地区的生态安全。宁夏是我国生态环境最脆弱的省份之一,86%的地域年降水量在300毫米以下,西、北、东三面被腾格里沙漠、乌兰布和沙漠和毛乌素沙地包围,生态环境敏感复杂,水资源短缺,水土流失严重。"十三五"期间,宁夏不断加大投入力度,生态保护和建设成效显著,城乡环境面貌有了较大改善。但是随着全自治区经济社会持续较快发展,环境承载压力加大,经济发展与人口资源环境之间的矛盾日益凸显,经济基础薄弱、生态环境脆弱仍将是长期制约自治区加快发展的"瓶颈",生态保护和建设任务十分紧迫而艰巨。

党中央、国务院从战略高度出发,近年来出台了一系列有关宁夏经济社会发展的若干政策和措施,提出了促进宁夏经济社会发展的总体要求。原国家林业局与宁夏政府签署《共同推进宁夏生态林业建设合作协议》(以下简称《协议》),根据《协议》要求,双方将秉承"保护优先、分区实施、依法治林、全民参与、协作创新、合作共赢"的宗旨,重点在空间规划(多规合一)试点、六盘山重点生态功能区建设、防沙治沙综合示范区建设、湿地保护管理、林业种苗发展、国有林场改革发展等领域进行合作,大力推进宁夏林业现代化体系和基础设施、装备、科技、人才队伍建设,加快美丽宁夏建设步伐。国家林业和草原大力支持"十三五"时期宁夏生态林和美丽宁夏建设工作,加强项目对接,通过三北防护林、天然林资源保护、退耕还林还草、"互联网+林业行动计划"等重点工程对合作项目予以投资支持。同时,国家林业和草原还将充分发挥其所属部门在政策、技术、人才等方面的优势，从建立国家级专家定期赴宁工作交流和东西部对口支援机制、科技创新平台建设、科技成果、先进技术优先在宁夏推广试点示范等方面，全力助推美丽宁夏建设，为宁夏与全国同步建成全面小康社会提供强大的支持保障。

2018年，宁夏回族自治区政府工作报告作出了实施"三大战略""五个扎实推进"的重大部署，号召全自治区上下振奋精神、实干兴宁，为实现经济繁荣、民族团结、环境优美、人民富裕，与全国同步建成全面小康社会而努力奋斗。几年的辉煌成就，为与全国同步建成全面小康社会奠定了坚实基础。提出今后五年的主要任务是打造西部地区转型发展先行区，加快构建创新引领的现代化经济体系；打造全国脱贫攻坚示范区，不断提高各族群众的收入水平和生活质量；打造西部地区生态文明建设先行区，努力建设天蓝地绿水美的美丽宁夏；打造内陆开放型经济试验区，切实营造更具活力更有效率的发展环境；打造全国民族团结进步示范区，推动形成共建共治共享的社会治理格局。当前是打好"十三五"收官之战，高质量谋划"十四五"发展的关键时期，也是健康中国、美丽中国等重大国家发展战略持续深入推进的关键时期。受宁夏林业和草原局委托，由国家林业和草原局牵头，西北农林科技大学组成"宁夏林业和草原'十四五'宏观战略政策专题研究组"，系统梳理林业和草原改革和发展政策，充分把握这些政策机遇的系统性、协调性、特殊性，全面谋划、统筹施策，精准发力、扎实推进，把政策机遇用足用好，为宁夏林业和草原发展谋定最好的路径，让宁夏为全国生态文明建设发展作出应有的贡献。

5.2 政策研究方法

林业和草原事业是一项生态、经济、社会效益"三效统一"，农村生产、生活与生态改善"三生结合"的系统工程。研究林业和草原发展政策需要按照系统思维方法，根据社会经济发展需求，以及林业和草原发展需要，明确政策总体目标、基本内容、重点任务，确保政策研究结论有事实为依据。

5.2.1 研究目标

一是梳理政策体系。政策研究以国家林业和草原政策为"纲"和宁夏的政策为"目"，一条条梳理目前正在实施的政策，确保政策体系的完整性和有效性。

二是评价政策成效。林业和草原政策实施具有生态扶贫、增加就业、扩大内需、提供生态服务等多重功能，并且对推进国家全面深化改革、生态文明制度建设、供给侧结构性改革等都具有重大作用。本项研究拟采用定性分析方法，系统全面、多类多样、恰如其分地反映"十三五"时期林业和草原政策实施所产生的成效。

三是总结政策经验。"十三五"时期，宁夏各级党委、政府和相关部门，采取一系列措施，推动林业和草原政策落地实施，在培育地区新的经济增长点、促进农民就业创业、发展新型林业经营主体、产权模式创新、促进精准脱贫等方面形成一系列典型经验。研究和总结这些典型经验，对于研究"十四五"时期林业和草原政策具有重要的参考价值。

四是发现政策问题。实施林业和草原发展改善了生态环境，促进了农业结构调整，增加了农民收入，但是一些地区的政策体系还不够完善，政策精准度还有待提高。对于这些较为突出的问题，特别是涉及的利益群体多的问题，要分析问题成因，为决策部门解决问题提供依据。

五是提出政策建议。政策研究的最终指向都是为了对策建议。林业和草原政策研究是为宁夏更好更有效地发展林业和草原事业，产生更大社会经济效益，为"策"而"谋"，解决策之所需，提出有用、可用、管用的对策建议，完善政策。

5.2.2　研究方法

（1）文献调查法。系统地搜集、整理、汇编了党的十八大以来，国家、宁夏回族自治区的林业和草原改革与发展政策，集中围绕重要规划、重要文件、重要讲话、重要活动，研究宁夏林业和草原发展的政策机遇与挑战。

（2）实地调查法。到宁夏固原、中卫、吴忠、银川、石嘴山等地进行实地调研，通过实地勘察，了解调查地区生态区位、生态资源保护管理现状，产业发展情况，以及林业和草原发展在地区社会经济发展中所处的地位及发挥的作用。

（3）访谈调查法。与宁夏回族自治区林业和草原局各处室负责人、与调查地行业主管部门管理人员、农民等相关利益群体，进行详细、深入地交流。

（4）会议调查法。在银川市与自治区林业和草原局、发改委、财政局等部门进行会议交流，充分听取政策诉求和政策建议；在实地调查地区与州、县行业主管部门与自治区林业和草原局、发改委、财政局等部门进行座谈交流。

（5）专家调查法。邀请国家林业和草原局生态修复司、国家林业和草原局管理干部学院，北京林业大学等单位的专家，对研究思路、方法、结果等提出修改意见，并结合专家意见进行反复修改完善。

5.3　政策现状

5.3.1　政策内容

5.3.1.1　生态保护与修复政策

（1）生态保护空间。宁夏已经形成了"三屏一带五区"的生态保护空间。《宁夏生态保护与建设"十三五"规划》确定了引黄灌区平原绿洲生态区、中部荒漠草原防沙治沙区、南部黄土丘陵水土保持区、贺兰山林草区、六盘山水源涵养林草区的重点开发区、限制开发区和禁止开发区，确立了北部平原"黄河金岸"绿色生态长廊、中部荒漠草原防沙治沙带、南部黄土丘陵水土保持示范区、"三山"（贺兰山、六盘山、罗山）森林生态屏障区等生态保护与建设重点，并划定生态保护红线。

（2）红线管理政策。宁夏已经明确划定生态保护红线总面积 12863.77 平方千米，占宁夏土地面积的 24.76%。宁夏生态保护红线包括生物多样性维护、水源涵养、防风固沙、水土流失、水土保持五种生态功能类型。生态保护红线空间范围呈现"三屏一带五区"。根据《中华人民共和国环境保护法》等法律法规，结合自治区实际确定的水源涵养、生物多样性维护、水土保持、防风固沙等生态功能重要区域，以及水土流失、土地沙化、盐渍化等生态环境敏感区域、脆弱区域、国家级和自治区级禁止开发区域等纳入生态红线范围，生态保护红线原则上按照禁止开发区域的要求进行管理，禁止不符合主体功能定位的各类开发建设活动，任何单位和个人不得擅自调整生态保护红线准入清单。实现一条红线管控重要生态空间，确保生态功能不降低、面积不减少、性质不改变，维护国家生态安全，促进经济社会可持续发展。《宁夏回族自治区党政领导干部生态环境损害责任追究实施细则(试行)》对领导干部突破生态红线、损害生态环境、违背自然生态规律和科学发展要求、违反有关生态环境和资源保护政策和法律法规、不履行或不正确履行职责造成环境污染、生态破坏等严重后果和恶劣影响行为进行终身追责。

(3)国土绿化。宁夏积极探索造林绿化新机制，坚持乔灌草搭配、建管治结合，使林业建设项目逐步向工程化、专业化、精细化模式转变。全自治区工程化造林占比显著提升，专业队造林机制实现新突破，林业合作组织作用发挥突出。依据《关于开展全民义务植树运动的实施办法》《全国造林绿化规划纲要》和《全民义务植树尽责形式管理办法》，宁夏出台了《落实生态立区战略推进大规模国土绿化行动方案》，决定用5年时间开展植绿、增绿、护绿"七大行动"，至2018年年底，已完成各类营造林任务379.65万亩，森林抚育136.3万亩，分别完成了预期的61.06%和71.72%。全自治区森林覆盖率提高到2018年的14.6%，增加了1.97个百分点。完成荒漠化修复面积204.6万亩。义务植树3000多万株。积极探索多种大规模国土绿化新模式，隆德县85个专业造林队竞争上岗，由更具专业技术和价格优势的造林队造林，既保证了造林质量、节约了成本，又带动了当地农户增收。海原县创新营造林组织模式，由当地林业和草原局提供苗木、各乡镇负责征用绿化用地、村队负责栽植管护，将责任层层分解落地压实，提高了成活率、保存率。中宁县恩和镇通过联社联村联农户形式，积极鼓励农民种植枸杞，将农户利益与村集体经济、乡镇干部绩效考核紧密联系在一起，农户自我参与意识明显增强，种植积极性显著提高。

(4)野生动物保护政策。"十三五"期间，宁夏建立和完善了野生动植物保护管理机构，已有9个国家级自然保护区、14个国家湿地公园、27个国家及自治区监测站(点)为野生动植物的生长创造了良好的环境，加大了对野生动物的疾病疫情监控，确保野生动物健康成长。法律体系初步形成，执法力度有所加强，涉林违法犯罪案件发生总数不断下降。广泛开展宣传教育活动，提高全民保护意识。开展专项打击行动，依法保护野生动植物资源。出台了《宁夏回族自治区野生动物保护实施办法》和《宁夏森林和野生动物类型自然保护区管理细则》，为在自治区境内从事野生动物保护、驯养繁殖、开发利用活动提供了法律依据，初步形成了以《中华人民共和国野生动物保护法》为核心的比较完善的野生动物保护管理的法律法规体系。应适度加强野生动植物人工专业养殖培植，更好地保护野生动植物。

(5)湿地保护政策。宁夏湿地面积20.72万公顷，占全自治区面积的3.12%。宁夏非常重视湿地保护工作，认真落实国家湿地保护修复政策，积极争取湿地保护补助和项目资金，不断完善湿地保护管理制度。在国家《湿地保护管理规定》的基础上出台了《宁夏回族自治区湿地保护条例》，对湿地规划、保护、利用和管理活动等内容进行规范。编制完成了《宁夏黄河湿地保护总体规划》《宁夏湿地保护工程"十二五"规划》和《宁夏回族自治区湿地公园发展规划》等自治区和市级有关湿地保护和恢复规划。理顺了管理体制，建立健全湿地保护管理的组织体系。实施了湿地保护与恢复示范工程，湿地确权工作有序进行。国家要尽快将《中华人民共和国土地管理法》中湿地的定性更改为"生态用地"。对湿地生态补偿、社会公众参与、多渠道投资等方面制定具体的实施细则。

(6)草原保护修复政策。宁夏自2003年开始草原禁牧封育，在法律法规建设与落实、草原执法监管、草原科技研究、草原保护修复工程、草原防火等方面做了大量工作。机构改革基本完成，整个草原修复工作取得重大进展，干草产量由2010年的183.78万吨增加到2019年的205.86万吨，禁牧封育区林草覆盖度由15%增加到55.43%。《关于宁夏回族自治区草原征占用审核审批有关问题的通知》《宁夏回族自治区草原管理条例》《宁夏回族自治区禁牧封育条例》等法规加强了对草原征占用、规划、保护、建设、利用和管理活动的监督管理，规范了草原征占用的审核审批，保持了草原生态系统良性循环,调动了单位、集体和牧民保护、建设和合理利用草原的积极性,明确了草原监理的主体和责任。在盐池县青山乡启动了草原确权承包登记试点。应借鉴青海省关于草原承包、原承包经营权流转的办法全面推广草原承包确权,规范草原承包经营权流转行为,维护草原流转双方的合法权益。尽快将国家《草种管理办法》《草畜平衡管理办法》等上位法规细化为具有地方特色的地方法规。应积极探索草产业产业化、现代化的政策工具和政策路径,创新草原产权融资,实现草原保护与发展双赢。

(7)沙化土地封禁保护修复政策。宁夏治沙防沙走出了一条适合区情和区域实际的防治道路,在沙坡头区、红寺堡区太阳山、同心县马高庄、灵武白芨滩防沙林场实施试点封禁保护 4 万公顷,试点地区将建设围栏设施 205 千米,固定界牌 216 座,固定压沙 1255 公顷,人工促进更新 5237 公顷,建设作业道路 89 千米。《宁夏回族自治区防沙治沙条例》《关于禁止采集和销售发菜制止滥挖甘草和麻黄草有关问题的通知》规定,自治区、设区的市、县(市、区)林业主管部门及县级以上人民政府农牧、水利、国土资源、环境保护、科技等部门和气象主管机构应当按照各自职责,做好防沙治沙工作,对防沙治沙规划与管理、土地沙化预防与监督、沙化土地治理与利用的行为进行规范。坚决禁止采集发菜,彻底取缔发菜及其制品的收购、加工、销售和出口。严格管理、制止滥挖甘草、麻黄草。应积极开展沙化土地封禁保护补助试点。

(8)自然保护地政策。国家林业和草原局于 2019 年 4 月正式复函同意宁夏开展建立以国家公园为主体的自然保护地体系试点,建议开展自然保护地整合优化完善工作。宁夏林业和草原局已与农业农村厅、生态环境厅、住建厅等进行了保护地交接,已转入保护地 60 处,转入工作人员 16 名,建立区级自然保护地法规和政府规章共 13 部,其中,地方法规 9 部,政府规章 4 部。《宁夏回族自治区自然保护区管理办法》明确了自然保护区的保护、建设和管理的主体和责任,为自然保护区建设和管理、防止生态环境破坏和生态功能退化、保护自然环境和自然资源提供了有力保障。依据国家林业和草原局办公室印发的《关于开展全国自然保护地大检查的通知》,制定《宁夏回族自治区自然保护地大检查实施方案》,按照属地管理和部门职能职责,开展调研摸底。应尽快编制自治区自然保护地体系规划和国家公园总体发展规划,合理确定国家公园空间布局,自上而下地根据保护需要有计划、有步骤地推进工作。针对保护地土地权属问题和保护区与开发经营区的矛盾,应进行土地确权登记,明晰管理权、经营和收益权,进一步划清界限。

5.3.1.2 改革政策

(1)集体林权制度改革。基础改革的政策文件比较完善,已确权集体林地面积 1405.19 万亩,确权率 100%,发证面积 1359.63 万亩,发证率 98.1%,林权纠纷调处率 100%,档案管理合格率 96%,群众满意率 99%,但面临生态效益突出、林产品直接经济收益不足、群众收益少、扶持政策少等深化改革难题。《宁夏回族自治区集体林权流转实施办法》和《宁夏回族自治区林地管理办法》,对林地保护、管理、开发、利用活动进行严格规范,明确了林地的占用、征用、保护的责任和权力。在国家林业和草原局印发的《关于进一步放活集体林经营权的意见》的基础上制定了《关于认真做好完善集体林权制度各项工作的通知》和《宁夏回族自治区规范认定新型林业经营主体办法》,放活了集体林经营权,培育壮大了一批专业大户、家庭林场、林业专业合作社、龙头企业等新型林业经营主体。应加大鼓励林权抵押贷款、发展林下经济、发展森林保险等配套改革政策制定和执行的力度,以利于深化集体林权制度改革。

三权分置和农村三变已经在西吉、彭阳、隆德三个县的农业领域开始试点,但在林业领域的改革和发展相对滞后。试点地区集体土地流转经营权抵押贷款、流转交易机制、农村集体土地流转经营权的登记管理、农村集体土地规范化流转机制、集体土地承包经营权自愿有偿退出机制和做法增强了做好集体林地"三权分置"改革试点工作的信心。通过印发《完善集体林权制度实施方案的通知》和设立新一轮集体林业综合改革试验区开展集体林地所有权、承包权、经营权"三权分置"试点，探索农民集体和承包户在承包林地、承包户和经营主体在林地流转中的权利边界及相互权利关系。鼓励发展多种形式的股份合作，建立股份合作经营机制，推行资源变资产、资金变股金、农民变股民的"三变"改革。

（2）国有林场改革。2016年，自治区党委、政府印发《宁夏国有林场改革方案》并召开全自治区国有林场改革工作安排部署会，标志着国有林场改革工作全面启动。国有林场将被分别界定为公益一类事业单位、公益二类事业单位和公益性国有企业。对企业性质的国有林场，通过政府购买服务实现公益林管护。全自治区96个国有林场完成森林经营方案批复，完成《国有林场中长期发展规划（2018—2025年）》评审和报备。国有林场定性定编已基本完成，对人员进行了妥善安置，自治区财政厅对国有林场扶贫资金给予了倾斜，贫困林场的基础设施建设得到了改善。在国家《国有林场改革方案》和《国有林区改革指导意见》的基础上，制定了《宁夏回族自治区国有林场管理办法（试行）》。各县（市）应尽对个别林地林木资源较少的林场进行合并，建设规模化林场。石嘴山市惠农区编制了《惠农区国有林场改革实施方案》，并出台了《关于印发石嘴山市惠农区黄河湿地保护林场等7个事业单位机构编制方案的通知》和《惠农区国有林场由内设机构设置及人员聘用管理暂行规定》，将惠农区黄河湿地保护林场定性为隶属石嘴山市惠农区林业和生态建设管理局管理的公益性一类副科级事业单位，核定编制数38个。将惠农区治沙林场定性为国有企业。建立了《惠农区国有林场公益林管护购买社会服务实施方案》《惠农区国有林场绩效工资管理办法》和《惠农区国有林场绩效工资考核分配办法》等相关制度，解决了生态保护林场的机构编制问题，进一步完善了林场职工生产生活基础设施，加强了人才队伍建设，激发了职工积极性，提升了林场森林资源管护水平。应出台国有林场后续改革和建设规模化林场的办法和方案。

5.3.1.3 产业政策

宁夏林业产业在"十三五"期间快速发展，产值在宁夏国民经济的影响逐年加大。其中，枸杞产业规模全国最大，品牌优势突出，生产要素最全；生态旅游与休闲为代表的第三产业发展势头强劲；苹果、红枣和花卉等特色产业发展迅速；草产业发展稳步推进。《宁夏回族自治区枸杞产业促进条例》坚持统一规划、绿色发展、产业规范、质量监管、品牌保护的原则发展枸杞产业。加大对枸杞产业发展的资金投入，重点支持枸杞种质资源保护、新品种选育与推广、关键技术创新、产区环境保护、人才培养、质量监测体系、信息平台建设、枸杞文化宣传。通过自治区级鉴定的枸杞生产、加工机械设备，列入支持推广的农业机械产品目录，按照有关规定给予政策补贴。鼓励和支持科研院所、高等院校和枸杞生产加工企业联合建立科技创新与成果转化机制。鼓励和支持枸杞生产加工企业通过多种方式进行融资，增强发展能力。鼓励和支持枸杞种植企业和个人参加种植保险，保险费由县级以上人民政府地方财政给予补贴。鼓励和支持枸杞产业文化发展，推进枸杞文化与枸杞产业的融合发展。《宁夏回族自治区林下经济示范基地评定和监管办法（试行）》对林下经济示范基地的申报、评定、监管进行规范，培育打造了一批特色鲜明、效益突出、示范带动作用强的林下经济示范基地，促进全自治区林下经济健康发展，加快生态文明建设。《宁夏林业产业化省级重点龙头企业认定及监测管理（暂行）办法》加大了林业产业龙头企业的扶持力度，规范了省级林业产业重点龙头企业的服务管理、认定和运行监测，提高了林业产业化经营水平。

5.3.1.4 支持保障政策

(1)财政政策。"十三五"期间,宁夏已经实施了生态公益林效益补偿、林木良种、造林、森林抚育、退耕还湿、湿地生态效益补偿、沙化土地封禁保护、草原生态奖补、湿地保护、林业防灾减灾等补贴政策。提高了天然林资源保护工程、国家级公益林、造林投资等补助标准,新增了退化防护林改造投资。《宁夏回族自治区森林生态效益补偿基金管理实施细则》对森林生态效益补偿基金的补偿范围、补偿对象、补偿标准进行规范,加强森林生态效益补偿基金管理,提高资金使用效益。宁夏回族自治区印发的《关于建立生态保护补偿机制推进自治区空间规划实施的指导意见》以"三区三线"为依据,以生态保护为主线,以改革创新为动力,建立了森林保护、草原保护、荒漠保护、水源地保护补偿制度,使生态保护成效与资金分配挂钩。自治区出台《关于建立流域上下游横向生态保护补偿机制的实施方案》,先行开展黄河宁夏过境段流域上下游横向生态保护补偿试点工作,明确补偿基准,选择科学补偿方式,合理确定补偿标准,建立联防共治机制。国有林区(林场)道路、电网升级改造等基础设施建设纳入相关行业投资计划。天然林资源保护工程、退耕还林还草工程、风沙源治理工程、三北防护林工程等国家重点工程的财政投入长期稳定,加强了森林资源保护与建设。在个人所得税、企业所得税、增值税等方面对林业产业实行了减征、免征等税收优惠政策,取消了育林基金,增加了育林基金减收财政转移支付额度,激发了林业产业发展活力。

(2)金融政策。林权抵押贷款极大调动了各级金融部门开展林权抵押贷款业务的积极性,自2014年开展林权抵押贷款业务以来全自治区共发放贷款近4亿元。出台《关于进一步推进林权抵押贷款工作意见》,建立了林业贴息贷款制度,林业贴息贷款规模大幅增加,推出了长周期低利率开发性优惠贷款。通过贴息政策的有效吸引,把金融部门的信贷资金、林业部门的自有资金、其他行业贷款项目单位的建设资金和林业经营主体的社会资金有效吸引到林业建设领域,形成对林业建设发展十分必要的林业建设资金多渠道投入的格局。建立了政策性森林保险制度,将公益林全面纳入政策性森林保险的范围,国家财政承担了80%的森林保险保费投入。

(3)科技政策。出台的《宁夏回族自治区中长期人才发展规划纲要(2010—2020年)》《宁夏回族自治区高技能人才队伍建设中长期规划(2012—2020年)》和《自治区林业局关于进一步加强干部队伍建设的实施意见》,培养造就了一支高素质人才队伍,推动了全自治区生态林业民生林业的科学发展和创新发展。采取"引智、引才、引技"措施将招商引资和招才引智相结合,多种形式调剂培养林业专业人才,设立人才示范岗,着力培养业务骨干;实行上挂下派,积极培养技术人才;开展轮岗交流,着力打造全能型干部;着眼长远发展,注重培养林业科技后备人才。组织专家深入基层培训指导,争取项目搭建平台,加强共建与合作交流。《宁夏回族自治区科学技术奖励办法》设立自治区科学技术杰出贡献奖和自治区科学技术进步奖对在科学技术创新、科学技术成果转化和高技术产业化中作出了杰出贡献,取得了重大经济效益或者社会效益的科技人员和在科学技术成果转化与推广中成果转化效果显著科技项目进行奖励,激发了科技工作者的热情。《宁夏回族自治区中央财政林业科技推广示范项目实施管理办法(试行)》对中央财政预算安排的支持林业科技成果推广与示范的补助资金项目的组织管理、项目申报与审批、项目管理与监督、资金使用、项目验收进行规范,加速了林业科技成果的推广应用,保障了科技推广项目的顺利实施。

5.3.2 政策成效

5.3.2.1 政策体系初步建立

初步建成了由财政、金融、产业、科技、改革、自然保护地组成的比较完善的林草业政策体系(表5-1)。

表 5-1　宁夏林草业政策体系

政策类型	政策名称
财政政策	《宁夏回族自治区森林生态效益补偿基金管理实施细则》
	《宁夏回族自治区完善退耕还林政策补助资金管理办法实施细则》
	《关于建立生态保护补偿机制推进自治区空间规划实施的指导意见》
	《宁夏关于建立流域上下游横向生态保护补偿机制的实施方案》
	《新一轮草原生态保护补助奖励政策实施指导意见》
	《天然林资源保护工程宁夏回族自治区实施方案》
金融政策	《宁夏回族自治区政策性森林保险试点工作方案》
	《关于进一步推进林权抵押贷款工作意见》
	《宁夏回族自治区林业贷款财政贴息资金管理实施细则》
林业政策	《宁夏回族自治区生态保护红线管理条例》
	《宁夏回族自治区湿地保护条例》
	《宁夏回族自治区湿地公园管理办法(试行)》
	《宁夏回族自治区湿地名录认定及管理办法(试行)》
	《宁夏回族自治区草原征占用审核审批管理办法》
	《宁夏回族自治区草原管理条例》
	《宁夏回族自治区草原确权承包工作实施方案》
	《宁夏回族自治区草原承包经营权流转管理办法》
	《森林植被恢复费征收使用管理暂行办法》
	《宁夏回族自治区森林公园管理办法》
产业政策	《宁夏回族自治区党委、人民政府印发的关于进一步加快林业发展的意见》
	《宁夏回族自治区枸杞产业促进条例》
	《宁夏回族自治区林下经济示范基地评定和监管办法(试行)》
	《宁夏回族自治区林业产业化重点龙头企业认定和运行监测管理暂行办法》
	《宁夏回族自治区关于实施"无公害枸杞行动计划"的意见》
	《宁夏林业优势果品产业带建设实施方案》
科技政策	《宁夏回族自治区林业科技推广示范项目绩效考评实施细则》
	《宁夏回族自治区林业科学技术奖励办法》
改革政策	《宁夏回族自治区集体林权流转实施办法》
	《宁夏回族自治区林地管理办法》
	《国家林业和草原局关于进一步放活集体林经营权的意见》
	《宁夏回族自治区规范认定新型林业经营主体办法》
	《宁夏国有林场森林资源保护管理考核方案(试行)》
	《宁夏回族自治区国有林场管理办法(试行)》

(续)

政策类型	政策名称
改革政策	《宁夏回族自治区国有林场危旧房改造工作指导意见》
	《宁夏回族自治区林业厅直属国有林场绩效工资管理办法》
	《各县市完成的《国有林场改革实施方案》》
自然保护地	《宁夏回族自治区自然保护区管理办法》
	《宁夏回族自治区"绿盾 2017"自然保护区清理整治专项行动工作方案》
	《宁夏回族自治区自然保护区监督检查考核办法》

5.3.2.2 政策取得较为明显的效果

"十三五"期间，在党中央、国务院的亲切关怀下，在国家部委的大力支持下，自治区党委、政府始终高度重视生态保护和建设，抢抓历史机遇，全面推进生态文明建设，大力加强林业生态保护和建设，全自治区林业生态环境状况呈现"整体好转，局部优化"的良好局面。生态面貌不断改善，优美生态环境成为宁夏最大优势。

(1) 林业建设成效显著。全自治区先后实施了退耕还林、天然林资源保护、三北防护林体系建设、生态移民迁出区生态修复等重大林业生态工程，林业生态建设呈现出"质量与效益同步，建设与管理并重"的新特点。森林面积由 2010 年的 927 万亩增加到 2015 年的 984.3 万亩，森林覆盖率由 11.89% 增加到 12.63%，森林资源稳步增长。

(2) 草原保护与恢复取得显著进展。2003 年，在全国率先实行封山禁牧，草原得到休养生息，草原生态恶化趋势得到有效遏制，生产能力明显提升，草原生态建设取得显著成效。到 2015 年，全自治区补播改良退化草场面积达到 702 万亩，重度沙化草原面积由 634.4 万亩减少到 246.75 万亩，草原围栏建设面积达到 2330 万亩。天然草原可食干草产量由 2010 年的 183.16 万吨增加到 2015 年的 189.15 万吨，理论载畜量由 278.78 万羊单位增加到 287.9 万羊单位。

(3) 土地沙化趋势实现逆转。作为全国唯一的省级防沙治沙综合示范区，始终把防沙治沙工作放在突出位置，按照"科学治沙、综合治沙、依法治沙"的方针，持之以恒推进防沙治沙工作。全自治区荒漠化面积由 2009 年的 4348 万亩减少到 2015 年的 4183 万亩，沙化面积由 1743 万亩减少到 1686 万亩，实现了由"沙逼人退"向"人逼沙退"的历史性转变，成为全国首个"人进沙退"的省份。

(4) 湿地保护和恢复成为新亮点。通过实施沿黄城市带湿地恢复和保护工程，建成中卫腾格里湖、吴忠滨河、银川典农河、石嘴山星海湖等重点湿地示范区，建设国家湿地公园 14 处、自治区级湿地公园 12 处，恢复和改善了湿地生态功能，极大改善了城乡人居环境，提升了沿黄城市品位。2015 年全自治区湿地面积为 20.72 万公顷，占全自治区面积 3.12%，银川平原形成了"湖在城中、人在景中"的"塞上江南"新景观。

(5) 水土流失综合治理成效明显。通过"山、水、田、林、路"流域综合治理，到 2015 年，全自治区累计治理水土流失面积达到 1.72 万平方千米，水土流失治理程度达到 43.9%。其中，宁南黄土丘陵重点治理区水土流失治理程度达 50%~70%。每年减少入黄泥沙量 4000 万吨。水土流失面积占全自治区总面积由 2000 年的 71.1% 减少到 2015 年的 37.9%。基本形成了"南部治理、中部修复、全面预防、重点监督"的水土流失治理新格局。

(6) 农田保护与改良取得成效。通过实施引黄灌区节水改造、银北百万亩盐碱地治理、高标准农田建设等工程，多措并举加强农田排灌、土地整治、土壤改良和农田林网建设，显著改善了农田建设标准低、工程配套差、老化失修严重等问题。到2015年年底，全自治区1592万亩基本农田得到全面保护。建设旱涝保收高标准基本农田368万亩。全自治区发展节水灌溉面积544万亩，占灌溉面积的72.4%，其中高效节水灌溉面积196万亩。国家基本农田保护示范区新增耕地34万亩，改良盐碱地9.2万亩，土地质量得到提升。

（7）城乡人居环境得到较大改善。实施"黄河金岸"城市湿地、沿黄景观林带、市民休闲森林公园、大环境绿化、村镇庄点绿化等工程，创建园林城市，建设美丽乡村，提升了城乡人居环境。城市建成区绿化覆盖率、绿地率分别达到37.05%、34.68%，人均绿地面积达到17.24平方米。获得国家级园林城市（县城）、森林城市和绿化模范城市的比重在西北地区名列前茅，宁夏平原被评为中国"十大新天府"。

（8）生物多样性保护力度加大。加强全自治区功能性自然植被、珍稀野生动植物、湿地等自然保护区建设，基本形成功能健全的自然保护区建设体系。到2015年，全自治区建立9处国家级和4处省级自然保护区，保护区面积占全自治区面积10.3%。全自治区400多种野生动物和近千种野生植物得到全面保护与有效恢复，动植物物种分别增加了62种和8种。宁夏平原湿地已成为欧亚大陆鸟类迁徙的重要通道之一。

（9）生态建设体制机制不断健全。全自治区1530.8万亩森林资源纳入天保工程管护范围。755.4万亩国家级重点公益林纳入国家森林生态效益补偿基金范围。1444.7万亩林地集体林权制度改革基本完成。2600多万亩草原已承包到户。全自治区出台有关生态保护地方性法规30余部，基本形成了森林、草原、湿地及野生动植物资源的管理体制机制。

5.4 政策问题

总体上看，宁夏林业系统政策法规较为完善，草原和湿地的政策法规比较缺乏，需要进行补充。管理类和保护类的政策法规较多，经济发展的较少。专项类的政策较多，综合类的政策较少。大多政策执行到位，少数存在问题，应根据实际情况在一定的范围内对政策进行调整，使其能够更好地执行和服务于当地的发展。

5.4.1 政策体系不够健全

主要存在问题：一是林草政策整体构架不完善，主要缺少监管类政策和考核类政策；二是各类政策相互矛盾点较多，没有很好地融合统一；三是单一专业政策多，没有林草湿等自然资源整体管理政策等。

（1）没有建立起健全的城镇生态保障体系。全自治区城镇普遍存在着绿化比重小、人均绿地少、森林结构简单、生态功能低下等现象，由于绿化规模小、功能差，难以发挥城市"绿肺"、调节气候、净化空气、降低噪音、维护城镇生态安全等重要作用，难以发挥其绿化、美化和香化作用，难以为城镇居民提供舒适、清净、优美的生活环境。绿化建设规模、档次与城镇一体化、生态移民、美丽乡村建设大发展不相匹配。

（2）没有建立起现代化林草产业体系。林草业分散经营对林业规模化程度的影响没有得到有效的解决。一、二产业中仍然存在相当大比例的粗放式经营和手工作坊式企业，对系统资源的整合存在较大难度。第三产业中存在不少分散经营的森林旅游式农家乐，没有实现统一有效的管理，不仅对森林环境造成了一定程度的破坏，而且产业效率也较为低下；相比于林业发达国家或地区，宁夏目前还没有形成合理的林业产业可持续发展机制，缺乏完善的林农增收机制。

（3）林草业生态补偿机制不健全。没有建立起完整的林草业生态补偿的横向、长效机制。现行补偿与因放弃发展经济的机会成本相比，差距很大，与生态系统服务功能价值相比更不成比例。具有生态功能的经济林没有纳入生态补偿范围，野生动物损害补偿还是空白，新一轮退耕还林后续补偿政策没有建立，草原生态管护员补助设置依据不够科学。财政投入支持林草建设的力度偏低，"一刀切"的生态建设投入机制无法体现区域差异和建设成本补偿，生态保护建设的财政资金投入来源比较单一，投入比例不稳定。保护地基础设施、城镇绿化、退牧还湿、草原退化治理等一批财政专项亟须建设。

（4）湿地保护政策不健全。在国家《湿地保护管理规定》的基础上出台了《宁夏湿地保护条例》《宁夏湿地公园管理办法》等，对湿地保护、监督管理、法律责任、湿地公园建立与规划等内容进行了规范，但对湿地生态补偿、社会公众参与、多渠道投资等方面还缺少具体的实施细则。国家要尽快将《中华人民共和国土地管理法》中湿地的定性更改为"生态用地"，尽快推出专项保护条例相应的建设指南，确保当前的项目建设与资源保护需求相符，加强湿地资源的保护，促进湿地资源可持续利用。湿地未划定湿地保护"红线"，导致当前的项目建设与资源保护需求不匹配。此外，尚未建立对建档立卡户湿地生态公益管护员的聘用及常态化管理办法。《省级重要湿地认定办法》《占用征收重要湿地审核管理办法》等文件亟须研究出台。

（5）野生动物保护政策不健全。近年来，各类野生动物种群数量的恢复对农牧民的正常生产生活造成了一定的影响，草食性动物啃食农作物、与牲畜争食牧草。对于食草动物啃食农牧民草场的情况，宁夏还没有颁布野生动物造成人身财产损失补偿办法的政策。因广大牧区草原既是牧民群众赖以发展畜牧业的基地，同时也是野生动物的生存分布空间，没有针对野生动物生存空间与人类生存空间相互重叠的专门政策，缺少野生动物造成草场损失等情形给予补偿的政策。在这种状况下，亟须通过立法途径和经济补偿手段调整这类野生动物与牧民群众牲畜草场的利益关系。

5.4.2 政策供给不足

（1）土地类型中没有细化生态用地类型。在国家的土地规划中既没有野生动物栖息地用地，也没有自然保护区用地，野生动物栖息地还没有单独作为一种土地使用类型。《中华人民共和国土地管理法》并没有规定，既是草场又是野生动物的栖息地，如何在开发和保护之间做选择。因此，必须在《中华人民共和国土地管理法》中明确野生动物栖息地作为土地用途的一个类型，才可能真正保证国家重点保护野生动物关键栖息地得到切实的保护和管理。

（2）产权制度改革的政策供给不足。宁夏集体林权制度改革基础改革的政策文件比较完善，但深化集体林权制度改革的政策文件较少。林权制度改革的基础改革已经完成，但配套改革、综合改革等深化改革还没到位，林权抵押贷款覆盖面窄，森林生态效益补偿政策实施不够精准，林业新型经营主体发展迟缓。草权承包制度已经实施，但配套措施没有跟上。国有林场改革后续政策尚未建立，规模化林场建设需要推进。三权分置和农村三变已经在宁夏许多地方的农业领域全面推开，但在林业领域的改革和发展相对滞后。三权分置改革在林业领域有待进一步放活经营权。

（3）金融政策供给不足。宁夏林草抵押贷款业务尚属起步阶段，林权抵押贷款规模总量小，覆盖面窄，抵押物处置变现困难，林权评估机构评估过程不规范，林权抵押贷款机构市场化程度低，贷款期限较短，贷款成本较高，贷款风险较大。林草地经营权、公益林收益权质押贷款等新型融资模式尚未建立。

（4）保险政策供给不足。宁夏的森林保险发育不成熟，赔付率低，农民参加保险积极性不高，动力不足，地方财政配套困难，保险公司积极性不高，险种供给不足，开发的森林保险种类单一、赔付率低，森林巨灾风险分散机制较弱。缺乏科学、规范、成熟、权威的灾害认定操作程序和第三方认定、评估机构。而草原保险还未开展。

（5）投资政策供给不足。宁夏林草建设投资主要依靠政府投入，林业投资主体单一，投资主体多元化体系还未建立起来。没有建立产业投资基金。没有出台林草业吸引社会资本参与林草生态建设的专门政策。碳汇融资、债券融资等新型社会资本融资模式有待开发。

（6）科技政策供给不足。宁夏林业和草原的科技创新水平有待进一步提升，科技创新政策不够完善，林草科技推广载体有限，推广模式尚未形成，林草业科技推广体系不够健全，林草业科技人员编制少，生态建设与保护的科技含量不高，科技支撑能力有待加强。没有建立立足宁夏区情和绿色发展需要的林草科技发展专项规划。需要建立吸引人才、留住人才、用好人才的人才建设制度。林草科技人员培训工程亟须开展。

（7）产业政策供给不足。宁夏林草业整体发展水平不高，产业结构单一，规模化、产业化、集约化水平较低，产业链条短、产品层次低。产业发展与生态保护的矛盾十分突出。林草产业发展能力不足，没有将资源优势转化成产业优势，没有形成主导产业和优势产业。新型经营主体发展缓慢。枸杞产业品牌保护乏力，发展后劲不足，产业凝聚力和融合力不强。苗木市场出现严重供过于求的饱和状态，苗木价格持续下滑。林草业良种基地、产业园区、加工基地等项目建设滞后。支持绿色生态产业发展的科技创新、财税政策、绿色金融、资金支持、人才支撑等方面保障能力明显不足。草业产业化、草种业产业链、饲草料种植业产业链和草产品加工业产业链处于较低发展水平。优质饲草料供应不足草畜矛盾依然突出。

5.4.3 政策精度不够

在政策"供给侧"有些政策宽而不细、普而不专、针对性、操作性不强；有些政策比较宏观，缺乏刚性制约；有些政策"接天线多、接地气少"，成色不足、中看不中用；有些政策延续性不够，执行中"停电""打折"等。在政策"执行侧"一些惠企政策宣传的力度、广度和深度不够，企业知晓率不高，还有的搞选择性、象征性执行等。

（1）流域上下游横向生态保护补偿机制没有具体可操作性的实施方案和细则，没有落实到国家、流域各省际、省内各地市如何进行生态补偿，没有建立依据水环境质量、森林生态保护效益、用水总量控制等因素考核的横向生态补偿的科学依据。

（2）公益林生态补偿制度没有建立起补偿标准动态调整机制，没有建立按照地域、生态区位重要性、公益林保护质量进行分档补偿的实施细则。没有将经济林纳入生态效益补偿范围，大大影响了农民在生态脆弱地区增加植被的积极性。

（3）禁牧政策由于没有按照草地生长量、地方经济发展、载畜量科学合理划分草地类型，导致一些地方已经出现由于长期禁牧草量过大又不能放牧，冬季干草的火灾风险很大。

（4）退耕还林政策由于没有考虑大量撂荒地和弃耕地的现实，致使有的地方出现将一些基本农田、平地、水浇地也进行了过度退耕。

（5）草原生态管护员实行一户一岗，没有考虑家庭人口及草场面积，引起家庭人口多、草场面积大的牧户的不公平感。

（6）生态移民迁出区的弃耕荒地和坡地，由于受到基本农田的限制，不能转为林业用地，不能进行统一造林和绿化，严重影响了土地利用效率。

（7）林地生态空间受到挤压。多年来，宁夏在耕地利用和保护方面做了大量有益的尝试，开展了旱作节水农业、测土配方施肥、复种绿肥、秸秆还田、秋季深翻施肥、春季免耕、农作物轮作倒茬、休耕晒垡、推广滴灌、微灌、全地面地膜覆盖等用地养地技术措施，使部分耕地地力得到恢复。但随着城镇化、工业化的加快推进，征占水浇地的现象不断增加，耕地非农化现象时有发生，稳定农作物种植面积的压力增大，发展空间受到限制，优质耕地数量下降，迫使部分基本农田"上山进沟"。

（8）为保护生态，宁夏地方经济产业发展受限，地方财政收入能力低。按照地方税收返还机制的财政转移支付无法体现宁夏的生态建设成本，用于生态方面的财政支出能力与东部发达地区的差距较大。另外，宁夏位于中国内陆，属温带大陆性干旱、半干旱气候，在一定程度上增加了生态建设成本，"一刀切"的生态建设投入机制无法体现区域差异和建设成本补偿。

5.4.4 政策支持力度不强

（1）生态保护和建设投入明显不足，制约着生态建设工程的进度和质量。营造乔木林的国家补助7500元/公顷，灌木林为4500元/公顷，而实际工程造林成本为3万元/公顷，实际造林费用与国家投资差距很大，苗木质量和工程造林标准大打折扣，部分地方出现造林不见林的现象，林业建设的质量和效果难以保证。

（2）每亩7~10元的禁牧补助标准与当前草原流转每亩30~50元的租赁价格相比严重偏低，导致禁牧区群众收入明显低于非禁牧区群众收入，牧民自觉执行政策的积极性不高，减畜指标落实难度大，偷牧现象时有发生。调查发现农牧民普遍反映草畜平衡奖励每亩2.5元比较少，希望适当提高标准。

（3）林权抵押贷款很难获得。根据中国银监会、国家林业局《关于林权抵押贷款的实施意见》规定，可抵押林权具体包括用材林、经济林、薪炭林的林木所有权和使用权及相应林地使用权；用材林、经济林、薪炭林的采伐迹地、火烧地的林地使用权；国家规定的其他森林、林木所有权、使用权和林地使用权"。虽然全自治区有逾93.33万公顷的集体林地已经确权，但宁夏9成以上的集体林为公益林，按照《关于林权抵押贷款的实施意见》规定公益林暂时不能进行抵押贷款，符合抵押贷款的林地面积不足5%，这给林权抵押贷款带来很大局限。《森林资源资产抵押登记办法（试行）》中规定，不得将未经办理林权登记而取得林权证的林地使用权用于抵押。然而实际上目前宁夏森林或林木的所有权大部分都为集体所有，林农或企业单位通常只具有使用权。而林业专业合作社这类新型的森林经营组织由于注册门槛低、财务制度不健全等原因，难以得到金融机构的充分信任，加之缺少林权主体资格，受到相关法律法规的约束，无法利用林权抵押融资，无法有效开展抵押贷款活动，对林农脱贫致富非常不利。宁夏林权抵押贷款业务尚属起步阶段，仍存在一些实际问题，林权抵押贷款规模总量很小；抵押贷款受林权证持有者数量限制；抵押物处置变现困难；林权评估机构评估过程不规范；林权抵押贷款机构市场化程度低；贷款期限较短，贷款成本较高，贷款风险较大等问题突出。

（4）宁夏林草建设投资主要依靠政府投入，林业投资主体单一，投资主体多元化欠缺，林业产业投资数额不足。产业投资基金处于研究阶段，可借鉴的同业案例历史经验匮乏，相关政策、法律都很不完善，扶持力度尚待加强。因此，需要出台政策鼓励吸引社会资本参与林草建设。

5.4.5 政策执行

(1)生态管理体制不健全。长期以来,林业机构人员职数严重不足,林业干部都是身兼数职,工作庞杂,疲于应付,现有内设机构和人员职数不能满足宁夏林业发展的需要。

(2)宁夏印发的《关于建立流域上下游横向生态保护补偿机制的实施方案》没有规定实施主体、任务目标、实施期限,没有在实际中积极与甘肃、内蒙古、陕西共同探索开展黄河、葫芦河、泾河、渝河等跨省流域开展生态保护补偿试点的实质工作,签订协议。

(3)"一地多证"问题。随着造林速度加快,森林面积不断扩大,生态保护的工作重点将向森林资源管护转变,同时由于畜牧业在全自治区经济发展中占有较大比重,传统的畜牧业生产方式导致林牧矛盾普遍存在,"一地多证"现象比较严重,由于林牧争地矛盾难以协调,不仅影响整体造林封育速度的推进,并且因放牧对已经造林和封育的地区产生很大破坏,造林保存率低,封山育林成林率低,已成为阻碍生态建设的主要限制因素。

(4)退耕还林政策执行偏差。有的地方搞形式主义,象征性执行,为了追求整齐划一,上规模,将有灌溉条件和土壤条件较好的缓坡地纳入了退耕范围。为了搞平衡,实现利益均沾,将退耕范围平均分配到各乡、村和农户,导致该退的退不下来,不该退的基本农田却退了出去。配套保障措施落实不够,或缺少执行,多数地方缺乏退耕还林配套保障措施的规划和计划。一些农户轻信干部许诺,提前退耕,草率执行,最终没有得到退耕补偿。有些地区只注重争取眼前的退耕还林指标和补助政策,而忽视后续产业发展,没有把退耕还林与基本农田建设、农村能源建设、生态移民、封山禁牧、发展后续产业紧密结合。个别地方弄虚作假,以次充好,欺骗执行,冒领退耕补助。退耕还林政策在执行中出现了许多政策偏差。

(5)林业发展方式转变的力度还不够大,重栽轻管、重数量轻质量、重人工治理轻自然恢复、重争取项目轻项目管理和落实的现象还不同程度地存在,统筹发展、协调推进的合力远没有形成。

5.5 政策机遇与挑战

宁夏草地面积大,退化草地面积占天然草地面积的97%。境内水资源短缺一直是制约宁夏发展的瓶颈。加强耕地草原河湖资源保护的任务更加迫切。有序实施耕地草原河湖休养生息是宁夏生态文明建设的重要内容,具有深刻的现实意义和长远的历史意义。

5.5.1 政策机遇

5.5.1.1 建设全国生态文明先行示范区要求林业和草原政策发挥先行示范作用

党中央、国务院高度重视生态文明建设,先后出台了一系列重大决策部署。党的十九大报告不仅对生态文明建设提出了一系列新思想、新目标、新要求和新部署,为建设美丽中国提供了根本遵循和行动指南,更是首次把美丽中国作为建设社会主义现代化强国的重要目标。中共中央、国务院印发的《关于加快推进生态文明建设的意见》和《生态文明体制改革总体方案》,为生态文明建设提供了制度保障。

5.5.1.2 西部开发新格局要求不断创新林业和草原政策

强化举措推进西部大开发形成新格局,是党中央、国务院从全局出发,顺应中国特色社会主义进入新时代、区域协调发展进入新阶段的新要求，统筹国内国际两个大局作出的重大决策部署。中共中央、国务院印发的《关于新时代推进西部大开发形成新格局的指导意见》提出以共建"一带一路"为引领，加大西部开放力度，加大美丽西部建设力度，筑牢国家生态安全屏障。根据西部地区不同地域特点，实施差异化考核。中央财政在一般性转移支付和各领域专项转移支付分配中对西部地区实行差别化补助，加大倾斜支持力度。考虑重点生态功能区占西部地区比例较大的实际，继续加大中央财政对重点生态功能区转移支付力度。考虑西部地区普遍财力较为薄弱的实际，加大地方政府债券对基础设施建设的支持力度。这些举措扩大了宁夏林草政策创新空间。

5.5.1.3 新时代加快完善社会主义市场经济体制对林草政策提出新要求

社会主义市场经济体制是中国特色社会主义的重大理论和实践创新，是社会主义基本经济制度的重要组成部分。新时代社会主要矛盾发生变化，经济已由高速增长阶段转向高质量发展阶段。与新形势新要求相比，市场激励不足、要素流动不畅、资源配置效率不高、微观经济活力不强等问题仍然制约着高质量发展。中共中央、国务院印发的《关于新时代加快完善社会主义市场经济体制的意见》提出建设高标准市场体系，实现产权有效激励、要素自由流动、竞争公平有序、企业优胜劣汰。健全归属清晰、权责明确、保护严格、流转顺畅的现代产权制度。健全自然资源资产产权制度。营造支持非公有制经济高质量发展的制度环境。对深化林草产权制度改革和吸引民营资本进入林草领域提出了新要求。

5.5.1.4 全国重要生态系统保护和修复重大工程总体规划使林草政策面临新机遇

《全国重要生态系统保护和修复重大工程总体规划（2021—2035年）》强调推进生态保护和修复工作，要坚持新发展理念，统筹山水林田湖草一体化保护和修复，科学布局全国重要生态系统保护和修复重大工程，从自然生态系统演替规律和内在机理出发，统筹兼顾、整体实施，着力提高生态系统自我修复能力，增强生态系统稳定性，促进自然生态系统质量的整体改善和生态产品供给能力的全面增强。总体规划使宁夏制定完善林草政策体系面临新机遇。

5.5.1.5 以黄河流域生态保护和高质量发展契机开创林草业建设新格局

黄河流域生态保护和高质量发展是关乎中华民族伟大复兴的千秋大计，是中国特色社会主义现代化的内在要求。2019年9月18日，习近平总书记主持召开黄河流域生态保护与高质量发展座谈会，强调要共同抓好大保护，协同推进大治理，让黄河成为造福人民的幸福河。黄河流域生态保护和高质量发展已经上升为国家战略，这一崭新定位，既为黄河治理保护工作打开了新局面，又标志着推动黄河流域高质量发展进入了新阶段。宁夏作为黄河中游、干流省份，在黄河流域生态保护和高质量发展中担负着源头责任和干流责任。应尽快制定宁夏黄河流域林草生态保护与高质量发展规划，更好地衔接国家战略规划纲要。宁夏林草业要落实国家重大战略，努力走出一条符合本地实际、富有地域特色的黄河流域林草生态保护和高质量发展新路。

5.5.2 政策挑战

全自治区生态保护与建设的总体形势良好，但经济建设与生态保护的矛盾逐步凸显，环境承载能力仍然较低，生态脆弱的瓶颈依然存在。宁夏南部水土流失、中部土地沙化和草地退化、沿黄湿地水体污染、引黄灌区土壤污染和次生盐渍化等生态问题，依然是制约全自治区经济社会可持续发展的重要因素。

5.5.2.1 水土流失依然严重

全自治区仍有水土流失面积1.96万平方千米，尚有适宜改造为水平梯田的15°以下坡耕地369万亩，有250万亩陡坡耕地和严重沙化耕地，水土流失和风沙危害严重，是重要的风沙源区和入黄泥沙策源地。

5.5.2.2 草原保护形势依然严峻

全自治区3665万亩天然草原中90%以上存在着不同程度的退化，其中重度退化面积1346万亩、沙化面积1177万亩，草原生态系统仍十分脆弱。同时，由于社会经济发展，征占用草原日益增加，草原保护和持续利用形势严峻。

5.5.2.3 湿地生态功能退化严重

由于黄河沿岸湿地渔业养殖、农药化肥过量使用，以及地表水污染、农田退水、土壤和固废污染等环境问题，影响了湿地水体水质，威胁着湿地生态系统。城镇扩张改造导致其周边湿地被蚕食和破碎化，影响了湿地生态系统的完整性和稳定性。湿地淤积、缺水等问题造成湿地生态系统功能下降。

5.5.2.4 地下水超采严重

全自治区地下水总量不足30亿立方米，其中83%集中在银川平原，占全自治区面积85%的中南部山区地下水量仅为17%。全自治区人均地下水拥有量仅为全国平均值的1/12。沿黄城市集中地、人口密集地区、工矿业地区和清水河沿岸，地下水超采严重。全自治区5个地下水超采区(位于银川平原的银川市和石嘴山市一带，银川市存在1个，石嘴山市存在4个)水位持续下降，地下水污染也有加重趋势。南部山区淡水超采，咸水入侵、水质变异等问题逐渐显现。

5.5.2.5 水资源严重短缺

宁夏降水稀少，时空分布不均，多年降水量约为250毫米，人均占有水量197立方米，为全国平均值的1/12，水资源匮乏。城镇化、工业化的快速发展对水资源的需求加大，同时由于水资源利用效率效益低下以及水体污染加剧，黄河上下游用水矛盾突出等问题，使宁夏今后水资源供需矛盾更加凸显。

5.5.2.6 森林生态功能较低

全自治区森林资源总量不足、质量不高、分布不均衡、结构不合理、林分单一、抗逆性差，整体生态功能较弱。全自治区森林覆盖率低于全国平均水平，人均森林面积占全国人均面积的62%，人均森林蓄积量仅为全国人均的9.3%。现有宜林地质量差，造林难度大。

宁夏是国家西部生态屏障的重要组成部分，关系到黄河上中游以及华北和西北地区生态安全。要充分利用宁夏生态区位优势和国家构筑西部生态安全屏障、"一带一路"倡议和宁夏内陆开放型经济试验区等机遇，牢固树立"绿水青山就是金山银山"的理念，坚决守住发展和生态两条底线，大力实施生态优先战略，以四大区域生态环境保护为重点，优化空间格局，加快生态文明建设，构建生态防护体系，把生态保护与建设推向新阶段，为人民创造良好的生产生活环境，构筑起体系完整、功能完善的国家西部重要生态屏障，把宁夏建设成祖国西部生态文明示范区，打造成"丝绸之路经济带的绿色明珠"，绘就美丽中国"宁夏画卷"。

5.6 政策建议

5.6.1 政策思路

5.6.1.1 指导思想

全面贯彻落实党的十九大精神，以习近平新时代中国特色社会主义思想为指导，以建设美丽宁夏为总目标，认真践行新发展理念和"绿水青山就是金山银山"理念，实施生态优先战略，严守生态和制度红线。因地制宜，分类指导；突出重点，分区施策；科学发展，综合治理；改革驱动，创新发展；党政主导，社会参与，进一步完善政策体系，提高政策精准度和协调度，积极争取更多新政策早日落地，努力把宁夏建成国家西部生态安全屏障和生态文明示范区，为全自治区经济社会全面协调可持续发展和全面建成小康社会提供坚实政策保障。

5.6.1.2 基本原则

（1）坚持保护优先，持续发展。树立尊重自然、顺应自然、保护自然的理念，把生态保护放在政策建设的首要地位，融入生态修复、产权改革、产业发展政策的各方面和全过程。节约和高效利用资源，促进资源永续利用、生产生态协调发展，构建林业和草原发展长效机制。

（2）坚持统筹规划，合理布局。林业和草原政策建设是一项系统工程，需要综合考虑区域自然资源、经济社会发展水平、林业和草原发展现状、农水环境发展等条件，统一规划设计，合理布局，突出重点，注重政策协同，协调推进，确保建设成效。

（3）坚持因地制宜，分类施策。根据宁夏林草资源禀赋和生态区位重要性实施差别化政策和项目标准，因地制宜、多措并举、分类指导、分区施策，正确处理生态保护与资源利用的关系，转变资源利用方式，推进生态系统自我修复能力持续提升，生态系统压力不断减少，为经济的友好、绿色、低碳、循环发展奠定基础。

（4）坚持以人为本，惠民利民。构建生态产品生产体系，创造更加丰富的生态产品，挖掘林地、物种资源、林产品市场的巨大潜力，发展绿色富民产业，改善人居环境，全面提高林业生态产品生产供应能力。要充分尊重农民意愿，发挥其主观能动性，不搞强迫命令。通过强化政策扶持、建立利益补偿机制，充分调动农牧民的积极性，确保农牧民收入不降低。并要鼓励农牧民以市场为导向，调整优化种植结构，拓宽就业增收渠道。

（5）坚持综合治理，整体推进。根据林地及其空间环境条件，宜封则封，宜种则种，宜养则养，合理配置生产要素，合理选择经营策略，从单一治理对策转变为系统保护修复，寻求系统性解决方案，打破行政区划、部门管理、行业管理和生态要素界限，综合治理、系统修复、整体推进、长效管理，整合资源，合力推进，确保生态产品供给和生态服务价值持续增长。充分发挥林业、国土资源、环境保护、水利、农牧等湿地保护管理相关部门的职能作用，协同推进湿地保护与修复。综合协调、分工负责。将湿地保护修复成效纳入各级政府领导干部的考评体系，严明奖惩制度。注重成效、严格考核。

（6）坚持试点先行，有序推进。按照生态区域、人口条件、资源环境与农牧业生产协调发展的要求，"耕地草原河湖休养生息规划"将通过试点、示范项目先行，着力解决制约生态保护和农牧业资源的政策瓶颈和技术难题，着力构建有利于促进农业资源与生态保护的运行机制，探索总结可复制、可推广的成功模式，因地制宜、循序渐进地扩大示范推广范围，稳步推进全省耕地草原河湖休养生息工作。

5.6.1.3 政策目标

一是整合各类专项政策为综合政策，形成以综合为主体，专项为补充的政策体系；二是构建纵向到底、横向到边的林草政策架构，即建立法制类（法律、法规、条例）、管理类（办法、制度、标准）、监督类（执法、管理）、考核类（监督、检查）、问责处罚类的完善体系。以政策类型为横、以专业体系为纵形成政策体系框架。

5.6.2 政策任务

5.6.2.1 完善政策体系

（1）改革政策。

——稳定和完善集体林地承包制度。稳定和完善集体林地家庭承包经营关系的同时，积极深化所有权、承包权、经营权三权分置，着力放活经营机制，引导集体林权依法自愿有偿流转，促进适度规模经营，扶持林业专业大户、家庭林场、林业合作社、龙头企业的发展壮大；鼓励和支持各地制定林权流转奖补、流转履约保证保险补助、减免林权变更登记费等扶持政策，积极引导林权规范有序流转，重点推动宜林荒山荒地黄沙使用权流转。积极将生态公益林补助、特色经济林扶持、退耕还林等惠农政策与发展林下经济有机结合，引导鼓励各种社会主体投资发展林下经济和特色林产业，研究制定家庭林场登记办法，开展林业产业化龙头企业评定。

——深入推进林业投融资体制机制改革。发挥财政资金"撬动"作用，筹建宁夏林业生态建设投资有限责任公司，将其打造为重大生态建设工程的投资主体、承接平台和经营实体。规划实施林业PPP项目，积极推进林业碳汇造林试点，建立起政府主导、公众参与、社会协同的造林绿化投入机制。重点加强建设产权多元化的林业贷款担保机构，推动林业林权、林地承包经营权、森林公园收益权、林业机械设备、运输工具等新型抵押担保，开展以林产品订单或是林业保险保单质押，构建以政府投资为主，林业信贷担保业务为主的符合宁夏林业实际情况的融资性担保机构。大力发展抵（质）押融资担保机制，积极推进林业信用体系建设。完善林业财政贴息政策，提高林权抵押贷款贴息率，推广政府和社会资本合作、信贷担保等市场化运作模式。

——巩固扩大国有林场改革成效。进一步明确所有国有林场事业单位独立法人和编制，最大限度地减少微观管理和直接管理，落实国有林场法人自主权，实行场长负责制。将管护站点道路、饮水、供电、通信等提升改造工程纳入相关专项规划，统筹现有资金和整合涉林各类基本建设投资，配备基础设施。合并同一行政区域内规模过小、分布零散的林场，提高林场行政级别，建立多部门联席办公机制，合力推进规模化林场建设试点。落实国有林场林地确权发证及生态移民迁出区土地划归国有林场管理工作，全力保障生态移民迁出区土地划归国有林场管理得到贯彻落实。出台有利于操作执行的《宁夏国有林场管理办法》《宁夏国有林场场长森林资源离任审计办法》《宁夏国有林场森林资源有偿使用管理办法》《宁夏国有林场森林资源保护管理考核方案》的配套政策。建立"国家所有、分级管理、林场保护与经营"的国有森林资源管理制度和考核制度。实行国有林场经营活动市场化运作，加快分离各类国有林场的社会职能，建立完善以政府购买服务为主的国有林场公益林管护机制的政策规定，保障该机制落地落实。鼓励社会资本、林场职工发展森林旅游等特色产业，合理利用森林资源。落实国有林场基础设施建设实行市、县财政兜底的改革要求。落实国有林场要建立以森林经营方案为核心的现代经营模式。充分利用国家生态移民工程和保障性安居工程政策，改善国有林场职工人居环境。

——加快完成草权承包制度改革。稳定和完善草原承包经营制度，确立牧民作为草原承包经营权人的主体地位。探索实施草原承包权和经营权分置，稳定草原承包权，放活草原经营权，保障收益权。推进国有草原资源有偿使用制度。建立草原监测预警制度，动态监测预警草原承载力，评估草原生态价值。建立草原科学利用制度，实施禁牧休牧轮牧和草畜平衡，设立草原类国家公园体制。建立草原监管制度，编制草原资源资产负债表，对领导干部管理草原自然资源资产进行离任审计，对草原生态环境损害进行评估和赔偿，对草原生态保护建设成效进行评价。

——"三权分置"改革。允许林地、草场承包经营权人在依法、自愿、有偿的前提下，采取多种方式流转林草地经营权和林草所有权，流转期限不得超过承包期的剩余期限，流转后不得改变林草地用途。实现林草地经营权物权化，给经营权一个"身份证"，明确赋予林草地经营权应有的法律地位和权能。集体统一经营管理的林草地经营权和林草所有权的流转，要在本集体经济组织内提前公示，依法经本集体经济组织成员同意，收益应纳入农村集体财务管理，用于本集体经济组织内部成员分配和公益事业。依法保障林草权权利人合法权益，任何单位和个人不得禁止或限制林草权权利人依法开展经营活动，确因国家公园、自然保护区等生态保护需要的，可探索采取市场化方式对权利人给予合理补偿，着力破解生态保护与林农和牧民利益间的矛盾。

——"三变"改革。引导鼓励林牧民把依法获取的林草地承包权转化为长期股权，变分散的林草地资源为联合的投资股本，建立起"资源变资产、资金变股金、农民变股东"的新型集体经营制度。组建林草地产权股份合作组织，开展清产核资、成员界定、资产量化、股权设置、股权管理、建章立制、盘活资产，发展多种形式的股份合作。对资源性资产，在林草地承包经营权确权登记基础上，探索发展股份合作等多种实现形式。对经营性资产，明晰集体产权归属，将资产折股量化到集体经济组织成员。对非经营性资产，探索集体统一运营管理的有效机制，更好地为集体经济组织成员和社区居民提供公益性服务。加大迁出区林草业管护力度。对劳务移民为主的村庄，建议成立股份制集体林场，再由村集体林场将林权托管给就近的国有林场，由林草业部门统一造林，统一管护，或配置林管员进行管理，移民享受退耕还林政策。对生态移民为主的村庄，将林权就近并入国有林场，由林草业部门统一造林、统一管护，移民享受退耕还林政策，对迁出的土地，建议通过国土部门通过"三调"调整为非基本农田，以便林业部门对原基本农田进行退耕还林还草。在落实退耕农户管护责任的基础上，逐步将退耕还林地纳入生态护林员统一管护范围。

（2）产业政策。

——发展林业产业。增加财政投入力度，吸引社会资本，大力发展林业生态产业。在生态安全的前提下，以市场为导向，科学合理利用森林资源，促进林中经济向集约化、规模化、标准化、产业化发展。巩固提升林下经济产业发展水平，促进林产品加工业升级，推动经济林产业提质增效，大力发展森林生态旅游，积极发展森林康养。推进林产品精深加工，三产融合，延伸产业链条，增加林产品附加值。将重点生态工程建设与"贫困地区特色产业提升工程"相结合。探索建立"互联网+林业+大数据"产业信息平台。实行森林资源资产化管理，有效盘活森林资源，促进森林资源资产与市场有机结合，为林业发展提供新的经济增长点。积极争取枸杞、长枣、文冠果、花卉等多产业进入国家林业产业投资基金项目库。加快宁夏枸杞产品质量追溯体系和质量认证体系建设。大力实施枸杞产业创新提升工程。苗木产业向销售、施工、设计等产业链延伸。努力铸造融合生态旅游和文创产业于一体的产业体系。建设林草产业电子商务体系。

——培育壮大草产业。增加财政投入，吸引社会资本，加大人工种草投入力度，培育壮大草产业。继续实施退牧还草工程，启动草原生态修复工程，保护天然草原资源。加大人工种草投入力度，扩大草原改良建设规模，提高草原牧草供应能力。启动草业良种工程，建设牧草良种繁育基地，提升牧草良种生产和供应能力。启动优质牧草规模化生产基地建设项目，增加草产品供给。启动草产业产业化建设项目，促进草产品生产加工提档升级。建设草产业示范园区项目，以园区为平台，培育形成草产业生产基地、草产品加工基地、交易集散基地、储藏基地、牧草良种繁育和科研示范基地，逐步形成草产业信息中心、质量检验监测中心和科技培训中心。积极发展草原旅游，打造草原旅游精品路线。

——积极培育市场主体。增加财政投入，实施新型经营主体培育工程。开展龙头企业壮大、农民专业合作社升级、家庭林场认定、社会化服务组织孵育四大工程。鼓励发展林草业专业大户，重点培育规模化家庭林、牧场，大力发展乡村集体林牧场、股份制林牧场。大力发展林草业专业合作社，开展专业合作社示范社创建活动，引导发展林草业联合社。培育和壮大林草业龙头企业，推动组建林草业重点龙头企业联盟，加快推动产业园区建设，促进产业集群发展。引导发展以林草产品生产加工企业为龙头、专业合作组织为纽带、林农和种草农户为基础的"企业+合作组织+农户"的林草产业经营模式，打造现代林草业生产经营组织主体。建立新型林业经营主体教育培训制度，推进新型林草业经营主体带头人培育行动。

（3）支持保障政策。

①公共财政政策。

——建立流域生态补偿长效机制。加快推进流域上下游横向生态保护补偿机制，以多方式、长效、稳定的政府财政转移方式为主，辅之阶段性的、灵活的市场补偿措施。推动开展跨省流域生态补偿机制的试点，通过中央财政、地方财政共同设立补偿基金的方式，依据水环境质量、森林生态保护效益、用水总量控制等因素考核，建立流域上下游横向的生态补偿科学依据。建立省内流域下游横向生态保护补偿，以地级市为单元，自治区通过积极争取中央财政支持、本级财政整合资金对流域上下游建立横向生态保护补偿给予引导支持，推动建立长效机制。

——将生态经济林纳入生态效益补偿范围。将国家林业和草原局认定的生态型经济林纳入森林生态效益补偿的范围，与集体生态公益林同等享受中央、地方和横向补偿。建立经济林生态补偿绩效评估与考核制度，推行经济林生态经营，实施生态化管理，减少对生态环境的干扰和破坏，增强生态服务功能，提高宁夏林地产出率和资源利用率。将生态型经济林建设列为国家森林生态标志产品建设工程重点任务，通过市场手段引导经济林"产业发展生态化"，提高宁夏生态型经济林产品的品牌效益和市场竞争力。

——对湿地型自然保护区等周边因野生动物保护而受损的耕地进行补偿。对野生动物造成草场损失等情形给予补偿。

——完善草原生态管护员管理办法。增加草原管护员，大幅度提高管护员工资，以提高管护员积极性。建议把管护员年龄放宽，在"一户一岗"的基础上，对管护面积超过户均面积80%的增加1名管护员。建立健全草原生态管护员长效运行和管理机制，形成政府主导、村级管理、层层考核的严密考核管理体系，切实督促管护员发挥监管作用。

——制定退耕还林后续补偿政策。在新一轮退耕补助到期后制定新的后续补助政策，按照不低于第一轮补助标准总额对退耕户继续进行后续补助。同时，引导退耕农户发展后续产业，通过职业技能培训为农民提供新的就业手段，进一步降低农户对退耕补助的依赖性。

——健全相应的财政支出监督体制。具体包括建立完善的预算监督体系，建立绩效评估机制和建立完善的财政监督法律体系。实行差别化财政项目标准，根据不同地区的地理气候和生态区位差异，研究开展不同区位造林成本核算，适当提高造林补助标准，建立差异化的生态建设成本补偿机制。将水土保持补偿费中每年切块一定比例用于林草业生态保护与修复。探索湿地资源恢复费相关政策，从水电费等相关湿地资源利用收益中按比例安排湿地保护资金。公益林造林实行全预算工程造林，由国家和省级财政统筹解决资金来源。

——建立绿色GDP核算试点。为实施区际生态转移支付和交易做准备，也为生态政绩考核提供依据。

②投资金融政策。

——完善林草抵押贷款融资政策。建议给农地、林地、荒滩地上原本不是林权制度改革主要林种的特色林果经济林颁发林权证，开展林木所有权证抵押贷款试点，认定家庭林场等新型林业经营主体，让家庭林场用林木所有权证到金融部门办理林权抵押贷款，扩大林权抵押贷款范围，将整个林权制度深化改革和农村纵深改革推上新台阶。建议启动林地承包经营权抵押贷款，大力发展林地承包经营权抵押中介服务，鼓励"互联网+林权"的发展模式，将有助于抵押人与抵押权人之间的信息联通，增强互联网对林地承包经营权抵押的促进作用，实施"抵押豁免规则"。对接受林地承包经营权抵押的金融机构给予一定的税收优惠。制定林地承包经营权抵押贷款管理办法，加强发包方对林地生态监管职能。建议选择个别地区开展草场经营权抵押贷款试点工作，制定符合宁夏地方特色的草场经营权抵押贷款试点方案，完善牧民对草场占有、使用、收益、处分的权益，方便牧民运用草场经营权进行融资。选取草场经营较为完善、发展条件相对较好的地区发放贷款。赋予抵押人对被抵押的草场承包经营权享有优先承租权。试点公益林补偿收益权质押贷款。要抓住国际、国内重视生态建设的机遇，积极利用世行贷款、中德财政合作、日元贷款等外援项目，切实提高利用外资质量和水平，加快现代林业建设。

——完善森林保险政策。加大全自治区森林保险宣传力度。研究建立森林巨灾分散再保险机制和赔偿金用途监督机制。建议尽快出台宁夏回族自治区"森林保险条例"。建议国家采取差异化补贴政策，由中央财政转移支付承担全部生态公益林森林保险费，降低生态经济林被保险人负担比例，不断提高政策性森林保险覆盖面和赔付率。将生态经济林纳入森林保险范围。开展特色经济林和林木种苗商业性保险，争取特色优势农产品保险的中央财政以奖代补政策，扩大入险的特色优势农产品对特色经济林的覆盖面。建立第三方森林保险灾害评估机构。

——鼓励社会资本参与林草建设。出台工商资本参与林草建设的中长期指导意见，建立准入和退出机制，落实风险保障机制。鼓励和支持林业重点龙头企业、公司、林业合作组织承包荒山荒地，开展植树造林，优先承担林业种养业、林业科技支撑、林业技术推广等项目。积极利用青洽会、林业博览会等平台，为工商资本进入林业种养业开展项目对接，做好政策引导和服务。加大财政资金对林业种养业的扶持，增加基础设施建设投入，降低工商资本非生产性投入，加大金融信贷服务，引导和支持工商资本更多地用于种养业科研开发、技术集成，延伸林业产业链，增加产业附加值，提高产品市场竞争力。完善"租赁—建设—经营—转移（LBOT）"林业生态基础设施途径PPP模式。规范林权流转行为，加强林业PPP标准化建设。加大培养林业PPP专业人才力度。规范和完善林业领域公私伙伴关系双方之间的协议或合同。

——发行长期专项债券。研究发行以生态保护修复建设为主的长期专项债券，以15~20年为发行期限，定向投资于国家公园以及自然保护地的建设与开发。

③科技创新。

——加强林草科技发展顶层设计。加快编制立足宁夏区情和绿色发展需要的林草科技发展专项规划，推动林草事业和生态文明建设，促进林草健康发展。坚持问题和需求导向，发挥好林业和草原科技力量协同创新的优势，结合供给侧改革，提升林草科技成果推广转化的质量和结构。遵循草原生态系统的生物学发生规律，加强草原生态建设与保护技术的基础性研究及其实用技术推广，在生态优先、保护优先的前提下，为科学利用草原资源，实现草原生态功能与生产资料功能双赢的可持续发展目标提供技术支撑。大力支持兴办草原学科院校和科研机构，建立不同区域草原生态保护和修复技术标准体系，鼓励支持草原实验监测站（点）建设，积极开展草原生态修复专题研究和技术示范，建立草业科技联盟，发挥好草学会作用，努力提高草原生态保护和修复科技水平。切实加大对林草科技研发和创新的资金投入力度。落实好中央脱贫攻坚决策部署，创新科技扶贫开发模式。发挥好林草科技创新的支撑作用，把科技推广与科技扶贫紧密结合起来。

——优化科技推广的组织与投入模式。不断提升推广服务水平。在现有的宁夏农林科学院荒漠化治理研究所、植物保护研究所等科研机构基础上，设立专门的草原科研机构和草勘院，加快探索建立以政府为主导、以高校和科研机构为依托、以基层站所为支撑、以企业参与为特色的林草科技推广模式，破解科技成果转化"最后一公里"。

——加大林草业技术人才培育和引进。增设草原生态保护与修复方面的课题研究和技术推广项目，建设专业技术团队。适当增加林草岗位、特别是专业技术人员编制。加快解决林草专业技术人员奇缺、技术能力培训不足等问题，推进林草科技队伍结构优化和人力资源高效配置。加强涉林涉草高级技术人才和优秀人才的引进力度，力争每年从国内外引进70~90人。争取在国内重点农林院校定向培养一批林草专业技术人员；同时加强对林草乡土专家的培养力度。全面加强林草科技人员的业务素质，不断提升林草科技推广水平。加强林草干部队伍专业知识培训，不断提高林草干部队伍综合素质。成立林草部门人才工作领导小组，建立健全部门主要领导与高水平林草专家一对一联结和服务机制，确保人才队伍稳定和发展。每年表彰一批林草科技领域的优秀人才，树立榜样的力量。通过全面增强林草干部队伍力量，适当缩小林草队伍服务半径，为进一步做好林草工作，特别是生态保护和建设提供坚强有力的队伍保障。

——开展林草科技培训工程。坚持分级培训、分类培训和分阶段培训相结合的原则，提高培训实效。力争到"十四五"末期，实现对所有涉及从事林草科技人员的全覆盖培训。省级主要负责高级专业技术人员的培训和重大专题培训；市级主要负责中级专业技术人员的相关培训；县级主要负责职业农牧民的培训。林草专业技术人员培训突出技术性、前瞻性；职业农牧民的培训突出实用性和策略性。改革创新科技培训方式，采取理论授课、现场教学、模拟仿真、技术研讨、参与式调查等多样化方式推进科技培训水平的不断提升。

——促进林草科技对口援助。鼓励和支持国内重点农林高校和相关科研机构在宁夏设立若干个面向基层、服务农牧民且符合绿色发展需求的区域性林草综合试验示范站或推广基地。发挥好政府部门、科研机构、高等院校和企业、生产经营主体各自的职能特点和优势特色，形成集聚合力。通过建立林草科技扶贫开发示范样板、选派林草科技特派员、培养乡土技术能人等方式，借助利用信息化手段和方式，让林草科技真正落地，让贫困地区农牧民始终能有"看得见、问得着、学得会、用得上"的科技成果。

（4）自然保护地政策。

——推进顶层设计与系统规划，构建以国家公园为主体的自然保护地体系。将自治区的自然保护地体系，从目前的以自然保护区为主体，转变为以国家公园为主体。应尽快编制自治区自然保护地体系规划和国家公园总体发展规划，合理确定国家公园空间布局。建议优先将六盘山国家公园，谋划设立白芨滩国家公园和贺兰山国家公园。建议建立六盘山自然保护区人工林经营试验区，允许保护性采伐，禁止商业性采伐，实施采伐不下山。对国家公园、自然保护区核心区、缓冲区内的原住民实施整体搬迁。建议撤销沙坡头国家级自然保护区，划为旅游景区。建议将沙湖自然保护区范围移出旅游区，便于旅游区发展。尽快完成各级各类自然保护地的确界立标工作。

——加快理顺自然保护地管理体制机制。加快建立分级统一的管理体制，由自治区林业和草原局统筹管理全自治区范围内的各类自然保护地，行使保护地范围内各类全民所有自然资源资产所有者管理职责。各保护地根据实际整合优化后，根据不同的自然保护地类型，整合原有管理结构，分别建立二级管理机构（如管理局或管委会等），作为自治区林业和草原局的直属或派出机构，履行管理职责，明确其职能配置、内设机构和人员编制。建立完善自然保护地内自然资源产权体系，清晰界定区域内各类自然资源资产的产权主体，划清各类自然资源资产所有权、使用权的边界，逐步落实自然保护地内全民所有自然资源资产代行主体与权利内容，非全民所有自然资源资产实行协议管理。

——建立自然保护地现代化治理体系，实现多元共治。建立自然保护地现代化治理体系，构建统筹决策机制、管理执行机制、科学咨询与评估机制、社会参与协调机制"四位一体"的现代化治理体系。建立政府主导、多元参与的多种治理方式并存的保护地治理模式。在自治区和市、县林业和草原局统一监管下，根据各类保护地特点，参照国际上保护地治理经验，因地制宜，探索建立包括政府治理、社区治理、企业治理、共同治理等多种治理模式在内的政府主导、多元参与的自然保护地治理体系，以弥补和缓解单一的政府治理面临的能力不足、资金缺乏、保护地和社区矛盾突出等问题。

——建立自然保护地资金保障机制。中央与自治区按照事权划分分别出资保障自然保护地建设管理，自治区财政设立全自治区自然保护地能力建设专项资金，加大各类自然保护地基础能力建设。研究建立生态综合补偿制度，创新现有生态补偿机制落实办法，引导建立流域上下游、生态产品提供者和受益者等等横向生态补偿关系，在六盘山自然保护区探索建立碳汇交易等市场化补偿机制。加强自然保护地特许经营和社会捐赠资金收支两条线管理，专款专用，定向用于保护地生态保护、设施维护、社区发展及日常管理等。加快构建绿色信贷、绿色基金、绿色保险、碳金融等绿色金融体系。鼓励社会资本发起设立绿色产业基金，推进绿色保险事业发展。发挥开发性、政策性金融机构作用，对符合条件的自然保护地体系建设项目提供信贷支持，发行长期专项债券。

——协调处理自然保护地保护与发展关系。统计核定生态移民数量规模，编制《宁夏自然保护地生态移民安置专项规划》，将国家公园核心保护区、自然保护区核心区的居民逐步搬迁到区外集中居住，严格限制国家公园、自然保护区和自然公园一般控制区内的居民数量，妥善解决移民安置后续工作。研究制定自治区自然保护地矿产退出条例或办法，违法违规开矿采矿企业，一律清退，要求相关企业履行生态修复责任；对依规工矿企业，开展分类退出试点。加快制定自然保护地矿山废弃地修复方案，实现对自然保护地内山水林田湖草系统治理修复，定期评估自然保护地内自然资源利用方式的效益及对生态环境的影响。科学合理设置自然保护地生态管护岗位，优先安置建档立卡贫困户和生态移民。研究制定保护地内居民培养计划，设立居民学员培养岗位，鼓励年轻居民参与志愿者服务，提高存在感和参与度。

——推动地方立法，实现自然保护地的良法善治。以组建自治区林业和草原局，整合各类自然保护地管理职责为契机，建立和完善自治区自然保护地法律体系，破解由于部门利益争论导致的自然保护地"立法难"的困境。结合自然保护地分类和治理体系改革，同步推动《宁夏回族自治区自然保护地法》立法及相关管理条例的修订工作。建议以综合框架性的立法思路来推动自然保护地立法，明确各类保护地的功能定位、管理体制、资金机制、主要制度和法律责任等基本内容。必要时可以制定法规实施细则以细化特定自然保护地的治理措施，通过"一类一法"和"一地一法"的方式搭建起法律法规体系，实现自然保护地的良法善治。

5.6.2.2 促进政策协同

(1)将退耕政策与耕地轮作休耕政策相衔接。以资源约束紧、生态保护压力大的地区为重点，积极争取将退耕地，特别是农牧交错地区的退耕地纳入耕地轮作制度试点范围，将坡度15°以上、25°以下的生态严重退化地区的退耕地纳入耕地休耕制度试点范围。将生态移民迁出地的土地，统一调整纳入退耕还林规划。

(2)要尽快将国家《中华人民共和国土地管理法》中将湿地的定性更改为"生态用地"。利用"三调"机会，将生态移民迁出区的弃耕荒地和坡地调出基本农田，以便林业部门能进行统一林业造林规划，开展造林绿化。

(3)将林业和草原产业发展政策与乡村振兴相协同。党的十九大报告提出实施乡村振兴战略，并明确了"产业兴旺、生态宜居、乡风文明、治理有效、生活富裕"的总要求，这是新时代"三农"工作的总抓手。"产业兴旺"是乡村振兴的重点，是实现农民增收、农业发展和农村繁荣的基础。习近平总书记在海南等地考察时多次强调"乡村振兴，关键是产业要振兴"。在"促进工业化、信息化、城镇化、农业现代化同步发展"过程中，农业现代化明显是"四化"的短板。林草业现代化更是短板中的短板，如果没有林草业现代化，"四化"就是不完整的，其他"三化"建设也会受到制约和拖累。实施乡村振兴战略，要尽快补齐"四化"短板，全面实现乡村产业振兴。林草产业振兴要坚持规划先行，要坚持改革创新，深化林草地承包制度改革，推进社会化服务体系改革创新，推进财政与金融体制改革创新，深化农业供给侧结构性改革，推进一、二、三产业融合发展，发展规模经营、培育新型农业经营主体，构建林草业现代化产业体系。

(4)将林草业产业发展政策和产业融合发展相协同。推进农村一、二、三产业融合发展，是拓宽农民增收渠道、构建现代农业产业体系的重要举措，是加快转变农业发展方式、探索中国特色农业现代化道路的必然要求。要牢固树立创新、协调、绿色、开放、共享的发展理念，主动适应经济发展新常态，以市场需求为导向，以完善利益联结机制为核心，以制度、技术和商业模式创新为动力，以新型城镇化为依托，推进农业供给侧结构性改革，着力构建农业与二、三产业交叉融合的现代产业体系，形成城乡一体化的农村发展新格局，促进农业增效、农民增收和农村繁荣，为国民经济持续健康发展和全面建成小康社会提供重要支撑。林草产业政策要能明显提升农村产业融合发展总体水平，基本形成产业链条更完整、功能更多样、业态更丰富、利益联结更紧密、产城融合更加协调的新格局，农业竞争力明显提高，农民收入持续增加，农村活力显著增强。

5.6.2.3 积极争取新的政策

(1)启动草原退化治理工程。高度关注草畜平衡。建多年生的人工草地和半人工草地。落实退牧还草工程，对退化不是特别严重的草地，可采用阶段性禁牧的措施。加强对严重退化的草场的治理投入力度，做好草原鼠害的防治工作，引入专业化灾害防治公司，加强草原灾害监测。通过强化草原保护制度建设，规范草原资源的开发与使用，实现草原生态保护与社会经济发展的协调统一。国家及财政各部应当进一步加大草原管理投入，确保草原退化治理工程顺利推进。

（2）实施草业现代化工程。确定一批现代草牧业发展示范县，积极争取金融机构的信贷支持，推进草牧业领域政府和社会资本合作模式。加快推动科技创新，发展现代金融，实施人才强省战略，优化向林草业集聚发力的要素配置。推动产业结构优化升级，加快林草加工业、林草服务业发展步伐。鼓励和扶持新型经营主体打造优质品牌，延伸产业链，提升附加值，推动构建种养加结合、产供销一体、一二三产业融合的草牧业产业体系。培育草牧业现代物流、电子商务、"互联网+"等新型业态。

（3）新增"山水林田湖草沙"生态修复工程专项。选择一些影响国家生态安全格局的核心区域、关系中华民族永续发展的重点区域和生态系统受损严重、开展治理修复最迫切的关键区域开展生态环境保护及修复工作，积极申报国家山水林田湖草生态保护修复工程试点。选择宁夏具有典型性和重要性的本地生态系统开展生态修复，建立省级山水林田湖草生态保护修复专项工程，对矿山环境治理恢复、土地整治与污染修复、生物多样性保护、流域水环境保护治理等关键生态系统开展全方位系统综合治理修复。

（4）启动矿区修复工程专项。把矿山地质灾害治理、土地复垦、山体损害修复、湿地再造、含水层保护、水土环境污染修复相结合，实施矿山山水林田湖草综合整治与修复，探索矿山地质环境治理、自然资源综合利用、扶贫惠民的开发式治理模式。明确矿山企业保护自然资源的主体责任，探索矿山自然资源调查评价技术方法，评估矿产资源开采对自然资源的破坏和生态环境影响，制定矿山自然资源保护与生态环境防治方案，实施山水林田湖草系统治理，明确主体责任，统一开发和统一保护，建立矿山地质环境监测预警机制，有效治理和防范次生灾害。

（5）推进林草提质增效工程。加大对新造林管护投资，探索推行购买社会化服务方式，将中幼林管护工作交由企业、合作社等组织进行专业化管理，提高森林质量。科学编制森林经营方案，科学开展天然林经营和人工林近自然经营，推进中幼龄林抚育和退化林分修复，加大疏林地、未成林地封育和补植补造工作，提高林木质量。

（6）开展草原保险试点。建立健全草原保险管理机构，多措施加大保险公司的引进，可以采用混合所有制形式由政府、企业和个人共同出资解决资金来源问题，推动建立完善草原保险、贷款和融资担保制度。设置并推广草牧业大型机具、设施、草种制种、畜牧业和草场遭受灾害损失等保险业务，为广大种养殖散户和农民群众提供基本的风险保障。加快建立财政支持的草原巨灾风险分散机制，实现风险分散与共担。考虑在保费补贴之外建立单独预算的农业巨灾保险基金以及财政支持的巨灾再保险保障体系，形成由中央和地方财政共同支持的、保险公司参与的多层次农业巨灾风险分散机制，拓展可保风险范围，提高保险业抵御草原巨灾风险的能力。

（7）研究成立林草产业投资基金。选择资金成本较低的基金投资者作为募集资金来源。提高养老、社保和保险基金等资金成本相对较低的机构对林业产业投资基金的认知度，扩大潜在投资者选择范围，建立政府参与的主要投资者沟通制度，降低长期投资者的后顾之忧。建立专门的林业基金管理公司，提高林业产业投资基金的管理专业性。

（8）研究开展绿色碳汇交易试点。与中国绿色碳基金会合作，研究构建宁夏绿色碳汇机制。开创宁夏碳交易市场，推动建立绿色碳汇基金。出台优惠政策促进企业和个人的自愿碳汇购买。通过碳汇项目的运作，促进退化土地的生态恢复。加大对绿色碳汇交易的监管，投建第三方评估认证标准，促进绿色碳汇交易的正常开展。

（9）在宁夏设立源国家级生态特区，制定生态特区发展规划，将自然保护区提升为生态特区的建设，以黄河流域宁夏生态保护修复及重大项目为基本抓手，坚持特别的定位、实施特别的举措、体现特别的支持。争取将宁夏生态特区建设列入国家专项规划给予支持，大力发展生态产业，完善生态基础设施，创新治理体制机制，为全国生态文明建设创造成功经验。制定特区发展考核指标，将生态目标作为区域发展的第一目标，使生态特区成为干部考核的"GDP 豁免区"。把宁夏打造成人与自然和谐共生"美丽宁夏"的样板地、"绿水青山就是金山银山理念"的实践区、城乡融合生态富民的示范区、生态文明制度改革创新的先行区。

5.6.3 政策保障

5.6.3.1 加强政策协调

县级以上人民政府应当建立林业和草原发展政策协调机制，积极推进生态环境跨流域、跨行政区域的协同保护和协同发展，研究解决林业和草原建设工作中的重大问题。各地区各部门要强化工作责任，协调合作、上下联动，确保生态保护红线划定和管理各项工作落实到位。各市（州）人民政府也要成立相应的领导小组，对本辖区生态保护红线负总责，认真做好现场核查、相邻县域的衔接协调等工作，严格加强生态保护红线管理。省有关部门要按照职责分工，各司其职，各负其责，积极支持配合，提供所需各类资料，参与有关问题研究，做好衔接保障。

5.6.3.2 健全政绩考核和责任追究机制

建立领导干部任期生态修复责任制，落实"党政同责、一岗双责"。制定生态修复政绩考核硬性指标。健全决策绩效评估、决策过错认定等领导生态环境损害责任终身追究配套制度，对造成生态环境和资源严重破坏的实行终身追责。

5.6.3.3 建立健全政策监测预警机制

建立健全全自治区林业和草原发展政策监测预警机制，建立监测系统，制定预警方案。对生态保护与修复、重大改革、产业发展和支持保障政策的进行监测，监测结果向社会公布。

5.6.3.4 政策宣传和监督机制

保护地政策要强化科学的顶层设计，以整体规划构建全自治区自然保护地体系。加快自然保护地边界、产权界定，落实权责。完善自然保护地法律体系，规范管护制度。加大政策支持力度，完善生态补偿机制。创新自然保护地市场化治理模式，有效衔接生态保护与经济发展。

6 湿地保护修复制度研究

湿地是介于陆地和水域之间的独特生态系统，在涵养水源、调洪蓄水、控制径流和净化水质等方面发挥着不可替代的作用，被誉为"地球之肾"。自秦汉以来，宁夏平原上已有 2000 多年的灌溉历史，在黄河两岸发达的灌溉渠系周围聚集了众多湖泊和沼泽，形成了"塞上江南"的自然风光。

宁夏地处西北干旱半干旱地区，湿地是绝对的"稀缺资源"，协调好湿地生态保护与经济利用的关系、维护湿地生态系统稳定都至关重要。2016 年年底，国务院办公厅印发了《湿地保护修复制度方案》，明确提出了不少于 8 亿亩的全国湿地保护修复目标，探索建立和完善分级保护修复、利用管控、监测评价和目标责任制等一系列湿地保护修复制度，确保湿地面积不减少，维护湿地生物多样性，增强湿地生态功能，全面提升湿地生态系统质量。为深入贯彻落实中央决策部署，也为了加强保护修复稀缺的湿地，宁夏"十四五"期间要加快完善湿地保护修复制度体系，以确保合理利用和有效保护湿地。

6.1 研究背景

宁夏回族自治区行政区总面积 6.64 万平方千米，境内黄河从西到东流经 397 千米，年径流量 318 亿立方米，冲击形成了肥沃的宁夏平原，形成宁夏滩涂众多、湖泊棋布、沟渠纵横的自然景观，湿地的植被、水禽种类繁多，且分布广泛。宁夏面积虽然小，但湿地类型多样、区位重要，全球 8 条重要鸟类迁徙通道中有两条覆盖宁夏。因此，加强保护修复湿地尤为重要，这既是建设美丽新宁夏的重要组成部分，也是实施生态立区战略的主要内容，对于充分发挥湿地功能、打造优美环境、实现人与自然和谐具有重要意义。

6.1.1 各类型湿地面积

湿地是一种水陆过渡性生态系统类型，具有丰富的植物种和较高的生产力，为众多动物，尤其是禽类提供了栖息地和丰富的食物,因而担负着物种宝库的功能。湿地植物和植被还具有吸收有害物质,参与解毒过程,对污染物质进行吸收,通过代谢、分解、积累及水体净化,起到降解环境污染的作用。

根据第二次全国湿地资源清查结果,宁夏湿地总面积20.72万公顷(不包括水稻田面积),占全自治区总面积的近4%;全自治区湿地资源类型多样、特色鲜明,有4类14型。自然湿地包括河流湿地(河流湿地9.79万公顷,47.25%)、湖泊湿地(3.35万公顷,16.17%)和沼泽湿地(3.81万公顷,18.39%)3类11型;人工湿地(3.77万公顷,18.19%)有库塘、运河输水河、水产养殖场3型(表6-1)。

表 6-1 宁夏各湿地类型面积

湿地类	湿地型	面积(公顷)	比例(%)
河流湿地	永久性河流	31788.25	15.34
	季节性或间歇性河流	17017.77	8.21
	洪泛平原湿地	49098.87	23.70
湖泊湿地	永久性淡水湖	20122.04	9.71
	永久性咸水湖	1047.40	0.51
	季节性淡水湖	1522.75	0.74
	季节性咸水湖	10807.95	5.22
沼泽湿地	草本沼泽	9183.20	4.43
	灌丛沼泽	1777.60	0.86
	内陆盐沼	7630.96	3.68
	季节性咸水沼泽	19476.08	9.40
人工湿地	库塘	12526.28	6.05
	运河、输水河	9720.76	4.69
	水产养殖场	15451.48	7.46
合计		207171.39	100

6.1.2 湿地特点与分布

宁夏地貌类型多样,湿地从南到北均有分布,主要分布在黄河、清水河、典农河两侧和腾格里沙漠及毛乌素沙地边缘。宁夏湿地类型分布的地域性差异较大,绝大部分湖泊、沼泽都依赖于引入的黄河水或其通过渠道、农田渗漏为地下水的补给,以及黄河河床水流对地下水的侧向补给而形成,或因长期拦蓄山洪淤积而成(贺兰山东麓的许多湖泊);在南部山区,分布着清水河、泾河等众多河流。

全自治区湿地面积由北向南呈递减的趋势,5市各类湿地面积见表6-2,22个县(市、区)湿地总面积列前3位的是平罗县、盐池县和青铜峡市。

表 6-2 宁夏5市各类湿地面积

地级市	合计(公顷)	河流湿地(公顷)	湖泊湿地(公顷)	沼泽湿地(公顷)	人工湿地(公顷)
石嘴山市	55038.28	23975.21	7770.51	16731.23	6561.33
银川市	53112.51	21927.01	9661.28	4259.36	17264.86

(续)

地级市	合计(公顷)	河流湿地(公顷)	湖泊湿地(公顷)	沼泽湿地(公顷)	人工湿地(公顷)
吴忠市	51588.89	21388.43	11985.29	12415.40	5799.77
中卫市	35526.26	22850.13	3717.74	4555.06	4403.33
固原市	11905.45	7764.11	365.32	106.79	3669.23

6.1.3 湿地野生动植物资源

宁夏境内有400多条河流、260多个湖泊，湿地类型、气候、自然环境多样，成就了全自治区湿地植被和水禽种类繁多、分布广泛、数量庞大的特点。调查显示，宁夏有湿地维管束植物222种，隶属57科143属；湿地脊椎动物139种，隶属于6纲18目32科；湿地栖息的冬候鸟、夏候鸟、旅鸟、留鸟、繁殖鸟共285种20个亚种，其中，国家一级保护野生鸟类7种，国家二级保护野生鸟类30种。

继续提升全自治区湿地保护率，确保湿地总面积不减少、湿地生态系统健康状况不下降，保护野生动植物的栖息地和原生地，是维护湿地生物多样性的重要保障。

6.2 湿地保护利用现状

作为陆地与水域之间的过渡生态系统，湿地具有涵养水源、净化水质、蓄洪抗旱、控制土壤侵蚀、调节气候、美化环境和维护生物多样性等重要生态功能。湿地涉及土地、水域、动物、植物等多种资源，具有其独特的生物物种多样性保存与遗传基因库功能，是人类社会发展和文明进步的重要物质基础和环境空间。

6.2.1 湿地保护范围不断扩大

进入21世纪以来，宁夏回族自治区持续加强湿地保护管理工作，加快推进湿地自然保护区、湿地公园和湿地保护小区的申报和建设工作，不断完善湿地保护管理体系，实施退耕还湿、湿地生态补偿等保护修复工程，全自治区湿地得到了有效保护。经过多年的保护修复，部分非河流湿地大面积连通，植被恢复明显，提高了半干旱地区的空气湿度，改善了农作物生长环境。

宁夏回族自治区坚持重点示范和项目带动整体推进全自治区湿地保护和恢复工作，通过积极申报和建设，建立了以湿地自然保护区为主体，湿地公园和湿地自然保护小区等并存的湿地保护体系，全自治区主要湿地及其资源得到有效保护，湿地保护率达到了51.6%，对宁夏境内重要河湖湿地的抢救性保护起到了至关重要的作用。

目前，宁夏建成湿地自然保护区4处(国家级1处)、国家级湿地公园14处、自治区级湿地公园10处。2019年4月，宁夏公布了第一批自治区重要湿地名录，将哈巴湖、青铜峡库区、鸣翠湖等28处自治区级以上湿地自然保护区和湿地公园认定为自治区重要湿地，保护区总规划面积14.82万公顷，其中，湿地面积4.55万公顷。按照国家对名录内湿地管理的相关要求，将进一步明确湿地名称、湿地类型、湿地范围、地理位置、湿地面积、湿地管护责任单位和监管单位等。

6.2.2 湿地保护修复成效显著

近十年来，通过实施沿黄城市带湿地恢复和保护工程，建成中卫腾格里湖、吴忠滨河、银川典农河、石嘴山星海湖等重点湿地示范区，恢复了湿地生态功能，极大改善了城乡人居环境，提升了沿黄城市品位。

2016年以来，中央和自治区财政累计投入湿地补助资金28410万元，其中，湿地保护与恢复补助资金6500万元、湿地生态效益补偿试点资金8000万元、退耕还湿试点资金7910万元、湿地保护奖励资金1000万元，自治区财政湿地补助资金5000万元。项目建设涵盖全自治区4个湿地自然保护区、24个湿地公园和部分重点湿地，主要用于湿地保护恢复、退耕还湿、湿地生态效益补偿和水系连通、能力建设、科研宣教、基础建设、植被恢复等，完成退耕还湿面积8万亩，保护和修复湿地60万亩，对宁夏哈巴湖湿地自然保护区周边因野生动物迁徙受损的24万亩耕地进行补偿。

通过加强恢复和保护，湿地健康和功能得到有力提升，湿地植被得到有效恢复，依靠湿地生活和迁徙的鸟类种类和数量逐年增加。目前全自治区湿地中发现的国家一级保护野生动物有黑鹳、白尾海雕，国家二级保护野生动物有白琵鹭、灰鹤、蓑羽鹤等在湿地可见。2017年，在宁东南湖调查发现了国家一级保护野生鸟类——遗鸥迁徙繁殖地，并进行持续监测和保护，湿地保护修复成效显著。

6.2.3 过度利用水资源造成地下水超采

宁夏享有"塞上江南"之美誉，引黄灌溉已有两千多年历史，自古有"天下黄河富宁夏"的说法，足见水资源利用对于宁夏的重要意义。宁夏是我国水资源严重匮乏的地区之一，多年平均入境水量306.8亿立方米，出境水量281.2亿立方米，经济社会发展用水主要依赖限量分配的黄河水。根据1987年国务院黄河水量分配方案，在南水北调工程生效前，宁夏可用黄河水资源量为40亿立方米，其中黄河干流37亿立方米，黄河支流3.0亿立方米。加上当地地下水利用量1.5亿立方米，宁夏可利用水资源量为41.50亿立方米。全自治区农业灌溉用水占总用水量的93.1%，引黄灌区高耗水作物所占比例偏大，亩均灌溉用水量974立方米，是全国平均的2倍；工业用水量仅占4.5%，远低于全国和黄河流域平均水平。

目前，宁夏回族自治区地下水超采严重，银川平原5个超采区地下水位持续下降，南部山区淡水超采后咸水入侵、水质变异等问题已然显现，工业排放、生活污水和面源污染等造成水体污染仍在加重。解决所有问题的出路，唯有加大湿地生态系统保护和修复力度，提升湿地涵养水源、净化水质、蓄洪防旱、调节气候、美化环境和维护生物多样性等重要生态功能。

6.2.4 湿地野生生物资源利用非常广泛

宁夏地域狭长，地貌破碎严重，湿地生态系统与干旱山地森林、荒漠沙漠、湿润半湿润山地森林、灵盐沙地丘陵台地有机统一，构筑了宁夏独特的自然生态系统，也使得宁夏湿地动植物物种异常丰富多样，成为很多珍稀野生动植物的栖息地或原生地。以水禽和水生野生动植物为主要代表的野生生物，是湿地生态系统的重要组成部分，也是衡量湿地生态系统健康状况的重要指标。对湿地野生生物资源的保护与合理利用也是湿地保护、利用与管理的重要任务。

湿地野生生物资源的经济利用在宁夏由来已久，湿地植物能够为人类提供工业原料、食物、观赏花卉、药材等,湿地野生动物中的鱼类及其他爬行、两栖生物(如蟹)是人类重要的食物来源,迁徙过境的鸟类成为推动旅游业(观鸟)发展的独特景观资源。

6.2.5 特色湿地景观资源带动了旅游业发展

宁夏旅游资源丰富,自然景观与人文景观交相辉映,沙坡头、鸣翠湖、黄河古渡、沙湖、阅海等湿地景区远近驰名,旅游业发展潜力巨大。

2007—2016年,宁夏年接待境内外游客人数从732.27万人次增加到2159.95万人次,增长194.96%;旅游业年总收入从31.61亿元增加到210.02亿元,翻了近7倍;旅游总收入占GDP的比重从3.44%增加到6.67%,旅游经济规模增幅一直保持全国前列。2018年,全自治区接待国内游客3344.70万人次,同比增长7.78%;实现旅游总收入295.68亿元,同比增长6.47%。调查显示,喜欢宁夏山水风光的游客占34.90%(第3位),对大漠黄河感兴趣的游客占32.17%(第4位),这就是特色湿地景观资源对宁夏旅游经济的带动作用。

6.3 湿地保护修复现行制度

结合工作实际,宁夏不断完善湿地保护修复各项法规制度,切实提高湿地保护管理工作的法制化、标准化、规范化水平。中央印发《湿地保护修复制度方案》后,宁夏重新修订了《湿地保护条例》,制定出台了《重要湿地和一般湿地认定标准》《重要湿地名录及管理办法》《宁夏湿地监测技术标准》和《宁夏湿地公园管理办法》等4个制度文件。同时,全自治区划定了湿地保护红线,成立了湿地修复专家委员会,公布了宁夏第一批重要湿地名录等。各项湿地保护法规制度的制定和落实,为全自治区湿地保护修复提供了有力支撑。

6.3.1 划定湿地保护红线

为贯彻落实国务院办公厅印发的《湿地保护修复制度方案》,2017年11月,宁夏回族宁夏回族自治区人民政府出台了《宁夏湿地保护修复制度工作方案》,明确了全自治区湿地保护修复工作的2020年目标:全自治区湿地面积不低于310万亩(20.67万公顷),湿地保护率提高到55%以上,重要河湖水功能区水质达标率80%以上,生物多样性更加丰富。

2018年6月,自治区人民政府发布宁夏回族自治区生态保护红线,在全自治区划定生态保护红线总面积12863.77平方千米,占全自治区总面积的24.76%。有两个湿地类型生态系统划入其中:一是北部引黄灌区湿地保护、生物多样性维护生态保护红线,位于宁夏回族自治区北部、中部及西南部,属于湿地保护、生物多样性维护重要区;二是东部毛乌素沙地防风固沙生态保护红线,位于宁夏回族自治区东部,主要分布在盐池县,属于防风固沙重要区,是典型的荒漠—湿地自然生态系统。湿地保护红线的划定,在宁夏全境圈出了湿地保护修复重点区域,为制定科学的湿地分级保护管理制度奠定了基础。

6.3.2 修订《宁夏回族自治区湿地保护条例》

近年来,宁夏按照"全面保护、科学修复、合理利用、持续发展"的原则,大力推进湿地保护和管理工作。2018年12月,自治区人民代表大会对《宁夏回族自治区湿地保护条例》(简称《条例》)进行了修订,增加了"永久性截断湿地水源、填埋湿地、擅自排污、捡拾鸟卵等多种破坏湿地行为将被罚款;湿地保护和管理人员,因滥用职权等造成湿地资源破坏,构成犯罪的,将依法追究刑责"等湿地保护管理措施。修订后的《条例》为宁夏加强湿地保护管理工作提供了基础法律保障。

6.3.3 印发自治区重要湿地名录和湿地公园管理办法

2019年7月16日,宁夏回族自治区林业和草原局印发了《宁夏回族自治区湿地名录认定及管理办法(试行)》,将保障全自治区生态安全、生物多样性、生态功能、促进经济社会可持续发展等方面具有重要意义的湿地列为重要湿地,规定了重要湿地认定的标准和程序,完善了名录调整和管理等具体措施。同时,还印发了《宁夏回族自治区湿地公园管理办法(试行)》,规范和明确了湿地公园的定义、分类、设立原则,自治区级湿地公园的申报程序、管理机构职责、建设要求等;提出建立湿地分级管理体系;对于湿地公园内禁止开展的活动和征占用湿地公园土地审批程序做出了具体规定。

6.3.4 出台水资源管理条例

2016年10月31日,宁夏回族自治区第十一届人民代表大会常务委员会第二十七次会议通过了《宁夏回族自治区水资源管理条例》(以下简称《条例》。),从水资源配置与取用水管理、节约利用、监测与保护、法律责任等方面作出明确规定。《条例》规定,全自治区实行用水总量控制制度,年度水资源全自治区统一分配和调度;按生活、农业、工业、服务业、生态等用水类型配置和管理水资源,实施水资源用途管制制度;实行用水效率控制制度,建立水资源承载能力监测预警机制;实行饮用水水源保护区制度、水功能区限制纳污制度。同时,明确要求:"在地下水超采区,禁止农业、工业建设项目和服务业新增取用地下水,并逐步削减采量。在城乡公共供水管网覆盖范围内,禁止凿井取用地下水,已有的自备井应依法限期封闭"。

6.3.5 湿地保护修复相关地方法规制度

为推进宁夏河湖管理保护工作法律化、规范化,2019年7月17日,宁夏回族自治区十二届人大常委会第十三次会议表决通过《宁夏回族自治区河湖管理保护条例》,明确了河湖管理保护应遵循的原则、各级政府及有关部门的工作责任,规定了水资源开发利用、河湖水域岸线管理、河湖动态管理、河湖生态评估等制度措施,确立了部门联合执法、实行河湖目标任务考核制度和激励问责制度。

2013年,银川市相继通过了《关于加强黄河银川段两岸生态保护的决定》《关于加强爱伊河保护与利用的决定》和《关于加强鸣翠湖等31处湖泊湿地保护的决定》等3部湿地相关法规,为全市湿地保护划定了生态红线,为湿地管理工作提供了政策保障。

总结宁夏现行湿地保护修复制度存在的问题:一是跟随中央政府出台的法规制度多,解决宁夏突出问题的法规制度少,导致湿地面积萎缩、生态系统功能退化这一根本性问题难以解决。比如最近两年对《宁夏回族自治区湿地保护条例》的修订,以及新出台的几项制度,都仅是落实中央精神,没有针对自治区湿地保护修复面临的突出问题出台管用的制度。二是单一资源(或类型自然保护地)保护与管理的专项制度多,生态系统保护、修复和管理的制度极少。这是湿地多部门管理造成的,各部门只重视自身不得不解决的问题,往往很难形成合力,治标不治本。

6.4 湿地保护修复面临的主要问题

过去十多年来,宁夏湿地保护恢复取得了显著成效,但整体改善、局部恶化的趋势尚未根本扭转,全自治区湿地仍是最脆弱、最容易遭受破坏和侵占的生态系统,经济社会发展对湿地生态系统的压力仍在其承载力之上。当前,宁夏湿地保护修复仍面临以下问题。

6.4.1 守住湿地总量和健康红线的难度非常大

在宁夏,湿地的重要性体现在多方面,对经济社会发展的重要性使其承担了太多的压力,对区域生态安全的重要性使其得到了更多的关注。因此,守住湿地总面积和生态系统健康两条红线的困难都很大,守住了会制约经济社会发展,守不住要被问责。宁夏湿地总量和生态红线面临的主要威胁包括:一是由于宁夏地处西北内陆,气候干旱,降雨量少,蒸发量大,加上黄河分配宁夏水量不能满足社会经济发展需要,水资源匮乏,造成有些湿地补水困难,致使部分湿地面积萎缩、功能退化。二是由于洪水和黄河补水带来泥沙沉淀,抬高了湖床和河床,湿地水位变浅、容积减小。三是实施节水灌溉和宁夏川区稻田面积设限(全自治区 100 万亩),全自治区湿地因补水不足而萎缩。四是由于历史原因,黄河宁夏段和清水河两岸部分滩涂湿地成为农民的"闯田",随意耕种,但很难管理到位,弱化了滩涂湿地植被净化水质和为野生动物提供栖息地的功能。五是宁夏中部干旱带的盐池县分布有大面积的碱湖湿地,除了已建成的哈巴湖国家级自然保护区外,还有一些比较重要的碱湖湿地资源没得到有效保护,在人类活动干扰下正向荒漠化方向演替。

6.4.2 资源开发利用的强度依然超过湿地生态系统承载力

过度开发利用是过去一百多年宁夏湿地面积萎缩和生态系统功能退化的最根本原因,也是今后湿地保护管理要解决的核心问题。首先,湿地征占用得不到有效管控。土地是湿地生态系统赖以存在的载体,土地被占用,湿地就不存在了;湿地周边土地利用变化(转为建设用地)对湿地生态系统的干扰和破坏作用日益明显,城镇扩张改造导致其周边湿地被蚕食和破碎化,影响了湿地生态系统的完整性和稳定性。其次,流域内污染排放致使湿地生态系统功能严重退化,但很难监管。由于黄河沿岸湿地渔业养殖、农药化肥过量使用,以及地表水污染、农田退水(面源污染)、土壤和固废污染等环境问题,影响了湿地水体水质,威胁着湿地生态系统。湿地淤积、缺水等问题造成湿地生态系统功能下降。最后,既定的经济社会发展方式短期内难以转变。宁夏属经济不发达地区,区域经济发展和农村生计对于灌溉农业的依赖性很强,财政支出主要靠中央转移支付;一方面约束湿地资源利用会制约经济发展;另一方面加大湿地保护修复力度需要大量资金投入。基于上述原因,宁夏的湿地利用管控,既要出台严格的制度,也要建立相应的疏导、激励机制(生态补偿)。

随着人口增加和经济社会持续快速发展,过度开发利用和无序侵占破坏问题只能更加突出和普遍。在对 15 个重点湿地进行第二次全国湿地资源调查(宁夏)时发现,基建和城市化、污染、盐碱化、围垦等是湿地最主要的威胁因子,对湿地造成了不可逆的破坏。因此,全面认识和客观评估人类生产生活对湿地生态系统的影响,减轻资源开发利用对湿地生态系统的压力,禁止肆意破坏,是当前湿地保护工作最重要的方向。

6.4.3 湿地保护、修复和管理工作缺乏基础监测数据支持

目前，我国湿地保护和管理工作中存在很多问题，最突出表现在湿地资源本底数据不清，对湿地资源的动态变化、湿地周边地区的社会经济情况、湿地资源的破坏和威胁状况缺乏了解，致使湿地保护、修复和管理工作难以科学规划，追着问题出台政策措施，带有一定的盲目性。包括宁夏在内，我国所有省份都没有独立开展湿地监测工作，只有通过 5 年一次的全国清查才能获得宏观的湿地状况数据。仅在自治区和地市建立了湿地保护管理机构，县级基本没有相应机构，且缺乏专业技术人员。对湿地生态系统健康状况，特别是对湿地退化和生物多样性变化情况知之甚少；对造成湿地面积萎缩、湿地生态系统功能退化的原因缺乏跟踪研究，导致问题解决不及时、措施不得当。

为确保科学开展全自治区湿地保护修复工作，需尽快查清湿地资源的现状，掌握湿地资源的动态消长规律，定期对全自治区湿地生态系统健康状况进行全面、客观的评估，为湿地保护、管理提供及时准确的决策参考，为编制湿地保护修复中长期规划提供基础资料，为合理开发利用湿地资源和湿地生态空间提供可靠依据。

6.4.4 湿地保护修复的责任主体不明确

长期以来，我国没有立法明确生态保护修复的责任主体，致使确认生态保护修复责任主体非常困难，只能由财政资金支持生态修复。责任主体的缺失或难以确认，不仅引发了环境不公平问题，而且造成生态环境修复成本的难以分担和生态修复绩效无法（也不必）评估核算。因此，生态保护修复目标任务未完成、决策失误和保护不力造成生态破坏等问题只能不了了之。

党的十八大提出要"健全生态环境保护责任追究制度和环境损害赔偿制度"。《党政领导干部生态环境损害责任追究办法（试行）》明确了"地方各级党委和政府对本地区生态环境和资源保护负总责，党委和政府主要领导成员承担主要责任，其他有关领导成员在职责范围内承担相应责任"和"党政领导干部生态环境损害责任追究，坚持依法依规、客观公正、科学认定、权责一致、终身追究的原则"，为建立党政领导干部生态保护修复责任制指明了方向。

目前，宁夏在落实党委、政府及领导生态保护修复责任方面还没有实质性举措，湿地保护修复目标责任、绩效指标还没有纳入党委政府和领导干部各项考评体系，湿地修复的责任主体还只能是湿地保护管理部门，工程建设等征占用湿地的"占补平衡"很难兑现，湿地破坏的责任主体认定和修复成本分担问题没有引起足够的重视。

6.4.5 湿地保护修复工作无中长期规划

在湿地保护、修复和管理中，应该发挥引领和主导作用。中央印发的《湿地保护修复制度方案》提出："国务院林业主管部门和省级林业主管部门分别会同同级相关部门编制湿地保护修复工程规划。"要求各地分别编制湿地保护和修复工程规划，确定湿地保护修复的阶段性目标，并对工程进展做出具体安排。

研究过程中，很少查到宁夏回族自治区及市县的湿地保护修复规划，仅在《宁夏生态保护与建设"十三五"规划》中纳入了两个指标，规划了 2016—2020 年的退耕还湿、湿地生态补偿、湿地保护与恢复、湿地自然保护区和湿地公园等建设项目。显然，目前宁夏还没有开展湿地保护修复工程中长期规划的编制工作。

6.5　建立健全宁夏湿地保护修复制度体系

完善的生态文明制度体系，是人与自然和谐发展的基础。制度进步是生态文明水平提高的重要标志，也是突破生态文明建设各种障碍和困难的有效手段。要把制度建设作为推进湿地保护、修复和管理的重中之重，着力破解制约湿地保护管理的体制机制障碍，形成激励与约束并存的湿地治理长效机制。

"十四五"期间，宁夏回族自治区要加强沿黄重要湿地和湿地公园的保护与恢复，优化布局、增加质量、提升功能，实行湿地总量管理，在南、中、北三个区域因地制宜还湿建湿、退耕还湿、扩水增湿、生态补湿，修复受损湿地、恢复水生生物，让各类湿地连起来、水源流起来、生态活起来。提高湿地的完整性，确保发挥湿地生态功能、景观效益和经济效益。为确保重点从以下几方面加快湿地保护修复制度建设。

6.5.1　制定湿地总量和健康红线制度

为确保守住310万亩湿地面积红线，也为了持续改善宁夏湿地生态系统的健康状况，实现一条红线管控重要生态空间，确保生态功能不降低、面积不减少、性质不改变。应配套出台以下制度：

一是完善湿地生态补水机制，统筹协调区域内的水资源利用，优先保障自治区重要湿地的生态用水需求。二是建立湿地储备制度，在不破坏湿地生态系统和湿地水文过程的前提下，可通过疏通水系、恢复河湖自然岸线等方式，有计划、有条件地增加人工湿地面积，作为新增湿地面积纳入自治区湿地储备内。三是出台湿地占补平衡管理办法，本着湿地"先补后占、占补平衡"原则，强制要求工程实施单位限期恢复或重建湿地。四是建立湿地生态系统健康监管制度，合理布设监测站点，科学制订监测指标体系或评估方法，将定期监测结果公示，并作为管理和考评的依据。

6.5.2　完善湿地利用管控制度

保护和管理好湿地，必须从建立健全湿地资源和湿地生态空间利用管控制度入手，要在科学评估湿地生态系统的承载能力和经济社会发展对湿地生态系统压力的前提下，适度有序地合理开发利用湿地资源和生态空间，禁绝过度利用和无序开发。如何把握好湿地保护和利用的度，在湿地面积不减少、功能不退化的同时实现经济社会的可持续发展，这是湿地利用管控制度创新方面遇到的最大挑战。因此，需要探索完善以下制度：

一是健全湿地利用管控制度，按照主体功能定位确定的各类湿地功能，有效控制全自治区用水量，水量分配实行动态管理，努力提升用水效率；完善其他湿地资源的用途管理制度，避免重复"先破坏、后保护"的老路。二是建立湿地生态空间管控制度，严禁向湿地超量、超标排污，加强监管，并出台严格的惩戒措施，严厉查处违法利用湿地生态空间的行为。三是定期发布产业负面清单，根据湿地生态系统承载力，限制湿地资源开发利用相关产业规模，不定期调整禁止或限制发展的产业清单。四是完善湿地生态补偿机制，建立湿地保护和资源利用退出补偿机制，科学引导湿地内及周边产业的发展。

6.5.3 建立湿地监测评价制度

监测评价是开展湿地保护、修复和管理的基础性工作。在宁夏建立完善的湿地监测体系，全面掌握全自治区湿地总量和生态系统健康状况的动态变化，为湿地的科学研究和合理利用提供及时、完备、准确的数据资料。"十四五"期间，宁夏要加快建立以下制度：

一是建立湿地监测评价制度，对反映湿地总量、健康状况或保护修复绩效的主要指标开展定期监测，明确监测评价主体，加快推进湿地监测网络和人员队伍建设，完善监测指标体系、评估技术标准和成果发布机制；完善湿地监测评价技术规程和标准体系。二是建立湿地监测数据共享制度，统一湿地监测评价信息发布渠道，增强数据信息的权威性和可比性，提升湿地监测评价信息的应用。三是建立湿地外来物种监测制度，强化有害外来生物的防控，避免原有植物群落的衰退或消亡，最终导致生态平衡被破坏。四是建立湿地保护修复成效评估机制，由第三方机构对各类湿地保护修复工程进行跟踪或验收评估，为党委政府及其领导干部、湿地保护管理机构、湿地保护修复责任人的绩效考核提供依据。

6.5.4 健全湿地保护修复绩效奖惩制度

完善的湿地保护、修复和管理制度体系，一方面应包括管理者的决策和责任制度，如综合评价、目标体系、考核办法、奖惩机制、责任追究等；另一方面还应包括针对当事人的执行和管理制度，如湿地管理制度、有偿使用、赔偿补偿、市场交易、执法监管、生态红线等。建议宁夏重点完善以下制度：

一是建立湿地保护修复目标党政责任考核制度，自治区、市、县各级政府要将湿地面积、湿地保护率、湿地生态状况等保护成效指标，纳入生态文明建设目标评价考核等制度体系，实施对党委政府及领导干部对奖励、惩罚和终身追责机制。二是建立湿地保护修复责任主体问责制度，对湿地保护不力、修复失败甚至造成进一步破坏的湿地保护管理部门或工程实施单位进行问责。

6.5.5 科学制定湿地保护修复规划

严格落实"多规合一"和生态红线保护制度，制定自治区湿地保护修复专项规划。湿地保护专项规划应当与生态保护红线、国土空间规划、土地利用总体规划、水资源规划、环境保护规划和湿地生态功能相衔接。制定宁夏沿黄湿地保护规划，加强沿黄湿地的保护力度。建议宁夏编制以下规划和标准：

一是科学编制湿地保护修复中长期规划，准确把握宁夏湿地保护修复面临的问题，科学规划全自治区湿地保护修复工作。二是完善湿地保护修复技术标准体系，加大对湿地退化机制、湿地修复关键技术、湿地生态用水、湿地生态安全评估、湿地生态环境损害鉴定评估、水禽栖息地保护、绿色产业等重大课题研究的支持力度。三是建立退化湿地修复制度，启动湿地修复工程，对集中连片、破碎化严重、功能退化的自然湿地进行修复和综合整治。

6.6 总结与思考

湿地生态系统保护与修复，水是最关键要素。对于宁夏来说，保护湿地生态系统的关键举措是降低水资源消耗、减少向湿地排污，同时加大湿地修复的力度。然而，水是经济社会发展不可或缺的资源，只有通过技术手段大幅度提高生产生活用水效率，才能控制用水总量增长；同样，在不影响经济社会发展的情况下，只能依靠净化环保技术来减少污染物的直接排放。因此，完善相关制度时，要对各地区、经济主体的节水效率和污染排放进行约束。当然，管控用水量和污染排放不是林草部门职责，但如果只顾加强保护和修复湿地，恐怕只是在重复"先破坏、后治理"的老路。

湿地是一个复杂生态系统，要用系统思维解决存在的问题。制度建设坚持系统思维，进行系统设计，这既是理顺复杂关联的必需，更是凝聚共识、形成合力的关键。推进生态文明建设需要理念、制度和行为相统一，它通过尊重自然、顺应自然、保护自然的科学理念指导制度设计，再通过制度规范和引导人们的行动，制度是依据，落实才是关键。

制度建设是一个长期、动态的过程。制度不是越严越好，而是要做到宽严相济；适时调整，就是为了能够引导和约束不同经济发展阶段下人的生产生活。某一制度出台，必须要有配套政策措施来疏解堵住的问题（主要是利益相关主体生计），才能保证制度具有解决问题的实效性和针对性。

参考文献

国家林业局，2015. 中国湿地资源·宁夏卷[M]. 北京：中国林业出版社.
罗鸣，2019. 宁夏黄河流域湿地开发与保护模式研究[J]. 土地开发工程研究(4)：62-66.
宁夏回族自治区林业厅，2018. 湿地保护相关"十三五"规划中期评估报告[R].
宁夏回族自治区人民政府，2018. 宁夏回族自治区生态保护红线管理条例[N]. 宁夏回族自治区政府公报(24)：8-11.
王豫、赵小艳等，2018. 宁夏平原湿地面积动态演变对局地气候效应的影响[J]. 土地开发工程研究(7)：1251-1259.
魏晓宁，2016. 宁夏湿地保护恢复调研报告[J]. 宁夏林业(3)：28-33.
闫军，2018. 宁夏银川平原湿地动态变化遥感监测[J]. 宁夏农林科技(8)：57-58，63.
张彩华，余殿，等，2019. 宁夏哈巴湖国家级自然保护区湿地植物群落特征与生态需水量[J]. 天津师范大学学报（自然科学版）(2)：50-55.
钟艳霞，贺婧，米文宝，2008. 宁夏平原湿地资源可持续利用研究[J]. 农业资源与环境科学(12)：428-431.
周一鸣，2019. 宁夏湿地生态保护立法研究[D]. 银川：北方民族大学.

7 草原资源保护研究

7.1 研究内容与方法

7.1.1 研究目标

了解"十三五"以来宁夏草原保护发展的主要工作和成效,梳理宁夏草原资源保护现状,研究草原资源保护利用中存在的突出问题,并分析具体原因,对"十四五"草原发展的机遇挑战进行分析,结合新时期发展要求,探索林草融合发展背景下宁夏草原资源保护与发展的目标、思路与方向,也为宁夏林草"十四五"规划草原相关内容提供研究支撑。

7.1.2 研究方法

专题研究采用的方法主要包括资料收集、数据分析、现场考察、访谈研讨、SWOT 分析等,理论与实际分析相结合、定性与定量分析相结合。

(1)资料收集与数据分析。收集全国草原监测报告、宁夏草原监测报告、宁夏林业和草原局工作报告及总结材料等,查阅宁夏草原保护利用研究相关学术论文等文献材料,整理国内外草原资源保护管理的有关文献资料。通过系统分析,全面反映宁夏草原资源现状,反映国际草原管理经验对中国现实的借鉴意义。

(2)现场考察与座谈研讨。专题研究人员分配到各调研组,深入宁夏各地市进行实地考察,通过具体案例及相关数据对比反映突出问题。了解目前宁夏草原资源"十三五"期间草原生态奖补、退化草原治理等工程项目具体实施方案、项目实施成效和存在主要困难;进一步与自治区、市、县从事草原管理保护的管理者开展座谈研讨,分析政策落地情况及政策需求,讨论草原资源的关键技术手段、新的经营模式及未来具体发展思路。

(3)SWOT 分析。基于宁夏草原保护发展的内外部环境条件的形势分析,将与草原保护发展密切相关的各种主要内部优势、劣势、外部机遇和挑战等因素进行对比，分析促进和阻碍草原"十四五"发展的主要因素，找到草原发展主要存在的优势和短板，提出宁夏草原"十四五"发展的重点方向和任务。

7.1.3 研究内容

一是全方位了解宁夏草原资源保护现状。分析宁夏草原面积、分布及自治区内各市草原具体情况，分析草原的生态情况与草地生产能力水平。

二是分析宁夏草原主要的保护建设工作。具体分析宁夏草原的管理体制机制、法制建设、监督管理、生态保护工程项目实施及草原科技支撑情况。

三是分析宁夏草原保护存在的主要问题及原因。涵盖草原保护与发展矛盾问题、草原退化问题、草原管理体制机制问题、草原工程项目问题、草原权属不清问题和草原政策问题，并从历史与现实双层角度分析现存问题的主要原因。

四是提出宁夏草原保护发展的方向。分析宁夏草原保护与发展的机遇与挑战，结合宁夏草原在全国的地位与作用、在宁夏发展建设中的地位与作用，提出新时代背景下草原保护发展工作的方向、目标与具体任务。

7.2 草原资源保护现状

从资源保护和监督管理两个方面分析宁夏草原资源保护的基本情况，全面分析总结宁夏草原保护发展中所开展的工作和取得的成效。

7.2.1 资源现状

7.2.1.1 草原面积及分布情况

（1）宁夏草原面积。宁夏回族自治区位于中国西北部黄河中上游地区，西、北、东三面环沙，全自治区面积为9960万亩（6.64万平方千米）。根据1980—1985年全国首次开展的草原资源普查结果，宁夏回族自治区共有天然草原面积4521万亩，位列全国第13，面积占全自治区土地总面积的58.2%，此数据一直沿用至2000年。2001年，自治区国土部门开展了全自治区土地资源普查，认定草原面积为3665.29万亩，比1985年普查结果减少了855.71万亩，减少了18.93%。根据2018年宁夏统计年鉴，截至2017年，全自治区草原总面积为3132万亩，占全自治区面积的31.4%，其中，天然草原面积为2184万亩，人工草原面积为54万亩，其他草原面积为894万亩。根据宁夏草地资源清查数据，截至2018年，宁夏共有草原面积3173.02万亩。

（2）宁夏草原面积分布。宁夏回族自治区辖5个地级市，22个县（市、区）。根据草地资源清查数据，草原主要分布在吴忠市、中卫市，草原面积分别为1266.79万亩、1092.75万亩，占全自治区草原面积的比例分别为39.9%、34.4%（表7-1）。同时，吴忠市、中卫市也是牧业产值较高的市，牧业产值分别为536436万元、261655万元。银川市、固原市和石嘴山市草原面积较少，分布为382.02万亩、259.89万亩、171.58万亩，占比分别为12%、8.2%和5.4%。

表 7-1　宁夏各市（县）草原面积

地级市	县（区）	草原面积（万亩）	合计（万亩）
银川市	兴庆区	15.58	382.02
	金凤区	0	
	西夏区	28.71	
	灵武市	273.36	
	永宁县	31.84	
	贺兰县	32.53	
吴忠市	利通区	63.99	1266.79
	红寺堡区	247.2	
	青铜峡市	131.54	
	同心县	246.9	
	盐池县	577.16	
固原市	泾源县	22.92	259.89
	彭阳县	64.67	
	隆德县	14.03	
	西吉县	48.03	
	原州区	110.24	
中卫市	海原县	345.19	1092.75
	沙坡头区	477.7	
	中宁县	269.86	
石嘴山市	大武口区	43.58	171.58
	惠农区	66.3	
	平罗县	61.7	

（3）草原功能区划分布。结合宁夏主体功能区划，根据区县不同类型草地分布调查，自治区内无优化开发区，各区县重点开发、限制开发及禁止开发的草地面积如下：全自治区重点开发草地面积1045.43万亩（环保数据1032.85万亩），限制开发草地面积601.64万亩，禁止开发草地面积443.7857万亩。

7.2.1.2　草原类型

根据宁夏草原清查报告，截至2018年，宁夏草原包括4类32型，其中高寒草甸类6.08万亩，占比0.19%；山地草甸类8.14万亩，占比0.89%；温性草原类2240.06万亩，占比70.60%；温性荒漠类898.75万亩，占比28.32%（表7-2）。

表 7-2　宁夏草地类型

序号	新类编号	新型编号	新草地类	新草地型
1	I	I12	高寒草甸类	珠芽蓼、圆穗蓼
2	H	H17	山地草甸类	地榆、杂类草
3	H	H02	山地草甸类	拂子茅、杂类草
4	A	A12	温性草原类	白草

(续)

序号	新类编号	新型编号	新草地类	新草地型
5	A	A42	温性草原类	白莲蒿、禾草
6	A	A49	温性草原类	百里香、禾草
7	A	A46	温性草原类	刺叶柄棘豆、旱生禾草
8	A	A47	温性草原类	达乌里胡枝子、禾草
9	A	A05	温性草原类	大针茅
10	A	A16	温性草原类	短花针茅
11	C	C15	温性草原类	短舌菊
12	A	A29	温性草原类	甘草
13	A	A40	温性草原类	黑沙蒿、禾草
14	C	C06	温性草原类	红砂
15	A	A01	温性草原类	芨芨草、旱生禾草
16	A	A43	温性草原类	具灌木的白莲蒿
17	A	A31	温性草原类	具灌木的薹草、温性禾草
18	A	A36	温性草原类	具锦鸡儿的蒿
19	A	A48	温性草原类	具锦鸡儿的牛枝子
20	A	A18	温性草原类	具锦鸡儿的针茅
21	A	A34	温性草原类	冷蒿、禾草
22	A	A44	温性草原类	亚菊、针茅
23	A	A11	温性草原类	长芒草
24	C	C19	温性荒漠类	霸王
25	C	C20	温性荒漠类	白刺
26	C	C25	温性荒漠类	藏锦鸡儿、禾草
27	C	C07	温性荒漠类	红砂、禾草
28	C	C24	温性荒漠类	强旱生灌木、针茅
29	C	C05	温性荒漠类	沙蒿
30	C	C08	温性荒漠类	驼绒藜
31	C	C10	温性荒漠类	猪毛菜
32	C	C02	温性荒漠类	猪毛菜、禾草

7.2.1.3 草原生态状况

自2003年起，宁夏率先在全国实施全境封山禁牧政策，以促进草原休养生息。截至2018年，宁夏回族自治区重度沙化草原面积减少到204.8万亩。草原鼠害危害面积由2010年的933万亩减少到2017年的415.5万亩，虫害面积由2010年的925.5万亩减少到2017年的510万亩。

（1）草地植被覆盖度空间分布情况。根据草原清查报告，全自治区草原盖度平均55.43%。其中，低覆盖度（25%）以下占比12.08%；25%~50%，占比37.57%；50%~75%，占比22.02%；高覆盖（75%）以上占比28.33%。

（2）草原沙化情况。根据草原清查数据，截至2018年，建立了宁夏北部地区草地沙化程度分级的指标（表7-3）。经过遥感影像图分析，2018年全自治区沙化面积1008.61万亩，比2017年减少77.9万亩。

表7-3 宁夏草地沙化程度分级指标

参考指征 分级	植物群落特征		裸沙面积占草地地表面积的百分比(%)	地形特征
	植被组成	草地总覆盖度(%)		
03111 轻度沙化草地	沙生植物成为主要伴生种	40~55	30~50	较平缓的沙地,固定沙丘
03112 中度沙化草地	沙生植物成为优势种	30~40	50~65	平缓沙地、小型风蚀坑、或半固定沙丘
03113 重度沙化草地	植被很稀疏,仅存少量沙生植物	<30	>65	中、大型沙丘、大型风蚀坑,半流动沙丘或流动沙丘

7.2.1.4 草原生产力情况

《宁夏草原资源保护现状调查报告》结果显示,宁夏天然可食干草产量由2010年的183.16万吨增加到2019年的205.86万吨;理论载畜量由278.78万羊单位增加到313.34万羊单位,禁牧封育区林草覆盖度由15%增加到55.43%。根据《2017年全国草原监测报告》,宁夏回族自治区2017年鲜草产量为441.2万吨,折合干草产量为152.2万吨,居于全国靠后位置(表7-4)。

表7-4 2017年23个重点监测省(自治区、直辖市)产草量

省(自治区、直辖市)	鲜草(万吨)	折合干草(万吨)
河 北	2630.6	817.0
山 西	1525.1	472.1
内蒙古	16924.0	5389.9
辽 宁	1681.7	508.1
吉 林	2105.1	613.7
黑龙江	3324.5	931.2
安 徽	439.6	136.9
江 西	1965.9	606.8
山 东	692.8	206.7
河 南	2576.5	802.6
湖 北	3065.5	952.0
湖 南	2796.2	871.1
广 西	3170.6	990.8
重 庆	1430.2	444.2
四 川	9497.7	2922.5
贵 州	3235.8	1011.2
云 南	5964.8	1852.3
西 藏	9705.6	3120.9
陕 西	2687.7	850.7
甘 肃	4208.3	1323.3
青 海	8418.1	2680.9
宁 夏	441.2	152.2
新 疆	10596.8	3353.4
合 计	99084.6	31010.3

数据来源:《全国草原监测报告2017》。

(2) 不同产草量的区域分布。根据草原清查数据，产草量鲜重大于 4000 千克/公顷的草原，主要分布在南部的泾源县、隆德县、海原县、固原县和西吉县的部分地区；产草量鲜重在 3000～4000 千克/公顷的草原，主要分布在南部的彭阳县、西吉县、固原县和海原县；产草量鲜重在 2000～3000 千克/公顷的草原，主要分布在南部的彭阳县、西吉县、固原县、海原县和盐池县的部分地区；产草量鲜重在 1500～2000 千克/公顷的草原，主要分布在南部的彭阳县、固原县、海原县和盐池县的部分地区；产草量鲜重在 1000～1500 千克/公顷的草原，主要分布在盐池县、灵武县、海原县、中卫市沙坡头区和中宁县的部分地区；产草量鲜重在 500～1000 千克/公顷的草原，主要分布在中卫市沙坡头区、中宁县、同心县、吴忠市、青铜峡市的部分地区，以及北部的石嘴山市的部分地区；产草量鲜重在 250～500 千克/公顷的草原，其分布很少；产草量鲜重在 250 千克/公顷以下的草原分布亦很少。

(3) 草地等级情况。按照《天然草原等级评定技术规范》（NY/T 1579—2007），草地产量（干重）分级具体分为八级。其中一级草原的产草量风干重大于 4000 千克/公顷，主要分布在南部的泾源县、隆德县、和固原县的部分地区；二级草原的产草量风干重在 3000～4000 千克/公顷，主要分布在南部的泾源县、隆德县、和固原县的部分地区；三级草原的产草量风干重在 2000～3000 千克/公顷，主要分布在南部的西吉县、固原县和海原县的部分地区以及北部的贺兰县北部地区；四级草原的产草量风干重在 1500～2000 千克/公顷，主要分布在南部的西吉县、固原县、海原县的部分地区；五级草原的产草量风干重在 1000～1500 千克/公顷，主要分布在盐池县东部少许，及彭阳县、固原县、和海原县的部分地区；六级草原的产草量风干重在 500～1000 千克/公顷，主要分布在西部的中卫市沙坡头区，南部的固原县、同心县、和海原县，东部的盐池县和灵武市，以及北部贺兰山的部分地区；七级草原的产草量风干重在 250～500 千克/公顷，主要分布在海原县北部、同心县、中卫市沙坡头区、中宁县、吴忠市、灵武市和青铜峡市，以及北部的石嘴山市、平罗县的部分地区；八级草原的产草量风干重在 250 千克/公顷以下，主要分布在北部的少许地区。

7.2.1.5 产业发展情况

自 2003 年启动"百万亩人工种草"以来，宁夏基本形成了以贺兰山东麓引黄灌区优质商品苜蓿生产，中东部扬黄补灌区和环六盘山雨养区以自用为主、商品生产为辅的苜蓿产业格局。苜蓿留床面积达到 650 万亩的峰值后，多年来保持在 600 万亩左右规模，其中灌溉地约 72 万亩，亩均干草产量 800 千克；旱地亩均干草产量 350 千克，每年可提供优质饲草 240 万吨。2017—2018 年，宁夏每年新种苜蓿 30 万亩左右，新种面积与拆翻补播面积大体平衡，发展潜力主要在于提高单产与品质。

全自治区从事苜蓿专业化加工的企业及合作社达到 110 余家，万吨以上的加工企业及合作社有 8 家，苜蓿产业发展的规模化、专业化与组织化程度不断提高。全自治区苜蓿草产品加工量约 33 万吨，产品类型趋于多样化，其中草捆 15 万吨，草粉 3 万吨、草颗粒 3 万吨、青贮苜蓿 12 万吨，苜蓿青贮类型有半干（窖贮）青贮、裹包青贮和堆贮青贮 3 种形式。

苜蓿草产品价格自 2017 年年末呈现持续上涨趋势，按质论价市场机制逐步形成，粗蛋白 18% 的苜蓿草捆价格每吨 2000 元，粗蛋白 16% 的每吨 1850 元，16% 以下的每吨 1500 元，与 2016 年相比上涨幅度达 25%～30%。青贮苜蓿平均价格 950 元/吨，上涨 30% 以上。

7.2.2 管理现状

7.2.2.1 管理机制现状

草原行政管理机构。机构改革后，宁夏在自治区层面成立了林业和草原局，成立了草原和湿地处、森林草原防火处开展各项草原相关工作。自治区林业和草原局保留了草原工作站（事业单位，负责草原保护修复项目落实和科技项目推广）。在市、县级层面，5个地级市，22个县（市、区）分别相应成立了自然资源局并加挂林业和草原局牌子。

草原工作站。截至2019年4月，宁夏共有草原工作站（畜牧技术推广服务中心）27个，其中自治区设有草原工作站1个；5个地级市中，市级单独设立草原工作站的有1个，其余4市的草原工作由畜牧技术推广服务中心承担；22个县（市、区）中，县级单独设立草原工作站的有11个，10县（市、区）的草原工作由畜牧中心承担。

随着机构改革的不断深入，截至2019年4月，全自治区草原管理机构和人员已由农业农村部门基本转至自然资源部门或林草部门。全自治区从事草原工作的人员共316人，其中在编人员300人，自治区草原工作站共35人，实际在编35人。截至目前，全自治区没有建立基层草原管护员队伍。

7.2.2.2 法律法规情况

宁夏回族自治区在《中华人民共和国草原法》和国家、农业农村部有关草原法规的基础上，因地制宜地制定了一系列相关的地方法规规章，初步形成了较为健全的草原法规体系（表7-5）。在自治区条例层面，2005年，自治区人大对1994年颁布的《宁夏回族自治区草原管理条例》进行了修订，2011年，又颁布了《宁夏回族自治区禁牧封育条例》。2018年，自治区出台了《宁夏回族自治区生态保护红线管理条例》，对草原生态保护红线的监督管理做出了具体要求。按照自治区政府法制办的要求，制定了草原法律法规法律、责任行政裁量权细化标准。在规范性文件层面，宁夏回族自治区落实了草原承包经营责任制，制定了草原征占用行政许可事项办事指南，出台了草原植被恢复费正式标准和征收使用管理办法，将草原植被恢复费列入自治区涉企行政事业性收费目录。自治区还印发了《关于禁止采集和销售发菜制止滥挖甘草、麻黄草有关问题的通知》，对甘草、麻黄草的种植、采集实行相应制度。

各县（市、区）也结合地方实际制定了相应的地方配套法规，如银川市颁布了《关于印发银川市草原火灾应急预案的通知》《关于加强全市禁牧和秋冬季草原防火工作的通知》，对草原禁牧和防火作出了明确指示。

表7-5 宁夏有关草原法规、规范性文件

名称	颁布机关	颁布时间
《草原管理条例》	宁夏回族自治区人民代表大会常务委员会	1994年12月15日
《土地管理条例》	宁夏回族自治区人民代表大会常务委员会	2000年11月17日
《关于禁止采集和销售发菜制止滥挖甘草、麻黄草有关问题的通知》	宁夏回族自治区人民政府	2000年07月21日
《关于当前落实草原承包经营责任制几个问题的通知》	宁夏回族自治区人民政府	2002年10月30日
《关于做好封育禁牧后发展山区畜牧业的通知》	宁夏回族自治区人民政府	2002年10月30日
《关于切实做好禁牧封育工作的通知》	宁夏回族自治区人民政府办公厅	2006年03月18日
《禁牧封育条例》》	宁夏回族自治区人民代表大会常务委员会	2011年01月07日

(续)

名称	颁布机关	颁布时间
《关于制定我区草原植被恢复费收费标准的复函》	宁夏回族自治区物价局、宁夏回族自治区财政厅	2011 年
《草原火灾应急预案的通知》	银川市人民政府办公室	2011 年 12 月 12 日
《关于加强禁牧和草原防火工作的紧急通知》	宁夏回族自治区农牧厅办公室	2017 年 03 月 21 日
《关于加强全市禁牧和秋冬季草原防火工作的通知》	银川市农业农村局	2017 年 09 月 28 日
《生态保护红线管理条例》	宁夏回族自治区人民代表大会常务委员会	2018 年 11 月 29 日

7.2.2.3 草原承包经营情况

宁夏落实草原承包经营制可以划分为三个阶段。第一阶段从 1985 年开始，固定草原使用权，在法律上明确草原与耕地、林地及其他公用土地的权属界线。落实草原承包经营责任制，坚持"以人为主、以户（放牧点）为主、兼顾草原质量和牲畜数量"的基本原则。到 1989 年，全自治区 85% 的草原实现承包到户或联户承包。第二阶段从 2001 年开始，依照《中华人民共和国草原法》的规定和《农业部关于落实和完善草原承包经营责任制》文件要求，承包工作按照成立工作组、宣传发动、调查摸底、确定面积、调解纠纷、签订合同、检查验收 7 个步骤进行，将草原的使用权、经营权承包到户，承包期为 50 年。2002 年实现 88.4% 天然草原（3240 万亩）承包到 17 余万农牧户或联户，其中，承包到户 486 万亩，联户承包 2754 万亩。第三阶段从 2011 年开始，为落实《关于做好落实草原生态保护补奖机制前期工作的通知》，要求重点解决以联户承包或村小组承包的草原，必须全部承包到户，逐户登记造册，录入原农业部草原生态保护补助奖励机制信息管理系统。但实际操作中，仍以联户承包形式为主。

7.2.2.4 执法监管情况

（1）执法机构队伍。2003 年，为了加强草原禁牧封育和退牧还草工程管理，经自治区编办批准，自治区公安厅治安总队设立了草原支队，4 个市级公安局设立了草原治安科、10 个草原面积较大的县设立了草原派出所。截至 2018 年年底，宁夏虽然没有单独设立草原监督管理机构。但在全自治区范围内，共有 1 个自治区草原工作站、1 个市级草原工作站、4 个县级草原工作站，6 家单位在草原工作站加挂草原监督管理机构牌子，同时承担草原监督管理的职能和任务，实行"一套人马，两块牌子"的工作模式。全自治区具备执法资格持证上岗的草原执法人员 205 名。

（2）执法监督管理。《宁夏回族自治区草原管理条例》第七章法律责任条款中没有对草原监督管理机构授权，各级草原监理机构履行草原执法权均由本级草原行政主管部门委托行使。在加强执法人员队伍建设方面，宁夏回族自治区每年举办全自治区草原执法培训班，培训对象为各地、各级草原行政主管部门的分管领导，草原执法单位的负责人和执法人员，累计培训人数达 600 余人次，为执法人员素质、技能的提升搭建了良好的平台。同时，宁夏加大了对草原违法案件的打击力度，2018 年全自治区查处各类草原违法案件 262 起，移送司法机关 6 起，联合公检法机关严厉惩处不法分子，为保护草原生态资源作出了贡献。

7.2.2.5 草原科技支撑情况

宁夏回族自治区草原工作站与宁夏农业科院植物保护研究所合作开展的"宁夏草原虫害监测与防控技术研究示范"项目，在实施期间建立草原虫害综合防治技术试验示范区 10 个，防治面积累计 33.15 万亩，辐射推广 713.71 万亩，新增产值总计 1476.18 万元。此项技术获得 2018 年宁夏回族自治区科学技术进步奖三等奖。与宁夏农林科学院荒漠化治理研究所合作开展的"饲草产业高效节水综合生成技术集成研究"项目，形成了宁夏干旱区退化草地补播改良、干旱区优质苜蓿高效节水综合生产技术体系。筛选出适宜旱地种植苜蓿品种3个、灌溉种植苜蓿品种6个。

目前，宁夏回族自治区没有设立专门的草原科研机构。一些研究工作主要由宁夏大学农学院、宁夏农林科学院等单位承担。

7.2.2.6 草原保护政策与工程

宁夏回族自治区党委、政府高度重视草原工作，积极推进各项草原政策的落实和草原工程的实施。一是草原生态补奖政策落实情况。2016年，国家启动实施新一轮（2016—2020年）草原补奖政策。2016年以来，宁夏每年在兴庆区、平罗县、盐池县等14个县（市、区）实施草原禁牧2599万亩，补助7.5元/亩，涉及农户39.2万户。截至2018年7月15日，累计完成兑付到户资金57802万元，并将国家下达的草原补奖绩效评价奖励资金28411万元，全部发放至县级财政及相关项目建设单位。二是退牧还草工程实施情况。自2003年以来，宁夏回族自治区开始实施国家天然草原退牧还草工程。据《宁夏回族自治区退牧还草工程总结报告》，截至2018年，全自治区共完成草原工程围栏建设2330万亩，退化草原补播829万亩，人工饲草地建设55.9万亩，舍饲棚圈建设2.89万户，毒草治理1万亩。三是退耕还草完成情况。2015—2016年，国家发展改革委和农业部向宁夏回族自治区下达退耕还草任务7万亩，项目总投资6000万元，补助标准分别为800元/亩和1000元/亩。四是农牧交错带已垦草原治理情况。2016—2018年，国家发展改革委和农业部向宁夏回族自治区拨付已垦草原治理项目总资金5280万元，在同心县实施以草原围栏和人工补播种草为主的已垦草原治理项目。共完成围栏建设61.19千米，人工种草15.75万亩，草原补播改良23.73万亩。五是开展草原鼠虫害治理情况。据《宁夏草原生态保护建设情况》，2013—2018年，国家财政部和农业部向宁夏回族自治区拨付草原鼠虫害治理项目总资金2560万元。全自治区累计完成草原鼠虫害治理2185万亩，其中鼠害治理1015万亩，虫害治理1170万亩，挽回经济损失约1.6亿元。

7.2.2.7 草原防火工作

宁夏回族自治区自治区高度重视防火工作，实现连续15年草原"零火灾"。自实行草原禁牧封育政策以来，草原防火形势依然严峻。草原植被大幅度恢复，草原可燃物比原来增加2~3倍。全自治区易发火灾草原区占草原总面积的近2/3，频发火灾区占1/2。主要工作：一是组织建设。各级人民政府均制订发布了草原火灾应急预案，并将草原防火工作纳入年度考核和绩效考核中。每年组织开展草原火灾应急培训和实战演练。二是基础建设。自治区财政从2011年将草原防火经费列入自治区财政本级预算，每年预算资金100万~150万元。用于草原防火专项工作经费。全自治区建设区级草原防火物资储备库1个，自治区、固原市防火指挥中心2个、市级草原防火物资储备库5个，县级草原防火物资站17个，草原火情监控站10个，2019年新增草原防火基础设施项目，草原火情监控站4个，草原防火站4个，乡镇防火物资点12个。三是队伍建设。自治区防火工作由承担草原管理工作的单位承担，目前共有工作队伍21支。本着以地方专业扑火队伍为主，专业扑火队和半专业扑火队相结合的原则，在各市、县（区）在武警消防等专业扑火队伍的基础上，成立了由草原部门、基层乡村干部组成的半专业扑火队。

7.3 草原资源保护存在问题

草原监管职责由原农业农村部门划转到林业和草原部门后，林草部门面临着草原资源保护基础工作薄弱，缺乏顶层设计，草原监督管理机构弱化，草原生态保护修复工程和政策不完善等问题。"一地两证"等原来林草部门交叉管理方面存在的问题亟待解决。草原生态保护与经济发展之间的矛盾日益凸显。加快经济发展的压力和草原生态环境脆弱将是长期制约宁夏回族自治区草原可持续发展的瓶颈。

7.3.1 缺乏草原保护利用顶层设计

宁夏回族自治区层面尚未制定出台草原保护建设利用专项规划，草原生态保护修复任务在《宁夏生态保护与建设"十三五"规划》中所占的比重分量低。宏观管理缺乏统一的草原基础数据支撑，对自治区草原保护建设与利用工作进行专业性的、长期性的指导存在不足。草原生态保护修复纳入山水林田湖草综合治理的大格局的主动意识不足，自治区草原保护建设利用缺乏顶层设计。

7.3.2 草原保护利用制度体系不健全

草原保护建设的制度体系不健全是草原保护建设的明显短板。一是部分规章制度没有出台，开展工作缺乏依据。包括草原生态保护红线划定、基本草原保护条例、草原资源资产产权和用途管制、草原资源资产负债表及干部离任审计、草原资源损害责任追究、草原生态环境损害赔偿和草原生态补偿等制度。二是部分制度可操作性不完善，影响制度落实。《宁夏回族自治区草原管理条例》中关于监督检查部分的操作性不强，草原执法经费没有纳入同级财政预算，草原执法存在着调查取证难、执行难、查处工作阻力大的问题，不能及时有效地制止破坏草原等违法行为。

7.3.3 草原监督管理制度不完善

7.3.3.1 草原征占用监管机制不建全

一是草原征占用监管机制不完善。受主客观因素影响，在采矿、修路、工业园区、风力和光伏电站等工程建设中，征占用草原由国土部门直接办理，有的企业以持有国土部门先行用地手续为由未审先建，导致草原监理部门开展前期相关手续的审核举步维艰。

二是草原征占用审核审批过程中各部门协调不足。国家土地分类标准中的"其他草地"全自治区总面积约为923万亩，国土部门将"其他草地"定性为未利用地，不属于农用地。在建设用地审批过程中，机构改革前不经过农牧部门审核同意直接审批，目前林草部门也遇到同样的问题。最突出的案例为建设的风力、光伏发电项目占用草原，企业均未办理过草原征占用审核手续，带来极大的监管困难。

7.3.3.2 基层投入禁牧封育监管力量不足

《宁夏回族自治区禁牧封育条例》规定，各级乡镇人民政府具体负责辖区内禁牧封育组织实施工作。但各地乡镇没有设立专门机构、没有专职人员，禁牧工作基本上是临时抽调人员开展。禁牧工作人员普遍没有行政执法证，身份不合法，存在执法难问题。

7.3.3.3 草原监理体系不健全

草原监理机构队伍力量薄弱。宁夏没有单独设立草原监督管理机构，草原监督管理机构均在草原站加挂草原监理站(中心)牌子，实行"一套人马，两块牌子"工作模式。监理执法经费短缺、职责不明，事业单位承担行政职能，监督管理能力进一步弱化；村级草原管护员队伍由于地方财力有限没有建立起来。据不完全统计，机构改革后，县(市、区)两级从事草原工作的人员减少了8%，其中，3%到应急部门，2%留在农业部门，3%到自然资源局其他部门，机构进一步被弱化。

7.3.4 草原生态工程政策不完善

7.3.4.1 草原生态建设投入政策不完善

一是投资标准偏低。例如草原鼠虫害治理亩均投资仅有1.17元，草原治理的人力成本及相关材料成本不断上涨，现有的投资标准远不能满足实际需求，达不到预期的治理效果。二是后续管护经费未纳入工程建设投入。一些通过治理刚刚恢复植被的区域稳定性差，往往因缺乏有效管护工作而功亏一篑，巩固生态建设成果的难度大。三是配套资金不能落实到位。例如，生态移民迁出区生态修复草地建设与保护工程只下达规划建设任务，没有安排专项经费，只能通过国家下达的退牧还草工程、已垦草原治理试点项目倾斜扶持来完成目标任务。四是部分草原尚未纳入治理范围。2003年，宁夏回族自治区全自治区禁牧之前，全自治区天然草原退化面积达到97%。其中，发生中度退化的草原面积达1464万亩，占46%；重度退化面积1584万亩，占43.2%。以退牧还草工程为例，2003—2018年，国家累计下达退化草原补播改良面积829万亩，仅占中度以上退化草原面积的40.5%，仍有近六成的退化草原未治理，还不包括已治理又退化的草原。

7.3.4.2 退耕还草政策与农业政策不协调

由于受基本农田保护政策影响，部分地区退耕还草任务落地难度大。宁夏中南部各县(区)经过上一轮退耕还林还草工程的实施，符合坡度25°以上或严重沙化的非基本农田条件的耕地面积有限，受到耕地保有量指标的限制，可退耕的土地大多为基本农田、牧草地等非一般耕地，受永久基本农田保护"五不准"等土地红线限制，退耕还草工程面临着有指标无地块的矛盾局面。

7.3.5 草原产权制度不完善

草原产权界定仍存在一些矛盾。机构改革后，草地与林地边界不清、权利重叠、交叉管理的问题仍未得到解决。机构改革前，一些地方在承包草原上实施退耕还林、天保工程、公益林等项目，并发给林权证的问题普遍存在。据调查，盐池"一地多证"情况各乡镇均有，主要集中在中北部乡镇，"一地多证"面积约为400.69万亩，约占区域总面积的30.84%；彭阳县72.91万亩承包草原的农户全部持有林业部门发放的林权证，属典型的"一地多证"。另因行政区划调整，灵武市、红寺堡区、中宁县、沙坡头区等地，草原承包者与承包草原分离引发的利益纠纷时有发生。

草原承包经营权保护政策不完善。2003年，宁夏回族自治区实施禁牧封育后，草原虽然实行了草原承包到户经营责任制，但仍存在草原承包地块四至不清、草原经营权权属不明、合同不完善等问题。宁夏回族自治区虽然根据国家草原生态保护补奖政策向农牧民发放禁牧补助，但是由于补助标准低和基层禁牧管理难度大等现实原因，主要依靠群众自我管理，自我监督实施草原保护的难度很大。

7.3.6 草原科技支撑体系不完善

一是草原科技队伍力量薄弱，草原科技能力不足。宁夏缺乏专门的草原科研机构，专业人员缺乏。现有草原科研力量主要依托于自治区草原工作站、宁夏大学等科研机构。区、市、县三级从事草原工作人员316人，具有草业专业学历的人员仅有62人，约占19.6%。宁夏在草原生态保护与修复方面的课题研究和技术推广项目极少。二是草原科研服务体系不完善。宁夏缺乏草原科技支撑平台服务体系，草原科技数据共享、草原信息化管理能力不足。三是草原科技推广服务体系不完善。人工种草等草原科技推广应用能力不足，农民在人工种草、田间除杂、病虫害防治、施肥、收割等方面采用传统作业方式,影响牧草品质。

7.3.7 经济发展与草原生态保护矛盾凸显

一是草原征占用扩大和非法草原开垦占用问题始终存在。工业化、城镇化的快速发展,草原资源环境承载压力越来越大;对草原重利用轻保护,把草原视为未利用地等随意侵占草原、改变权属问题难以根本杜绝。国家及自治区重点工程、基础设施建设征占用草原的面积和范围逐步扩大。大规模的开发光伏、风力发电等造成草原资源破坏的现象日益突出。农牧业开发项目拱地头、扩地边、成片压砂乱垦草原现象屡禁不止,私开滥垦草原案件呈高发趋势,天然草原面积持续减少。20世纪80年代,宁夏草原面积4521.1万亩,占宁夏土地面积的58%;国土"二调"公布宁夏草原面积3149.27万亩,占宁夏土地面积的40.45%;目前,国土"三调"初步确定宁夏草原面积约3132万亩,占宁夏土地面积的32%。40年间,草原面积每年平均减少34.73万亩。

二是自然保护区严格保护政策与社区群众发展养殖改善生计的矛盾。例如哈巴湖自然保护区成立初期,存在功能区区划及边界划定不准确的问题,将不宜划入保护区的村庄、耕地划入保护区。目前,仍有部分居民生计对草原依赖度高,对严格保护存在抵触情绪,存在放牧偷牧等现象。

7.4 草原"十四五"发展机遇与挑战

在持续推进生态文明建设和美丽中国建设的进程中,在生态立区战略和国家主体功能区发展战略指引下,宁夏草原建设在"十四五"时期面临着诸多机遇,同时,也面临着公共财政投入不足和草原保护修复治理体系不完善和治理能力不足的重大挑战。深入分析宁夏草原在"十四五"时期发展本身的优势和劣势的内部条件,从四个方面全方位对草原发展的形势进行分析。运用矛盾分析法,研究提出宁夏草原"十四五"发展的主攻方向。

7.4.1 发展机遇

7.4.1.1 生态文明思想提供了行动指南

2017年,党的十九大报告明确提出了新时代我国社会主要矛盾是人民日益增长的美好生活需要和不平衡不充分的发展之间的矛盾,提出要提供更多优质生态产品以满足人民日益增长的优美生态环境需要。2018年,国家机构改革组建国家林业和草原局,增加草原管理职能,林草工作步入融合发展轨道,进入以保障国家生态安全,推进国土绿化,加强生态系统保护修复,建设以国家公园为主体的自然保护地体系为主的林草新时代。2019年,党的十九届四中全会决定对生态文明制度体系建设提出明确要求。十九届四中全会决定提出必须践行"两山"理念,健全生态保护修复制度,统筹山水林田湖草一体化保护和修复。生态保护修复被提升到制度建设层面。

7.4.1.2 宏观发展战略提供具体方向指引

2016年,习近平总书记在宁夏视察时指出,"宁夏作为西北地区重要的生态安全屏障,承担着维护西北乃至全国生态安全的重要使命"。宁夏位于国家生态安全战略"两屏三带一区多点"的"黄土高原—川滇生态屏障"和"北方防沙带"中,是国家西部生态屏障的重要组成部分。从自治区"十三五"规划"生态优先"战略到第十二次党代会"生态立区"战略,深刻把握了宁夏生态建设的内在规律。2016年,《关于落实绿色发展理念,加快美丽宁夏建设的意见》提出加强生态保护,着力构建生态安全屏障;2016年,宁夏开全国之先河,率先以自治区为单位编制和实施空间发展战略规划《宁夏空间发展战略规划》,实施"一主三副、核心带动,两轴两带、统筹城乡,山河为脉、保护生态"的总体战略;2017年,自治区党委、人民政府出台《关于推进生态立区战略的实施意见》,提出打造沿黄生态经济带、实施山水林田湖草一体化生态保护和修复工程。国家及宁夏重大战略规划部署为当地草原发展提供了发展机遇。

7.4.2 外部挑战

7.4.2.1 公共财政支持力度不足

由于生态建设投资周期长,直接经济效益不明显,造成私人投资动力不足。同时地方政府受到财力影响,往往对生态建设也缺乏足够的支撑,资金投入不足问题一直困扰欠发达地区的生态建设。中央政府尽管对重要生态系统保护修复与地方政府一起承担事权,但由于信息不对称,生态保护修复往往也得不到足够投入。过去由于放牧过度、气候环境条件恶劣,草原生态修复投入方面的历史欠账较多,草原退化问题依然严重。宁夏属于西部欠发达地区,经济发展相对落后,自治区级和市级财政收入薄弱。2019年全自治区地方一般财政预算收入423.6亿元,而全自治区一般财政预算支出1439.4亿元。地方财政对草原生态建设投入严重不足。尽管国家逐年增加生态保护项目投资,但仍存在项目投资标准普遍偏低、项目资金投入总量不足、项目投资缺乏系统协调性等问题。

7.4.2.2 发展和草原保护修复的矛盾日益凸显

经济发展和生态保护的矛盾是生态脆弱区加快发展中面临的主要问题,在草原领域显得尤为突出。生态文明建设能否取得成效关键要依靠制度的执行。由于基本草原制度、草原征占用审核审批制度不完善,征占用草原的审核审批程序执行不到位,未批先占的现象十分突出,草原面积不断萎缩,草原保护承受的压力将越来越大。同时,由于草原产权改革、有偿使用制度和用途管制、草原资源损害责任追究、草原草畜平衡制度、草原生态环境损害赔偿和草原生态补偿等制度政策还不完善,严重制约着草原保护。加快高质量发展,实现绿色发展、协调发展,对草原保护修复要求越来越高,挑战越来越大。协调处理发展和草原保护修复的矛盾冲突,是"十四五"时期草原保护修复工作面临的重大挑战。

7.4.3 自身存在的优势

7.4.3.1 生态区位优势明显

宁夏回族自治区草原总面积为3132万亩,占全自治区面积的32%,是自治区重要的绿色生态屏障和我国西北地区重要生态屏障,具有发挥重大生态、经济与社会功能的自然条件基础。草原保护修复在生态文明建设及国土绿化过程中发挥着巨大作用。

7.4.3.2 草业经济发展潜力巨大

宁夏自2003年实行禁牧政策以来,禁牧封育区林草覆盖度大幅提高,理论载畜量不断增加,畜牧业生产模式转型取得一定成效。宁夏优势畜牧产业不断开拓,需要草产业快速发展,为畜牧业现代化发展提供坚实的基础。草业发展处于起步阶段,积极培育优质牧草,开展草原旅游、草原牧家乐、家庭牧场等现代草产业和草原经营模式,将会成为草原保护与发展带来新的经济增长点。

7.4.4 自身存在的劣势

7.4.4.1 草原发展战略定位不清晰

一是对草原多种功能的认识不足。研究解决草原问题还多从生产资料角度出发，对草原生态功能重视不足，对草原生态系统评价等基础研究投入不足，草原保护与利用的协调机制不健全。二是在生态系统治理中对于草原的定位与作用不清晰。目前在国土绿化和生态建设中，对草原生态保护修复项目规划重视不够，草原生态保护修复工作缺乏明确的目标导向。草原畜牧业发展与草原生态保护之间协调不足。

7.4.4.2 自然生态环境恶劣

宁夏地处中国内陆，属温带大陆性干旱、半干旱气候，大气降水、地表水和地下水都十分贫乏。全自治区年降水量在150~600毫米，而平均年水面蒸发量1250毫米，是中国水面蒸发量较大的省份之一。全自治区3132万亩天然草原中90%以上存在着不同程度的退化，其中重度退化面积1346万亩、沙化面积1177万亩，草原生态系统仍十分脆弱。根据宁夏第五次荒漠化和沙化监测报告，监测范围内，荒漠化土地利用类型中，草地面积162.66公顷，占荒漠化土地总面积58.3%；沙化土地利用类型中，草地面积62.99万公顷，占沙化土地总面积56.0%；有明显沙化趋势的土地利用类型中，草地22.05万公顷，占有明显沙化趋势土地总面积的82.1%。生态环境脆弱，易受人类活动干扰，出现退化、沙化和盐碱化问题，也影响草原植被恢复修复过程。

7.5 草原"十四五"发展对策建议

根据习近平总书记"建设美丽新宁夏，共圆伟大中国梦"的指示精神和宁夏第十二次党代会精神，面对经济社会发展不充分和生态环境脆弱的双重挑战，草原发展既要补齐生态服务方面的短板，也要加快创新发展方式，努力推动高质量发展，深入贯彻落实生态立区战略。

7.5.1 总体要求和基本思路

宁夏草原"十四五"发展的总体要求：以供给侧结构性改革为主线，以实现草原高质量发展为主题，加快补齐宁夏生态屏障短板，提升草原生态修复保护的科技和管理水平，推进治理体系和治理能力现代化，维护国家西北生态安全。

宁夏草原"十四五"发展的基本思路：落实绿水青山就是金山银山理念，贯彻落实创新和绿色发展理念，落实山水林田湖草综合治理措施，服务于黄河流域生态保护和高质量发展先行区建设，加大依法治草力度，完善相关法律法规，夯实执法监管队伍建设；充分重视草原在水土保持和水源涵养中的作用；加大草原生态保护修复力度，实施草原生态保护修复工程项目；加强草原科技支撑力度，增强草原基础研究和草原修复实用技术研究推广；加快草原修复保护创新发展方式，加快一、二、三产业融合发展，构建人与自然和谐的美丽宁夏。

7.5.2 发展目标和战略任务

宁夏"十四五"草原工作要深入实施生态立区战略，发挥草原在维护生态安全屏障、构建生态文明先行区中的关键作用，以提升草原资源质量和生态服务功能为目标，以实施重大草原生态修复工程为重点，以增绿增质增效为主攻方向，推进草原生态保护修复，全力推动草原事业高质量发展。

宁夏草原面积占比较大，但草原生态环境十分脆弱，发展与保护的矛盾比较突出，草原管理工作基础薄弱，草原经济发展质量不高，草原成为农业农村发展的短板。宁夏"十四五"草原发展要以维护生态安全为首要任务，按照总体要求和基本思路，以草原保护利用专项规划为依据，以草原保护制度为抓手，加强退化草原生态修复，实施山水林田湖草系统治理，促进草原经济转型发展，强化草原基础科技支撑服务，扎实开展草原统计调查并完善草原承包经营制度，搞好草原基础保障服务。

7.5.2.1 出台草原保护利用专项规划

服务建设黄河流域生态保护和高质量发展先行区，结合自治区主体功能区规划、《宁夏空间发展战略规划》《宁夏回族自治区草原管理条例》《宁夏回族自治区生态保护红线管理条例》等制定宁夏"十四五"草原保护利用专项规划，明确宁夏草原保护修复建设目标。科学合理划定草原功能区域，研究制定核心保护区、生态利用区的分区实施政策。加强草原空间用途管制，严守生态保护红线，明确严格管控区域，限制开发区域及适度开发区域。

7.5.2.2 建立健全草原保护修复制度体系

推进基本草原划定，出台基本草原保护条例，加强基本草原监督管理能力，实现对基本草原面积和空间合理利用的双控制；确保基本草原用途不改变、数量不减少、质量不下降。加快修订《宁夏回族自治区草原管理条例》《宁夏回族自治区禁牧封育条例》等一系列法律法规，明确法律实施主体、监管职责、法律责任，为林业和草原主管部门履行职责提供法治保障。加强与自然资源管理部门沟通协调，完善草原征占使用审核审批流程，建立负面清单，实行审核审批终身责任制。出台草原资源资产负债表编制方案，出台领导干部草原资源资产离任审计制度，落实党政主要领导干部责任。完善草原生态保护补奖政策，把对农牧民的生态保护补偿标准与草原生态改善情况绩效挂钩，调动农民保护草原积极性。

7.5.2.3 推动实施草原重大生态保护修复工程

围绕自治区"一河三山"保护治理重点，结合国家"双重"工程规划，在"一带三区"生态生活生产总布局中，布局草原生态保护和修复重大工程，建设草原高质量发展先行示范区。

（1）大力推动草原自然公园、国有草场试点建设。紧跟新时期草原保护建设机遇，主动对接试点草原保护建设新思路新模式。加强中部防沙治沙区的退化草原生态修复、南部水源涵养区的草原植被修复，加强国家草原自然公园建设，在防沙治沙封禁保护区试点国有草场建设，开展贺兰山、六盘山、罗山自然保护区退出区人工种草试点国有草场建设。

（2）实施重点退化草原修复治理工程。坚持山水林田湖草系统治理理念，在全自治区生态修复全局中专项安排退化草原生态修复工程。退化草原生态修复工作必须坚持统一规划，全自治区一盘棋的思路，区、市、县分级负责，整合各类项目资金，整合各类生态修复措施，统一标准、统一实施。整合已有的防沙治沙、鼠虫害治理、退牧还草、退耕还草等工程项目，在天然草原地区通过禁牧封育、人工种草、补播改良等措施，促进退化草原的植物群落恢复，重点在中部干旱草原区吴忠市、中卫市、银川市实施退化草原生态修复工程，实施南华山等自然保护区迁出区退耕还林还草工程。加快制定草原生态修复工程技术标准体系，制定草原生态修复工程监理标准体系等技术标准，全面提高草原生态修复质量。

7.5.2.4 完善草原科学合理利用政策体系

坚持创新、绿色发展理念,遵循"生态优先,科学利用"基本原则,不断创新草原科学合理利用政策体系。加强草种业科研项目支撑。引进、选育和示范优质牧草品种,开发配套栽培、丰产高产、高效施肥、病虫害防治等关键技术,提高人工种草的效益。出台扶持草业利用新业态政策。引导社会资金投入草原新业态发展,挖掘草原生态、文化和社会等多种功能,以满足人民群众对优质生态产品的需要,因地制宜地发展草原牧区旅游、生态体验、生态教育等多种生态产业模式。创建一批特色草原旅游示范村镇和精品路线,打造草原生态旅游产业链。促进草原旅游与草原文化和草原畜牧业融合发展,建设旅游综合服务体系。出台现代畜牧业发展支撑政策,加强林区牧区联系、林草业结合,增加牲畜牧草料供给,促进落实舍饲圈养,推动现代畜牧业转型升级。扶持草原地区生态基础设施建设,延长草原经济产业链,提升草原经济价值链,推动绿水青山转化为金山银山。

7.5.2.5 加快完善草原统计调查制度

加强自治区草原基础数据库建设和完善草原调查统计制度。结合国土"三调",依据出台的《自然资源统一确权登记暂行办法》,对以往确权登记情况进行复核,推动建立权属清晰、权责明确、保护严格、流转顺畅、监管有效的自然资源产权制度,协议解决"一地多证"、边界不清的问题。建立全自治区统一的草原基础数据库,加快健全草原资源统计调查制度。建立健全草原资源综合调查和监测体系,结合自然保护地体系建设,建立重点地区调查监测平台。推进草原信息化建设,建立林草信息化中心,加快卫星、无人机监测技术应用,加强野外定位观测点建设,构建上下一体、服务高效的资源"一体化"监测网络体系。定期开展草原资源专项调查和生态监测,加强草原经济和社会效益监测,全方位掌握产草量、草原植被盖度、鼠虫害面积、退化草原生态状况、草原工程效果效益等基本情况,为编制草原各类专项规划提供支撑。

7.5.3 加快推进林草融合发展

牢固树立山水林田湖草是一个生命共同体的理念,牢固树立"大生态、大保护"格局,打破"一亩三分地"思维定式,在具体工作中坚持"林草一盘棋"的思路,全面推动林草融合发展,切实履行林草部门职责。

7.5.3.1 以林长制为抓手推进业务融合

目前,自治区、市、县已经完成林草系统组织架构重建、实现机构职能调整,解决了"面"上的问题,但需要进一步发生"化学反应",通过具体工作运转,使各级机构能够实现权责统一、运行高效,更好地落实山水林田湖草系统治理理念,加快解决林草发展中面临的短板和现实问题。

抓好林草融合的试点工作,在林草管理上矛盾突出,林草资源较丰富的市开展林草融合管理试点。在机构设置、工作机制、工作流程环节、队伍管理等方面加强融合,特别是加快林草生态保护修复工程项目规划融合、林草生态建设项目监理融合、林草资源监督管理融合、林草防火、有害生物防治、林草资源管护等日常工作机制融合,全面探索林草机构融合发展新模式。推进林(草)长制建设,强化地方政府的主体责任。随着工作深入,加强林草资源管理融合,特别是加快解决林草"一地两证"问题,加强林地和草原征占用管理融合。在产权制度方面,借鉴集体林权制度改革经验,加快完善草原承包经营制度。加快生态保护修复工作目标上的融合。坚持宜林则林、宜草则草的原则,科学合理设定森林覆盖率、草原综合植被盖度等林草资源发展目标,实现国土绿化总要求和总目标。

7.5.3.2 完善林草发展评价指标

构建统一的林草生态指标"生态防护植被覆盖率",突出林草资源对生态功能的整体性贡献,并作为林草发展评价的重要指标之一。加快摸清自治区草原资源本底数据,综合考量林草资源数量、质量、分布等具体特征,综合考虑气候、环境条件、水资源承载力等因素,科学划定适宜造林和种草区域,分析林草资源增长潜力,科学合理确定林草建设目标上限。抛弃不限制前提条件的、片面的单独考虑林业或者草原发展目标。根据林草综合评价指标,因地制宜地确定各市县林草综合发展目标,将林草综合评价指标,纳入年度绩效考核体系,推动林草事业科学发展。

7.5.3.3 系统实施林草重点生态建设工程

以国家"双重"工程为重点谋划生态保护修复项目,结合省内重点生态工程项目,贯彻落实山水林田湖草系统治理思想。依据国土空间规划、生态保护红线以及生态区位重要性、自然恢复能力、生态脆弱性等指标制定"十四五"林草生态保护修复规划,确定林草资源保护修复重点区域。在六盘山、贺兰山等国家级自然保护区及外围,在吴忠市天然草原区开展林草生态保护修复建设工程,系统实施重点保护修复工程项目。将退化草原保护修复、人工种草等纳入自治区"十四五"国土绿化;根据林草资源分布特点和生态环境约束条件,合理规划布局林草资源的配置。统筹城乡绿化建设,巩固和完善城镇周边、农田内部的防护林网络,提高农田防护林存活率。协同不同行业用水规划,适当提高生态用水比例,科学调水,提高林草生态系统活力。统一规划实施生物多样性保护重大工程。

7.5.4 提升基础保障服务

7.5.4.1 加强草原科技创新支撑

贯彻落实创新发展理念,坚持科技创新和制度创新"双轮驱动",发挥科技在草原生态保护修复和草原经济中的支撑作用,构建新型草原科技服务体系,支撑草原生态和草产业高质量发展。加强草原生态保护修复方面的基础研究,建设草原实验监测站(点),加快草原健康评价指标体系等研究。设立草原生态修复相关的重大专项研究,支持生态草种和优质牧草选育示范、天然草原生态系统恢复、人工草地建设、草产品加工、鼠虫害生物防治等关键技术研究。建立自治区草原工作站、高校、科研院所紧密合作的草原科技联盟,加大对知识产权转化的支持。适时建立专门的草原研究机构,引进草原科研高级技术人才,提升自治区草原科研能力。

7.5.4.2 加强草原防火长效机制和有害生物防控应急能力

加强森林草原防火统一部署、统一预防、统一扑救,将草原火灾预防和扑救经费纳入同级财政预算,建立起长效投入机制。森林草原防火工作要进一步落实行政首长负责制,要进一步加强基础设施建设,加强重点火险区综合治理,积极推广使用先进适用防火技术和装备,提高县级防火队伍能力建设,提升队伍专业化、半专业化水平,提高防火物资储备和保障能力。加强自治区级草原有害生物监测、防控指挥体系建设。完善草原有害生物灾害应急指挥体系,提升突发灾害应急处置能力。建立草原有害生物本底数据库和预测预报体系,强化短、中、长期预报工作。

7.5.4.3 完善各级草原机构和人员队伍建设

进一步完善各级草原机构建设,提高管理效能和草原治理能力,补齐专业人才匮乏的短板。在草原面积较大的市县完善草原工作站的职能,强化草原监理的执法能力,提高执法检查装备条件和信息化水平。提升草原工作站科技推广能力建设,发挥草原科技在扶贫和草产业发展中的重要租用。加强草原基层治理体系建设,发挥基层群众在草原生态保护中的积极作用。将公益岗位的草管员队伍纳入林草管护队伍管理,建立统一的生态管护员队伍,弥补政府基层生态环境监管力量不足的短板。生态管护员管护补助资金纳入中央财政,对森林、草原、湿地和荒漠等资源统一管护,有利于落实山水林田湖草系统治理。

7.5.4.4 强化公众保护草原的舆论导向

发挥主流媒体舆论引导作用,完善沟通协作机制,通过主流媒体积极引导社会舆论,营造依法治草的良好氛围。深度解读草原重要方针政策,广泛进行草原保护科普宣传,积极引导热点舆论。积极组织开展草原普法宣传月活动,提高社会各界依法保护草原的意识。

参考文献

杜占池,樊江文,钟华平,2009. 草原、草地与牧地辨析[J]. 草业与畜牧(7):1-7.

刘钟龄,2017. 中国草地资源现状与区域分析[M]. 北京:科学出版社.

卢欣石,2019. 草原知识读本[M]. 北京:中国林业出版社.

宁夏回族自治区统计局,2018/2019. 宁夏回族自治区2018年国民经济和社会发展统计公报[R].

宁夏统计年鉴委员会,2018. 宁夏统计年鉴:2018[M]. 北京:中国林业出版社.

农业部,2017. 全国草原监测报告[R].

农业部赴美国草原保护和草原畜牧业考察团,2015. 美国草原保护与草原畜牧业发展的经验研究[J]. 世界农业(1):36-40.

赵奕,杨理,李鸣大,2019. 美国公共牧草地的市场化管理过程及启示[J]. 世界农业(03):18-24,39.

中华人民共和国农业部畜牧兽医司全国畜牧兽医总站,1995. 中国草地资源[M]. 北京:中国科学技术出版社.

Corson W H, 1996. Measuring sustainability: indicators, trends, and performance[A]. In: Pirages, Dennis C. Building Sustainable Societies[M]. Armonk, NY: M.E. Sharpe, Inc., 325-352.

Hansen Z K, Libecap G D, 2004. The allocation of property rights to land: US land policy and farm failure in the northern Great Plains[J]. Explorations Economic History, 41(2): 103-129.

Zac Moore, 2006. Fee OR Free? The Costs of Grazing on Public Lands[EB/OL]. http://www.cnr.uidaho.edu/range456/hot-topics/grazing-fees.htm, 03-05.

8 林草产业发展研究

8.1 研究背景与方法

8.1.1 研究背景

森林和草原在生态安全格局中的特殊地位。宁夏位于黄土高原、蒙古高原和青藏高原交汇地带，地处西北内陆、黄河上中游地区，属干旱半干旱地带，具有山地、黄土丘陵、灌溉平原、沙漠（地）等多种地貌类型，是我国生态安全战略格局"两屏三带一区多点""黄土高原—川滇生态屏障""北方防沙带"和"其他点块状分布重点生态区域"的重要组成部分，在我国生态安全战略格局中具有特殊地位，生态区位十分重要。森林和草原是我国北方干旱半干旱地区最主要的植被类型，具有涵养水源、保持水土、防风固沙、固碳释氧、维护生物多样性等重要生态功能，对巩固我国西部的生态安全至关重要。截至2018年，全自治区林地面积170.73万公顷，占宁夏总面积的31%。宜林地、无立木林地面积47万公顷，森林面积106.7万公顷，森林覆盖率达到15.8%。林业及相关产业产值达到180亿元。建立自然保护区14个，建成国家级自然保护区9个，面积689.32万亩；建成国家和自治区级森林公园11个，森林公园面积69.5万亩；全自治区湿地面积20.72万公顷，建成国家级湿地公园14个，自治区级湿地公园10个。全自治区湿地保护率55%。全自治区草场面积208.8万公顷，有温性草原、温性草甸草原、温性荒漠草原、温性草原化荒漠和温性荒漠等五种主要的草地类型。主要以温性草原、温性荒漠草原为主体，分别占全自治区草原总面积的26.03%和59.06%。森林和草原的不断发展，生态功能不断完善，保障着黄河上中游及华北、西北地区的生态安全。

当前，我国进入中国特色社会主义新时代，实施乡村振兴战略，决胜全面建成小康，建设社会主义现代化强国对林草产业发展提出了新的更高要求。一是，实施乡村振兴战略赋予林草产业新使命。党的十九大提出，要按照产业兴旺、生态宜居、乡风文明、治理有效、生活富裕的总要求，实施乡村振兴战略。宁夏乡村振兴最大的优势在生态，最大的潜力在林业。林草产业的发展与乡村振兴高度相关。实施乡村振兴战略，要求林草产业在产业兴旺方面发挥骨干作用，在生态宜居方面发挥支撑作用，在生活富裕方面发挥促进作用。二是，决胜全面建成小康社会赋予林草产业新使命。党的十九大指出，从现在到2020年，是全面建成小康社会决胜期。关键在于打赢脱贫攻坚战，确保贫困人口和贫困地区全部脱贫。宁夏贫困人口集中分布在山区林区沙区。一方面，随着精准扶贫力度的不断加大，贫困地区会获得更多的支持；另一方面，也需要贫困地区培育内生动力，增强脱贫的意志和能力。这既要求加快推进宁夏林草产业发展步伐，特别是经济林产业，增加农民收入，使贫困地区如期脱贫，通过加强经济林产业发展基地建设、加快发展林下经济和森林旅游业，为周边的贫困群众创造就业机会、开辟增收渠道，推进林草产业发展与区域发展的互利共赢。三是，建设社会主义现代化强国赋予林草产业新使命。党的十九大明确提出，要把我国建成富强民主文明和谐美丽的社会主义现代化强国，我们要建设的现代化是人与自然和谐共生的现代化。林草产业发展承担着不可或缺的作用，承担着保护和发展林草产业、保护和改善林草生态系统、保护生物多样性的重要使命。要在建设美丽中国和实现人与自然和谐共生方面发挥更大的作用，就必须紧跟国家林草产业现代化的步伐，进一步加大改革力度，采取更加有力的政策措施，全面推进林草产业现代化建设，不断提升现代化水平。

因此，本研究在目前林草产业发展背景下，主要是针对宁夏林业和草原产业发展的现状，特别是优势产业的发展现状进行调研，讨论分析宁夏林草产业发展的主要成效与存在的问题，进而探讨构建宁夏林草产业发展目标，优化产业布局，提升产业发展的可能路径，以增加宁夏林草产业的生产效率和可持续性，推动林草产业的良性和谐发展。

8.1.2 关键概念界定

（1）林业产业化：林业产业是一个涉及国民经济第一、第二和第三产业多个门类，涵盖范围广、产业链条长、产品种类多的复合产业群体，是国民经济的重要组成部分；在维护国家生态安全，促进农民就业、带动农民增收、繁荣农村经济等方面，有着非常重要和十分特殊的作用。而林业产业化是在林业产业基础上进行延伸，即林业产业化是指以森林资源为依托，以市场为导向，以提高经济效益为中心，对林业主导产业实行区域化布局，规模化生产，集约化经营，社会化服务，建立产供销贸工林一体化生产经营体制，实现林业的自我调节、自我发展的良性可持续循环。考虑到宁夏林业产业发展的实际情况，本研究的林业产业与林业产业化重点关注林业第一产业与林业第三产业。

（2）经济林产业：经济林是以生产木本油料、干鲜果品、森林药材，以及林产饮料、调（味）料、工业原料和其他森林食品等为主要目的林木，分为木本油料（核桃、油橄榄等）、干果（枣、板栗等）、水果（苹果、梨等）、森林药材（枸杞、人参等）、林产饮料（茶叶、咖啡等）、林产调料（花椒、八角等）、林产工业原料（生漆、松脂等）、其他森林食品（竹笋、食用菌等）共八大类，是我国重要的森林资源。加快经济林的发展，是优化林业产业结构，满足社会需要，促进林产品向高效化、产业化发展的重大举措，也是实现生态扶贫、绿色产业扶贫与乡村振兴的重要选择。大力发展经济林产业，具有十分重要的意义。本研究的经济林产业主要包括枸杞及其他特色经济林产业。

（3）草原资源（卢新石，2009）：是自然界中存在的、非人类创造的自然体，它蕴含着能满足人们生产和生活所需的能量和物质。因此，草原资源可以定义为具有数量、质量、空间结构特征，有一定面积分布,有生产能力和多种功能,主要用于畜牧业生产资料的一种自然资源。随着生产的发展,进一步扩展为天然、人工、副产品饲草料资源的总体。依据调研实际与宁夏未来发展需求,在"十四五"期间关于草产业发展重点集中在人工饲草料基地建设与生态草种的选育两个部分。

(4) 生态旅游业(丛小丽,2019):以有特色的生态环境为主要景观的旅游,是指以可持续发展为理念,以保护生态环境为前提,以统筹人与自然和谐发展为准则,并依托良好的自然生态环境和独特的人文生态系统,采取生态友好方式,开展的生态体验、生态教育、生态认知并获得身心愉悦的旅游方式。宁夏根据《宁夏全域旅游发展规划》《宁夏建设特色鲜明的国际旅游目的地规划》《贺兰山东麓葡萄文化长廊旅游规划》等统筹全自治区旅游业发展的一系列规划,积极打造全域的生态旅游业,培育新型的旅游形式。

8.1.3 研究设计

8.1.3.1 研究思路

本研究旨在对宁夏"十三五"期间林草产业发展情况进行评价基础上,分析宁夏林草产业发展面临的优势与劣势、机会与威胁,确定"十四五"期间林草产业发展定位、思路与目标,进一步优化宁夏林草产业发展布局与重点任务,提出林草产业发展的建议,为进一步推进宁夏林草产业的全面、健康和可持续发展规划的制定和实施提供科学依据。基于此,本研究展开对具体问题的分析。具体研究框架如图8-1所示。

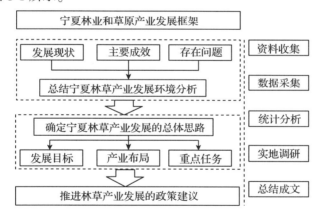

图 8-1 林草产业发展技术路线

8.1.3.2 研究问题

本研究主要关注以下几个方面的问题:

(1)"十三五"期间宁夏林草产业取得的主要成效、存在问题。
(2)宁夏林草产业发展所处的发展环境。
(3)"十四五"期间宁夏林草产业发展的主导产业、特色产业、新兴产业及其发展的主要目标。
(4)"十四五"期间林草产业的重点任务。
(5)"十四五"期间如何提升林草产业的发展。

8.1.3.3 研究方法与路径

(1)实地调研法。根据研究的需要,有效结合理论创新和科学方法论,采取以普查数据、年鉴数据和代表性调研点调查数据为基础,利用焦点小组访谈和深入访谈等性质的研究方法。具体来说,本研究对宁夏林业和草原局相关处室与各州(县)进行实地调研基础上,进行了二手资料收集。

具体收集的二手资料：① 林业统计年鉴；② 地区统计年鉴或统计公报；③ 近十年来森林资源分布的 GIS 数据；④ 各类林业产业发展规划；⑤ 各类林业工程进展资料；⑥ 各部门汇报材料等。

（2）系统研究法。系统研究法是指在考虑宁夏林草产业发展过程中从系统观念出发，把林草产业发展看成一个系统，统筹兼顾里面的相互影响、相互作用的各个要素，使各部门协同行动产生整合作用，促进宁夏林草产业的发展，提出科学合理的建议。

8.2 产业现状

"十三五"期间，宁夏林草产业快速发展成效显著，2018 年全自治区实现林业产业总产值 162.37 亿元。在林业产业发展中，枸杞产业种植规模全国最大，品牌优势突出，生产要素最全。以葡萄、苹果、红枣和花卉等其他特色经济林产业发展迅速，种植面积不断扩大。草原生态恢复效果较好，草产业发展稳步向前推进。生态旅游与休闲旅游为代表的第三产业发展势头强劲。

8.2.1 主要成效

8.2.1.1 林业产业快速发展，产业结构不断优化

发展速度高于全国水平，总量有待提升。2010 年以来，在宁夏政府的高度重视及国家林业和草原局的大力支持下，宁夏对林业结构进行大幅度的调整，具有宁夏特色的林业现代化路子越来越清晰，林业的发展进入了快速发展通道，近十年来保持了高速的增长态势。林业总值从 2009 年的 61.03 亿元增加到 2018 年的 162.37 亿元（图 8-2），林业总值增长了 1.66 倍，林业总值年平均增速 12.15%。

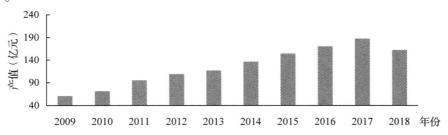

图 8-2 2009—2018 年宁夏林业产业总值对比

与此同时，宁夏国内生产总值（GDP）从 2009 年的 1353.31 亿元，增加到 2018 年的 3705.18 亿元，国内生产总值增长了 1.74 倍。而宁夏林草产业总值在增长速度上基本高于宁夏同期国内生产总值的增长速度（图 8-3）。但需要指出的是，2018 年宁夏林草产业总值仅占国内生产总值的 4.38%，总体占比很低，远低于广东、山东、广西和福建等林业产业发达省份。在宁夏国民经济的影响逐年降低，从另一个方面说明宁夏林业整体发展水平不高。

第一产业仍是主导产业，第三产业发展迅速。宁夏林业结构特点明显，第一产业长期占主导地位，第二产业发展处于弱势地位，但也有所增长，第三产业快速增长（图 8-4）。

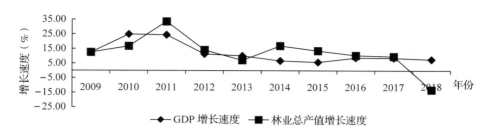

图 8-3 2009—2018 年宁夏国内生产总值与林业总产值增长速度

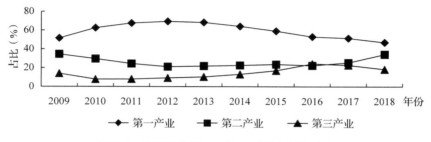

图 8-4 宁夏林业第一、二、三产业占比对比

根据林业统计资料，2009 年宁夏林业仅以第一产业为主，三产结构比 51.55∶34.45∶14，林业第一产业产值 31.46 亿元，占宁夏林草产业总产值的 51.55%，在第一产业中，以生态建设为目的林业培育和种苗以及经济林产品种植与采集为主。其中，用于林业培育和种苗 6.89 亿元，占第一产业产值的 11.29%，木材采运 0.025 亿元，经济林产品种植与采集 22.79 亿元，占第一产业产值的 37.34%。第三产业产值为 8.54 亿元，主要贡献来自林业旅游和休闲服务。

到 2018 年，林业第一产业产值增加到 76.44 亿元，但是占林草产业总产值比重下降到 47.08%。其中，所占比重最大的是经济林产品的种植和采集，2018 年产值达 46.92 亿元，占第一产业产值的 61.38%，林木育种与育苗产业产值 9.89 亿元，但是占比下降，占第一产业产值的 12.94%。以旅游服务为代表的林业第三产业快速增长，但 2018 年第三产业产值有所下降，下降到 30.03 亿元。占林草产业总产值的比例为 18.49%，产业结构进一步优化。其中，林业旅游与休闲服务产值达到 24.96 亿元，林业旅游与休闲服务业的发展是导致林草产业产值快速增长的主要因素(图 8-5)。

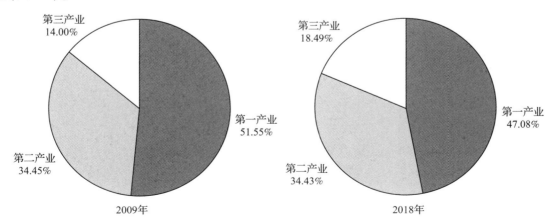

图 8-5 2009 年和 2018 年林业产业结构对比

8.2.1.2 枸杞产业优势凸显,品牌价值不断提升

枸杞产业是宁夏最具优势特色的主导产业,枸杞产业与经济发展、生态建设、全域旅游、脱贫致富戚戚相关。近年来,宁夏回族自治区政府始终把枸杞产业作为宁夏最具优势特色的战略性主导产业来抓,枸杞产业转型升级成果不断涌现,宁夏枸杞品牌价值不断凸显。

优化产业布局,打造了"一核、两带、十产区"的新格局。"一核":中宁核心产区;"两带":清水河流域产业带、银川北部产业带,其中,清水河流域产业带包括原州区、同心县、海原县,银川北部产业带包括贺兰、平罗、惠农、大武口等区县及农垦集团;"十产区":中宁、同心、海原、原州、平罗、惠农、盐池、沙坡头、红寺堡和农垦集团十大产区。宁夏已经成为全国枸杞产业基础最好、生产要素最全、品牌优势最突出的核心产区

种植面积较大,经营措施日趋完善。宁夏是我国枸杞最核心的产区。根据国家林业局《2017年经济林监测报告》显示,截至2017年年底,宁夏枸杞栽植面积是39890公顷,占全国栽培总面积的25.83%,仅次于青海,居全国第2位(图8-6)。新营造面积为4161公顷,其中,新造面积为2196公顷,改培面积为1965公顷;结果面积为37500公顷,占该区栽培面积的94.01%。2018年,枸杞干果总产量约12万吨;枸杞良种覆盖率达83%,基地标准化率达63%,枸杞病虫害统防统治率达57%,设施制干率达52%(其中清洁能源制干率34%);已建成了4个国家级枸杞研发中心,2个国家级枸杞种质资源圃;枸杞良种培育宁杞系列已达10号,宁农杞系列已达7号。

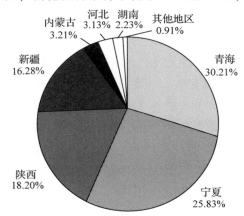

图8-6 截至2017年年底全国枸杞种植面积占比

枸杞深加工产品有新突破,深加工产品日趋丰富。自治区各级政府、部门、企业聚焦枸杞深加工产品研发,2017年宁夏枸杞加工量为43150吨,实现产值为324750万元,加工量与实现产值均居全国第1位(图8-7),2018年加工转化率达24%。另外,与中国科学院等研发机构开展深度

图8-7 2017年全国枸杞加工量对比

合作,枸杞糖肽、枸杞特膳护肝片投产,实现枸杞产品深加工上的新突破,成为枸杞精深加工产品的新高度。截至2018年,全自治区各类枸杞生产、加工、流通经营主体达732家(规模以上企业60余家)。

科技支撑有新进步,科技研究日趋深入。强化与中国科学院战略合作,建立枸杞产业人才高地,从基础研究入手,重点开展以枸杞功效为核心的重大前沿性枸杞药用物质基础、作用机理、质量标准研究,一大批科研单位、院士专家加入枸杞研发队伍,为良种繁育和产品开发提供遵循。

品牌建设有新亮点,"宁夏枸杞""中宁枸杞"两个区域公用品牌市场认可度和美誉度不断提升。2017年两个品牌双双入选最受消费者喜爱的全国农业区域品牌前100名。中宁枸杞品牌价值提升到172.88亿元,进入特色农产品品牌价值榜第4位。已拥有"宁夏红""百瑞源"等5个国家驰名商标、13个宁夏著名商标、60余个企业自主品牌,百瑞源、玺赞枸杞获得国家市场监督管理总局生态原产地产品保护认证,实现宁夏生态原产地产品保护"零突破"。

品牌影响力有新提升,国内国际影响力不断增强。宁夏枸杞频繁出现在国际国内大型展会,百瑞源枸杞亮相金砖国家领导人厦门会晤国宴,森森红运果登上民航航班,玺赞枸杞入选天津达沃斯论坛,并列入首批国家道地中药材唯一认证基地。宁夏枸杞品牌宣传日益浓厚,登陆中央电视台扶贫广告,即将乘上春运期间京沪、京广高铁。大中城市、机场、高速公路枸杞专卖店、企业广告宣传展现新姿已成常态。枸杞产业与经济发展、生态建设、全域旅游、脱贫致富戚戚相关,已经成为促进宁夏农业增效、脱贫富民的稳压器、压舱石和助推器。

8.2.1.3 特色经济林提质增效,三产融合发展

自治区充分发挥自然优势,把特色经济林产业作为生态立区、发展区域经济、促进精准扶贫的重大举措全力推进,通过落实基地、扩大规模、提高质量、示范推广、以点带面的方法,逐步达到了特色经济林产业的区域化布局、标准化建园、规范化管理、品牌化发展的目的。

经济林产业种类,布局日趋合理。截至2018年,全自治区经济林总面积180万亩(不含酿酒葡萄、枸杞),其中,红枣57.2万亩、苹果54.8万亩、设施果树及花卉3.8万亩、鲜食葡萄、红梅杏及其他经济林63.7万亩,基本形成了以引(扬)黄灌区吴忠市利通区、孙家滩,中卫市沙坡头区、中宁县为主的苹果产业带;以中部干旱风沙区灵武、中宁同心为主的红枣产业带;以银川、吴忠、中卫等城市为中心的花卉产业集群;南部山区形成了以红梅杏、小杂果、林下经济为主的产业格局,推动特色经济林种植向优势产区集中,产品向中高端发展,产业向全产业链延伸,实现经济林产业提质增效。

打造经济林基地,进行规模化生产。在基地建设方面重点抓好老果园技术改造提升和新建园技术指导工作,突出规模发展的思路。在苹果产业方面重点推广高光效树体改造技术,灵武长枣重点推广自由纺锤形改造,强化果园土、水、肥科学管理,加强科学修剪与合理负载,促进树上树下营养均衡,每年改造提升5万亩。新建基地重点推广宽行窄株密植的现代果园建园模式,配套各种先进果园管理技术,确保一次性建园成功,为早果丰产打好基础。苹果乔砧密植、矮化密植、格架栽培已在吴忠、中卫、固原市原州区、彭阳县等地规模化种植近2万亩。正果公司桃树主干形、"Y"字形宽行密植现代化建园规模达到0.5万亩,为稳步发展各类经济林打下良好基础。

开展示范带动,打造经济林品牌。结合自治区林业和草原局关于特色经济林产业发展要求,充分发挥专家团队优势,由专家开展技术指导和跟踪服务,以点带面开展示范推广,强抓基地建设。截至2018年,已建成多个示范基地,如中卫市南山台子、中宁县恩和、仁存渡护岸林场等优质苹果示范基地;灵武市银湖公司、宁六宝等优质红枣示范基地;大武口八大庄、吴忠林场、平

罗姚伏镇等设施果树示范基地；红寺堡区鹏胜三个千亩园、贺兰金贵、兴庆区月牙湖特色林果综合示范基地；宁夏正果公司渠口片区、闽宁镇片区优质桃种植示范基地等多个基地的成功建设，已成为引领带动当地产业发展的典型示范，为全自治区经济林产业走品牌发展、品牌引领奠定了基础，进一步提升了全自治区经济林产业的知名度。

进行科技创新，走优质高效之路。组建特色经济林产业发展专家团队，常年跟踪服务全自治区产业发展。如设施果树专家团队，积极发挥技术优势，通过多种技术实践，总结出多项科技成果，其中"灵武长枣自由纺锤形整形修剪及配套栽培""设施葡萄高干水平棚架立体复合种植栽培""特色林果优质高效节水栽培"等8项技术获得自治区科技成果6项，先后制定并发布地方标准十余项，成果推广示范面积10万亩以上，体现出科技应用的强大动力，为当地林农树立了典范，成效显著。

进行抓业务培训，服务基层林农。通过专家总结、田头对比、技术梳理、林农问答等环节，针对不同树种，归纳总结果树管理的有效技术要领，重点抓好业务培训和技术指导，积极主动服务基层林农。同时，通过师徒传授、手把手指点等传统手段，对重点示范基地开展不定期的田间实训培训，确保一个基地至少有一名技术骨干，切实达到全心全意服务老百姓的目的。

8.2.1.4 草原生态恢复，草产业发展稳步推进

草畜产业是宁夏重点扶持发展的现代农业特色优势产业的首位产业，在自治区党委、政府的高度重视和大力扶持下，草产业得到了快速发展。"十三五"规划提出的"千百万"工程为草畜产业发展提供强有力的物质支撑。

(1)草场资源丰富，生态恢复效果良好。宁夏回族自治区现有草场3132万亩，是全国十大牧区之一，资源分布上，有温性草原、温性草甸草原、温性荒漠草原、温性草原化荒漠和温性荒漠等5种主要草地类型。主要以温性草原、温性荒漠草原为主体，分别占全自治区草原总面积的26.03%和59.06%。2003年率先在全国实施全境封山禁牧，草原得到休养生息，草原生态恶化趋势得到有效遏制，生产能力明显提升，草原生态建设取得显著成效。截至2018年，全自治区补播改良退化草场面积达到729万亩，重度沙化草原面积由634.4万亩减少到204.8万亩。

(2)牧草产业布局，格局基本形成。形成了沿贺兰山东麓引黄灌区优质商品草生产、中东部扬黄补灌区和环六盘山雨养区以自用为主、商品生产为辅的产业格局。优质牧草种植的类型主要包括苜蓿、一年生禾草、青贮玉米、秸秆、柠条等，其中，牧草产品种植以苜蓿的种植区域最为广泛。从种植区域看，南部黄土丘陵区的彭阳、隆德、泾源、西吉、原州5县(区)及海原县占全自治区苜蓿种植总面积的66.6%；中部干旱带的利通区、孙家滩、盐池、红寺堡、同心5县(区)占苜蓿总面积的29.5%，北部引黄灌区的银川市、石嘴山市各县区种植面积占苜蓿总面积的3.9%左右。

(3)新型经营主体快速发展，类型多样。为了实现草畜产业大省的目标，宁夏回族自治区在实施天然草原禁牧封育的基础上，不断加强饲草基地和牧草产业发展。全自治区牧草种植企业、牧草专业合作社62家。草产业发展模式包括公司+专业合作组织+农户、公司+基地+农户、公司+基地、草畜一体化(企业+基地+养殖户、合作社+农户、协会+企业)等六类模式。

(4)草产业开发加快，深加工初具规模。积极推动南部山区退耕还林还草地区牧草集中开发利用，建立以紫花苜蓿为主的多年生饲草加工调制中心。具有一定加工能力的牧草加工企业达到108家。加工企业和加工能力初具规模，为进一步提升和推动产业发展打下了一定的基础和支撑。

8.2.1.5 生态旅游资源丰富，特色旅游日渐活跃

宁夏旅游资源丰富，自治区对生态旅游资源开发较为重视，使得宁夏的旅游业有了较快的发展，但是针对林草特色旅游资源开发相对比较缺乏。

(1)生态旅游资源丰富，发展空间广阔。宁夏地域东西窄，南北长，境内有山岳、河流、森林、草原、戈壁、沙漠、湖泊、湿地、绿洲交融的环境，共同构成了宁夏丰富多彩而又富有鲜明特色的生态旅游资源。在全国10大类95种基本类型的旅游资源中，宁夏占8大类46种，在旅游界有"中国旅游的微缩盆景"之称。A级景区中，共有生态旅游景区23家，其中5A级生态旅游景区2家(沙湖、沙坡头)，4A级生态旅游景区9家，3A级生态旅游景区9家。国家级自然保护区9个，国家级森林公园4个，国家级风景名胜区2个，国家级湿地公园14个，国家级地质公园3个。

(2)政府足够重视，旅游产业规模不断扩大。编制完成了《宁夏建设特色鲜明的国际旅游目的地规划》《贺兰山东麓葡萄文化长廊旅游规划》等统筹全自治区旅游业发展的一系列规划，突出资源整合和产业布局一体化、市场营销一体化、服务体系一体化发展，构建了"以自治区旅游发展规划为指导，以市级旅游发展规划为基础，以旅游区(点)详细规划为重点"的旅游规划框架。旅游产业发展规模不断扩大，产业链条各要素发展迅速，为旅游业成为全自治区重要支柱产业奠定了坚实的要素基础。

(3)生态旅游产业快速增长，特色不突出。林业生态旅游人数大幅度增加，生态旅游产业快速增长。但目前宁夏的旅游路线主要集中在沙坡头、沙湖等5A级景区，其余地区的生态旅游路线没有得到充分的发挥，独特的区位优势没有得到充分体现。同时，很多景点没有显示出独特的旅游形象，由于缺少推广，游客探访量极少，基础的旅游设施和旅游服务薄弱；另外，有些景点缺少标志性建筑，旅游产品推广滞后，缺乏旅游地图标注，甚至没有旅游基础设施和服务。

8.2.2 存在问题

"十三五"期间，宁夏回族自治区的林草产业取得了较大成就，但林草产业依旧存在一些有待解决的问题。只有有效解决这些问题，才能推进宁夏林草产业的可持续发展。

8.2.2.1 枸杞产业发展不平衡不充分

当前制约宁夏枸杞产业发展最大的问题是发展不平衡不充分，主要矛盾是结构问题，核心和关键在供给侧，具体体现在以下5个方面：

(1)机械采摘技术设备亟待突破。随着农村劳动力价格不断上涨，枸杞采摘成本持续上涨，人工采摘费用占比过大。而且采摘高峰时段，劳动用工组织难度加大。据测算，每亩地采摘成本达3500元上下，占枸杞种植成本的1/3左右，占枸杞毛收入的四分之一左右。而由于枸杞花果为无限花序的特性，果实为浆果且成熟期不一致，枸杞机械采收从技术上又是难点，枸杞采摘与种植矛盾日益突出，成为目前制约枸杞产业健康持续发展最大的瓶颈。

(2)社会化服务体系亟待健全完善。枸杞加工生产成本增加，枸杞企业负担沉重。近年来，因枸杞企业化经营、标准化种植、集约化发展大面积取代了传统的一家一户种植模式，使得宁夏枸杞品质品牌大幅提升，枸杞价格持续上涨，枸杞产业在土地流转费、栽培修剪、采摘加工等用工等方面，促进枸杞基地周边农民增收效益十分突出。但由于社会化服务体系不健全，专业化分工不明确，枸杞企业既要流转土地搞种植，又要建厂购设备搞加工，还要开拓市场搞营销，横跨一、二、三产业，存在着投入大、成本高、效率低、风险高的问题。比如企业土地流转费用资金占用、生产过程机械化水平低、统防统治及设施烘焙设施自行配套建设利用率低、劳动用工专业化社会

化程度低等问题，影响和制约着宁夏枸杞产业的现代化。

(3)国际化品牌建设亟待加强。缺乏领军企业龙头带动作用，目前，虽有多家枸杞加工和流通企业，但大多生产分散，水平低，产品类同，尚未形成在全国乃至全球叫得响的枸杞产品品牌，宁夏枸杞优质资源没有很好地转化为优质产品，产品优势没有更好地转化为市场优势和经济优势。

(4)深加工产品研发亟待突破。枸杞产品同质化严重，目前，宁夏枸杞主要产品是干果，作为原料和初级产品出售，产品科技含量低、附加值低、产业链条短，加工转化率仅为15%，枸杞深加工尚处在"从枸杞到枸杞"形态转变的较低层次，差异化不足，难以拉开档次。另一方面，枸杞核心区中宁县枸杞种植标准化、规模化、专业化程度高，枸杞品质优良，生产投入和成本也相对较高，但不同主产省份，不同的种植模式生产的枸杞良莠不齐，尤其是仿冒宁夏(中宁)枸杞品牌和一家一户种植的产品品质难以保证，加之电商销售占比不断提高，网上销售策略多以价格战为主，甚至低价倾销，消费者难辨真伪优劣，给假冒伪劣枸杞可乘之机，对优质枸杞造成不公平竞争，其根源在于企业对深加工产品投入、研发严重不足，影响宁夏枸杞产业进一步发展。

(5)质量标准体系亟待完善。质量安全标准体系不健全，现有的枸杞质量生产标准存在多而乱、多而散、慢而旧、时效性差等问题，远不能满足枸杞产业发展的需要，难以适应目标市场、国际标准要求和国际贸易规则，同时，宁夏作为枸杞的原产地和产业领军者，质量标准体系不健全，不仅制约着枸杞市场竞争力和话语权，也影响着宁夏枸杞产业领军作用发挥。

8.2.2.2 特色经济林产业化程度有待提升

宁夏特色经济林发展必须由高速增长阶段转向高质量发展阶段，要加快建设现代化林业体系，培育新增长点，形成新动能，但是制约其发展最为关键的因素是特色经济林产业化程度不高，具体体现在以下4个方面：

(1)顶层设计规划亟待制定。全自治区各市(县)林草主管部门对经济林产业政策的理解和重视程度不一，没有形成科学的、富有前瞻性的统一规划，导致全自治区特色经济林产业发展水平良莠不齐。同时，缺乏顶层设计和中长期规划，各市县区还存在各自为政的产业发展现象，一户一品，分散经营，小农经营现象依然存在，甚至个别市(县)偏离自治区产业发展方向，没有统一的发展目标，没有形成产业规模效应，直接影响了特色经济林产业发展步伐。

(2)品牌化意识亟待提升。特色经济林集中连片规模发展少、优果率产量较低、产业链条较短、有机绿色产品认证意识不强、品牌意识薄弱、市场认知率低。如：苹果商品果率达不到60%，红枣加工率达不到5%。竞争优势不强，在自治区内外的品牌影响较弱，抗击市场风险的能力不强。

(3)专业技术人才亟待培育。全自治区各市(县、区)尤其是固原市各(县、区)，普遍缺乏从事经济林技术发展与管理的专业技术人员，造成特色经济林产业发展科技含量不高，技术引领不足，产业发展滞后。同时，由于专业技术人员缺乏，特色经济林产业发展不平衡。

(4)品种结构亟待调整。前些年经济林产业受市场经济影响，大部分果农对经济林品种进行淘汰改造，导致经济林品种单一。目前，苹果以红富士为主，栽植规模占总面积的70%以上。早、中、晚熟品种搭配不合理；红枣以骏枣、灰枣为主，市场份额较小。具有地方特色的红元帅、黄元帅、中宁圆枣、同心圆枣等发展力度不大，导致树种结构不合理。

8.2.2.3 草产业发展机制与科技支撑有待提高

草产业种植相对比较分散，品质有待提升。另外，新型经营主体与农户之间的利益连接机制有待完善，如此才能有效促进草产业的持续健康发展。

(1) 种植分散，品质有待提升。生态建设和退耕还林(草)工程，以苜蓿为主的多年生牧草种植业发展迅速，但种子品种混乱、质量差，使牧草品质参差不齐。牧草种植基地主要分布在南部山区，农户种植地块分散且农户对草产业化生产缺乏认识，管理粗放，缺乏小型收割机械，严重影响牧草的品质和产量。

(2) 草产品加工企业与农户间利益机制不完善。大部分企业要从农户收购原料，但加工企业与农户间没形成利益链，利益联动机制不健全，直接影响企业的发展和农民的利益。由于牧草种植面积分散，使农民与企业签订订单，出现农民撕毁合同、不及时收割、牧草不能及时交给企业，影响草产品的质量，企业压级压价，影响了农民种草的积极性。

8.2.2.4 生态旅游业中林草特色开发不足

生态旅游中的林草生态旅游主要集中于林草特色打造不足，具体体现在以下3个方面：

(1) 林草资源开发深度不够。宁夏拥有较丰富的森林、草原、沙漠、湿地等生态旅游资源，但对于自然景观中的文化内涵挖掘不够，旅游产品整合开发不到位，系列化不足，名牌精品少，旅游产品之间的互补协调较为欠缺，竞合共赢的发展格局未能建立。

(2) 林草产品体系不完整。林草旅游业还停留在单纯的旅游景点观光上，旅游景区的配套设施建设持续投入不够，游客参观游览往往是"走马观花"，滞留时间短，无综合性旅游购物点，无娱可乐，旅游消费相对单一，吃、住、行、游、购、娱六要素短板较多，对服务业、加工业以及就业的刺激和辐射带动力不强。

(3) 林草生态旅游形式单一。旅游是创意产业，是参与性、体验性、互动性较强的产业。宁夏生态旅游主要以休闲、观赏为主，创意体验类的旅游项目较少，休闲娱乐项目单一，参与互动性活动匮乏，不利于生态旅游向高层次和规模化发展。

同时，林草生态旅游业在宣传营销、人才培养等方面也存在一些不容忽视的问题，景区之间推广资源相互利用率不高，营销范围、品牌效应仍需进一步加强；旅游专业人才缺乏，从业人员结构性矛盾突出，人才培养后劲不足。

8.3 发展环境

为了推进宁夏林草产业发展，必须深刻分析林草产业发展面临的机遇与威胁，林草产业本身的优势与劣势，才能更好地确定宁夏林草产业发展的功能定位与发展思路。

8.3.1 林草产业发展面临的机遇

8.3.1.1 "五位一体"总体布局指明了方向

2012年，党的十八大把生态文明建设纳入中国特色社会主义事业"五位一体"总体布局，实现以人为本、全面协调可持续的科学发展。"五位一体"的战略布局使生态文明建设的战略地位更加明确，有利于把生态文明建设融入经济建设、政治建设、文化建设、社会建设各方面和全过程。2017年10月，党的十九大制定了新时代统筹推进"五位一体"总体布局的战略目标。林草是国家生态文明建设的重要主体，宁夏加快推进"生态立区"战略，紧扣建设"西部地区生态文明建设先行区"目标，深入开展全域绿化、生态旅游和产业富民"三大行动"，着力推进枸杞、特色经济林等产业，既可以为生态建设服务，也可以产生经济价值。森林、草原、荒漠、湿地等丰富的自然资源是宁夏发展生态旅游的重要支撑。

8.3.1.2 保障国家生态安全成为第一要务

宁夏位于黄土高原、蒙古高原和青藏高原交汇地带，处于黄河中上游，在我国生态安全格局中占有重要地位，是"两屏三带一区多点""黄土高原—川滇生态屏障""北方防沙带"和"其他点块状分布重点生态区域"的重要组成部分。2016年，习近平总书记就落实"十三五"规划、推动经济社会发展、推进脱贫攻坚工作进行调研考察时就指出，宁夏是西北地区重要的生态安全屏障，要大力加强绿色屏障建设。要强化源头保护，下功夫推进水污染防治，保护重点湖泊湿地生态环境。要加强黄河保护，坚决杜绝污染黄河行为，让母亲河永远健康。2018年，习近平总书记在河南主持召开黄河流域生态保护和高质量发展座谈会并发表重要讲话，强调要坚持"绿水青山就是金山银山"的理念，坚持生态优先、绿色发展，以水而定、量水而行，因地制宜、分类施策，上下游、干支流、左右岸统筹谋划，共同抓好大保护，协同推进大治理，着力加强生态保护治理、保障黄河长治久安、促进全流域高质量发展、改善人民群众生活、保护传承弘扬黄河文化，让黄河成为造福人民的幸福河。

8.3.1.3 "生态立区"带来新的发展模式

2017年，宁夏回族自治区党委、政府提出"生态立区"新思路，大力实施生态立区战略，深入推进绿色发展。召开实施生态立区战略推进会，正式发布《关于推进生态立区战略的实施意见》，打造沿黄经济带、实施生态保护修复、环境污染防治攻坚、推进体制机制改革、加强管控和督查、强化组织保障等6个方面"28条"政策全面推进生态立区战略实施。出台《生态保护红线管理条例》，制定《宁夏回族自治区水污染防治工作方案》《宁夏回族自治区污染地块环境管理暂行办法》《宁夏回族自治区清洁取暖实施方案（2018—2021年）》，实施《党委政府及有关部门环境保护责任》《党政领导干部生态环境损害责任追究实施细则（试行）》等。开展贺兰山进行生态修复，对沙湖湖水进行整治等生态修复、主干道路大整治大绿化、草原生态保护和建设、湿地恢复等一批生态建设工程。"生态立区"为新时期宁夏林草产业的发展明确了着力点，提供了新的发展机遇。

8.3.2 林草产业发展面临的挑战

8.3.2.1 生态保护和建设纵深推进难度加大

宁夏是我国生态环境最脆弱的省份之一，86%的地域年降水量在300毫米以下，西、北、东三面被腾格里沙漠、乌兰布和沙漠和毛乌素沙地包围，生态环境敏感复杂，水资源短缺，水土流失严重。随着全自治区经济社会持续较快发展，环境承载压力加大，经济发展与人口资源环境之间的矛盾日益凸显，经济基础薄弱、生态环境脆弱仍将是长期制约自治区加快发展的"瓶颈"，生态保护和建设任务十分紧迫而艰巨。此外，宁夏是全国沙漠化危害严重的省份，防沙治沙任务艰巨。同时，宁夏大部分宜林地集中在干旱半干旱地区，能够造林且立地条件较好的地方已经基本造林，剩余的地方立地条件较差，造林难度大，投入高，交通、水利灌溉设施配套难，后期管理矛盾突出。此外，营造林的费用与国家的投入差距较大，加上地方政府的财政困难，难以配套，制约着生态建设工程的进度和质量。现有林业重点工程任务主要依靠国家下达，受国家计划调整影响很大。

8.3.2.2 林草基础支撑保障能力薄弱

宁夏林草系统管理队伍相对薄弱，需要承担的森林、草原、湿地和荒漠资源保护和管理任务繁重。宁夏森林防火体系建设不完善，装备老化，制约森林防火工作的正常开展。科研支撑能力不足，难以满足宁夏林业有害生物防治、林木良种繁育、森林资源监测等体系建设需要。同时，国有林场、草原基础设施建设和民生保障水平较低，也是林草产业进一步发展面临的挑战。

8.3.2.3 林草产业发展有待提质升级

林草产业结构需要进一步加快调整步伐。目前，宁夏林草产业结构布局单一，第二、三产业发展较慢。资源开发利用水平低。经济树种良种选育与栽培技术推广不够，集约经营水平不高。龙头企业和高科技含量的企业不多，品牌效应不明显，企业自主研发能力和市场综合竞争力亟待加强。林草产业发展的宏观调控和社会化服务有待强化，缺乏产品认证，产销链一体化问题突出。标准化林草基地建设缺乏，节水灌溉、水肥一体化、机械化经营程度低。生态旅游等新兴产业需要加速发展，林草产业管理机构有待进一步加强和健全完善。

8.3.3 林草产业发展的优势

8.3.3.1 气候条件与资源禀赋得天独厚

宁夏地域东西窄，南北长，平均海拔1000米以上，境内山地迭起，平原错落，丘陵连绵，沙地散布，有翠岚接天的峻岭，蒿茅连空的高原，漠漠无垠的沙地，水网交错的平原和碧波万顷的湖泊，更有滔滔黄河从西南到东北斜贯全境。四季分明的气候，充足的阳光，洁净的空气，山岳、河流、森林、草原、戈壁、沙漠、湖泊、湿地、绿洲交融的环境，共同构成了宁夏丰富多彩而又富有鲜明特色的各类资源，为林草产业发展提供了独特的区位和资源优势。宁夏湿地资源丰富，河流和湖泊纵横交错；草地资源辽阔，资源禀赋较好有利于草畜平衡发展，境内野生动植物种类多，数量大，是全国野生动植物保护重点省份，有利于开展生态旅游与自然教育。

8.3.3.2 丰富的土地资源酝酿着巨大潜力

宁夏目前还有部分荒山荒坡、村庄周边尚待绿化，这为特色经济林产业提供了重要的土地资源。特色经济林产业不仅适应性强，通过合理开发还可以获得较高的经济效益，走出一条建设生态经济型防护林的路子。建设生态经济型防护林，既可以改善宁夏的生态环境，又可以增加农民的收入，改善农民生活，以林业生态建设带动农民群众脱贫致富，走上林业建设可持续发展道路。

8.3.4 林草产业发展的劣势

8.3.4.1 投入不足制约产业发展

宁夏林草资源分布范围遍及宁夏各个地区，但宁夏GDP较少，重点支持枸杞产业的发展，难以满足其他林草产业的发展。同时，生态旅游的基础设施建设也无法满足现有旅游的需求，在特色经济林种植、林草资源培育等产业的扶持上缺少资金支持。标准化林草基地建设缺乏，节水灌溉、水肥一体化、机械化经营程度低。

8.3.4.2 林草科技创新力量薄弱

宁夏林草科研平台尚未建立起来，作用发挥不佳，达不到预期目标。除高等院校能够承担一些重大林业科技攻关项目外，林草系统自身的科研团队力量非常薄弱，无法独立完成重大科技研究项目。开展大规模国土绿化、困难立地抗旱造林、生态修复与保护、特色经济林发展等技术研究成为林业科技发展的短板。

8.3.4.3 林草人才短缺问题严重

受限于区位与工作条件，宁夏对林草人才的吸引力严重不足。全自治区林业人力资源中中高级人才少，且分布不合理，基层林草机构不健全，队伍不稳定，整体素质不高。宁夏森林草地资源丰富，林草产品的开发、林草资源的利用、林草业发展的长期规划、现有林草业资源的可持续利用与经营以及林草业人文价值的挖掘，都需要专业的技术人员来支撑。长期以来，从事林草产业的人才队伍得不到专业知识的更新，从根本上制约了林草产业的发展。

8.3.4.4 水资源不足制约着林草产业发展

宁夏可利用水资源不足，水资源分布不均衡，一些条件艰苦地区完全靠地下水来发展林草产业。水资源限制林草产业发展，灌溉用水越来越紧缺，灌溉造林成本逐年增加，水资源的短缺已成为林草产业未来发展的主要限制因素。

8.4 发展格局

推进宁夏林草产业发展，必须在明晰宁夏林草产业发展现状、发展环境的基础上，明确宁夏林草产业发展的总体定位、发展思路、基本原则，确定林草产业发展目标，用于指导宁夏林草产业的进一步发展。

8.4.1 基本原则

林草产业发展涉及生态建设、产业开发经营、建设管理、人才队伍培养等各个方面，涉及领域广泛。在林草产业发展过程中，坚持发挥区域优势、突出特色，要坚持以下基本原则：

（1）创新机制，绿色发展。坚持深化改革，创新现代林草产业发展体制机制，增强林草产业发展活力。树立绿色发展理念，以保护林草资源、提升生态功能作为出发点，确保林草资源不破坏、资产不流失，促进林草产业的可持续发展，释放绿色发展生产力。积极发展安全绿色产品，对特色经济林产品生产经营全过程实行质量安全监管，加快建立质量安全追溯体系，确保产品质量安全。

（2）统筹规划，提质增效。根据林草产业发展实际情况，统筹规划、协调推进，使宁夏林草产业发展的目标、任务与国民经济和社会发展规划相衔接。精准提升林草质量，推进林草产业基地建设，加快全域生态旅游发展，满足社会对林草的多功能需求，为经济发展提供更好的生态服务。积极培育生产、贮藏、加工、流通龙头企业，大力支持企业、合作组织、家庭林场、种植大户等新型经营主体规模化、专业化、标准化发展生产基地；实施特色林草品牌工程建设，培育一批质量上乘、特色突出、市场欢迎的区域公用品牌。

（3）突出重点，引领示范。立足林草产业发展实际，制定具体的建设方案，突出重点，做到目标明确、量力而行，分类、分批、分步推进现代林草产业发展。加强基础设施建设，改善林草产业发展条件，增强林草防火、有害生物防控能力，提升资源管护水平、信息化水平和技术装备水平，发挥在枸杞产业基地、特色经济林果、良种基地建设、生物多样性保护、全域生态旅游等方面引领示范作用。

（4）政府主导，行业引导。自治区、市、县人民政府承担深化林草产业发展的主体责任，在政策和资金上给予支持，各级林草主管部门按要求做好具体指导和服务工作，并根据当地实际，制定林草产业发展的具体实施方案。

8.4.2 总体定位

"十四五"时期，宁夏林草业发展在坚持"生态保护与修复优先"的原则下，认真落实生态文明建设，大力推进生态林草业发展，有效增加优质林草产品的供给，实现林草产业的提质增量增效、农牧民持续增收。结合宁夏林草产业发展实际，积极探索林草业发展的"宁夏新模式"，全力推进绿色林草产品的生产基地、产业扶贫长效发展示范区、草原保护与草产业高质量发展体验区和全域生态旅游胜地建设，逐渐形成宁夏林草产业持续发展的体系。

8.4.2.1 高端林草产品核心产区

因地制宜，错位发展，以经济林产业为基础，适度发展规模经营，做大做强枸杞产业，做精做细红枣、苹果、种苗、花卉等特色林业产业，深入开展化肥农药零增长行动，推广机械施肥、种肥同播、水肥一体、病虫害统防统治等技术，推进产品的绿色有机认证，构建现代绿色林草产业发展体系、实现高质量发展，全力打造宁夏绿色有机高端林草产品生产基地。

8.4.2.2 林草产业富民先行区

坚持林草产业发展与扶贫相结合，实施特色产业品牌和富民工程，发展特色林草产业，把林草资源优势有效转化为富民优势，着力推进产业富民。把发展经济林产业作为发展农村经济的特色产业、调整种植业结构的主导产业、推进山区农民脱贫致富的支柱产业来抓，不断加快特色经济林产业发展步伐。逐步打造成为林草产业扶贫长效发展的示范区。

8.4.2.3 草原保护与草产业协同发展示范区

坚持草原生态保护优先，以改革创新为驱动，以探索草产业高质量发展机制为核心，以草业合作社、人工饲草基地为载体和突破口，以生产要素整合、发展政策匹配为手段，全力推进传统草场和现有人工饲草基地转型升级，以机制创新、资源整合、股份制经营、制度建设为抓手，着力构建多方联动的工作新举措、新机制，积极打造草原保护与草产业高质量发展示范区。

8.4.2.4 全域生态旅游胜地

宁夏全域生态旅游围绕"两区两廊"的空间布局，加快建设沙坡头旅游经济开发试验区、六盘山旅游扶贫试验区、贺兰山东麓葡萄文化旅游长廊、黄河金岸文化旅游廊道，开发具有宁夏特色的标志性旅游产品，积极探索森林生态旅游业发展与生态建设互为支撑，生态、旅游、文化、城镇化互促、互补、互兴的特色发展路子，积极打造宁夏成为生态旅游胜地。

8.4.3 发展思路

宁夏林草产业发展紧紧围绕林草业绿色发展、林草产业提质增效、农牧民增收的目标，坚持生态林业和民生林业协调发展、改善生态与产业富民协同推进、林草产业发展与精准脱贫紧密结合，不断转方式、调结构、稳规模，加快推进特色现代林草产业绿色发展，促进山水林田湖草一体化发展。

8.4.3.1 由保护和开发分离向协同发展转变

林草产业发展要服从和服务于生态建设的大局，不能以牺牲生态环境为代价。同时，只有林草产业得到极大发展，生态保护建设才能永葆生机和活力，必须以提供安全绿色的生态产品和服务为主攻方向，加强林草资源的保护和管护，着力改善农林牧业生产条件和人居环境。

8.4.3.2 由单纯资源消耗向多元化综合开发利用转变

统筹林草产业发展，优化空间区域布局，充分发挥各区域资源和资本等生产要素优势，突出重点、分类指导，发展不同区域各具特色的林草产业，提高林草产品市场竞争力。同时，适应日益增长的多样化需求，充分发挥森林、草原资源的整体优势，从单纯林草资源消耗转向森林、草原、景观和环境资源综合开发利用，提升林草产业的附加值，促进林草产业的纵深发展。

8.4.3.3 由传统林草生产向现代林草产业转变

在合理经营传统林草生产基础上，根据林草资源禀赋，加强机制创新，注重增加科技含量，坚持因地制宜、突出特色，培育主导产业、特色产业和新兴产业，培植林草产品和服务品牌，做到资源支撑、产业带动、品牌拉动。同时，培育发展新动能，坚持创新驱动、集约高效，加快林草产品创新、组织创新和科技创新，推动规模扩张向质量提升、要素驱动向创新驱动、分散布局向集聚发展转变。另外，健全发展新机制，坚持市场主导、政府引导，充分发挥市场配置资源的决定性作用，加强政府引导和监督管理。

8.4.3.4 由林草产品销售向体验经济转变

多渠道销售枸杞、特色经济林产品等有机林草产品，重点发展有机化绿色种植等绿色产业，充分利用自然保护区、湿地和森林公园等独特丰富的自然景观和神秘纯真的原生态资源，加强森林、湿地、草原的休闲游憩价值、旅游观光价值等生态旅游产品和生态文化产品的开发，大力发展以森林康养、近自然教育、农牧家庭生活体验、生态畜牧业体验为主的林草体验式旅游经济，发挥森林与草原的多种效益，提升林草产业综合富民能力。

8.4.3.5 由单一部门运作向开放式发展模式转变

调动全社会参与林草产业开发积极性，广泛吸引国内外资金，形成多元投资主体，引导国内社会资本向林草产业流动，大力发展非公有制林草产业，开发林草业游憩资源，鼓励国内外企业投资造林和发展林产品加工业，充分利用国内外两个市场、两种资源，通过进一步扩大对外外商开放来加快林草产业发展。同时，加强与国土、农业、水利、交通、环保等相关部门的协调与合作，共同推进林草产业发展。

8.4.4 发展目标

结合宁夏林草业发展实际，全力推进特色化、品牌化、绿色化、基地化、标准化、集群化发展目标，在林草业特色发展中走在前列，在实现由弱到强的战略性转变中奋发有为，实现林草产业的可持续发展。

（1）林草产业实现品牌化发展。实施特色经济林品牌发展战略，鼓励支持龙头企业、专业合作组织、种植大户、行业协会等经营主体加强质量管理，增加科技投入，申请著名商标、驰名商标，培育壮大一批在国内外有影响的名品名牌。鼓励主产区申报名特优经济林地理标志，支持主产区举办产品交易、展销、宣传推介等活动，搭建产业合作、招商引资、经贸洽谈平台，促进产销对接，打造具有地域特色的区域知名品牌，提高产品知名度和影响力。

（2）全域实现林草生产绿色化。枸杞产品、特色经济林产品、生态旅游业、草产业和产品提质升级，整建制推进产品品牌建设和产品合格证、绿色有机认证，提高林草产品的质量与品质，增强市场竞争力。构建现代绿色林草产业发展体系。因地制宜，错位发展，以枸杞产业、特色经济林产业为基础，适度发展规模经营，深入开展化肥农药零增长行动，推广机械施肥、种肥同播、水肥一体、病虫害统防统治等技术，构建现代绿色林草产业发展体系、实现高质量发展，全力打造宁夏全域安全绿色高端林草产品输出基地。建立健全产品认证体系，推动林草产业绿色低碳循环发展、培育林草产品绿色市场发展，加强供给侧结构性改革、提升林草绿色产品供给质量和效率，引导林草产业转型升级，引领林草产品绿色消费、保障和改善民生，建立统一的林草绿色产品标准、认证、标识体系。

（3）林草产业布局更加合理。按照全自治区气候条件、资源禀赋，在现有特色经济林产业发展的基础上,进一步挖掘发展潜力,重点划分为四个产业发展格局:引黄灌区精品产业带、中部干旱带优质产业带、城市近郊设施栽培产业带、南部山区特色生态经济林产业带。

(4) 林草经营体系更加完善。发展"企业+专业合作组织+基地+农户"等产业化经营模式,建立长期稳定的产购销合作关系,实现风险共担、利益共享。支持专业合作组织和农户加强经济林产品分级、包装、贮藏等设施建设,发展特色经济林贮藏、加工和流通产业。鼓励贮藏加工企业采用新技术、新工艺,开展精深加工和副产品研发,实现循环利用、综合开发。

(5) 林草资源充分高效利用。发挥特色经济林产业休闲融通功能,推进经济林产业与旅游观光、文化娱乐、餐饮服务的融合发展。利用种植基地、示范园区、古树名木等自然和人文资源,发展生产加工、观光采摘、农事体验、休闲游憩等一、二、三产业融合的经济林产业综合体。利用特色经济林发展林下经济,开展立体种植和综合开发,提高综合效益。

8.5 重点任务

从林草产业来看,宁夏目前把枸杞产业与草产业作为主导产业来抓,特色经济林产业作为特色产业来发展,生态旅游业等产业作为新兴产业来培育。

8.5.1 提质升级枸杞产业

宁夏枸杞产业发展进入新时代,要坚持绿色立杞、质量兴杞、品牌强杞、改革活杞。按照稳定面积、提升品质、控制产量、强化品牌、增加效益的思路,在继续夯实"十三五"规划制定的六大主攻方向、六项重点工程的基础上继续创新发展。

8.5.1.1 实施品牌战略

(1) 实施区域公共品牌+企业商标品牌战略。充分利用现代媒体和国内外有影响力的展会、推荐会,多角度、全方位、立体式宣传,集中力量打造"宁夏枸杞""中宁枸杞"两个公共区域商标品牌,切实扩大两大金字招牌的影响力。宁夏枸杞产业已拥有"宁夏红""百瑞源"等5个国家驰名商标、13个宁夏著名商标、60余个企业自主品牌,积极争取"宁夏枸杞"地理标志证明商标,充分利用"地理标志保护标志+商业商标""地理标志证明商标+商业商标"的商标知识产权属性,来打造、保护宁夏枸杞品牌。

(2) 加大线上线下的推广力度。举办好每年一届枸杞产业博览会,包括枸杞订货会、枸杞文化节、枸杞采摘节、枸杞健康产业发展高峰论坛等内容。精心谋划,完善方案,办好第一届博览会,牢牢掌握宁夏枸杞话语权。充分利用报纸、电视、广播、杂志等传统媒体、户外媒体、网络媒体和微信、微博等新媒体,开展多角度、全方位、立体式宣传,通过召开宁夏枸杞产品新闻发布会,重点在央视黄金时段和宁夏卫视频道等新闻媒体,持续宣传推介宁夏枸杞,引导和鼓励企业积极参与国内外的各种博览会、展览会、商交会和推介会,把全自治区枸杞生产、加工、营销、流通企业及其产品全面推向国内外市场,提高宁夏枸杞国际影响力。

(3) 完善枸杞集散地市场建设。进一步完善提升中宁国际枸杞交易中心综合服务能力,巩固全国枸杞集散地、价格风向标的地位。鼓励枸杞生产、流通、加工企业依靠科技创新提高企业效益,依靠现代化技术拓展市场营销渠道,依靠深厚的枸杞文化做强产业,继续引领全自治区乃至全国枸杞产业发展。

8.5.1.2 夯实产品品质

(1)构建枸杞产业标准化体系。加大基础领域和关键技术标准研制力度，建立和完善枸杞产业绿色生产与绿色加工全链条标准体系、质量控制与市场监测标准体系、溯源标准体系等，强化标准实施、推广和应用，促进产业提质增效和转型升级。在现有国家标准、行业标准、地方标准等基础上，研究制定宁夏枸杞生产标准体系，将枸杞生产的每一个环节都纳入标准化管理轨道，确保质量。尽快研究制定与国际接轨的枸杞产品质量标准，加强与国家农业农村部、国家市场监督管理总局对接，质量标准上升为国家标准，应对国际贸易绿色壁垒，提高宁夏枸杞国际竞争力。

(2)强化枸杞标准化基地建设。积极创建枸杞产区创建国家级绿色产业示范基地、绿色食品保健品出口基地、枸杞栽培标准化生产示范区、知名品牌创建示范区、出口枸杞质量安全示范区等，加大枸杞标准化生产技术推广力度，在品种选育、种植栽培、水肥一体化、生物病虫害绿色防控、清洁能源设施制干等环节加强技术指导服务和培训。

(3)鼓励宁夏枸杞企业和产区积极开展国内外质量认证、商标注册以及专利申请，巩固宁夏枸杞话语权。争取国家市场监督管理总局支持，成立枸杞质量检测中心。引入国际权威检测机构在全自治区设立分中心，降低检测成本。积极培育本土检测机构，为生产经营者提供快速便捷检测服务。鼓励和支持创新土地流转方式、新型社会化经营服务主体，整乡整村推进，实现枸杞产业集约化、规模化、标准化发展。

(4)建立质量安全追溯体系。全面推行"宁夏枸杞"质量安全二维码追溯管理系统，为每件枸杞产品建立唯一的"身份证条码"，通过"互联网+枸杞"对各个产区的土壤成分、施肥数量、农药残留、营养成分进行查询，对每件枸杞产品进行物流、信息流管理和控制，实现"从田间到餐桌"全程质量管理控制，打造安全放心枸杞。

8.5.1.3 提升产品价值

(1)深挖枸杞药用价值。委托国内外先进的医药研究机构和生物医药方面的学者、专家，定量实证枸杞药用生物活性，研究枸杞抗肿瘤等方面的药理作用，为枸杞用于临床预防和治疗提供理论依据，进一步促进枸杞药用功能的深入开发利用。整理挖掘《本草纲目》等名著中记载的中医古方，借鉴同仁堂、甘肃佛慈等研制《六味地黄丸(浓缩丸)》非处方类药的做法，研发枸杞非处方药浓缩丸等产品，拓展枸杞医药保健功能。

(2)深挖枸杞食用价值。枸杞色鲜、味甘、形润，无论是鲜食，还是煲汤、做菜，既有丰富的营养价值，又可作为艺术点缀。适应人们对健康生活的需求，围绕把"吃枸杞"逐步塑造成为健康生活的社会时尚，提质冻干枸杞、枸杞茶、枸杞酒、枸杞膳食等产品，在全国大中城市培育枸杞养生店、餐饮店，推广枸杞食用文化。深挖枸杞旅游价值。

(3)三产融合发展。枸杞产业上游有种植、中游有加工、下游有品牌溢出效应，是推动农村一、二、三产业融合发展的最佳选择。要深挖枸杞旅游价值，建设集教学科研、乡村旅游、休闲体验于一体的枸杞旅游园、枸杞科技园、枸杞体验园，拓展枸杞产业发展空间，推进一、二、三产业融合发展。

8.5.1.4 完善经营体系

(1)培育发展新型经营主体。鼓励支持企业、合作社、家庭农场、专业大户等新型农业经营主体，采用"六个全覆盖"技术，建成小产区标准化枸杞基地。对枸杞产业相关协会依法依规整合，加强管理，确保规范运行、统一发力，助推枸杞产业持续健康发展。培育壮大一批本土骨干企业，引进一批自治区外龙头企业，鼓励支持企业大力开展产品精深加工，延长产业链，提高附加值，切实推进宁夏枸杞产业化、标准化、集约化、规模化发展。

（2）壮大新型社会化服务组织。加强对枸杞生产经营服务主体的管理和指导，加强对广大农户的技术指导和技术培训服务，统一绿色防控技术、统一绿色防控指标、统一绿色防控投入品。培育、扶持、壮大枸杞投入品统供、统检、统配、统销、统防的新型社会化经营服务主体和以清洁能源设施制干服务中心等新型社会化服务组织，尽快扭转枸杞病虫害防控和枸杞鲜果设施制干等环节各自为政、力量分散的局面，从源头上保证枸杞质量安全。依托龙头企业、专业合作社，以利益链和基地为纽带，以专业化合作为基础，支持培育集中连片、一点多用、集约高效的农机作业、统防统治、设施制干、检验包装、仓储运输，以及修剪、栽培、采摘等加工中心、新型经营主体和劳务服务主体，探索建立劳务合作社会化服务机制，降低生产成本，提高枸杞产业发展效率和产品市场竞争力。

8.5.1.5 强化科技支撑

（1）加强枸杞种苗繁育。种苗产业极具有科技含量，也是宁夏最具优势的领域，宁夏发展枸杞种苗产业具有原产地品牌、科技研发、气候等独特的优势，全国种植的枸杞苗木90%以上出自宁夏，全部由宁夏科研单位繁育。扶持培育专业育苗公司建设枸杞优新品种采穗圃、良种繁育基地，采取嫩枝扦插和硬枝扦插方式，严格枸杞苗木分级管理标准，严格苗木调运检疫，建立育繁推一体化的现代种业模式，实行严格的枸杞苗木繁育企业准入制度、"三证一签"制度和公开招标制度，把宁夏建成中国枸杞苗木培育中心。

（2）建设枸杞新品种选育中心。加强与国家枸杞工程技术研究中心等科研院所合作，采取常规育种与高新技术育种相结合，加快优新品系的选育力度，充分利用现有枸杞种质资源，采种多种选育手段从药用、鲜食、加工、茶用四个方向开展枸杞新品种选育。培育优质粒大、抗性强或用途特殊的枸杞新品系（种），加快宁夏枸杞传统当家品种的提纯复壮和专用品种的选育工作。

（3）规范枸杞技术与人才输出。宁夏枸杞产业历史悠久、积淀深厚、人才众多，加之近年来枸杞产业的快速发展，一批新技术、新成果、新产品、新人才涌现出来。相继建成国家枸杞工程中心等研发平台、宁夏大学枸杞学院、枸杞实训中心、中国科学院银川科技创新与产业育成中心、枸杞院士工作站，研发平台的建设，提升了产业发展的科技含量。枸杞产业吸引了国内一批大专院校、科研单位的院士学者参与宁夏枸杞产业发展，培育了一大批枸杞育种栽培、质量安全、病虫害防控、食品药面的专家。宁夏在枸杞产业发展、人才培养、产品研发、修剪栽培、病虫害防治、田间管理、市场营销面有优势，具有输出枸杞种植工营销管理等方面人才技术的条件，有待进一步开发规范。

8.5.2 统筹发展草畜产业

按照"合理布局、加大投入、统筹发展、提质增效"的思路，以规模化、标准化、产业化为方向，以转变发展方式为主线，用产业化的思维和循环经济的理念谋划草产业发展。

8.5.2.1 建成特色鲜明的草产业格局

以牧草种植面积较大、草产业发展基础较好的市（县）为重点，发挥各区域的潜力和优势，加快建设草产业基地，逐步形成特色鲜明、布局合理的草产业发展格局。围绕引黄灌区奶牛产业带，以优质高效奶产业生产为目标，布局饲草料生产，保障奶产业稳定健康发展；中部干旱带，重点以保障肉羊产业发展来进行饲草料种植和布局；南部六盘山重点围绕肉牛产业来调整和布局饲草料生产，为肉牛产业健康稳定发展提供支撑。

8.5.2.2 选育优质生态人工草种

（1）选育优良生态草种。在黄土高原旱作区，以耐旱苜蓿、苏丹草、高丹草、燕麦等为主，筛选与杂粮、杂豆合理轮作的种植模式。在北部灌区以苜蓿、青贮玉米、燕麦等为主，建立饲草与玉米、小麦间作轮作种植制度与模式。另外，以优良牧草品种的试验示范推广为抓手，引进国内外优良牧草品种，按照相关技术规程试验示范，对适宜当地气候条件种植的牧草品种进行大面积推广种植。

（2）创新优质牧草种植管理。重点围绕农机与农艺一体化，全面提升草业生产过程的机械化程度，围绕节水和水肥一体化技术的研究和示范推广，全面提升草业生产过程的科技支撑能力。

8.5.2.3 积极争取各类草业项目建设

积极争取各类草业项目，用项目带动草产业发展：

（1）推进人工饲草料基地建设。逐步提高草原生产能力，加大政府对人工种草资金的投入。购买草种或对农户小块种草予以财政补贴，让农民积极开发荒山、荒坡、二荒地、轮歇地种草，扩大种植面积，本着"谁开发、谁管理、谁受益"的原则，实现权、责、利相统一，治、管、用相结合的激励机制。

（2）继续争取退牧还草项目。通过禁牧休牧、播种草籽、划分轮牧区、建设围栏、建设人工饲草基地等措施进行草原生态恢复建设，主要在退化程度重、植被稀疏但易于补播的草地上实施。有效控制天然草原退化形势，提高了牧草产量和品质，草场的植被得到了一定的恢复，有效地提高了草场的草地资源保护，减轻人为因素对草原生态系统的破坏。

8.5.2.4 推进产业化经营

大力培育草产业龙头企业，进一步加大政府资金投入和政策扶持力度，吸引社会资金，发展规模种植，提高草产品加工水平，按照布局区域化、经营规模化、生产专业化、产品标准化的产业化经营模式，选择基础条件好的地区，扶持草产业化经营项目，从牧草良种推广、种植收获加工机械、仓储等环节给予支持，拉动草产业快速发展。

要引导、帮助龙头企业和专业合作组织实行订单种草，带动种养大户和广大农户种草，并通过土地流转，建设稳定的自有牧草生产基地，为草产品生产加工提供稳定的原料来源，促进草产业提质增效。引导、帮助企业协会和专业合作组织实行订单种草、建设生产基地，带动种养大户和广大农户种草，建立互相协作、互利互惠、共同发展的产业化机制。

8.5.2.5 提高草产业科技水平

要努力增强草产业科技创新，紧紧围绕草产业发展的关键技术问题，加强科学研究，组织科技攻关，力争取得具有自主知识产权的科技成果；加大科技成果转化力度，积极推广牧草良种及丰产栽培、加工贮藏等先进实用技术；加强技术培训，培养一批懂技术、会管理、善经营的基层干部和农牧民，提高草产业整体技术水平。

8.5.3 做优做强特色林果

按照"发挥优势、突出特色、差异发展、做精做优做强"的思路，以市场为导向，紧扣实施乡村振兴战略，坚持从供给侧、需求侧两端发力，以壮大县域经济、增加农民收入为目标，推进特色林果产业转型升级和提质增效。

8.5.3.1 优化产业布局

结合地域特点，加强顶层设计和科学规划，全面推行新技术应用，打造多个全国优质特色经济林生产基地。

(1) 苹果产业。以扩规模和提质量相结合，稳步推进基地面积集约化、规模化发展，重点支持宁夏金冠苹果的发展，力争把宁夏打造成为全国产量最高、品质最佳、最大的金冠苹果优质产区。重点支持沙坡头南山台子、中宁鸣沙渠口、利通区孙家滩、青铜峡甘城子、平罗河东等5个苹果产区。

(2) 红枣产业。以提质增效为核心，稳定基地面积，全面改造提升灵武长枣品质，示范推广灵武长枣设施促成栽培技术；继续推进压砂地红枣低产、低质园嫁接更新骏枣、灰枣新品种；强化新品种、新技术的研发推广，全面提高质量效益。

(3) 设施果树花卉。引进优新设施果树新品种，完善设施条件和基础设施，创新设施葡萄栽培模式和架形，发展立体种植；推广设施桃、鲜枣自由纺锤形密植栽培技术；推广设施果树种植与休闲观光、餐饮服务等领域深度融合，打造全自治区休闲林业新亮点。支持兴庆区国际鲜花港建设，培育南部山区冷凉花卉和食用玫瑰产业的发展。引导城市近郊发展康乃馨、百合鲜切花以及蝴蝶兰、君子兰、小玫瑰等为主的盆栽花卉和泾源县特色种苗产业。

(4) 其他经济林。南部山区在退耕还林工程和国土绿化中，突出生态优先，适度发展以核桃、油用牡丹、文冠果为重点的生态经济林，加大文冠果早果早丰品种的选育和推广，发展红梅杏、香水梨、大果榛子、花椒、食用玫瑰等特色经济林。在城镇周边创建一批集经济、生态、休闲观光、采摘体验为一体的特色经济林主题采摘园。在引黄灌区重点发展宁夏大青葡萄、玉皇李子、香水梨、长把梨等乡土品种以及早酥梨、皇冠梨等名特优果品。发挥宁夏桃运距离短、成熟期补空、桃果风味独特品质优良等优势，规模化发展宁夏优质桃产业基地，培育宁夏特色经济林新型产业。

8.5.3.2 提升优化品种结构

按照全自治区气候条件、资源禀赋，在现有特色经济林产业发展的基础上，进一步挖掘发展潜力，重点划分为4个产业发展格局：一是引黄灌区精品产业带。以卫宁平原、银川平原引黄灌区为重点，主导发展苹果、红枣、设施果树、花卉等优势特色产业，紧盯市场，兼顾发展名特优新水果及其他经济林。二是中部干旱带优质产业带。以中卫香山地区和海原县、吴忠东南部的同心、红寺堡、盐池县大部以及灵武市东南和贺兰山东麓的荒漠半荒漠地区为重点，主导发展红枣产业，适当培育杏、油用牡丹、文冠果、钙果等抗旱节水经济林产业。三是城市近郊设施栽培产业带。以5个地级市及其他县(市、区)级城市近郊，主要发展特色种苗花卉、设施果树和其他名特优新经济林品种，实现特色经济林产业与休闲旅游、生态观光、餐饮服务、科普宣传等融合多元发展。四是南部山区特色生态经济林产业带。包括固原5县(区)，立足生态优先，主要发展红梅杏、核桃、油用牡丹、文冠果、榛子、桃李杏、花椒、红树莓、山楂等生态经济林产业。

8.5.3.3 树立品牌优势

(1) 扩大基地规模，增强市场占有率。按照适地适树、良种良法、规模种植、生态安全的要求，采取新建与改造相结合，高标准打造一批特色经济林典型示范基地，带动全自治区特色经济林集约发展，加强基础设施建设，增强抵御自然灾害能力。

(2) 推进集约经营，实现标准化生产。加快完善特色经济林生产标准化体系建设，建立健全良种苗木繁育体系、生产标准体系和管理技术规程，加大标准化生产技术推广力度，引导果农开展标准化生产、集约化经营。大力培育经济林产业标准化生产示范园(区)，重点扶持建设灵武长枣国家经济林示范区建设，积极培育自治区级标准化生产示范园区和科技示范户。改进传统种植模式、耕作方式和管理方法，研究推广矮化密植、格架栽培等现代种植模式，推行增施有机肥、测土平衡施肥等方法。推广绿色、有机栽培管理措施，推行生物、物理防治措施，强化病虫无公害防控。开展无公害、绿色、有机产品和地理标志产品认证，稳步提高产品认证率。

（3）注重培育品牌，提高市场竞争力。在特色经济林主产区规划建设一批功能齐全、竞争有序的特色经济林产品专业批发市场和物流园区。加快市场信息公共服务平台建设，积极发展冷链贮运、连锁经营、产销对接、电子商务、"互联网+"以及认养、托管等新型营销方式，培养经纪人队伍，构建辐射国内外市场的产品营销网络。实施特色经济林品牌发展战略，鼓励支持龙头企业、专业合作组织、种植大户、行业协会等经营主体加强质量管理，增加科技投入，申请著名商标、驰名商标，培育壮大一批在国内外有影响的名品名牌。鼓励主产区申报名特优经济林地理标志，支持主产区举办产品交易、展销、宣传推介等活动，搭建产业合作、招商引资、经贸洽谈平台，促进产销对接，打造具有地域特色的区域知名品牌，提高产品知名度和影响力。

（4）加强监督管理，保障质量安全。加强对特色经济林产品产地环境和生产过程的质量监管，确保安全、绿色、清洁生产。推广经济林病虫害统防统治、联防联治，引导和鼓励农民林业专业合作社、农村科技带头人等组建病虫害防治专业队伍，为林农提供低成本、便利化的防治服务。建立产品质量安全追溯制度，建立产品生产档案，强化源头治理，深入开展质量安全监督抽检、风险监测和专项整治。建立协调联动机制，加强部门之间沟通与协调，开展联合执法检查，提高监管能力，不断完善全社会参与的质量安全监督管理机制。

8.5.3.4 培育经营主体

积极培育跨地区经营、产供销一体化的经济林产品生产、加工、贮藏、流通龙头企业，鼓励企业通过联合、兼并和重组等方式做大做强。

支持加工企业在主产区建立原料林基地，建设仓储物流设施，发展"企业+专业合作组织+基地+农户"等产业化经营模式，建立长期稳定的产购销合作关系，实现风险共担、利益共享。重点培育特色经济林产业重点龙头企业、特色经济林专业合作社示范社。

支持专业合作组织和农户加强经济林产品分级、包装、贮藏等设施建设，发展特色经济林贮藏、加工和流通产业。鼓励贮藏加工企业采用新技术、新工艺，开展精深加工和副产品研发，实现循环利用、综合开发。

支持利用特色经济林发展林下经济，开展立体种植和综合开发，提高综合效益。鼓励发展经济林行业协会、企业联合会和产业技术联盟，充分发挥其在行业自律、维护权益、信息咨询、技术服务等方面的积极作用。

发挥特色经济林产业休闲融通功能，推进经济林产业与旅游观光、文化娱乐、餐饮服务的融合发展。利用种植基地、示范园区、古树名木等自然和人文资源，发展生产加工、观光采摘、农事体验、休闲游憩等一、二、三产业融合的经济林产业综合体。支持利用特色经济林发展林下经济，开展立体种植和综合开发，提高综合效益。

8.5.4 特色发展生态旅游

宁夏生态旅游应该构建以国家森林公园为主体，湿地公园、自然保护区、沙漠公园等融合的生态旅游休闲体系。

8.5.4.1 创新生态旅游形式

（1）开展近自然生态观光。结合生态旅游资源、交通干线、主要城市等布局特点，推动"重点近自然生态旅游目的地""近自然生态旅游精品线路""近自然生态风景道"建设,全面提升宁夏生态旅游综合服务供给能力,增加生态旅游的参与性、娱乐性,丰富生态旅游精品内容。推动绿色旅游产品体系建设,打造生态体验精品线路,拓展绿色宜人的生态空间。开展绿色旅游景区建设,加大生态资源富集区基础设施和生态旅游设施建设力度,推动贺兰山生态旅游区、六盘山生态旅游区、罗山生态旅游区、黄河湿地生态旅游区、大漠长城生态旅游区五大生态旅游区建设,提升生态旅游示范区发展水平。

(2)积极建立自然教育体系。在重点生态旅游景区建设生态旅游宣教中心和环境科普教育场所,向游客普及景区生态环境知识。按照区域功能划分,建立面向青少年、教育工作者、特需群体和社会团体工作者开放的自然教育区域。加强对自然教育工作的科学研究,制定科学合理的规划。要加快自然教育区域硬件建设,重点加强资源环境保护设施、科普教育设施、解说系统以及各种安全、环卫设施的建设,加强电信、互联网等建设,创造设施配套、自然环境优美、管理规范的基础环境。要建立适应市场经济要求和基础建设需要的多元化投融资机制,有力推动自然保护地基础建设。加强自然教育人才队伍建设,动员和鼓励各类保护地从业人员积极投身于自然教育事业,选拔、培养一批自然教育工作骨干。

(3)设计特色的草原体验旅游。设计具有区域特色的体验式旅游产品,产品设计以人文、生态、民俗为主,充分利用循化现有资源条件进行设计开发,可以根据产品的类型按行政、地理区划分为小区域进行产品专项设计。通过服饰表演的形式,进行体验式文化旅游推介宣传。打造"牧民的一天"等旅游项目。加强生态旅游与其他产业的融合发展,各类产业在兼营实业的同时也提供旅游服务。

8.5.4.2 打造重点生态旅游区

(1)沙坡头旅游经济开发试验区。以沙坡头景区为核心区,推进旅游资源深度开发与产品整合,沿迎闫公路沙漠湿地草原光伏旅游带和黄河南北长滩旅游带,重点实施沙坡头景区提升改造、旅游新镇、腾格里沙漠旅游度假区、银阳光伏科技生态园、大漠风情休闲度假区等项目。

(2)六盘山旅游扶贫试验区。六盘山旅游区作为全自治区生态旅游重点区域,着力打响"高原绿岛""长征圣山""丝路重镇""回乡风情"四大旅游品牌。重点打造以六盘山国家森林公园、野荷谷、老龙潭、胭脂峡、白云寺为重点的生态观光、消夏避暑旅游区,以火石寨国家地质公园、震湖为重点的地质观光旅游区。

(3)贺兰山东麓葡萄文化旅游长廊。将按照"一廊、一心、三城、五群、十镇、百庄"的空间布局,将贺兰山东麓打造成为全国最大的葡萄文化旅游廊道,完善贺兰山东麓一线旅游休闲度假功能。整合提升贺兰山东麓一线传统景区,建设完善贺兰山岩画、西夏避暑行宫、苏峪口森林公园、星海湖湿地公园、北武当旅游区,做好大水沟西夏离宫遗址保护和昊王故渠遗址保护,对明长城进行保护性修复,建设西夏陵国家考古遗址公园。

(4)黄河金岸文化旅游廊道。重点提升沙湖、沙坡头、黄河大峡谷、水洞沟等核心景区建设标准和文化内涵的基础上,整合银川金水园—横城古渡—兵沟旅游区—石嘴子风景区,建设黄河外滩长河栈道景区、兵沟自驾车营地、黄河水上航运旅游服务中心、黄河军事文化博览园二期项目、鸣翠湖水世界及四季滑雪场、中华回乡文化园二期工程、华夏河图生态小镇、薰衣草休闲度假庄园、天山海世界黄河明珠、宝丰休闲牧场、五虎墩万亩生态园、小龙头明长城遗址及滨河万亩果园生态休闲旅游区。

8.5.4.3 谋划生态旅游重点线路

继续打造"激情沙漠探险""奇享塞上江南""探秘西夏古国""观光黄河金岸""漫步葡萄长廊""重走丝路北道"六大精品线路。激情沙漠探险：黑山峡—沙坡头—腾格里沙漠湿地旅游区—通湖草原。奇享塞上江南：沙湖—星海湖湿地公园—青铜峡黄河大峡谷—中卫沙坡头—六盘山国家森林公园。探秘西夏古国：西夏陵—贺兰山岩画—苏峪口森林公园—明长城—内蒙黑水城。观光黄河金岸：沙坡头—青铜峡黄河大峡谷—黄沙古渡—水洞沟—黄河外滩长河栈道—兵沟旅游区。漫步葡萄长廊：西夏陵—贺兰山东麓文化旅游带—星海湖湿地公园—北武当旅游区。重走丝路北道：固原古城—战国秦长城—六盘山国家森林公园—老龙潭—胭脂峡—野荷谷—须弥山石窟—火石寨国家地质公园。

8.5.4.4 规划设计建设示范基地

（1）生态旅游示范基地与示范户建设。人文景观、自然景观及民族风情旅游日趋升温，依托森林资源，以各条森林生态旅游线为基础，重点扶持建设森林人家、林家乐、森林景观利用示范户、示范村建设，通过对沿旅游线路专业合作社的示范建设，辐射带动其他区域森林景观利用全面开展。

（2）新建一批旅游示范基地。规划建设现代林业科技产业示范区等具有人文、风景、科研、教育、游憩、娱乐、旅游等多功能生态旅游项目示范点。主要通过建设管理设施、服务中心、供水供电、道路、动植物标本制作、景点绿化、设备购置等，完善基础设施和服务设施在内的配套工程设施。

（3）生态旅游森林人家、林家乐等建设。分区规划、科学布局，积极引导向"一村一品、一乡一特色、一区一优势"的方向发展，并在此基础上，积极开发林草生态旅游精品路线和产品。主要以各县（区、市）政府驻地为中心，充分利用森林资源，开展以林区农家乐为主的田园风光、民俗风情、农事体验、渔猎垂钓、野外宿营、果品采摘等方面的乡村生态旅游活动。

8.5.4.5 完善各类保障措施

（1）加强旅游基础设施建设。按照存量做优、增量做精的原则，进一步加大旅游基础设施建设力度，深度开发塞上江南新天府、贺兰山历史文化、六盘山红色生态"三大板块"，不断改善生态旅游景区基础设施条件。注重提升景区文化内涵，注重可持续发展，使优美景观和基础设施载体相得益彰、交辉呼应，全方位展示宁夏壮美自然风光和特色人文资源。

（2）完善旅游公共服务设施。加强旅游交通设施、通信设施、安全设施、游客集散中心、游客服务中心等公共基础设施建设，促进旅游公共服务建设和运营市场化，吸引社会投资主体开展公共服务。完善旅游公益惠民服务体系，制定面向弱势群体的旅游优惠政策，发行旅游年卡、旅游一卡通等多种形式的旅游惠民产品。

（3）提升旅游信息化水平。建设旅游运行监测平台。通过接入景区景点图像以及气象、交通等部门的相关信息，实现对各类检测数据的统计分析和展示，提高产业运行效率和突发事件的监测、预警水平。建设移动互联网平台。以微网站为核心，开发覆盖36家A级景区的智能导游系统，全面整合电子认证、电子票务等系统，探索建立门票预约制度和游客评价机制，提高公共信息服务能力。建设多语种资讯平台，开发涵盖旅游六要素的宁夏旅游客源地多语言服务系统，扩大对外宣传营销渠道。

（4）健全旅游资源保护体系。建立全自治区旅游资源评估标准体系和旅游资源电子信息库，更加重视各级各类旅游资源的保护，建立全自治区旅游资源开发与保护的监控体系。严格各级各类旅游规划的编制、论证、审批程序，强化规划管理，建立规划执行责任追究制度，科学界定旅游功能分区，合理确定景区容量，避免旅游资源的过度开发。

（5）加大人才培养力度。整合全自治区旅游教育资源，形成完整的高校、大专、中专、职业学校、培训中心为载体的旅游人才培养体系。继续健全旅游人才保障机制，用好自治区旅游发展专项资金，实施全自治区旅游培训计划，对旅游企业中高级管理人员、导游人员、景区饭店服务人员的分级分类培训，争取把全自治区旅游人才培养纳入教育部门人才中长期发展规划。支持宁夏旅游学校改善办学条件，优化旅游专业体系和课程设置，形成旅游人才工作与旅游业发展良性互动的格局。

8.5.5 科学规划森林康养

森林康养是林业产业发展新的方式，在"十四五"期间，宁夏应该培育一批功能完善、特色突出，服务优良的森林康养基地，构建产品丰富、标准完善、管理有序、融合发展的森林康养服务体系。

8.5.5.1 强化顶层设计

在充分调研的基础上，加快制定宁夏森林康养产业发展规划，确定森林康养基地的规划范畴，明确其上位规划，以满足多层次市场需求为导向，明确发展重点和区域布局，规范森林康养市场行为，让森林康养基地规划建设"有迹可循"。要坚决搞好顶层设计，从全局考虑，将森林资源划分为不同等级，针对不同优势等级的森林康养基地进行专项规划，因地制宜地发展各项产品，使其个性化、差异化发展。

8.5.5.2 加强基地建设

森林康养基地选址应尽可能选择区位良好、交通条件便利、无自然灾害区域。应优先建立相应的评价指标体系。指标体系内容根据基地的内部环境与外部服务条件来确定，可依据基地具体情况进行相应调整。科学利用森林生态环境、景观资源、食品药材和文化资源，大力兴办保健养生、康复疗养、健康养老等森林康养服务基地。建设森林浴场、森林氧吧、森林康复中心、森林疗养场馆、康养步道、导引系统等。

8.5.5.3 重视人才培养

森林康养涉及的学科范围较广泛，包括林学、医学、环境学等各个方面的学科知识。要根据森林康养市场需求，提升专业人员的技术水平，建立长效的人才管理体制机制。企业应充分利用当地的教育资源，开设培训课程，并由政府给予人才补助，为培养高素质人才提供充分条件。

8.5.5.4 完善政策引导

加大政策扶持力度，创新机制模式，探索建立政府引导基金，以融资担保、贷款贴息、项目奖补等方式，大力培育森林康养龙头企业。要加强用地保障，依法依规满足森林康养产业用地需求。要拓宽投融资渠道，鼓励各类林业、健康、养老、中医药等产业基金、社会资本以多种形式依法合规进入森林康养产业。要健全共建共享机制，鼓励地方推进森林康养与医疗卫生、养老服务、中医药产业融合发展，实现互促共赢。

8.5.6 创新发展柠条饲料

柠条饲料产业是灌木林利用的一种有效途径，平茬与加工利用不仅能有效保护柠条灌丛，还能加工成柠条饲料，取得较好的经济效益。

8.5.6.1 加大财政投入

柠条利用成效不仅体现在经济效益上，更体现在生态效益和社会效益上，要想达到预期效果，实现柠条产业可持续发展，应该出台柠条平茬与加工利用政策，规定柠条的日常管理与平茬的相关条件等。可以借鉴山西省忻州市灌木林平茬复壮经验，每平茬 0.067 公顷柠条林，政府补贴 56 元平茬机械费，并通过招投标指定若干个公司进行平茬柠条，自治区出台补助灌木林平茬复壮补助政策。

8.5.6.2 完善利用机制

进一步探索"行政推动、企业带动、农户参与、市场运作"的柠条综合利用机制。柠条加工利用采用"公司+农户"运行模式，但该种模式存在一些组织上的不足。政府在政策上进行引导与主持，企业成为平茬与加工利用的主体，农户进行柠条林地的管护与补植补播、防虫和防火为主的营林抚育措施，依照市场的方式进行运作。

8.5.6.3 加强科技研发

积极探索饲草料加工、堆制绿肥、薪炭燃料等新型技术，通过科技手段降低柠条产品成本，创建柠条产品品牌，提高市场竞争力。加强对柠条林平茬及加工机械设备的研制，提高平茬机具、粉碎机具的效率和耐磨性，解决加工成本及初期投入等问题。

8.5.6.4 加强专业培训

通过举办技术培训，对涉及柠条种植与加工的市、县农机推广服务中心(站)负责人、业务骨干及农机合作组织进行培训；采取室内讲座和室外操作演示的方式，室内可以做有关柠条机械化平茬与加工利用技术的专题讲座；室外演示时可以利用现有引进与改制项目中的机具进行收获与加工柠条的演示，展示作业效果，引导农民、柠条种植或加工新型经营组织转变观念，使用先进适用的平茬收获与加工，提高柠条综合利用效果。

8.5.7 分类开发沙漠资源

结合区域的自然特征、经营发展潜力和社会经济发展状况，将全自治区的沙产业按照毛乌素沙地治理区、腾格里沙漠东南缘治理区、引黄灌区腹部沙地治理区和中部干旱带沙化土地治理区等 4 个区域布局并进行分类发展。

8.5.7.1 毛乌素沙地治理区

在退耕还林还草、沙化土地综合整治、改善生态环境和生产条件的基础上，通过科技引领和支撑，形成以沙区道地沙生中药材资源保育与开发、沙区林业资源树种产业化开发(木本饲料、红枣、生物质能源林、特色苗木)为主体，兼顾风力发电、沙区特色旅游为辅的沙产业，建立一个生态治理与产业开发并重，农、林、牧协调发展，生态、社会和经济效益相统一的沙地治理与沙产业开发模式，走可持续发展的道路。

8.5.7.2 腾格里沙漠东南缘治理区

在维护生态安全、阻止沙漠侵袭农区、保障包兰铁路免遭沙漠危害的基础上，引导企业建立以有序开发沙漠土地、水、植物等资源的沙产业，重点发展企业为主导的短轮伐期纸浆林、现代沙漠温棚及沙漠旅游等产业，达到以沙产业开发提升沙漠治理水平和保障沙漠治理成果的目的。

8.5.7.3 引黄灌区腹部沙地治理区

在确保生态安全的前提下，加快水利配套工程相结合的旱作农田、流动沙地开发，充分发挥土地资源潜力，以及紧连银川、吴忠、石嘴山等核心城市及其卫星城镇的区位和技术优势，重点发展酿酒葡萄、风能发电为主体的沙产业，辅以农庄旅游与沙漠设施温棚相结合的沙产业。建立一个多元启动、重点发展的，吸引具有经济实力和系列产品开发实力的企业参与的风力发电、葡萄系列化开发与农庄旅游有机结合的沙产业区。

8.5.7.4 中部干旱带沙化土地治理区

在维护扬黄绿洲生态安全，预防区域土地沙化的基础上，在扬黄灌区重点发展节水高效的葡萄种植，辅以中药材种植产业；在无灌溉区旱作农田，重点发展提质、增效，可持续发展的绿色补水型硒砂瓜和风力发电产业，辅以红枣等沙产业，形成用沙产业开发预防土地退化的新模式。

8.5.8 积极探索林下经济

8.5.8.1 大力开展林下种植

在不改变林地用途，确保生态安全的前提下，根据各地资源禀赋条件，合理选择林下种植的品种。依托地方特色，建立有规模、有效益、有影响的林下经济种植示范基地，对各县（区、市）新建种植示范基地的基础设施给予重点扶持，包括水、电、路、管理房、技术培训等。引进龙头企业作为建设示范基地的重要环节，吸纳更多的农户加入林业合作组织中，采取"龙头企业+专业合作组织+基地+农户"的运作模式。

8.5.8.2 适度发展林下养殖

大力发展以林禽为主，其他林禽、特种养殖加工为补充的多元化林业养殖产业。利用林下良好生态环境资源，建设林下养殖标准化产业基地，借助现代林业技术，改进林下养殖产品品质。通过典型示范、技术改良、品牌经营，进一步提升林业养殖产业化水平，带动农民增收致富，逐步实现由传统养殖向现代生态养殖、由单一养殖方式向多元化养殖方式的转变。

8.5.8.3 特色发展林下景观

在充分保护并利用当地自然和文化资源完整性的前提下，依托当地森林、沙漠、湿地特色景观资源优势，与林下种养、林下无公害产品消费结合起来，依托城镇周边旅游线路、森林公园等，开展林下休闲旅游，创建林下旅游示范户、示范村，树立良好的旅游品牌，带动规划区农牧民积极参与到林下经济森林景观利用当中，引导群众通过规范化的林下旅游活动，吸引游客，逐步扩大市场。

8.6 支撑体系

8.6.1 壮大新型经营主体

以林业专业大户、家庭林场、农民专业合作社、龙头企业和专业化服务组织为重点，加快新型林业经营体系建设，鼓励各种社会主体参与林草产业发展。培育与建设一批类型多样、资源节约、产加销一体、辐射带动能力强的自治区级以上龙头企业，推动组建国家林业重点龙头企业联盟，加快推动产业园区建设，促进产业集群发展。引导发展以林草产品生产加工企业为龙头、专业合作组织为纽带、林农和种草农户为基础的"企业+合作组织+农户"的林草产业经营模式，引导农牧民开展专业化、标准化种养生产，打造现代林草业生产经营主体，构建和延伸"接二连三"产业链和价值链，促进一、二、三产业融合发展。积极营造林草行业企业健康成长环境。

8.6.2 加强种苗繁育管理

全面开展保障性苗圃建设。以国家投资或者国家投资为主的造林项目，在造林规划和造林工程验收中增加林木良种使用率量化指标，努力提高良种使用率和造林质量。全面完成全自治区林木种质资源普查工作；完成宁夏林木种质资源信息数据管理库，开展林木种质资源评价，建立林木种质资源信息管理系统及信息共享平台。加强林草种质资源保护、收集、保存、评价、利用，提高林草种质资源库管理水平；提升国家重点林草良种基地管理水平，开展基地改造提升、更新换代、提质增效、品牌建设等工作。

8.6.3 强化林草科技支撑

充分利用自治区内外有关高等院校、科研机构的科研资源，发挥各类工程技术研究中心、重点实验室等创新平台作用，建立科技协同创新机制、技术协作体系和创新联盟。强化科技创新，着力突破良种培育、优质丰产栽培、循环利用、现代信息、加工机械、贮藏保鲜、安全检测等方面的关键技术。加强种质资源保护、品种审定和选育推广力度，建立一批名特优新品种种质资源库、品种园和采穗圃。充分发挥企业创新主体作用，支持企业与科研机构合作，开展林草产品加工贮藏新技术、新工艺的研究创新，形成一批具有自主知识产权的关键技术与品牌。建立分级技术培训制度，加强林业标准化体系建设。

8.6.4 健全监测检测

健全林草产品标准体系和质量管理体系，完善林草产品质量评价制度和追溯制度。建立健全自治区、市（县）、企业、基地分级负责的林草产品质量安全检验检测体系，强化林草产品质量安全检疫监测工作。林草业部门及时准确地提供市场动态、新品种、新技术、病虫害预测预报、灾害预警及生产资料供求等信息。县级政府要建立林草产业农药化肥定点供应、统一使用机制，加快建立农药、化肥使用和加工等安全生产标准化体系。加快推进标准化生产，大力推进产地标识管理、产地条形码制度。推进高原有机产品质量标准与认证体系，扩大林草有机产品的认证范围。培育创建一批林草产品质量提升示范区。建立林草产业市场准入目录、市场负面清单及信用激励和约束机制。建立智能化和信息化为基础的林草产业监测与管理体系，提高抗市场风险能力。

8.6.5 推广信息化服务

推进网上信息化管理，大力推进互联网思维、大数据决策、智能型生产、协同化办公、云信息服务，通过现代信息技术在林草产业的应用和深度融合，打造"互联网+林（草）产业发展"新模式，建立一体化的智慧林草产业决策平台，促进物品、技术、装备、资本、人力等生产要素流动，实现林草产业资源合理配置和高效利用，搭建林草产业云服务平台。提高林草产业管理水平、优化林草产业资源配置、提高产业化经营水平、促进生态文化和提高人员素质、推动科技进步、建设上下贯通的信息高速公路，建立集中共享的统一平台。

8.6.6 强化人才支撑

建立政府指导下，以高中等林业院校为基础，以林草业企业为基地，培养创新人才、管理人才、高技能实用人才、复合型市场开发人才以及高层次经营管理人才。给予优惠的人才政策促进专业人才下沉。创新人才培养市场机制，吸纳林草业专业人才培训，拓展培训面，开发培训产品，延长培训产业链。鼓励针对在职人员开展技能培训，对培训活动给予税收减免等优惠政策，培养当地林草土专家。对专业技术岗位，建立职业准入资格。

8.7 保障措施

8.7.1 制定科学规划

各市（县）要结合本地资源、土地、市场等条件，制定林草产业发展规划、当地特色树种发展规划、退耕还果还林还草工程规划、各项林业工程资金使用计划，并纳入当地经济社会发展规划中，与自治区国土、农、林业发展规划和本地区土地利用、林业发展、农业综合开发、扶贫开发等规划衔接，明确目标任务，强化措施保障，大力发展林草产业。

8.7.2 实施差异政策

落实好国家扶持林草产业和标准化示范园建设相关政策，加强项目管理，确保建设成效。配套制定自治区林草产业发展及特色产业扶持政策，增加地方财政预算，进一步整合优化现代农业生产发展、农业综合开发、植树造林、种草等涉林涉草项目资金，集中支持建设一批退耕还果还林还草、生产示范、种质资源保护、良种繁育、技术创新、病虫害防治、质量安全监管等项目。对符合条件的林草产业贷款项目，实行据实贴息。对自治区级林草产业标准化生产示范园、重点龙头企业、专业合作社示范社和种植示范大户给予重点扶持。各主产市（县）要结合实际，建立和完善支持林草产业发展的政府补贴、奖励等扶持政策。特别是枸杞产业，国家局、自治区政府、林业和草原局等必须加强对宁夏枸杞等原字号、老字号森林康养食品、森林药材的科学指导、管理与资金支持，尽量把在基本农田以外的土地上种植的枸杞纳入生态效益补偿范畴，充分发挥枸杞荒漠化治理和盐碱地治理先锋树种的作用。

8.7.3 健全投入机制

充分发挥自治区林草产业金融扶持政策，吸引社会资本参与林草产业发展，金融机构要创新金融产品和服务模式，推行发展林权、草权抵押贷款、农户小额信用贷款和农户联保贷款，增加信贷资金规模。把林草产业贷款纳入农业信贷担保体系，为龙头企业、家庭林场、专业合作组织等新型经营主体贷款提供信用担保服务。加快建立和完善林草产业保险制度，通过保费补贴等必要的政策手段，引导生产经营者积极参加各类保险，建立生产灾害风险防范机制。深化集体林权制度改革，规范土地承包经营权流转，吸引社会资本参与生产经营。

8.7.4 推进技术创新

一是扎实推进科技创新。在林产业发展技术上，以提高质量效益产出技术为主。在林木种苗技术上，以开发乡土树种为主。二是大力推广林业科技成果及实用技术。积极推广林果新品种和抗旱造林集成技术等实用技术。三是依托高校、科研院所等专业平台，积极开展科技推广示范、优良品种培育、生态监测技术、林业科技富民工程等。四是建立和完善自治区、市（县）乡镇三级林业科技推广机构，稳定林业技术推广队伍，提高社会化服务能力。五是加快林产业产品质量标准体系建设。建立健全由国家标准、行业标准、地方标准和企业标准组成的林产品技术标准体系。建立健全林产品质量检验检测体系，从良种使用、基地建设、生产加工、储存流通、销售利用、市场营销等环节进行监管，确保林果产品质量安全。

8.7.5 深化"放管服"改革

精简和优化林草业行政许可事项，提升行政审批效率。推进行政许可随机抽查全覆盖，加强事中事后监管。深化林木采伐审批改革，逐步实现依据森林经营方案确定采伐限额，改进林木采伐管理服务。建设林业基础数据库、资源监管体系、林权管理系统和林区综合公共服务平台。强化乡镇林业工作站公共服务职能，全面推行"一站式、全程代理"服务。发挥好行业组织在促进林草产业发展方面的作用。

8.7.6 加强国际合作

加快建设"一带一路"对外开放新通道，挖掘中西部地区开放潜力，是国家的重大战略部署。作为全国唯一的内陆开放型经济试验区，宁夏按照习近平总书记在中阿合作论坛第六届部长级会议上的讲话精神，提出把宁夏打造成为丝绸之路上的战略支点和建设中阿人文交流合作示范区等重点任务。深入开展国际交流与合作，促进林草产业的发展。同时，宁夏生态旅游纳入"一带一路"总体布局中，以发展生态旅游为抓手，打造特色鲜明的国际旅游目的地。

参考文献

拜丽艳，马生元，2016. 宁夏草畜业发展问题探析[J]. 宁夏农林科技（4）：50-51.
陈来祥，汪黎赓，2018. 宁夏引黄灌区高丹草饲用性状评定研究[J]. 宁夏农林科技，59(5)：10-13.
陈亮，吴彦虎，张建勇，等，2018. 宁夏饲草资源和草畜平衡现状及建议[J]. 饲料研究（5）：5-8.
陈学彧，2003. 宁夏农产品深加工的潜力与对策——论宁夏草产业的发展优势[J]. 市场经济研究（6）：42-43.
陈玉香，2018. 分析宁夏文化旅游资源及其特征分析[J]. 智库时代，160(44)：250-251.
丛小丽，2019. 吉林省生态旅游系统生态效率评价研究[D]. 吉林：东北师范大学.
国家林业局，等，2009. 林业产业振兴规划（2010—2012年）[R].
胡绸子，陈院，2010. 宁夏隆德县草产业发展状况调查报告[J]. 当代畜牧(7)：45-47.
黄亚玲，达海莉，2019. 宁夏草畜产业生产状况及高质量发展思考[J]. 宁夏农林科技，60(5)：43-47.
李国，牛锦凤，2015. 宁夏苹果产业发展现状、存在问题及对策[J]. 宁夏林业 54(1)：86-87.
李国，2009. 宁夏林业产业发展的启示[J]. 宁夏林业（1）：38-39+42.
李克昌，杨发林，于钊，等，2003. 试论宁夏草产业发展的机遇和对策[J]. 农业科学研究，24(3)：21-25.
李克昌，2016. 宁夏草产业发展现状和展望[C]// 第四届中国草业大会.
李天鹏，李英武，牛锦凤，等，2016. 宁夏林木种苗发展情况调研报告[J]. 宁夏林业（02）：34-35.
李小明，2016. 宁夏林业生态产业发展现状与建议[J]. 中国农业信息（12）：152-153.
李玉平，2017. 宁夏草畜产业现状调查与发展建议[J]. 中国畜牧兽医文摘（12）：65-66.
刘桂霞，韩建国，2006. 关于宁夏草产业发展的对策建议[C]. 中国草业发展论坛.
卢新石，2019. 草原知识读本[M]. 北京：中国林业出版社，71-72.
牟高峰，2016. 宁夏"十三五"草畜产业发展的思考[J]. 中国畜牧业（2）：31-32.
宁夏回族自治区林业和草原局，2019. 自治区林业和草原局关于第一批自治区级重要湿地名录[R].

宁夏回族自治区人民政府，2018. 宁夏生态保护与建设"十三五"规划(修订版)[R].
宁夏林业和草原局，2019. 宁夏林业和草原"十三五"发展情况及"十四五"规划调研相关问题的汇报[R].
王微，周蕾，2017. 宁夏草畜产业链发展现状、存在问题及对策[J]. 宁夏社会科学 (S1)：145-150.
夏道芳，2017. 引导走优质高效之路，全面推进红枣产业发展——首届宁夏红枣产业评比大赛工作报告[J]. 宁夏林业 (6)：20-21+25.
周伟伟，2017. 第十一届中国花卉产业论坛在宁夏银川举办[J]. 中国花卉园艺 (18)：16-17.
朱建宁，高婷，张晓刚，等，2011. 宁夏干旱半干旱地区草产业发展对策[J]. 宁夏农林科技，52(11)：97-98.

9 荒漠化及其防治研究

9.1 研究背景与方法

9.1.1 研究目标

明确宁夏荒漠化及沙化土地现状及动态，辨析荒漠化和沙化主要成因，梳理荒漠化和沙化防治的经验和技术措施，总结荒漠化和沙化防治的主要经验和存在的问题，根据全自治区荒漠化和沙化特征，结合当前该项工作的发展趋势，提出针对性的政策和技术建议。

9.1.2 研究方法

专题主要采用查阅相关文献、收集并分析已有数据、实地调查、访谈和专家咨询等方法进行研究，具体如下：

（1）文献资料和本底数据收集。收集五次中国荒漠化和沙化状况公报、1949年至今，宁夏所有荒漠化和沙化监测报告和资料、宁夏林业和草原局工作报告及总结材料、宁夏荒漠化和沙化相关的学术论文、宁夏卫星影像及土地利用数据；通过国家和宁夏回族自治区统计局和林草局数据共享平台查阅相关数据，整理荒漠化和沙化方面关键数据，确定数据统计学方法和手段，整合资料，搭建方法学框架。

（2）数据统计与分析。通过提取荒漠化和沙化调查报告中数据，结合遥感影像图像分析，解析宁夏荒漠化和沙化历史演变和现状，对不同地区荒漠化和沙化类型、程度、土地演变等信息进行深入分析，结合文献研究，进而确定宁夏荒漠化和沙化形成原因和未来发展趋势；通过参阅全国生态功能区划和全国防沙治沙规划等，结合宁夏整体宏观区划，明确宁夏荒漠化防治和防沙治沙总体战略目标。

（3）实地考察与调研。通过组织专家到宁夏各地进行实地考察，了解目前各市、县荒漠化和沙化分布基本情况、防治措施、生态工程建设治理成效等;通过组织研究人员与省、市、县从事森林和草原管理保护的决策者、管理者和经营者进行访谈研讨,明确当前荒漠化和沙化防治核心技术、困难和未来规划等,为最终制定荒漠化和沙化防治总体目标、确定未来荒漠化防治提供相关建议。

(4)理论分析与实践相结合。通过收集整理荒漠化和沙化防治的相关文献资料,结合宁夏自然、社会和经济实际情况,深入分析宁夏荒漠化和沙化成因,评估生态工程建设成效,提出防治措施、手段、产业发展和科技创新等方面的建议。

9.1.3 技术路线

本研究在充分了解分析宁夏全自治区荒漠化和沙化面积分布、区域划分、类型特征和程度分级的基础上,分析荒漠化和沙化成因、动态变化及影响因素,解析荒漠化防治和防沙治沙相关生态建设工程成效和原因,提出目前存在的关键问题,结合国家防沙治沙总体规划,提出宁夏沙漠化和沙化防治未来战略目标,最后,提出荒漠化区域规划和科学管理、防治关键技术手段、沙漠公园建设和科技创新等相关建议(图9-1)。

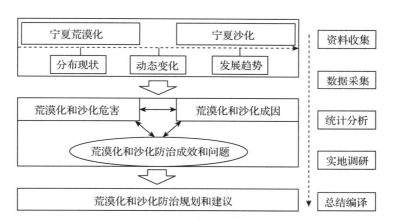

图 9-1 荒漠化及其防治研究技术路线

9.2 荒漠化和沙化土地现状

9.2.1 宁夏荒漠化现状

宁夏地处中国内陆,全自治区跨越3个气候区,南部为中温带亚湿润区、中部为中温带半干旱区、北部为中温带干旱区。全自治区总面积5.195万平方千米。区内主要地貌类型为丘陵(38.0%)、平原(26.8%)、台地(17.6%)和山地(15.8%),西、北、东三面分别被腾格里沙漠、乌兰布和沙漠、毛乌素沙地包围,是我国西部荒漠化最为严重的省份之一,荒漠化的主要类型为风蚀、水蚀、盐渍化3种形式。

宁夏土地荒漠化土地主要集中在中部区域和北部绿洲边缘,具体分布在银川、石嘴山、吴忠市、中卫市,共涉及17个县(市、区)的209个乡(镇)。

据第五次荒漠化和沙化监测结果,宁夏全自治区荒漠化土地面积2.79万平方千米,占全自治区总面积的53.68%。从荒漠化类型来看，风蚀荒漠化土地面积为1.26万平方千米，占荒漠化土地总面积的45.17%；水蚀荒漠化土地面积1.47万平方千米，占52.57%；盐渍化土地面积为0.06万平方千米，占2.26%(图9-2)。

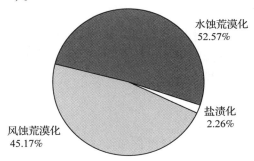

图9-2　宁夏3种类型荒漠化土地分布

宁夏风蚀荒漠化主要分布在盐池县、灵武市、沙坡头区、红寺堡区、中宁县；水蚀荒漠化主要分布在同心县、沙坡头区、海原县、中宁县、盐池县、红寺堡区；盐渍化荒漠化主要分布在盐池县、平罗县、惠农区。其中，主要县、区沙漠化分布情况：盐池县荒漠化土地面积0.55万平方千米，占全自治区荒漠化土地总面积的19.8%；沙坡头区0.45万平方千米，占16.1%；同心县0.38万平方千米，占13.8%；灵武市0.23万平方千米，占8.3%；海原县0.23万平方千米，占8.4%(图9-3)。

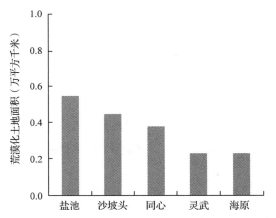

图9-3　宁夏主要县市(区)荒漠化土地面积

从荒漠化程度来看，轻度荒漠化土地面积为1.58万平方千米，占荒漠化土地总面积的56.55%；中度0.95万平方千米，占34.03%；重度0.21万平方千米，占7.20%；极重度0.06万平方千米，占2.22%(表9-1)。

表9-1　3种荒漠化类型不同程度土地面积

荒漠化程度	风蚀荒漠化(平方千米)	水蚀荒漠化(平方千米)	盐渍荒漠化(平方千米)
轻度荒漠化	0.78	0.76	0.041
中度荒漠化	0.35	0.58	0.016
重度荒漠化	0.08	0.12	0.005
极重度荒漠化	0.05	0.01	0.001
合计	1.26	1.47	0.063

9.2.2 宁夏沙化土地现状

土地沙化是指由于土壤侵蚀，表土失去细粒（粉粒、黏粒）而逐渐沙质化，或由于流沙（泥沙）入侵，导致土地生产力下降甚至丧失的现象。土地沙化多分布在干旱、半干旱脆弱生态环境地区，或者临近沙漠地区及明沙地区。

宁夏位于西北内陆，地处黄河上游地区及沙漠与黄土高原的交接地带，属于沙化土地分布相对集中的地区，境内有毛乌素沙地、腾格里沙漠及中部地区存在的不同类型、面积分散的沙化土地。

根据第五次全国荒漠化和沙化监测公报，截至2014年，宁夏沙化土地面积1.12万平方千米，占全自治区总面积的22%。

按照地貌单元和地理位置，将全自治区沙化土地分为3个沙区：以毛乌素沙地为主的河东沙区、腾格里沙漠边缘沙区、银川平原绿洲腹地沙区，区位上属于宁夏中部地区，近90%的沙化土地集中于该区。

宁夏沙化土地主要分布在银川市兴庆区、金凤区、西夏区、永宁县、贺兰县、灵武市，石嘴山市大武口区、惠农区、平罗县，吴忠市利通区、红寺堡开发区、青铜峡市、盐池县、同心县，中卫市沙坡头区、中宁县，共涉及16个县（市、区）的189个乡（镇）。

宁夏沙化土地类型包括流动沙地（丘）、半固定沙地（丘）、固定沙地（丘）、沙化耕地、风蚀残丘、风蚀劣地、戈壁。其中，流动沙地（丘）0.07万平方千米，占沙化土地总面积的6.36%；半固定沙地（丘）0.09万平方千米，占7.82%；固定沙地（丘）0.79万平方千米，占70.64%；沙化耕地0.08万平方千米，占7.43%；戈壁0.09万平方千米，占7.75%（图9-4）。

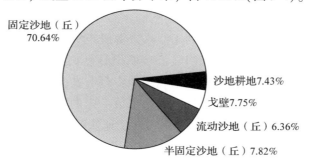

图9-4 宁夏不同类型沙化土地分布

宁夏沙化土地主要属于轻度和中度沙化，其中，轻度沙化土地面积0.75万平方千米，占沙化土地总面积的67.13%；中度0.21万平方千米，占18.59%；重度0.08万平方千米，占7.24%；极重度0.08万平方千米，占7.04%（图9-5）。

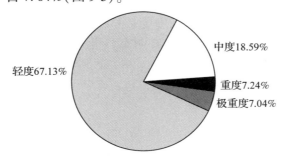

图9-5 宁夏不同程度沙化土地分布

流动沙地主要分布在沙坡头区，半固定沙地主要分布在盐池县，固定沙地主要分布在盐池县、灵武市、沙坡头区、红寺堡区，沙化耕地主要分布在盐池县，戈壁主要分布在西夏区、贺兰县、惠农区、青铜峡市、同心县。

盐池县沙化土地面积0.42万平方千米，占全自治区沙化土地总面积的37.6%；灵武市0.21万平方千米，占18.8%；沙坡头区0.13万平方千米，占11.8%；红寺堡区0.08万平方千米，占7.2%；其他县（市、区）沙化土地面积0.28万平方千米，占24.6%（图9-6）。

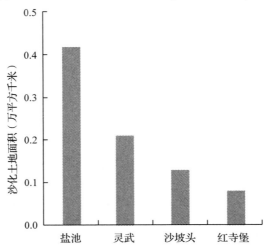

图9-6 宁夏主要县（市、区）沙化土地面积

9.2.3 宁夏有明显沙化趋势的土地现状

有明显沙化趋势的土地是指由于过度利用或水资源匮乏等因素导致的植被严重退化，生产力下降，地表偶见流沙点或风蚀斑，但尚无明显流沙堆积形态的土地，介于沙化土地和非沙化土地之间，在沙化监测区的耕地、林地、草地和未利用地中都有发生，面积较大，土地生产力逐步下降，对居民的生产生活造成的危害逐渐加剧。如果采取一定的人为措施或降雨量增大，将逆转为非沙化土地，若气候恶化或继续超载过牧，将向沙化土地发展，生态环境将进一步恶化。

宁夏有明显沙化趋势的土地总面积0.27万平方千米，占宁夏总土地面积的5.17%，主要分布在银川灵武市、吴忠利通区、红寺堡开发区、青铜峡市、中卫沙坡头区、中宁县，共涉及6个县（市、区）的63个乡（镇）。

宁夏有明显沙化趋势的土地分布在草地中为0.22平方千米，占有明显沙化趋势土地总面积的82.1%；林地中发生0.03万平方千米，占10.9%；耕地中0.004万平方千米，占1.4%；未利用地中0.02万平方千米，占5.6%。

宁夏明显沙化土地主要分布在沙坡头、中宁县和红寺堡区，面积分别占全自治区该地类的37.0%、25.9%和12.7%，其他县（市、区）有明显沙化趋势的土地面积为0.07万平方千米（表9-2）。

表 9-2 宁夏各县(市、区)有明显沙化土地面积

统计单位	面积(万平方千米)	比例(%)
灵武市	0.021	7.9
石嘴山市	0.0003	0.1
大武口区	0.0002	0.1
平罗县	0.0001	0.0
利通区	0.026	9.6
红寺堡区	0.034	12.7
青铜峡市	0.018	6.8
沙坡头区	0.099	37.0
中宁县	0.070	25.9

在有明显沙化趋势的土地中，草地占到80%以上，由于长期超载过牧，草场不断退化，生产力不断下降，水土流失日趋严重，进一步向沙化土地发展，可通过减畜封禁或减少牲畜承载量，并采取人为措施恢复植被，将逐步恢复土地原有的生态功能。

9.2.4 宁夏荒漠化和沙化土地动态变化

20世纪，宁夏土地荒漠化和沙漠化情况有过多次调查和测算，1959年和1977年由中国科学院组织的两次实地防沙治沙调查，主要考察了腾格里沙漠和宁夏河东地区沙地。1994—2015年，已进行了五次荒漠化和沙化监测。

尽管调查的技术手段不同，但荒漠化监测数据显示，从第一次荒漠化和沙化监测开始，全自治区荒漠化土地面积持续下降，年均减少0.03万平方千米，主要体现在治理荒漠化的面积远大于由非荒漠化土地向荒漠化土地的转变，以及荒漠化土地向耕地的转变。

21世纪以来，荒漠化土地程度呈现出总体好转、局部恶化的趋势。其中，轻度荒漠化土地面积呈增长的趋势，15年间增加了0.87万平方千米；中度荒漠化面积减少了0.48万平方千米；重度荒漠化面积减少0.81万平方千米；极重度荒漠化面积略有上升，增加了0.001万平方千米（图9-7）。

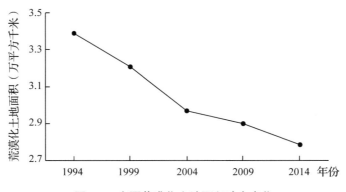

图 9-7 宁夏荒漠化土地面积动态变化

宁夏沙漠化考察和监测数据显示，从新中国成立初期开始，宁夏区域内沙化程度持续加重，到20世纪70年代达到顶峰，随着全自治区防沙治沙工作的开展，宁夏沙化土地面积开始逐年下降。截至2014年，全自治区沙化土地面积为1.12万平方千米。从20世纪50~60年代开始，宁夏

开始在沙区大面积治沙造林、封沙育林,控制风沙危害,经过70年的努力,从20世纪70年代开始,宁夏全自治区荒漠化和沙化土地面积一直呈现逐年递减的趋势。自第一次荒漠化和沙化监测以来,宁夏沙化土地总体呈现由极重度→重度→中度→轻度流转。

2000年以前,尽管沙化土地面积持续减少,但是沙化程度却在加重,局部地区由于人为活动频繁(乱挖野生植物、过度放牧、开垦荒地等),流动沙丘面积一直在增加。沙尘暴天气频发,从20世纪80年代有监测数据以来,沙尘暴发生频率有逐年增加的趋势,天然草地持续退化、沙化。21世纪以来,随着政府加强管理和投入,以及治理沙化、环境保护的意识和认识不断加强,宁夏全自治区沙化土地面积显著减少、沙化程度持续减弱,尤其是1999—2004年,荒漠化土地面积减少幅度较大(图9-8)。

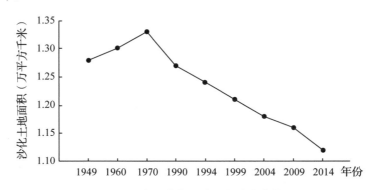

图9-8 宁夏沙化土地面积动态变化

1994—2014年,轻度沙化土地面积呈增长的趋势,增加了0.13万平方千米;中度沙化土地面积总体波动,但20年间增加了0.003万平方千米;重度沙化土地面积呈减少趋势,2004—2014年减少了0.11万平方千米;极重度沙化土地面积也是减少的趋势,10年期间减少了0.16万平方千米(表9-3)。

表9-3 5次沙化监测不同程度沙化土地面积

时间	合计 (万平方千米)	轻度 (万平方千米)	中度 (万平方千米)	重度 (万平方千米)	极重度 (万平方千米)
1994年	1.26	0.62	0.21	0.19	0.24
1999年	1.21	0.64	0.21	0.15	0.20
2004年	1.18	0.69	0.17	0.19	0.14
2009年	1.16	0.69	0.18	0.17	0.12
2014年	1.12	0.75	0.21	0.08	0.08
1994—2014年的变化	-0.13	0.13	0.003	-0.11	-0.16

同时,潜在荒漠化土地植被修复效果显著加强,重度和极重度荒漠化土地向轻度和中度荒漠化土地转化。截至目前,大部分重度和极重度荒漠化土地得到治理,总体上表现为荒漠化和沙化土地总面积逐年减少,荒漠化和沙化程度持续减轻;除此之外,潜在荒漠化和沙化土地面积较大,植被稀少,生态脆弱,荒漠化和沙化风险极高,严重威胁着荒漠化防治成果。

9.3 荒漠化和沙漠化的危害及成因分析

9.3.1 宁夏荒漠化和沙化的危害

宁夏地处我国西北内陆农牧交错带，其西、北、东三面分别受腾格里、乌兰布和毛乌素沙漠威胁，生态、经济环境极为脆弱，是我国荒漠化和沙漠化危害最为严重的省份之一。日益发展的荒漠化和沙漠化不仅造成生态环境的严重恶化，而且成为严重影响宁夏人民生活和生产条件，制约经济、社会可持续发展的主要限制因素，成为宁夏全自治区人民的心腹之患，具体体现在以下几个方面：

(1) 蚕食可利用土地，影响农牧产业。尽管从 20 世纪 70 年代以来，宁夏全自治区沙化土地面积逐年下降，但是局部地区沙化程度加剧，加之过度开垦，流动沙丘不断蚕食农地和草地等可利用土地，大风吹蚀表层土壤，可利用耕地减少，大量土地盐渍化，土地质量急速下降。盐渍化不断加剧导致耕地质量下降，北部平原地势低洼，排水不畅，盐渍问题没有根本解决。扬黄新灌区由于排水措施跟不上，次生盐渍化面积扩大，同时引起邻近老灌区地下水位上升，有发生次生盐渍化的危险。全自治区尚待治理的水蚀荒漠化面积 146.6 万公顷，占全自治区总面积的 28.2%。目前，水土流失面积、侵蚀强度、危害程度总体有所减轻，但局部呈加剧的趋势。宁夏南部的黄土丘陵沟壑区和北部贺兰山地区，严重的土壤侵蚀造成每年约 50 吨/公顷的表土流失，侵蚀沟不断延伸，沟岸扩张，每年损失耕地 2000 多公顷。

(2) 灾害频发，威胁生产生活。20 世纪 80 至 90 年代，沙尘暴天气频发，共发生数 10 次较大沙尘暴危害，特别是 1993 年 5 月 5 日爆发的"5·5"黑沙尘暴，造成大量人员伤亡、牲畜死亡、耕地和草地沙埋，工厂停产、学校停课；同时，随着荒漠化和沙化程度增加，还会引发一系列其他灾害，比如干旱、霜冻、冰雹和大风等，严重影响全自治区人们生产安全和生活质量。

(3) 破坏草地，降低生物多样性。宁夏全自治区超过 90%的天然草地存在不同程度的退化，由于沙丘不断扩张，部分草场已完全沙化，草原植被受到严重破坏，草地生物生产力骤减，生物多样性下降，严重影响着当地居民赖以生存的畜牧业。

(4) 加剧生态恶化，影响生存条件。一方面荒漠化和沙化直接影响生态环境，草原、湿地、森林生态系统遭受破坏，区域环境不断恶化，空气质量降低，干旱和高温天气持续加强；另一方面，不合理的防治措施，地下水的过度开采以及地表水资源的不合理利用，对已经改善的生态环境的可持续造成巨大的潜在威胁。

(5) 危害交通运输线路，损害古建筑。风沙严重影响着公路和铁路的运行，主要表现在路基风蚀和风沙淤埋两个方面。包兰铁路穿越宁夏风沙区，沙化土地扩张严重威胁着铁路的正常运行。

宁夏被誉为"塞上江南"，自古就是中原农耕民族和游牧民族相互争夺的要塞，西周时期开始，战国、秦、汉、隋、金、明等朝代都曾先后在宁夏境内修筑长城，被称为"中国长城博物馆"，然而，这一珍贵的世界文化遗产却遭受着风沙吹蚀、掩埋等破坏。同时，风沙威胁着古城墙、藏兵洞、贺兰岩画等其他文物和建筑。

9.3.2 宁夏荒漠化和沙化成因分析

宁夏地处中国内陆，海拔较高，降雨较少，气候干旱，在全新世(距今约 11700 年前)以来就已经有风沙活动；随着人类活动的增加，北魏时期开始的森林破坏和草场开垦，导致荒漠化和沙化土地面积持续增加，特别是明清时期人为破坏的加剧，宁夏荒漠化和沙化加速蔓延。总之，本地区荒漠化现象的主要驱动力是自然因素和人为因素的综合结果。

9.3.2.1 气候、地貌及植被是宁夏土地沙漠化发生发展的根本自然因素

干旱的气候是产生风力侵蚀的基本条件，干旱、少雨、多风、蒸发强烈是宁夏沙区气候的基本特点。宁夏的中、北部地区年降水量100~250毫米，年均干燥度在3.0以上。这种严重的干旱条件，加上风大频繁，为风蚀荒漠化和盐渍荒漠化的发展创造了有利的条件。宁夏中、北部土壤主要是灰钙土，土壤质地疏松，易发生风蚀，南部丘陵区黄土土壤易被水蚀。这些恶劣的生境条件是荒漠化和沙化形成和发展的根本原因。

宁夏中部风沙区干旱、半干旱温带气候的基本特征自全新世（距今约11700年）以来已基本形成，与气候相适应的植被类型也基本确立。冬寒长、夏热短、春暖快、秋凉早；云雨稀少、干旱少雨、蒸发强烈、风大沙多；日照长、温差大；多年平均降水量在270毫米左右，降水主要集中7~9月，占全年降水量的70%以上；大风天气又主要集中在冬春两季，风季正好与少雨的干旱季节对应；旱季土壤疏松，植被稀疏，风力强劲，因而加剧了风沙活动。

腾格里沙漠的形成主要是青藏高原的隆起和干冷气候，距今约90万年前，腾格里地区风沙活动频繁，标志其初步形成；距今约68万年前，腾格里不断扩张，最终成为现代的腾格里沙漠。乌兰布和沙漠的形成主要是气候的变化，约8300年前，乌兰布和地区风沙活动盛行；7100~7800年前，乌兰布和古湖泊依然存在于乌兰布和沙漠北部区域；约6500年前，湖泊不断萎缩解体，此后逐渐演变为现在的吉兰泰盐湖和乌兰布和沙漠。毛乌素沙地的形成主要是气候变化，毛乌素在约12000年前即有风沙活动，而在中全更新世时（7500~3500年前），随着季风减弱温度降低减少了水分蒸发，出现了大规模的沙丘固定过程，并发育古土壤。

地形起伏对风力侵蚀影响较大，宁夏沙漠化地区地貌主要是比较平坦的缓坡丘陵、戈壁，因而遭受风力侵蚀强度大。由于近南北走向贺兰山以西地形空间形成风道，致使清水河河谷地段风蚀强度高于两侧山地，风积沙直入延伸到同心县南部王团庄。该区风沙通道主要有三条：北自乌兰布和沙漠沿银川平原向南；西自腾格里沙漠经贺兰山西侧，靠西北风向东南搬运，扩散到宁夏中部中卫、中宁、吴忠、同心等县（市）；自鄂尔多斯台地毛乌素沙漠借西北风向东南扩散，同时借东南风携带经盐池、灵武、陶乐向银川平原扩散。由于这三条通道的影响，使宁夏中北部风沙活动强烈。

宁夏土地沙漠化区植被类型主要为荒漠、荒漠草原及干草原。各类草原植被覆盖度均较低，土地沙漠化区植被多数为旱生多年生草本、矮小灌木，植被生长直接受气候影响，植被覆盖度与年际降雨周期呈正相关。

宁夏环境变化频率高、脆弱性显著，而总体趋强的人类活动没有随环境变化（或气候变化）及时调适，巨大的生产惯性和承载对象在极度脆弱时期对环境的压力，促进了自治区荒漠化的发展。除此之外，宁夏三面环沙，加之中部地区土壤富含沙粒，粒径大于0.05毫米的沙粒含量在60%以上，这为沙患的发生、发展提供了丰富的沙源。宁夏沙区植被主要是典型干草原和荒漠草原，植物结构简单，土层瘠薄，极易受到恶劣气候和人类活动的影响，生态系统极其脆弱，一旦破坏恢复难度更大，这也是该区域荒漠化防治困难的主要原因。

9.3.2.2 不合理的人为经济活动是造成土地沙漠化的直接因素

人口压力造成生态环境的恶化。根据宁夏最新人口统计数据显示，全自治区人口为688.3万，

人口密度从1949年的3人/平方千米骤增到132人/平方千米。全自治区人口密度远远超过联合国1970年建议的人口承载极限指标(干旱区人口每平方千米不超过7人,半干旱区不超过20人)。即使20年前,全自治区人口密度也超过100人/平方千米,且农村人口远超过城镇人口,直到2012年这一趋势才得到逆转。土地人口承载力的超载是宁夏荒漠化和沙化土地形成和发展的主要因素。

不合理的人为经济活动是诱导和加速土地沙漠化的最直接、最重要原因。由于牲畜数量的不断增加,严重超载过牧;连续性开垦耕种草地和荒地;滥挖甘草、搂发菜、打沙蒿、铲草皮等破坏草原植被;开发建设项目(公路)和矿产开采等一系列人为活动,造成荒漠化和沙化土地不断扩张,沙化程度不断加剧。其中,耕地开垦在初期由于种植农作物,土地使用发生转变,使得荒漠化和沙化土地面积减少,随着开垦面积的扩大,秋、冬、春三季,农田无植被覆盖,在大风天气作用下,使得荒漠化和沙化形式更加严峻。这种由人为因素造成的草场超载和植被破坏,在一定程度上进一步加速了风蚀荒漠化和水蚀荒漠化面积的扩张。最近20年来,随着城镇化程度不断提高,农村人口大量涌入城市,大量耕地弃耕、撂荒,人为干扰强度的降低是荒漠化和沙化面积减少的重要原因之一。

农业产业结构的失调,是诱发土地沙漠化的原因之一。20世纪60年代中期至70年代中期,受"以粮为纲"政策影响,宁夏中部同心县北部及灵盐台地农牧交错地区、旱农地区形成大规模的农业开垦。宁夏经济发展相对落后,产业结构不尽合理,加工业落后,农业和工业内部结构不协调,生产经营粗放,这也导致了对自然资源不合理的开发利用,因而成为加速荒漠化和沙化的主要因素。除此之外,引黄灌溉和节水农业的大量开展,使得人—土压力减小,天然植被破坏大大减轻,植被自然修复,也是荒漠化和沙化土地得到有效控制的原因。

综上所述,土地沙漠化的成因是各种自然、生物、政治、文化和经济因素的复杂相互作用,归根结底是人为和自然两类因素。土地沙漠化乃是人为强度活动和脆弱生态环境相互影响、相互作用而引发的土地退化过程,是人类与土地资源关系矛盾的结果。

9.4 荒漠化和沙化防治措施、成效及存在的问题

9.4.1 宁夏荒漠化和沙化防治历史回顾

9.4.1.1 起步阶段(1949—1977年)

20世纪50年代开始,宁夏在区内建立了一批国有林场,开展了封山育林、植树造林等一系列荒漠化治理工程工作。中国科学院组织多家单位开展沙漠调查,并在中卫沙坡头建立荒漠化防治实验示范基地。20世纪60年代,宁夏各级政府又陆续开办了一批乡、村办林场,初步形成了防风固沙防护林带,有效地遏制了风沙对农田的侵害,减缓了沙尘暴对该地区的威胁。在中卫沙坡头地区,在治理铁路的过程中,形成了特有的"五位一体"的治理模式。

9.4.1.2 规模治理阶段(1978—1999年)

20世纪70年代末期,国家在宁夏实施了三北防护林体系建设工程,使宁夏荒漠化治理进入了一个规模治理的新阶段。在这一时期,主要依靠生态工程和灌溉工程,对毛乌素沙地及周围的盐碱地进行综合治理。这些措施对当地生态环境的改善、区域经济的发展、人民生活水平的提高,

起到了积极的作用。盐碱地的面积得到了有效控制,灌溉工程对农业生产效率的提高也起到了积极作用。

9.4.1.3　综合整治和管理阶段(2000年至今)

这一阶段宁夏实施了退耕还林、山区小流域治理、山区基本农田建设等工程。在北部引黄灌区,实施农田基础设施建设,治理土壤盐渍化;在中部沙区,加强了植树造林工作,营造了沙漠绿洲;在南部山区,实行小流域综合治理工程,预防水土流失。北部、中部、南部实施的治理措施,促进了区域生态环境的改善、经济的持续增长、农牧民生活水平的提高。

9.4.2　宁夏荒漠化防治措施

为了遏制荒漠化土地面积的扩大,宁夏先后实施了三北防护林体系建设工程、退耕还林工程、天然林资源保护工程等。在此基础上,大规模开展毛乌素沙地、南部山区水土流失地区和北部盐渍化土地综合治理工程。同时,吸引外资(日本、德国、世界银行等)进行防沙治沙,使得沙化区域林草植被盖度持续增加,荒漠化和沙化程度持续降低。科技人员通过对全自治区荒漠化地区自然、经济以及荒漠化发展趋势、防治技术进行了综合、系统、全面的研究,并将科技成果应用到荒漠化防治实践中,总结出了不同荒漠化类型、程度、区域、立地条件下配套的综合防治技术和方法,具体如下:

(1)"五带一体"固沙技术。通过设置阻沙栅栏、固定草方格沙障、人工种植无灌溉灌草植被带、灌溉条件下的乔灌草植被带和铺设卵石防沙防火隔离带,逐渐形成人工—天然复合生态系统,是铁路沿线治理沙质荒漠化非常成功的方法,至今保证包兰铁路畅通无阻。

(2)防风固沙林营造技术。在降水250~300毫米的半干旱区流动沙丘、半固定沙地,实行生物固沙造林技术和流动沙丘防风固沙技术,大面积营造柠条林,并在沙地绿洲边缘采用农林牧综合治理沙化土地技术。

(3)飞播造林技术。在降水量300毫米以上的荒漠化区域,选择耐旱、抗风蚀、耐沙埋、生长快、自繁力强的沙蒿、沙打旺、杨柴、花棒等灌草植物,在雨季前的换风季节进行飞机混播,采用封禁与适度利用的方法恢复这一区域植被。

(4)小流域综合治理技术。在水蚀荒漠化区域的丘陵沟壑区,以小流域为单元,采用坡改梯田、开挖蓄水池、集流窖。修谷坊、水保坝等工程技术;坡面营造水土保持林、水源涵养林、沟道生物带等生物工程技术;采用等高耕作、间作套种、免耕等农业工程技术,通过上述山、水、林、田、湖、水、草综合治理技术,防治水土流失,建立稳定的农、林、牧复合经营系统。

(5)盐渍化土地改良技术。在平原地区干旱风沙盐渍化土地,通过洗盐、排盐、营造农田防护林、种植抗盐植物等措施,对中低产田进行改良和综合开发。

(6)封山、封沙育林育草。在遭到破坏退化的高山草甸、低山草原和丘陵荒漠草原采取封山(沙)育林育草和禁牧措施,并进行人工补种补播适应性较强的乔、灌、草种,逐步恢复植被。

(7)建立沙漠公园和保护区。通过国家和区政府资金支持,在中卫沙坡头建立了第一个国家沙漠公园,在盐池建立了第一个荒漠湿地国家级自然保护区,在灵武白芨滩建立了全国唯一的防沙治沙展览馆。

9.4.3 宁夏荒漠化防治主要成效

9.4.3.1 生态环境效益

（1）荒漠化面积得到有效控制，风沙危害明显减轻。从20世纪50年代开始，宁夏建立了一批国有林场，开展了荒漠化治理工程工作。1956年，中国科学院在沙坡头进行了荒漠化治理的研究工作。为保护当地铁路线免受沙漠掩埋，防御流沙对包兰铁路的侵袭，利用麦草、稻草、芦苇等材料，在铁路沿线的流动沙区扎设方格状防护网，建成了一条宽500~600米、长16千米的带状沙障，有效地削减了风力，提高了沙层的含水量，提高了固沙植物的存活率。

1978年，国家将宁夏全境列入第一批三北防护林体系建设工程建设范围。近几十年来，通过实施三北防护林建设一至四期工程，宁夏的林业生态体系和产业体系已经初步形成。正在实施的三北防护林五期工程，将宁夏22个县（区）分别列入风沙区、西北荒漠区和黄土高原丘陵沟壑区。整个工程的建设过程中，以防沙治沙、改善沙区生态条件为目标，通过兴修水利，围栏封育、恢复植被，有效地保持水土、涵养了水源。

从2000年开始，宁夏实施了退耕还林、山区小流域治理、山区基本农田建设、封山禁牧等一系列生态建设工程，这些工程的实施标志着宁夏的荒漠化治理进入了一个全新的阶段。宁夏在治理荒漠化过程中，根据不同地区的自然条件和地理环境的差异，实行差异化的治理方式，在北部引黄灌区，实行农业综合开发工程；在中部沙区，加强了植树造林工作；南部山区，实行小流域综合治理工程，加大了农林牧综合治理。

（2）荒漠化地区生态改善，人居环境质量明显提升。随着荒漠化防治的持续推进，当地气候得到了调节，空气得到了净化，水源涵养能力增加，植物固碳量大大提升，风沙日数（包括沙尘暴日数、扬沙日数、浮尘日数的天气）大幅度减少，由1975年的35天减少到2013年的10天。

通过荒漠化和沙化防治，实现了沙化面积的持续减少和荒漠化程度稳定改善，改变了人居环境和农牧业生产条件，提高了抵御自然的能力，保障了农牧业生产安全，带动了区域经济发展，促进了社会稳定。

盐池县是全自治区荒漠化和沙化最严重的区域之一，经过40多年的连续植树造林、防风固沙，在风沙线上形成带、网、片合理布局、乔灌草有机结合的绿色屏障，阻挡了沙漠的推进、固定了流动沙丘。在植被的庇护下，土壤风蚀大大减轻，农田、草场的沙害得到有效控制，生态环境条件大为改善，目前基本上已经没有片状流动沙丘。近些年来，每年沙尘暴天气降为5~7天，大风肆虐的天气大大减少，风灾造成的损失明显减轻。盐池县城乡林木繁茂、草原碧翠，人居环境大为改善，使盐池县的生态环境向正面转化。

9.4.3.2 社会效益

宁夏在防沙治沙中取得了显著的成就，70多年的治沙历史中涌现了一批诸如白春兰、王有德等先进典型和治沙能手，他们与沙漠抗争的精神，激励着一代又一代的人们顽强地护佑家园，同时也强化了沙区干部群众的生态意识。

沙漠文化、黄河文化、民族文化和工程文化等在宁夏这块历史悠久的土地上沉淀。这些文化是仰赖自然环境而形成发展的，通过沙漠旅游，宣传了宁夏的文化，加深了人们的认识和感悟，激发了对环境保护的意识。

宁夏是全国唯一的省级防沙治沙综合示范区，拥有全国第一个国家沙漠公园、第一个荒漠湿地类型国家级自然保护区、全国唯一的防沙治沙展览馆。草方格工程治沙技术不仅解决了包兰铁路流沙固定的问题，目前已成为我国，乃至世界许多国家固定流沙的重要技术措施，在世界治沙史上写下了浓墨重彩的一笔，沙坡头因此获得了"全球500佳环境保护奖"的殊荣。

宁夏充分发挥盐池县、灵武市、同心县和沙坡头区4个全国防沙治沙示范县的示范引领作用，将三北防护林体系建设工程、中央财政和外援项目向这些区域倾斜，优先安排沙化土地封禁保护项目和沙漠公园建设。通过不懈努力，仅盐池县就有200多万亩沙化土地得到有效治理、50万亩流动沙丘基本固定、120万亩退化草原植被得到恢复，全县植被覆盖度达60%以上。

宁夏的治沙技术和成效得到了国际社会的重视与认可，宁夏的防沙治沙经验，在全国乃至全球具有借鉴和推广价值。先后有89个国家的政要、专家来到宁夏参观考察治沙工作。埃及总统安全事务顾问纳佳女士在与宁夏回族自治区政府主席咸辉会见时说，宁夏在沙漠治理和开发利用方面取得了举世瞩目的成绩，埃及和宁夏气候条件相似，非常期待宁夏的经验可以帮助埃及，并诚挚邀请宁夏沙漠治理、节水等方面的专家到埃及指导工作，开展合作。

9.4.3.3 经济效益

宁夏沙区拥有沙湖、沙坡头、哈巴湖、白芨滩等旅游资源。沙坡头、沙湖已成为国家5A级旅游景区，沙漠旅游不仅宣传了宁夏文化和治沙模式，还为当地带来每年数十亿元的收入。

宁夏在沙区大力发展沙产业，规模化种植枸杞、葡萄、甘草、沙枣等经济林和中草药材，扶持枸杞加工和葡萄酒龙头品牌。目前，宁夏沙区沙产业的面积已经超过200多万亩，产值超过了35亿元。同时，由沙产业带动发展的后续产业，如与沙产业相关的资源深加工、沙漠旅游带动的服务业、生态环境修复后土地生产力提高带动的知识密集型农业产业等，不断延伸治沙的产业链条。从生态经济效益角度分析，沙产业生态效益主要体现在节能节水，减少土地压力，提高生物多样性，提高农民环保意识和提高植被覆盖率。经济效益主要体现在增加国内生产总值和农民收入，为当地居民摆脱贫困提供了动力。相对于传统沙产业，沙产业的生态修复能实现双赢，投入产出效益更大。宁夏地区的沙产业发展不仅促进了当地经济发展，而且改善了当地的生态环境，实现了生态修复。

9.4.4 宁夏荒漠化和沙化防治的主要经验

宁夏对荒漠化的治理可追溯到20世纪50年代，经过长期的荒漠化和沙化防治的实践探索，宁夏积累了丰富的经验，走出了一条适合区情和区域实际的防治道路，建成了一批有较高专业素质的生态建设队伍，构建了一套国际领先的荒漠化和沙化综合治理技术体系和标准。

9.4.4.1 强化政府的组织领导，坚持各单位通力协作

宁夏各级政府把荒漠化防治工作当作国民经济发展中的一件大事来做。自治区政府与各县（市）政府签订了水土保持防治责任状、造林绿化责任状，强化了对荒漠化防治的组织领导。由政府首长主持协调，各行政部门及科研单位，从生态建设的大局出发，发挥各自的优势，密切合作，保证一批又一批的生态建设工程的顺利执行和完成。六盘山针阔水源涵养林基地就是自治区计委和林业局的合作下建成，现已发挥了巨大的生态、社会和经济效益。自治区农科院、科委、林业局等单位精诚合作，在盐池县北部建立了荒漠化土地综合治理模式，成为全国科技治沙的典范。

9.4.4.2 健全防沙治沙相关法律法规，着力荒漠化防治宣传

宁夏全自治区在进行防沙治沙工作时，认真贯彻国家颁布的《中华人民共和国森林法》《中华人民共和国草原法》《中华人民共和国水土保持法》《中华人民共和国环境保护法》《中华人民共和国防沙治沙法》，同时，宁夏也制定了诸多适合自治区区情的法律法规，如《宁夏回族自治区草原管

理条例》《关于禁止采集和销售发菜制止滥挖干草和麻黄草有关问题的通知》《自治区人民政府关于对草原实行全面禁牧封育的通知》《宁夏回族自治区防沙治沙条例》《宁夏回族自治区禁牧封育条例》等。

同时，利用多种传播媒介，大力开展宣传教育，增强了人民群众防治沙化的意识；实行优惠政策，在资金、技术等方面加大支持力度，对防治沙化工程发放政府贴息贷款，对治理开发荒山、荒地的收入，在一定期限内减免税收；加大政策导向力度，通过固定土地使用权，制定"谁治理，谁管护，谁受益，允许子女继承、转让、长期不变"等政策，鼓励农民购买"四荒"使用权进行治理开发。在政策宣传驱动下，全自治区基本形成了"政府引导，工程带动，企业介入，全社会参与"的机制。

9.4.4.3 坚持分区域防沙治沙模式，大力发展沙产业

宁夏地势南高北低，呈阶梯状下降，高差近千米。南部黄土丘陵区水蚀强烈，流水侵蚀的沟壑地貌十分发育。中北部物理分化，风、洪流作用盛行，沙丘、沙地广布，山麓洪积发育。

按照山、川、沙三大块自然地理格局，坚持分类指导、管理、治理，集中财力、人力，保证重点项目的顺利实施。在南部水土流失区域，坚持水利建设和农艺技术相结合，林、草、畜、果、粮、药全面发展，点、面、带、网配套组合，山、水、林、田、湖、草统一治理措施，推进小流域综合治理。在中部地区，以防沙治沙，改善沙区生态环境为目标，通过兴修水利，在沙漠边缘建设沙漠绿洲、划管林分、恢复植被、飞播造林治沙等多种有效形式，开展沙漠化土地综合整治，加快治理沙化，加速改善沙区生态环境的步伐。在北部盐碱化地区，降低水位，排碱洗碱，提高农合综合效益。

在腾格里沙漠建成包兰铁路两侧卵石防火带、灌溉造林带、草障植树带、前沿阻沙带、封沙育草带组成的长60千米、宽500米的"五带一体"防风固沙体系。在毛乌素沙地探索出了灵武白芨滩林场的外围灌木固沙林，周边乔灌防护林，内部经果林、养殖业、牧草种植、沙漠旅游业"六位一体"防沙治沙发展沙区经济的模式。

为了推进防沙治沙的可持续发展，宁夏出台了《关于大力发展沙产业推进防沙治沙综合示范区建设的意见》，鼓励各社会主体积极投资沙产业，发展枸杞、葡萄、红枣等经济林产业，开发利用柠条、沙柳等沙生灌木，积极发展沙漠旅游、光伏发电等新型沙产业，创造产值30亿~40亿元，多主体参与的防沙治沙局面初步形成。

9.4.4.4 坚持科技治沙，科学与实践相结合推动荒漠化防治

宁夏沙区自然条件严酷，经济落后。在资金缺乏、条件恶劣的情况下，为了提高防沙治沙的科技含量，加强防沙治沙工作的基础科学和应用技术研究，遵循科学发展规律，加强科技教育，大力开展防治沙化在职培训和专业教育，培养防沙治沙科技人才。组织国家和自治区各科研单位，将防治荒漠化列为重大科研课题进行研究，先后在沙坡头、西吉黄家二岔、固原上黄、盐池等地建立长期的固定野外观测研究站点，开展科学研究和试验示范，取得了一大批在国内外具有深远影响的重要成果，形成草方格固沙、"五位一体"铁路防沙治沙模式、飞播造林固沙、"草为主、灌为护、零星植乔木、封为主、造为辅、重点抓修复"等一系列防沙治沙技术和模式，先后获国家科技进步特等奖、国家科技进步二等奖等殊荣，在国内外知名期刊上发表论文千余篇，树立了宁夏"科技治沙"的典范。

建立健全了自治区、市、县、乡四级技术推广体系，大力推广防沙治沙实用技术，鼓励广大科技人员开展防治荒漠化技术服务、技术承包，努力增加荒漠化防治的科技含量，促进科技成果

现实生产力的转化。另外，加强科技教育，大力开展荒漠化防治在职培训和专业教育，培养了一批荒漠化防治的专业人才。

9.4.4.5 立足长远，坚持全自治区范围禁牧封育

防沙治沙重在源头预防。宁夏于2003年5月1日率先在全国以自治区为单位全面实行禁牧封育。经过多年的禁牧封育，植被覆盖度显著增加，土地沙化趋势得到明显遏制。为进一步巩固扩大禁牧封育成果，自治区先后出台了《宁夏回族自治区防沙治沙条例》《宁夏回族自治区禁牧封育条例》《关于进一步加强禁牧封育工作的通知》，以硬措施、硬办法落实禁牧封育这项硬任务，以进一步修复生态、改善环境。

9.4.4.6 树立典范，充分发挥典型示范带头作用

防沙治沙重在示范引领。在宁夏荒漠化和沙化防治历史中，涌现了一大批防沙治沙典范，比如白春兰、王有德、王恒兴等，以身作则，无私奉献，被授予全国"防沙治沙标兵""治沙英雄"等，成为学习的楷模，激励人民群众投身防沙治沙事业。同时，获批建立第一个沙漠公园、第一个荒漠湿地类型国家级自然保护区，拥有四个全国防沙治沙示范县（盐池县、灵武市、同心县和沙坡头）。将三北防护林体系建设工程、中央财政和外援项目向这些区域倾斜，优先安排沙化土地封禁保护项目和沙漠公园建设，向全社会展示了宁夏防沙治沙技术和模式，激发全民生态建设和保护意识。

9.4.4.7 沙区移民，建设新农村

宁夏在部分极端生态脆弱区的农牧民逐步实行异地搬迁，统筹规划建设一批小城镇，发展风能、太阳能、沼气、节柴节煤灶等解决农村能源，减轻沙区生态压力，巩固治理成果，促进沙区生态经济协调持续发展。

9.4.4.8 积极开展国际合作与交流

宁夏在开展荒漠化和沙化防治过程中，大力引进外援项目，加强国际交流，如：世界粮食计划署援建的2814项目、4071项目、秦巴项目、欧共体项目，以及日本、德国等国家援助的治沙、森林保护、生态防护林、枣树经济林建设，以及土地退化防治能力建设等项目，广泛开展项目合作和技术交流，引进资金、技术，拓宽对外开放领域。外援和合作项目的实施，促进了宁夏荒漠化和沙化治理，引进了先进技术、设备和管理经验，建立了一批高标准的样板示范区，培养了一批高素质的生态建设管理人才。

9.4.5 宁夏荒漠化和沙化防治存在的主要问题

宁夏的荒漠化防治建设经过70年的努力，虽然取得了重大的成效，在区域生态保护和建设、社会经济发展方面，发挥了重要的作用，但由于自然条件严苛，植被恢复难度大，生态极其脆弱，荒漠化治理过程中仍存在许多困难与问题。

9.4.5.1 生态保护意识有待进一步加强

尽管从自治区、市、县各级政府到农牧民对荒漠化防治的重要性和生态保护意识已有了长足的进步，群众也从荒漠化和沙化治理成果中，享受到实实在在的生态效益和经济效益，但由于沙区经济发展较为落后，群众生态保护意识依然较为淡薄，局部地区人为破坏的现象还很严重，对荒漠化防治的科学认识还有待于进一步加强，特别是需要加大科学治理荒漠化和沙化科普知识宣传，强化植被保护和生态自我修复是防治荒漠化和沙化的重要措施。

尽管国家和宁夏颁布了诸多防沙治沙相关的法律法规，以保障生态建设的顺利开展，但是由

于宁夏相关配套资金缺乏、执法队伍建设滞后、政策设置落后等原因，导致执法力度不够，不依法不守法的现象频发，已恢复的生态系统遭受着持续性、不可逆转的破坏。比如，全自治区偷牧、偷猎、偷挖等破坏生态的现象仍旧存在。

9.4.5.2 植被恢复困难，生态异常脆弱，防沙治沙成果巩固压力大

宁夏自然环境恶劣，气候干旱，降水量少，有效降雨更少，土壤贫瘠，植物生长困难，植被结构简单，治理恢复区域如果保护不得当，极容易再次沙化，已经治理的区域生态系统依然十分脆弱，成果巩固压力很大。生态恢复良好的地区的可持续管理和利用不合理，也极易造成生态系统严重破坏，全自治区范围亟须荒漠生态系统经营管理方面的技术支持。

9.4.5.3 生态建设观念相对落后，生态景观设计理念缺乏

经过数十年的综合治理，宁夏的防沙治沙和荒漠化防治已经进入瓶颈阶段，大面积的流沙已经固定，植被建设效果明显，荒漠生态显著改善，但荒漠化防治的目标仍然偏重于缩小荒漠化和沙化土地面积，对已治理区域沙化风险评估、生态服务功能的提升、固沙植被的演化方向等问题并未得到重视，荒漠化防治理念和生态建设观念还相对滞后。

随着社会的不断进步和生态环境持续改善，以及对生态知识的进一步了解和深入认识，人民群众对生态景观要求和期望越来越高，大面积均一化的治沙造林或单一植被恢复的生态景观已经远远不能满足人们的需求，在过去荒漠化和沙化防治过程，并未太多涉及生态景观设计。

9.4.5.4 管理相对落后，科学防治技术推广有待加强

宁夏的荒漠化和沙化防治还缺乏科学化、规范化的管理体制，科技管理人才缺乏，亟须培养或引进一批高素质高水平的科学管理人才和技术推广队伍。尽管从20世纪50年开始，相继在全自治区多个区域建立防沙治沙实验站，进行科学研究，产出了丰硕的科研成果，但是，其科技成果转化率较低，经过数代科研人员研发的实用技术推广力难度大，比如，"宜乔则乔、宜灌则灌、宜草则草、宜荒则荒"的因地制宜防沙治沙科学技术并没有得到有效的实施，生态建设过程中，一些地方重林（灌）轻草（荒），盲目大面积营造乔木林和灌木林，甚至在困难立地上营造需要终生浇水的乔木林，这些防沙治沙措施已超出当地水资源承载力。

9.4.5.5 荒漠化和沙化防治相关政策相对滞后，运作机制不够完善

宁夏荒漠化和沙化防治模式仍然以"国家拿钱，农民治沙，政府包办"传统运作机制为主。在防沙治沙初期，这一模式能够快速有效地遏制风沙危害，缩减沙化土地面积。随着荒漠化和沙化防治的不断深入，这一模式严重制约着荒漠化和沙化成效的进一步提高。同时，防沙治沙投入不足，也制约着防沙治沙进程。尽管政府提出了一些利用沙产业激励社会资金投入到防沙治沙中，但是整个产业链的建设并不完整，且也只是在局部自然条件较好地区零星发展，社会各方面参与防沙治沙的积极性仍然没有充分调动起来。

近些年来，宁夏也实施了一系列支农惠农政策，对于推进防沙治沙起到较好的作用，但是，在防沙治沙的投入、税收减免、金融扶持、补助补偿以及权益保护等方面尚没有专门的优惠政策，特别是荒漠生态补偿机制、防沙治沙的稳定投入机制和征（占）用沙地补偿机制亟待建立，社会各方面参与防沙治沙的积极性还没有得到有效调动和保护。

9.4.5.6 对科学防治荒漠化和沙化的认识相对不足，防沙治沙科技支撑不够

在过去几十年，宁夏进行了一批生态建设工程，荒漠化和沙化土地得到有效治理，遏制了荒漠化和沙化趋势，但是，生态工程项目往往仅有建设资金，而缺乏后期的管护资金，植被恢复初期抵抗力较弱，如不加以管护，就会造成成活率较低，恢复面积越多，相应的后期需要的资金越

多，负担也越重。除此之外，往往工程建设验收完成后缺乏后续维护，导致荒漠化防治成果极易遭受毁灭性破坏，荒漠化和沙化存在潜在扩大的威胁。

同时，防沙治沙的整体质量还相对较低，防沙治沙科技支撑不够，技术推广体系薄弱，在沙化土地治理中，尚不能真正按照生态适应性规律和地域分布性规律确定植被的恢复方式和配置方式，现有的适用技术也有待进一步组装、配套、推广。

9.5　荒漠化和沙化防治的建议

从 20 世纪 50 年代以来，特别是 70 年代末期以来，通过重大生态建设工程的投入，宁夏荒漠化发展趋势总体上得到逆转，荒漠化程度持续减弱，但由于宁夏地处干旱区半干旱过渡地带，自然条件严酷，对全球气候变化和人为活动干扰非常敏感，一旦发生土地荒漠化，治理和恢复难度极大，因此，宁夏的荒漠化防治形势依然非常严峻。此外，尽管通过几十年的努力，宁夏荒漠化防治取得了卓越的成效，但在荒漠化防治中依然存在一定的问题，在新的形势下，不断探索总结防沙治沙的新机制、新政策、新技术、新模式，探索总结不同地区防沙治沙的有效途径，加快推进全国防沙治沙进程。荒漠化防治和生态保护必将是宁夏未来很长一段时间内生态建设的主要内容之一。

9.5.1　科学制定荒漠化和沙化防治目标

宁夏经过多年的生态建设后，重度和极重度荒漠化土地面积已经得到有效控制，荒漠化和沙化程度显著好转。未来宁夏荒漠化和沙化防治的总体目标是避免"四个误区"，实现"八个转变"，采用"五种模式"，不断提质防沙治沙成效，防止土地沙化，严控风沙危害。

（1）避免"大面积植树造林治沙、改造小老树、以绿定水和征服沙漠"四个误区。我国尽管在初期的防沙治沙工作中，大面积植树造林在控制沙漠入侵、治理流沙等方面，取得了显著的成绩，但随着植被规模和盖度的持续提升，植树造林与水资源的矛盾、林地与其他用地的矛盾日益突出和尖锐，加之宁夏地处干旱地区，大规模的水资源开发利用会导致地表水资源可用量减少、地下水位大幅度下降，不仅大面积的人工植树造林治沙难以为继，还会殃及国民经济其他部门的发展，极有可能对区域生态建设和国民经济的可持续发展带来难以逆转的负面影响。因此，应避免大面积营造乔木林、大量抽取地下水灌溉造林、大面积破坏原生植被造林、引进外来树种大面积造林、在原本并不适宜造林的林地上造林、在原本的草地上造林、在自然条件极其恶劣的流沙上造林。由于沙区较差的自然资源禀赋，已有的许多防风固沙树生长缓慢，成为"小老树"，这是自然环境及植物对环境的适应结果，不宜进行再造林改造，形成林上林，陷入造林不见林的窘境，而应因势利导，将其逐渐恢复为草地、灌木林地或者疏林草地。沙区生态条件恶劣，坚持生态优先的发展方针，是区域经济社会可持续发展的重要保证，但并不能一味地"以绿定水"，无限制增加生态用水比例，而忽视了当地国民经济其他部门发展的需要，要处理好生态优先与国民经济其他部门发展的关系，从而实现生态建设对国民经济可持续发展和居民生活水平提高的长久护佑。沙漠是地质时期气候变化的产物，是地球陆地生态系统的重要组成部分，如果气候不发生大的暖湿化变化，人类彻底征服沙漠是不现实的。但一段时间以来，不顾自然规律，"向沙漠进军""征服沙漠""消灭沙漠"等人定胜天的思想甚嚣尘上，在某种程度上已将我国防沙治沙工作带入误区。应树立借助于现有生产力水平和科学技术力量，合理改造和利用沙漠，提高土地承载力，改善沙区生产生活条件，为沙区经济社会的可持续发展提供保障的防沙治沙思想，防止沙漠面积不断扩大侵袭绿洲，对因人类不合理活动造成的沙漠化采用封育保护和人工促进自然修复的方式进行治理，对潜在沙化的土地采取科学合理的保护和利用措施，避免土地生产力下降，并依托科学技术不断提高土地生产力。

（2）实现"八个转变"。宁夏防沙治沙工作虽然取得了世人瞩目的成就，但在新的历史时期，应与时俱进，实现防沙治沙工作的八个转变，即毕其功于一役转变为久久为功；沙黄到浅绿转变为浅绿变深绿；以林为主转变为林草结合；重治轻管转变为三分治七分管；重治轻防转变为二分治八分防；头疼医头转变为生态系统综合管理；经验治理转变为科技治理；政府主导转变为多方参与。具体来说，要客观认识防沙治沙工作的长期性和复杂性。习近平总书记在2019年7月考察赤峰市时明确指出，建设祖国北方和首都生态安全屏障是战略性任务，是我们要世世代代做下去的事情。宁夏已经实现了荒漠化土地的逆转，大量的沙地得到治理，荒漠化程度显著下降，沙害得到了有效控制，大面积的裸沙地披上绿装，未治理的面积已经很小，但应清醒地认识到，已经治理的沙地生态系统尚不稳定，未来一段时间的重点应放在提升已治理区域植被的稳定性和生态系统服务功能上，真正实现"治得住、稳得住、不反弹"的良性发展，并最终形成高质量的生态系统。一段时间以来，因归属不同的行业部门等原因，林草矛盾一度十分尖锐，防沙治沙工作以林业为主，草业在防沙治沙工作中的作用没有得到应有的重视，且草地沙化是防治荒漠化的重要挑战，在我国行政机构改革的背景下，应不断强化林草融合的防沙治沙思路，尤其在干草原、荒漠草原地区，在防沙治沙植被类型的选择和恢复方向上，应转变思维模式，遵循自然规律，宜草则草，科学协调林草发展的关系，从而实现荒漠化的科学防治。受荒漠化防治理念、投入机制、治理模式等影响，我国防沙治沙工作长期以来存在重治轻防、重治轻管的问题，造成防沙治沙成果巩固困难，后续管护不到位，很多地方出现沙丘活化、荒漠化反弹的现象。未来一段时间应在治理的同时，重视预防和管护，尤其要严格防止草地退化，在荒漠化治理区加强后期的管护工作，从而在已经实现土地退化零增长的基础上，进一步促进生态系统结构和功能质的提高。此外，应坚持山水林田湖草沙生命共同体的理念，实现生态系统综合管理，转变头疼医头、因害而治的防治方式，从生态系统健康和经济社会可持续发展的层面着眼，加强生态建设的顶层设计，协调好各部门间的关系，尤其是农、林、牧、水间的关系，提高防沙治沙工作的科技贡献率，在新的历史时期，把防沙治沙工作推向新的高度，为我国乃至世界防沙治沙工作提供宁夏范式和宁夏样板。最后，在防沙治沙的参与机制上，应完善生态补偿机制和财政税收政策，探索建立灵活多样的防沙治沙政策体系，鼓励社会力量参与防沙治沙工作，扩大社会力量的参与范围和程度，保证参与方的合理利益诉求，形成多方参与、共同受益的良性防沙治沙局面。

（3）防沙治沙模式。结合宁夏的实际情况，可参考以下5种模式，用于未来宁夏的防沙治沙工作（图9-9）。

A.防治沙漠侵袭型　　B.绿洲拓展型　　C.生态系统重建型　　D.大保护集约利用型　　E.生态修复利用型

图 9-9　宁夏 5 种防沙治沙模式

注：A. 防治沙漠侵袭型，主要用于腾格里沙漠东缘和毛乌素沙地西南缘，在绿洲外围和沙漠边缘间建立工程与生物固沙的防护体系，防止沙漠进一步扩张和入侵。

B. 绿洲拓展型，在宁夏北部沙漠或者戈壁腹地，为了减轻老绿洲人口承载压力，发展地方经济，在条件许可（尤其水资源条件）的情况下，拓展或建设新的绿洲。

C. 生态系统重建型，可在有条件的沙区，因地制宜，将荒漠生态系统重建成高标准灌溉农田、高产草地、果园或工矿城镇等人工生态系统。

D. 大保护集约利用型，亦可称为压力转移型，即在原有农田、林地、草地等生态系统大面积退化的地区，采取大面积保护、人工促进自然修复等措施，恢复自然生态系统基底，同时在局部条件较好的地方，充分利用自然资源和科技手段，在小片土地上采取高投入、集约化经营、高产出的方式发展经济。

E. 生态修复利用型，对于轻度、中度退化的草地，可通过人工促进生态修复的方式，恢复并提高草地生产力，采取轮牧、以草定畜的措施发展畜牧业。

9.5.2　创新防沙治沙机制，完善荒漠化和沙化防治政策

明确荒漠化和沙化防治目标，坚持保护优先、重点区域综合治理的方针，协调荒漠化防治与经济发展的关系。应突出重点进行综合治理，对已治理的区域加强防火预警、生物灾害防治，继续执行严格的禁牧、禁樵等防止破坏植被的政策。在充分保护生态效益的基础上，合理利用资源环境，创造经济效益。在项目设置上，也应向生态管护上倾斜，加大对荒漠化区域的管理经营方面的资金投入；在荒漠化防治机制上，应将政府主导、政府参与和市场导向三种管理方式有机结合，形成一套适合区情的管理模式。

以落实联产承包责任制，采取项目扶贫、科技扶贫、争取广泛的国际合作和基金支持等政策及将治理环境与脱贫致富、促进当地经济发展紧密结合在一起，调动群众治理环境积极性，进而提高贫困地区自我发展能力和综合发展能力，促进经济发展的同时，改善生态环境。为了鼓励农民积极进行荒漠化治理，应该坚持"土地谁使用、谁建设、谁受益"的原则，完善有关土地承包、租赁、"四荒"地拍卖的制度。为了使荒漠化治理效果能够得到长期保障，可以允许承包、继承、转让和抵押沙化土地，并且适当延长这类土地的使用年限，进一步完善现有的土地使用和管理制度。

明确治理目标，依法进行治理。认真贯彻国家和自治区一系列法律法规，做到有法必依，执法必严，违法必究。通过整合荒漠化治理相关行政主管部门的监测监督机构，建立健全荒漠化治理相关的资源状况监测、资源利用监督体系、法规执行监测体系，加强荒漠化防治执法力度，加大土地沙漠化基本知识与防治措施的宣传力度，动员社会各界人士关心土地沙漠化防治工作，提高全民防治沙漠化意识。

同时，采取项目扶贫、科技扶贫，争取国家政策倾斜，申请国家防沙治沙重点工程支持，采取广泛的国际合作机制，将治理环境与脱贫致富、促进当地经济发展紧密结合在一起，调动群众

治理环境积极性。按照资源有偿使用原则，尽快研究制定统一的水、土、生物、矿产等自然资源开发利用的补偿收费政策和环境税收政策。

9.5.3 坚持防风固沙生态功能区定位，进一步拓展防沙治沙思路

宁夏中部地区腾格里沙漠和毛乌素沙地，属于国家划分的防风固沙生态功能区，在未来生态建设中，应继续坚持防沙治沙和荒漠化防治主线，坚守自治区生态红线。坚持因地制宜、分类指导，围绕建设全国防沙治沙示范省份的总体目标，依托国家重点林草工程，吸纳各类社会资金，打造中部风沙区生态屏障。

在充分认识沙漠和沙地形成和发展规律基础上，坚持保护优先、自然修复为主，推进沙化土地封禁保护区建设，对于一些暂不具备治理条件的沙化土地，亟须划定沙化土地封禁保护区，实行严格保护。比如，对于极重度、重度、中度沙漠化土地需要重点保护，对于沙化草地和潜在沙化趋势的草地应设置围栏，暂时保护起来，待其恢复良好后才逐步利用。同时，探索不同沙地类型植被种类的最佳配置模式和植被恢复的最佳方式，并重新组装、配套、推广；界定沙产业开发的区域，引导龙头企业参与合理开发利用沙区资源，探索沙产业发展模式，促进防沙治沙工作，走出一条具有宁夏特色的生态、经济协调发展的路子；完善政策、活化机制，引导全社会共同参与，不断丰富和发展防沙治沙思路。

9.5.4 遵循自然规律，健全荒漠化和沙化防治技术体系

在防沙治沙过程中，继续贯彻全自治区禁牧的政策方针，针对沙区不同类型，因地制宜地采取不同治理模式。遵循沙区自然规律，坚持"宜乔则乔、宜灌则灌、宜草则草、宜荒则荒、宜沙则沙"的治理方针，并进行分类指导，重点区域实行治理和防护相结合的策略，沙化敏感区（如具有明显沙化趋势的草场）建立重点保护区，已治理的区域加强植被恢复和保护。

毛乌素沙地治理区：未来的防治重点是保护已治理区域、草地（退化、沙化和有明显沙化趋势的草地）的提质增效和人为干扰诱导的生态调控。在有灌溉条件且重点防治区域，可以局部采用白芨滩综合理模式和经验；在其他区域应遵循沙地自然规律，因地制宜，重点提质草地植被，主要进行围栏封育、封沙育林育草、人工造林种草等方式促进植被恢复；实行封沙禁牧、舍饲圈养，转变畜牧业生产经营方式；禁止滥垦、滥樵，恢复林草植被。

腾格里沙漠东南缘治理区：未来的防治重点是继续建设防风固沙屏障，阻止沙漠入侵，保护绿洲，采取的主要措施推广中卫沙坡头治理模式和经验。同时，继续发展沙产业和沙漠旅游业，建立多部门对尚不具备治理条件及保护生态需要不宜开发利用的连片沙化土地、多渠道的全社会参与的防沙治沙长效机制。具体措施是实施严格封禁保护，在绿洲周边、黄河两岸、铁路和公路两侧一定范围内划定封禁保护区，保护天然荒漠植被；在绿洲外围建设大型综合防护体系；在风口和流沙活动频繁地带设置机械沙障（如草方格），固定流沙，防止风沙危害；有计划地实施生态移民，实施舍饲圈养、轮牧休牧；调整产业结构，大力发展节水高效农业。

宁南丘陵治理区：未来重点是加强流域综合治理技术研发，坚持水利建设和植被修复相结合，实行山水林田湖草综合治理，防治水土流失，建立稳定的农、林、牧复合经营系统。

灌区腹地沙地治理区：采取的主要措施采取集沙地治理、产业开发、生态建设、环境保护为一体综合治理措施。中部干旱带沙化土地治理区采取的主要措施以提高土地植被覆盖率为重点，大力推广天然草地封育、补播改良及围栏技术，有灌溉条件的区域，实行生态建设与产业开发相

结合，大力发展灌木林基地，开发生物质能源、饲料加工等林沙产业，发展以枸杞、甘草、葡萄、红枣、苹果为主的经济林。在草原牧区，稳步发展节水灌溉饲草料地。

沙化草地和有明显沙化趋势的草地转变畜牧业发展方式，优化畜牧业生产经营模式，推行以草定畜、草畜平衡制度和草原生态保护补助奖励机制，加强草场改良和人工种草，实行围封禁牧、划区轮牧、季节性休牧、舍饲圈养等，保护和恢复草原植被。

9.5.5 加强科学研究，提升防沙治沙工作的科技贡献率

宁夏从 20 世纪 50 年代就开始科学治沙，科技水平的提高对荒漠化土地面积和程度的有效控制起着重要的作用。因此，应该建立一套完善的应用技术体系，提高科技含量，提高科研成果的应用率、转化率和贡献率。加强与宁夏范围内的科研机构、高等院校、研发企业和科研平台的深度合作，建立政府委托或购买科技服务的机制。

加强对关键性技术问题的研究和开发，重点开展适合宁夏地区的沙地高效治理技术、治沙新技术新材料、沙地节水技术、土壤改良技术、林果草混作技术、抗逆性植物材料选育技术、荒漠化治理景观建设技术、"3S"与荒漠化治理集成应用技术等工程建设中亟须的关键技术。按照生态适应性规律和地域分布性规律研发植被的恢复方式和配置方式，并进一步组装、配套、推广综合治理技术。

除了对防沙治沙应用技术研发外，同时，应不断加强基础科学的研究，比如，人工修复的荒漠生态系统在自然状况下的演替规律和发展、生态系统良性演替的人工干扰和诱导技术、荒漠化地区植被承载力、荒漠化地区生物多样性、脆弱生态系统优化和管理经营、生物灾害防治、野生动物保护、荒漠化地区社会经济可持续发展、生态服务功能、生态系统稳定性机制等方面。

参考文献

陈渭南，高尚玉，1994. 毛乌素沙地全新世地层化学元素特点及其古气候意义[J]. 中国沙漠 14(1)：22-30.
蒋齐，2010. 宁夏防沙治沙应关注的几个科学问题[J]. 新疆农业科学，47(s2)：83-84.
李庆波，2011. 浅谈宁夏土地荒漠化成因及防治对策[J]. 宁夏农林科技，52(10)：68-69.
李谭宝，张广军，文妙霞，2003. 宁夏重点风沙区土地沙化成因分析[J]. 西北林学院学报，18(4)：70-73.
李艳春，胡文东，孙银川，2006. 宁夏河东沙地近百年来气候背景变化分析[J]. 气象科技，34(1)：78-82.
孙长春，2003. 宁夏土地荒漠化现状与防治措施[J]. 林业经济(2)：36-38.
王曼曼，吴秀芹，吴斌，等，2014. 近 25a 盐池北部风沙区土地系统变化及空间集聚格局分析[J]. 农业工程学报，30(21)：256-267.
王曼曼，吴秀芹，吴斌，等，2016. 盐池北部风沙区乡村聚落空间格局演变分析[J]. 农业工程学报，32(8)：260-271.
徐忠，苏亚红，张仲举，2016. 宁夏"十二五"防沙治沙报告[J]. 宁夏林业(2)：30-33.
杨建森，杨维武，2002. 宁夏地区荒漠化现状与治理对策[J]. 水土保持学报，16(5)：105-107.
杨萍，2014. 中国东部沙区全新世砂质古土壤与古气候变化[D]. 金华：浙江师范大学，.
杨小平，梁鹏，张德国，等，2019. 中国东部沙漠/沙地全新世地层序列及其古环境[J]. 中国科学：地球科学(49)：1-14.
于艳青，尹秉喜，张发旺，等，2002. 宁夏回族自治区土地沙漠化研究[J]. 地理与地理信息科学，18(2)：76-79.
张维慎，2005. 试论宁夏中北部土地沙化的历史演进[J]. 古今农业(1)：94-100.

赵海斌, 张文俊, 郭智霖, 2016. 防沙治沙造林技术的应用[J]. 现代园艺(24): 161-161.

Chen F, Li G, Zhao H, et al, 2014. Landscape evolution of the Ulan Buh Desert in northern China during the late Quaternary [J]. Quaternary Research, 81(3): 476-487.

Ding Z L, Derbyshire E, Yang S L, et al, 2005. Stepwise expansion of desert environment across northern China in the past 3.5 Ma and implications for monsoon evolution [J]. Earth & Planetary Science Letters, 237(1-2): 45-55.

Li Z, Sun D, Chen F, et al, 2014. Chronology and paleoenvironmental records of a drill core in the central Tengger Desert of China [J]. Quaternary Science Reviews, 85: 85-98.

Li Z, Wang F, Wang X, et al, 2018. A multi-proxy climatic record from the central Tengger Desert, southern Mongolian Plateau: implications for the aridification of inner Asia since the late Pliocene [J]. Journal of Asian Earth Sciences, 160: 27-37

Zhao H, LI GQ, Sheng Y W, et al, 2012. Early-middle Holocene Paleolake-desert evolution in northern Ulan-Buh desert, China [J]. Palaeogeography Palaeoclimatology Palaeoecology, 331-332: 31-38.

Zhao Y, Chen F, Zhou A, et al, 2010. Vegetation history, climate change and human activities over the last 6200 years on the Liupan Mountains in the southwestern Loess Plateau in central China[J]. Palaeogeography, Palaeoclimatology, Palaeoecology, 293: 197-205.

10 综合覆盖度指标体系研究

10.1 研究目标与思路

为高效开展宁夏林草发展"十四五"规划,宁夏林业和草原局委托国家林业和草原局发展研究中心和北京林业大学,率先开展宁夏林业和草原综合覆盖度指标体系相关的战略研究,旨在探索林草资源共管背景下,森林和草原覆盖状况开展协同监测高效管理的可行方案,省域生态安全状况有效掌控和精准提升的实现路径。

10.1.1 研究目标

10.1.1.1 梳理现有森林和草原覆盖状况的指标

根据《中华人民共和国森林法》《中华人民共和国草原法》《中华人民共和国森林法实施细则》《中华人民共和国草原法释义》《"国家特别规定的灌木林地"的规定(试行)》等法律法规,相关国家标准和行业标准,以及国内外开展森林、草原及植被监测与研究的相关案例,对现有森林、草原及林草覆盖相关指标进行梳理,明确其概念、内涵、用途和测度方法。

10.1.1.2 分析现有森林和草原覆盖状况指标的特点和适用性

通过分析现有森林、草原及林草(植被)覆盖状况相关指标的指示意义、生态学和生物学属性、时间和空间适用性、不同指标之间的差异状况等,进一步明确林草覆盖状况相关指标的优缺点,并提出宁夏高效开展林草覆盖工作的指标体系建议。

10.1.1.3 明确宁夏林草覆盖现状

根据宁夏植被遥感影像、林草资源统计资料、相关研究文献等,明确宁夏森林和草原现有面积及森林、草原和林草覆盖现状(2018年),为制定近期("十四五"时期,2021—2025年)和远期("十五五"时期,2026—2030年)林草资源及覆盖发展规划奠定基础。

10.1.1.4 提出宁夏林草覆盖潜在规划目标

根据宁夏森林、草原面积及覆盖现状，按照其现有增长趋势及外部条件变化情况，确定至 2025 年和 2030 年林草资源及覆盖率状况。

(1) 森林资源及覆盖率发展目标及空间布局。按照目前国家相关标准，森林被定义为林木覆盖度（郁闭度）≥20% 的乔木林和灌木覆盖度≥30% 的特灌林。由于宁夏森林资源矢量数据为在涉密数据，本研究无法获得使用授权。因此本研究采用公开的植被遥感数据为基础，进行森林资源统计与规划。尽管数据精度略低，但能够在自治区尺度上较好地实现规划目标。此外，由于研究所用数据未对森林类型（乔木林和灌木林）进行定义，因此专题以 10%≤林木覆盖度（郁闭度）<20% 的有林地、未成林地和少量非林地面积作为潜在森林增加面积（其中，15%≤林木覆盖度<20% 的有林地和未成林地等面积作为 2025 年近期规划新增森林面积；10%≤林木覆盖度<15% 的有林地和未成林地等面积作为 2030 年远期规划新增森林面积），其空间分布即为相应规划期内的森林空间布局。

(2) 草原资源及覆盖率发展目标及空间布局。按照目前国家对草原认定的通行标准，草原植被覆盖度≥5% 的土地面积即为草原面积。本研究以利用属性为草地、草原植被覆盖度<5% 的土地，作为规划期内新增草原面积[其中，4%≤草原植被覆盖度<5% 的利用属性为草地的土地面积作为近期规划（2021—2025 年）新增草原面积；3%≤草原植被覆盖度<4% 的利用属性为草地的土地面积作为远期规划（2026—2030 年）新增草原面积]，其空间分布即为相应规划期的草原生态建设空间布局。宁夏现存较大面积的植被盖度<40% 的草原，其生产和生态功能相对较低，拟通过自然恢复和人工促进等方式促进其植被盖度提升至 40% 以上。因此，在未来规划中，将现有 5%≤植被覆盖度<40% 的草原的植被覆盖度提升至 40% 以上，作为宁夏未来（2021—2030 年）草原资源增效的规划目标。其中，2021—2025 年重点考虑对现有植被盖度在 30%~40% 的草原进行提质增效，2026—2030 年重点考虑对植被盖度为 5%~30% 的草原进行提质增效。

(3) 林草资源及林草覆盖率发展目标及空间布局。根据宁夏森林和草原发展规划目标，以森林和草原面积之和在全自治区土地面积的占比作为林草覆盖率。相应规划期内，林草资源综合增量及空间布局，采用森林资源和草原资源的相应情况进行体现。

10.1.2 研究思路与方法

采用资料收集、文献查阅、数据分析、模型预测、现场考察与访谈研讨等手段，并充分运用理论分析与实际相结合、定性与定量分析相结合的手段，全面梳理和分析林草覆盖相关指标，明确其概念、内涵，了解其优缺点和适用性；同时，对宁夏现有林草覆盖状况进行评估，并根据发展趋势与潜力进行规划制定。

(1) 资料收集与查阅文献。根据国家林草相关法律、法规、标准和文件，系统梳理现有森林、草原和林草覆盖指标，明确其概念、内涵、用途和测度方法，并分析其优缺点和适用性，有针对性地提出补充性指标体系，使得宁夏森林和草原覆盖度指标体系得到进一步优化。收集历次国家森林和草原资源情况报告、历次宁夏林草资源调查资料、宁夏林业和草原局工作报告及总结材料、宁夏林草监测与研究相关的学术论文、宁夏林草资源卫星影像及土地利用数据；查阅相关资料与文献，整理宁夏林草资源关键数据，并确定数据和资料整合方案，为全面完整反映收集数据和资料的相关信息，初步构建方法学框架。

(2) 数据分析与模型构建。通过解译宁夏植被分布状况的卫星影像，并结合宁夏林草资源和土地利用数据，综合判断当前宁夏森林和草原资源存量及分布状况，并分析森林和草原的潜在分布区，进而确定宁夏未来林草资源增量及空间分布状况；通过对宁夏多年林草资源增长状况分析，并综合考虑林草覆盖面临的新问题，综合确定宁夏近期（2021—2025 年）和远期（2026—2030 年）林草资源规划的预期目标。森林和草原植被覆盖度来源于 2018 年植被生长季（7、8 月）高质量、无云的 Landsat 8 OLI 影像，并在对数据进行几何校正和辐射校正的基础上，计算植被 $NDVI$：

$$NDVI = \frac{NIR - R}{NIR + R} \quad (10-1)$$

式中，NIR 为近红外波段的反射率；R 为红光波段的反射率。

然后，采用二分法计算获得林草植被覆盖度。像元二分模型是一种实用的植被遥感估算模型，优点在于计算简便、结果可靠，其原理是，假设一个像元的 NDVI 值由全植被覆盖部分地表和无植被部分地表组成，且遥感传感器观测到的光谱信息也由这两种因子线性加权合成，各因子的权重即是各自的面积在像元中所占的比率。其中，全植被覆盖部分地表在像元中所占的面积百分比即为此像元的植被覆盖度，计算公式表示如下：

$$f = \frac{NDVI - NDVI_{\text{soil}}}{NDVI_{\text{veg}} + NDIV_{\text{soil}}} \quad (10-2)$$

式中，f 为植被盖度；NDV_{Iveg} 为全植被像元的 $NDVI$ 值；NDV_{Isoil} 为无植被像元的 NDVI 值，即完全裸地的部分。

（3）现场考察与访谈研讨。通过与宁夏 5 个地级市、重点县（市/区）林草、保护区管理等相关部门人员，进行座谈讨论，了解在林草覆盖状况监测、统计方面的具体做法、存在的困难及希望进一步优化的方向等，为进一步完善林草覆盖指标体系，促进林草覆盖协同监测、管理与发展提供重要参考。通过组织研究人员到宁夏各地级市进行野外考察，了解自治区内自然保护地分布与管理情况、天然林保护、人工林营建和管理、森林经营管理面临的困难、草原保护与利用、退化草原状况及治理成效等，明确宁夏森林和草原植被覆盖率提升的关键手段和主要困难；通过组织研究人员与自治区市县从事森林和草原管理保护的决策者、管理者和经营者进行访谈研讨，明确当前进一步提升林草面积的潜在技术手段、未来林草资源的发展方式和方向、林草管理和经营模式的优化潜力、当前林草管理与经营的政策缺口等，为最终制定林草覆盖规划目标、确定林草发展技术手段、提出林草资源增长的建议及实现手段。

（4）理论与实际相结合。通过收集整理与林草覆盖率指标体系相关的文献资料，结合宁夏自然、社会和经济实际情况，对宁夏林草资源发展和林草覆盖率（森林覆盖率和草原覆盖率）提升情况进行仔细梳理，明确宁夏林草资源的增长潜力和预期目标，确定促进林草资源和覆盖状况增长的关键手段，提出空间布局、经营方式和政策优化等方面的建议。

（5）系统与实证研究相结合。森林和草原生态系统具有复杂性、多样性和关联性等特点。本研究采用系统论的分析方法，系统研究宁夏林草资源保护和建设历程、总结主要经验和问题，探索未来时期宁夏林草覆盖增长的目标任务和方式手段。此外，还通过大量现场调查研究，了解宁夏林草资源保护和建设的典型模式，存在的问题和面临的难题等，为进一步改进系统分析结果提供重要参考。

（6）定性与定量分析相结合。森林和草原的人工建设，属于人地关系协调可持续发展的实践领域，是自然科学与人类活动相结合的实践行为。宁夏林草覆盖率、林草增量空间分布等，均采用定量分析的方式予以确定；宁夏林草资源和覆盖增长的实现方式和技术手段的确定，主要根据森林和草原保护、管理与经营过程中的经验与教训、技术和政策方面的优化空间等定性分析的方式进行确定。

10.1.3 技术路线

技术路线如图10-1。首先在系统梳理和分析现有林草覆盖相关指标基础上，根据国家法律法规、相关政策及宁夏自然条件与林草工作实际，提出林草覆盖指标体系优化建议。相关建议，将紧密围绕宁夏在国家生态安全格局中地位和角色，针对核心生态防护需求，致力于实现林草覆盖监测融合、协同发展，全面服务宁夏林草资源科学、高效发展，促进林草覆盖状况实现稳中有增，进一步巩固宁夏在北方防沙带和黄土高原-川滇生态屏障中的重要作用，并为宁夏实现黄河上中游流域生态保护和高质量发展提供保障。

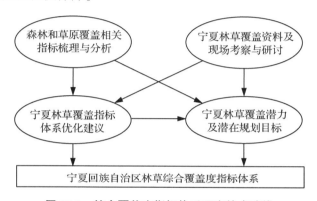

图10-1　综合覆盖度指标体系研究技术路线

其次，根据宁夏林草面积及分布状况，分析未来一段时间[近期："十四五"时期（2021—2025年）；远期："十五五"时期（2026—2030年）]森林和草原覆盖提升的潜力和空间分布状况，并提出宁夏"十四五"及"十五五"时期林草覆盖潜在规划目标和空间布局方案。

最后，提出促进宁夏林草资源可持续增长，林草覆盖持续增加，林草资源保护和建设模式趋于优化的相关政策和技术建议。

10.2　国内外主要森林和草原覆盖指标

森林和草原作为重要的自然资源，在维护区域生态安全、支持经济社会发展等方面，具有不可替代的作用。通常采用森林和草原覆盖指标来反映区域森林和草原的基本状况。但是，由于目的、用途及侧重点不同，所采用的具体指标也有所不同。

在当前森林和草原管理行政职能合并的背景下，进一步优化和完善森林和草原覆盖指标体系，对于森林和草原资源的保护、利用和管理具有十分重要的意义。

基于以上目的，本研究系统梳理了国内外森林和草原覆盖相关指标，并对其优缺点和适用性进行了深入分析；在此基础上，结合我国和宁夏的实际情况，提出了林草覆盖指标优化和林草覆盖增长的相关建议，为宁夏"十四五"期间林草生态保护和高质量发展提供参考。

10.2.1 森林覆盖状况指标

目前，通过资料收集、文献检索与综合分析，涉及森林覆盖状况的指标，主要包括林木郁闭度、灌木覆盖度、林木绿化率和森林覆盖率。

10.2.1.1 林木郁闭度

（1）概念。林木郁闭度（forest canopy density）指的是森林中乔木树冠投影面积与林地面积之比，可用于反映林分密度。根据《中华人民共和国森林法》（2019年修订）、《中华人民共和国森林法实施条例》（2016年修订）、国家标准《土地利用现状分类》（GB/T 21010—2017）的规定，郁闭度为0.2以上的乔木林被认定为森林，相应的土地认定为林地，因此林木郁闭度测定是森林资源调查与规划的重要技术指标。

（2）内涵。林木郁闭度可以反映树冠的闭锁程度和树木利用生活空间的程度，是反映森林结构和森林环境的一个重要因子。

（3）用途。林木郁闭度在水土保持、水源涵养、林分质量评价、森林景观建设等方面有广泛的应用；同时，在森林经营中郁闭度是小班区划、确定抚育采伐强度、甚至是判定是否为森林的重要因子；此外，林木郁闭度可反映林分光能利用程度，常作为抚育间伐和主伐更新控制采伐量的指标，也是区分有林地、疏林地、未成林造林地的主要指标。

（4）测度方法。

①目测法。通过目测林木郁闭度是最为常用、迅速和便捷的方法，但受主观因素影响大，误差也较大，同时还受到地形、地貌、下层植被的影响。国家林业局2003年颁布的《森林资源规划设计调查主要技术规定》中指出，有林地小班，可以通过目测确定各林层的林冠对地面的覆盖程度，但强调有经验的调查人员才能够应用目测法。但是，目测法仅能满足郁闭度十分法表示的精度，更为准确的调查则需要其他方法。

②树冠投影法。将林木树冠边缘到树干的水平距离，按一定比例将树冠投影标绘在图纸上，最后从图纸上计算树冠总投影面积与林地面积的比值即为林木郁闭度。由于该种方法依旧需要靠人眼判断，存在着主观性，且难以克服林冠重叠问题，并且费工费时，不适合大范围的森林调查。

③样线法。通过在林地设立长方形样地，通过测量林木冠幅总长，除以样地两条对角线总长，即可获得林木郁闭度。样线法被认为是估计郁闭度的最可靠方法，可与通过遥感影像估测的林木郁闭度进行直接比较。

④样点法。一般采用系统抽样方法，在样地内设置样点，判断样点是否为树冠遮盖，统计被遮盖样点数，即可通过公式（林木郁闭度=被树冠遮盖的点数/样点总数）算出郁闭度。该方法应用不当可能会引起抽样偏差，但总体而言方法简便、实用，在实践中广泛应用。

⑤冠层分析仪法。冠层分析仪（如LAI-2000）利用鱼眼光学传感器进行辐射测量，通过测定冠层下可见天空比例，计算林木郁闭度。该种方法测量快速，但对天空条件要求比较严格，需要在测量时避免阳光直射，要求在均匀的阴天或早晚进行。尽管该方法客观性强，但仪器设备昂贵，应用条件约束严格，不适用于大范围森林郁闭度调查。

⑥遥感影像判读法。对大面积的郁闭度调查，可通过航空相片或高分辨率卫星图像进行判读。在航空相片上可通过树冠密度尺或微细网点板进行郁闭度判读。用卫星影像进行郁闭度调查时，是以地面调查的郁闭度为基础，利用与郁闭度相关性高的波段或变量，建立多元回归模型来估测林木郁闭度。通过卫星影像进行郁闭度估测，涉及的因素较多，波段选择也十分关键，否则会影

响估测精度。

10.2.1.2 灌木覆盖度

（1）概念。灌木覆盖度（shrub coverage）指的是，灌木树冠投影面积占林地面积的百分比，可用于反映灌木林的林分密度。根据《"国家特别规定的灌木林地"的规定（试行）（2004年）》，特指分布在年平均降水量400毫米以下的干旱（含极干旱、干旱、半干旱）地区，或乔木分布（垂直分布）上限以上，或热带亚热带岩溶地区、干热（干旱）河谷等生态环境脆弱地带，专为防护用途，且覆盖度大于30%的灌木林地，以及以获取经济效益为目的进行经营的灌木经济林。宁夏大部分县（市）在《"国家特别规定的灌木林地"的规定（试行）》的范围之内，而且宁夏现有森林资源中国家特别规定的灌木林所占比重极大。但是根据《土地利用现状分类》（GB/T 21010—2017）的规定，灌木林地以灌木覆盖度0.4为阈值下限，造成宁夏大量国家特别规定的灌木林地因覆盖度不足未得到认定，直接导致森林资源规模的减小。

（2）内涵。灌木覆盖度具有与林木郁闭度相近似的内涵，反映灌木树冠空间锁闭程度，反映灌木林结构与环境的一个重要因子。

（3）用途。灌木覆盖度在干旱和半干旱区水土保持等方面有广泛的应用。当灌木林盖度超过特定阈值（0.2以上）后，可对立地土壤侵蚀进行有效防控。

（4）测度方法。灌木覆盖度测度方法与林木郁闭度相似，可采用目测法进行快速估算；也可采用树冠投影法，进行精确测定，但相对费时费力；而采用样线法可是在保证测定精度的前提下，做到相对省时省力。总体而言，灌木覆盖度的测定要比林木郁闭度测定更为容易，且精确度更高。

10.2.1.3 林木绿化率

（1）概念。林木绿化率（rate of woody plant cover），是指有林地面积、灌木林地面积（包括国家特别规定的灌木林地和其他灌木林地面积）、农田林网以及四旁（村旁、路旁、水旁和宅旁等）林木的覆盖面积之和，占土地总面积的百分比。国家标准《森林资源规划设计调查技术规范》（GB/T 26424—2010），给出林木绿化率的概念及计算方式。此后，根据林业行业标准《国家森林城市评价指标》（LY/T 2004—2012），林木绿化率是国家森林城市评价的重要指标，也是反映某一行政区域内林业资源和林业建设成效的重要指标。

（2）内涵。林木绿化率是衡量特定区域林木绿化状况的指标。根据林木绿化率的概念可知，由于林木绿化率计算中涵盖了其他灌木林地面积，所以一般情况下林木绿化率要比森林覆盖率更大一些。

（3）用途。林木绿化率是国家森林城市评价的重要指标，也是反映特定区域林木覆盖状况的重要指标。在林业行业标准《国家森林城市评价指标》（LY/T 2004—2012）中规定，创建国家森林城市过程中，通过四旁绿化要实现集中居住型村庄林木绿化率达到30%，分散居住型村庄达到15%；公路、铁路等道路因地制宜地开展多种形式绿化，林木绿化率要达到80%以上，形成绿色景观通道。

（4）测度方法。国家标准《森林资源规划设计调查技术规范》（GB/T 26424—2010），给出林木绿化率的计算方式，即有林地面积、灌木林面积与四旁树面积之和占土地总面积的百分比。林木绿化率的测度，主要是通过计算特定区域内有林地（乔木林地、竹林、国家特别规定的灌木林地和其他灌木林地）面积，统计四旁树木株数并折算为林地面积，然后计算二者之和占区域总土地面积的百分比，即为林木绿化率。

10.2.1.4 森林覆盖率

（1）概念。森林覆盖率（forest coverage rate）是指行政区域内森林面积占土地总面积的百分比。国家标准《森林资源规划设计调查技术规范》（GB/T 26424—2010），给出森林覆盖率的概念及计算方式，即有林地面积与国家特别规定灌木林面积之和，占土地总面积的百分比。因此，根据林业行业标准《森林资源规划设计调查技术规范》（GB/T 26424—2010）的规定，森林覆盖率与林木覆盖率存在两点差异：第一，仅涵盖国家特别规定灌木林面积，不包括其他灌木林面积；第二，不涵盖四旁树占地面积。然而，根据《中华人民共和国森林法》（2019年修订）、《中华人民共和国森林法实施条例》（2016年修订）及《"国家特别规定的灌木林地"的规定（试行）》等，指出计算森林覆盖率时，森林面积包括乔木林地面积和竹林地面积、国家特别规定的灌木林地（覆盖度0.3以上）面积、农田林网以及四旁林木的覆盖面积。表明，《中华人民共和国森林法》（2019年修订）、《中华人民共和国森林法实施细则》（2016年修订）制定时，对林业行业标准《森林资源规划设计调查技术规范》（GB/T 26424—2010）中涉及的森林覆盖率进行了修订。此外，根据国家标准《土地利用现状分类》（GB/T 21010—2017）的规定，在第三次全国国土调查过程中，灌木林地认定标准为灌木覆盖度≥40%，又形成与《中华人民共和国森林法》（2019年修订）、《中华人民共和国森林法实施条例》（2016年修订）及《"国家特别规定的灌木林地"的规定（试行）》对国家特别规定的灌木林地定位和认定标准的冲突，最终造成大量已被认定的国家特别规定的灌木林地未被认定为灌木林地。所以，由于认定国家特别规定的灌木林地的标准存在重大变化，对于森林资源以灌木林为主的宁夏而言，第三次全国国土调查结果中森林面积应会出现减小现象，并导致森林覆盖率的相应变化。

（2）内涵。森林覆盖率是反映一个国家、地区森林资源和林地占有的实际水平的重要指标，也是反映森林资源的丰富程度和生态平衡状况的重要指标。但是，由于国家、地区自然条件差异极大，因此不考虑区域差异，简单地进行森林覆盖率横向比较，往往是不可取的。根据目前我国现行法律和行业规范框架之下的森林覆盖率计算方法可知，目前获得的特定区域的森林覆盖率比一般意义上的森林覆盖率略大，主要是其额外囊括了农田林网及四旁植树的折算林地面积。与林木绿化率相比，由于林木绿化面积囊括了其他灌木林地，所以森林覆盖率要比林木绿化率低一些。

（3）用途。森林覆盖率是世界范围内，反映林业资源状况和森林覆盖状况的通用指标，也是反映林业资源动态变化的最主要指标。同时，森林覆盖率也是国家和地区，森林资源保护、林业建设成效的主要考核指标之一，也是诸如生态文明示范区、国家森林城市、国家园林城市等城市荣誉认定的主要参考依据和技术指标。

（4）测度方法。森林覆盖率的测定，主要是通过计算特定区域内有林地（乔木林地、竹林、国家特别规定的灌木林地）面积，统计四旁树木株数并折算为林地面积，然后计算二者之和占区域总土地面积的百分比，即为林木绿化率。

10.2.2 草原覆盖状况指标

目前，通过对已有资料和文献进行分析，涉及草原覆盖状况的指标，主要包括草原植被覆盖度和草原综合植被覆盖度。

10.2.2.1 草原植被覆盖度

（1）概念。草原植被覆盖度（grassland vegetation coverage），指的是草原植被在单位土地面积上的垂直投影面积所占百分比。植被覆盖率作为生态学基本概念，当其运用在草原生态系统调查时，便为草原植被覆盖度。在农业行业标准《草原资源与生态监测技术规程》（NY/T 1233—2006）中的草原植被盖度，即是草原植被覆盖度。

（2）内涵。草原植被覆盖度是衡量特定区域内草原植被覆盖和生长状况的重要生态学参数和量化指标，同时也是区域水文、气象和生态等模型的重要参数。准确地获取草原植被覆盖信息，对揭示地表空间变化规律、探讨变化的驱动因子和分析评价区域生态环境具有重要意义。草原植被覆盖度反映区域草原植被覆盖程度，常用于反映草原覆盖程度的空间特征。针对某一块草原、某一类型草原植被覆盖程度的测定，可为计算区域草原平均覆盖程度提供数据支持。

（3）用途。草原植被覆盖度常用于分析气候变化、人类活动对草原植被的影响研究，是气候变化生态学、草原地理学等研究领域的重要植被参数。同时，草原植被覆盖度也是综合计算区域草原植被综合覆盖度的数据来源。

（4）测度方法。草原植被覆盖度的测量，包括地表实测和遥感估算两种方法。地表实测法，是通过在监测草原上布设样方，测定样方中草原植被面积占样方面积的百分比，具体方法以农业行业指导材料《全国草原监测技术操作手册》为准。遥感估算法，是通过解译植被遥感影像，根据监测目标草原的植被和地表反射状况，进而计算草原植被覆盖状况。目前多采用遥感估算结合地表实测数据校准的方式，在获得较为准确的草原植被覆盖度的同时，还可做到省时省力，这也是农业行业标准《草原资源与生态监测技术规程》（NY/T 1233—2006）重点推荐的方法。

10.2.2.2　草原综合植被覆盖度

（1）概念。草原综合植被覆盖度（comprehensive vegetation coverage of grasslands），指某一区域草原植被垂直投影面积占草原总面积的百分比，通常用某一区域内各种类型草原的植被盖度与其所占面积比重的加权平均值来表示。在农业行业标准《草原资源与生态监测技术规程》（NY/T 1233—2006）中，尽管草原植被覆盖度已作为重要监测技术指标予以单独列出，但未将草原综合植被覆盖度作为指标予以列出。然而，对县域（市域、省域）草原类型、草原面积、草原植被覆盖度等进行调查后，即可快速测算出草原综合植被覆盖度。草原综合植被覆盖度作为独立的草原覆盖技术指标，2011年起被《全国草原监测报告》（现为《中国林业和草原发展报告》）采纳，用于反映草原植被覆盖状况；2015年，又被中共中央国务院印发的《关于加快推进生态文明建设的意见》采纳，作为与森林覆盖率同等重要的草原生态监测主要技术指标；2016年，被列入国家《生态文明建设考核目标体系》和《绿色发展指标体系》，作为我国生态文明建设的一个重要的考核指标；在国家标准《草原与牧草术语（征求意见稿）（2018年）》中，给出草原植被综合覆盖度的标准术语解释。根据中共中央国务院印发的《关于加快推进生态文明建设的意见》，设定我国2020年草原综合植被盖度的预期目标为56%；2019年7月，国家林业和草原局在全国草原工作会议上公布，2018年全国草原综合植被覆盖度达55.7%，较2011年增加6.7%，能够确保2020年预期目标的实现。

（2）内涵。草原综合植被覆盖度是用来反映大尺度范围内草原覆盖状况的一个综合量化指标，直观来说是指比较大的区域内草原植被的疏密程度和生态状况，计算中以草原植被生长盛期地面样地实测的覆盖度作为主要数据来源。

（3）用途。草原综合植被覆盖度是当前草原行政管理绩效的最主要技术指标，同时也是《全国草原监测报告》的主要技术指标，还被应用到诸如生态文明建设、区域绿色发展等领域，并作为草原资源保护和建设绩效的核心指标。

（4）测度方法。

①县域尺度草原综合植被覆盖度计算。计算基础是该县内不同类型草原的植被覆盖度和权重，权重为各类型天然草原面积占该县天然草原面积的比例。需要注意的是，某类型草原覆盖度是该

类型草原所有监测样地植被覆盖度的平均值。县级以下行政区域综合植被覆盖度的测算方法与县级行政区域综合植被盖度的计算基本相同。

②省域尺度草原综合植被覆盖度计算。省域是面积较大的行政区域，情况复杂，对省域草原综合植被覆盖度的影响因素比较复杂，计算基础是该省内不同类型草原的植被覆盖度和权重，权重为各类天然草原面积占该省天然草原面积的比例。地市级行政区草原综合植被盖度的测算方法与省级行政区测算方法相同。

③国家尺度草原综合植被覆盖度计算。全国草原类型复杂，面积巨大，对全国草原综合植被覆盖度的影响因素众多，全国草原综合植被盖度计算的基础是全国不同类型草原的植被综合覆盖度和权重，权重为各类天然草原面积占全国天然草原面积的比例。

④提高草原综合植被覆盖度的措施。根据调查的对象的分布特性，预先把总体分成几个层（也叫类、亚类、地段等），在各层中随机取样，然后合并成一个总体。各层的取样数是按照各层的面积占总面积的比例（权重）来确定。卫星等遥感数据相对于地面样地数据具有全覆盖的优势，在草原综合植被覆盖度计算中引入遥感等先进技术，采用野外实际调查和遥感技术相结合，对提高计算的准确度和时效性、改善计算方法、促进草原综合植被覆盖度的广泛应用具有重要意义。

10.2.3 林草综合覆盖状况指标

目前，通过对现有资料和文献进行分析，涉及林草综合覆盖状况的指标，主要包括林草覆盖率、绿化覆盖率、归一化植被指数和叶面积指数。同时，本项研究根据现有林草综合覆盖状况指标的优缺点，探索性地提出生态防护植被覆盖率指标，用于表征具有良好生态防护能力的林草植被覆盖状况。

10.2.3.1 林草覆盖率

（1）概念。林草覆盖率（percentage of the forestry and grass coverage）是指在特定土地单元或行政区域内，乔木林、灌木林与草地等林草植被面积之和占特定土地单元或行政区域土地面积的百分比。国家标准《开发建设项目水土流失防治标准》（GB 50434—2008），规定开发建设项目实施场地林草覆盖率必须达到一定标准（因工程类型和规模不同，标准在15%~25%），并在2018年修订为《生产建设项目水土流失防治标准》（GB/T 50434—2018）予以保留，进一步说明林草措施作为水土流失防控的重要手段具有极端重要性，同时，通过保证林草覆盖率可实现水土流失的基本控制。

（2）内涵。林草覆盖率作为水土保持领域的植被覆盖指标，用于规范开发建设项目水土流失治理工作。同时，林草覆盖率能够较为直观反映单位土地面积上林草覆盖的程度，可用于快速、简易地评估区域生态稳定性、水土流失控制程度。宁夏作为我国土壤侵蚀最为严重的省区之一，风力侵蚀和水力侵蚀均有较大面积分布，因此，参考采用林草覆盖率进行省域尺度上的森林和草原植被状况评价，有助于进一步突出生态立区理念，协调林草资源管理与森林、草原生态防护服务之间的关系，同步开展资源保护建设、生态服务功能提升两项重要工作。

（3）用途。林草覆盖率可直观反映区域森林和草原覆盖的整体状况，还可在一定程度上指征区域土壤侵蚀的空间分布状况，对于协同开展林草资源发展与生态环境问题有效治理具有重要意义。2017年，全国地理国情普查结果显示，当年我国林草覆盖率达到62%以上；当年，河北省和重庆市的林草覆盖率分别为46%和63%。因此，在当前和今后较长时间里，森林和草原生态优先原则将不会变化，因此采用林草覆盖率有助于反映两项重要的生态资源规模及生态防护状况。

（4）测度方法。根据林草覆盖率的概念，通过统计区域森林面积和草原面积（森林和草原不重叠)之和占区域土地面积，即可获得林草覆盖率。此外，通过植被遥感影像、土地利用现状信息，并结合地面调查验证，可以分别测算区域内森林面积、草原面积和土地面积，进而测算出区域林草覆盖率。

10.2.3.2 绿化覆盖率

(1)概念。绿化覆盖率(greening rate)指城市建成区内绿化覆盖面积与建成区土地面积的百分比。该指标由城建行业标准《风景园林基本术语标准》(CJJ/T 91—2017)[原城建行业标准《园林基本术语标准》(CJJ/T 91—2002)]做出规定；并与城建行业标准《城市规划基本术语标准》(GB/T 50280—1998)、《城市绿地分类标准》(CJJ/T 85—2017)[原行业标准《城市绿地分类标准》(CJJ/T 85—2002)]中的绿地率相近，该指标主要用于指导城市绿化和城乡规划。同时，绿化覆盖率也作为林业行业标准《国家森林城市评价指标》(LY/T 2004—2012)的主要考核指标。

(2)内涵。绿化覆盖率反映城市建成区内绿化程度，能够基本反映城市的生态环境状况。

(3)用途。绿化覆盖率主要用于指导城乡建设规划过程中绿地(林地、草地)的规划控制规模，也可以反映建成区绿化工作的成效。林业行业标准《国家森林城市评价指标》(LY/T 2004—2012)中规定，创建国家森林城市过程中，通过开展城市绿化，要实现城区绿化覆盖率达到40%以上。

(4)测度方法。绿化覆盖率可通过统计城市中乔木、灌木和草坪等所有植被的垂直投影面积，计算其在城市土地面积中的占比，即可获得。在实施过程中，可以采用数据统计、实地调查和高分辨率遥感影像解译相结合的手段，高效测定城市植被垂直投影面积。

10.2.3.3 归一化植被指数

(1)概念。归一化植被指数(normalized vegetation index，NDVI)是一种基于遥感数据处理，所获得的检测植被覆盖度等和植物生长状况的指标。在农业行业标准《草原资源与生态监测技术规程》(NY/T 1233—2006)中，规定了通过遥感手段测定草原植被指数(比值植被指数，ratio vegetation index，RVI；归一化植被指数，NDVI；垂直植被指数，Perpendicular vegetation index，PVI；增强植被指数，enhanced vegetation index，EVI)，进行草原覆盖状况和植物长势状况的评估。随着遥感和计算机分析技术的快速发展，无论从影像精度、分析速度等多方面，都取得了突破性的进展，使得采用遥感手段进行草原、森林资源调查成为重要趋势。同时，根据相关植被指数的长期应用和研究，归一化植被指数具有更强的实用性，并在草原和森林资源调查研究中得到普遍运用。

(2)内涵。归一化植被指数主要用于反映植被覆盖和植被分布，能够较为准确反映植被覆盖度、植被物候特征和植被空间分布规律等。

(3)用途。归一化植被指数可用于快速评估中大空间尺度上，植被的空间分布状况及其年际动态等特征，并具有多种调查手段相互验证和转化，多种尺度相互转换的优点。但是，其存在无法自动剔除农作物的影响，因此在农田分布较多的区域存在较大偏差。

(4)测度方法。归一化植被指数的计算见公式(10-1)。

归一化植被指数间于 $-1 \sim 1$，负值表示地面覆盖为云、水、雪等对可见光高反射，0表示有岩石或裸土等，正值表示有植被覆盖且随覆盖度增大而增大。归一化植被指数产品，一方面可以在美国国家航空航天局(NASA)的官方网站上直接下载成品数据，数据的分辨率分别为250米、500米、1000米，根据应用目的的不同用户自行选择；另一方面，可以下载遥感影像，根据公式(10-1)进行波段运算，不过这对遥感影像的质量要求比较高，需要影像上的云量比较少，必要的话还需要进行去云处理。目前，多种卫星遥感数据反演的归一化植被指数产品，作为地理国情监测云平台推出的生态环境类系列数据产品，已得到广泛的应用。

10.2.3.4 叶面积指数

（1）概念。叶面积指数（leaf area index，LAI），也被称之为绿量，指的是单位土地面积上绿色植物的叶片面积之和。

（2）内涵。叶面积指数作为生态学研究过程中的重要植被指标，其与植物密度、结构、生物学特征和环境条件密切相关，能够有效表征植物光能利用状况和冠层结构的综合指标，在生态学、植被地理学等领域被广泛应用。

（3）用途。叶面积指数因其具有更为灵活的测度手段和方便的尺度拓展优势，不仅可在较小空间尺度（林地、社区尺度）通过叶面积指数仪快速测量获取，还也可以通过遥感信息解译方式便捷获得中大空间尺度上的植被叶面积指数，因此在越来越多的中大尺度植被覆盖、植被承载力和植被生产力评估方面被广泛应用。特别是基于遥感方式计算叶面积指数，可极大提高估算的时间分辨率，极大克服了传统方式进行林草资源调查费时费力且精度不高等问题。但是，与其他基于遥感手段获得的植被指数相似，基于遥感手段获得了叶面积指数信息，也存在无法自动剔除农作物的影响，因此在农田分布较多的区域存在较大偏差，更适用于天然植被占绝对优势的区域。

（4）测度方法。叶面积指数的测度，可通过购置市售的叶面积指数数据产品快速提取，也可通过通用的高分辨率遥感影像进行解译加工获取，具有较好的可实现性。

10.2.3.5 生态防护植被覆盖率

（1）概念。生态防护植被覆盖率（coverage of ecological protective forest and grassland），指的是某一行政单元或特定区域内具有良好生态防护功能植被面积，占该行政单元或区域土地总面积的百分比。其中，良好生态防护植被面积指的是森林面积和植被覆盖度超过20%的草原面积之和。

（2）内涵。生态防护植被覆盖率是本项研究根据现有的森林、草原及植被覆盖相关指标，并根据这些指标在理论研究、工程规划和生产实践中的具体侧重和实际效用，综合考虑当前植被生态防护的覆盖度阈值效应研究进展的基础上提出的。森林和草原作为陆地生态系统的重要组分，在保持水土、涵养水源和维护生物多样性等方面，发挥着极其重要的作用。宁夏的森林和草原是区域生态安全格局保障体系的主体，也是我国北方防沙带、黄土高原—川滇生态屏障的重要组成部分。对于森林和草原而言，只有适应当地自然环境的植物群落类型达到一定的覆盖度阈值，才能稳定、高效地发挥生态服务功能。

植被对地表土壤侵蚀起着明显的调控作用，这种调控作用受到植被盖度、类型、高度及空间分布的综合影响。大量研究结果显示，植被盖度对土壤侵蚀的影响最为显著。已有研究表明，当植被盖度低于20%时，会发生强烈的土壤风蚀；而当植被盖度大于20%，土壤风蚀强度将急剧下降（董治宝等，1996）。当沙地草原植被盖度为24%~34%时，土壤风蚀状况基本可控（贺晶，2014）；防风固沙灌木盖度达到20%~30%时，防风固沙效益较为明显，基本能够控制地表土壤风蚀（魏宝，2013）。植被盖度对水蚀的影响较为复杂，不同气候类型区、不同土壤类型研究结果差异较大，一般能够有效防治水土流失的植被盖度介于20%~40%（Snelder and Bryan，1995；Martinez-Zavala et al.，2008；Moreno-de Las Heras et al.，2009；Cherlet et al.，2018；Jiang et al.，2019a，b）。植被建设除了考虑能够有效防治水土流失外，还应考虑对土壤理化性质的改善及水资源的承载力。在我国半干旱地区的研究显示，当植被盖度达到20%以上时，在防治土壤风蚀、改善土壤理化性质和水资源消耗上，即能够达到较为均衡的生态效果（Fan et al.，2015）。

在本研究中，综合考虑植被对土壤水分、养分和土壤侵蚀的影响，将能够显著改善土壤理化性质、不超过当地水资源承载力、有效控制土壤侵蚀的基线植被覆盖度，作为生态防护植被盖度的下限阈值。此外，参考了《宁夏回族自治区〈中华人民共和国草原法〉管理条例》(2005版)、《青海省实施〈中华人民共和国草原法〉办法》(1989版)及(2007修订版)、《西藏自治区实施〈中华人民共和国草原法〉办法》(1994版)及(2015修订版)，关于植被覆盖度不足20%的退化草原、沙化草原进行更新和建立人工草地的相关规定。由于在较大的区域范围内，气候、土壤等自然要素存在较大的空间异质性，适合于不同立地类型的生态防护植被盖度也会有较大变化，需要长期的实验观测才能科学确定，考虑到宁夏自然条件严酷，立地类型多样，植被建设难度较大，将生态防护植被的基线覆盖度阈值确定为20%。

(3) 用途。生态防护植被覆盖率可用于反映高质量森林和草原资源状况，其分布状况可有效反映区域生态安全格局空间状况。同时，根据该指标还可有针对性地开展林草保护和建设，进而构建更为完善的区域植被生态安全防护体系。

(4) 测度方式。以某一行政单元或特定区域内具有良好生态防护功能植被的面积(森林面积与植被盖度超过20%草原面积之和)，在本区域土地面积所占比例，作为该行政单元或区域的生态防护植被覆盖率，生态防护植被覆盖率=(森林面积+草原面积植被盖度≥20%)/土地总面积。

在进行生态防护植被覆盖率测度时，需要统计森林面积以及植被盖度超过20%草原的面积。森林面积统计较为容易，可根据林业调查数据库或遥感影像解译等手段获取。草原则需要采用遥感手段，测定草原的归一化植被指数(NDVI)，并通过转换计算测定其覆盖度，通过统计覆盖度超过20%的草原面积，即可获得相应的草原面积。由于宁夏草原类型多样，从低覆盖度的温性荒漠类草原和温性荒漠草原类草原，到高覆盖度的草甸类草原和温性草甸草原类草原，因此根据草原的生态防护覆盖度阈值下限确定为20%。需要指出的是，本项研究确定的草原生态防护覆盖度阈值下限，是基于水土流失防控等草原覆盖相关的生态功能充分发挥前提下做出的，不过多考虑草原生产力状况。

10.3 森林和草原覆盖指标应用分析

一般而言，可采用面积来反映森林和草原的绝对规模。然而，由于不同区域自然条件和土地面积差别很大，为了方便比较不同区域的森林和草原规模，多采用相对的比例性指标进行衡量。

目前，我国主要采用森林覆盖率，即森林面积占全自治区总面积的百分比，来比较不同地区森林资源规模；采用草原综合植被盖度(反映草原牧草生长的浓密程度)比较不同地区草原资源状况。从这两个指标的概念来看，二者反映的内容和测算方法均完全不同，无法融通，也无法进行对比。

此外，由于森林覆盖率、草原综合植被盖度的测度，依赖于实地调查，存在数据还原性差、过程不可追溯、复查难度大等问题，无法满足当前森林和草原保护、利用与管理的要求。因此，对现有森林和草原覆盖指标进行综合分析，并在此基础上提出优化方案，可为新时期森林和草原覆盖状况监测与管理，提供切实可行的解决方案。

10.3.1 森林覆盖状况指标

根据森林覆盖状况指标的概念、内涵、测度方法和可操作性等，分别对林木郁闭度、灌木覆盖度、林木绿化率和森林覆盖率进行分析和比较，为森林覆盖状况指标的优化提供参考。

10.3.1.1 林木郁闭度

林木郁闭度一般用于反映林分尺度上的林木覆盖状况，在一定程度上具有反映林木（冠层）浓密程度的作用。

(1) 优点。林木郁闭度是鉴别林分是否被认定为森林的重要指标，只有林木郁闭度超过20%时，林分才能被认定为森林。

林木郁闭度能够反映树冠的闭合程度和林地覆盖程度，能够提供更多的生态学、生物学细节，有助于在一定程度上反映森林结构、森林环境及森林的生态服务功能状况（水土保持、水源涵养等）。

(2) 缺点。林木郁闭度主要反映特定林分的冠层状况，并不适用于反映中大尺度上的森林覆盖状况表征。林木郁闭度无法有效体现完整的林地信息，也无法有效整合灌木林的相关信息，因此并不适用于作为独立的森林覆盖状况指标。

10.3.1.2 灌木覆盖度

灌木覆盖度一般用于反映林分尺度上灌丛覆盖状况，能反映树冠对地面的遮盖程度。由于灌木林是中国西北省区主要的森林类型，因此通过覆盖度认定灌木群落是否被认定为灌木林。根据《"国家特别规定的灌木林地"的规定（试行）(2004)》，特指分布在年平均降水量400毫米以下的干旱（含极干旱、干旱、半干旱）地区，或乔木分布（垂直分布）上限以上，或热带亚热带岩溶地区、干热（干旱）河谷等生态环境脆弱地带，专为防护用途，且覆盖度大于30%的灌木林地，以及以获取经济效益为目的进行经营的灌木经济林。根据《土地利用现状分类》(GB/T 21010—2017)的规定，在全国第三次国土调查工作中，只有灌木覆盖度达到40%以上，才会被认定为灌木林。

(1) 优点。灌木覆盖度可反映灌木林冠层结构，进而在一定程度上反映其对立地的覆盖和庇护作用。灌木覆盖度能够提供更多的生态学、生物学细节，有助于在一定程度上反映灌木林结构、环境状况及其生态服务功能状况等。

(2) 缺点。灌木覆盖度主要反映特定灌木林的冠层状况和对地表的覆盖状况。灌木覆盖度无法有效体现完整的林地信息，也无法有效整合乔木林的相关信息，因此并不适用于作为独立的森林覆盖状况指标。

10.3.1.3 林木绿化率

林木绿化率指的是林地面积、灌木林地面积、农田林网以及四旁林木的覆盖面积之和，占土地总面积的百分比。林木覆盖率主要反映某一区域内木本植物的覆盖状况。

(1) 优点。林木覆盖率的测度综合考虑了有林地面积、各种灌木林面积、农田林网及四旁树占地面积，能够全面反映木本植物的覆盖状况，对已有的森林保护和林业建设工作成效予以全部认定。

林木覆盖度可在一定程度上规避在干旱半干旱地区过度营造片状乔木林的弊端，具有强化天然灌木林保护、经济林生态化经营的导向作用，也可更多地体现城乡绿化、农田林网建设、绿色通道建设过程中的造林成效。宁夏自然条件恶劣，气候干旱、土壤贫瘠，沙漠及沙化土地面积巨大，森林适宜分布区相对较少，草原适宜分布区相对较大。

宁夏除少量集中分布的乔木林和灌木林之外，大多数区域并不适合人工造林作业，而林业建设的主要工作主要在封山育林、灌木固沙、农田林网、四旁植树和通道绿化等，如果采用林木覆盖率对林业建设进行绩效评价考核，不仅能够充分体现建设成效，还可为根据本区自然经济社会特点因地制宜地、注重成效地发展林业起到良好的引导作用。

(2)缺点。在我国林业实践过程中,林木覆盖率的概念内涵与森林覆盖率相近,且林木覆盖率的应用范围相对较窄,不及森林覆盖率更普遍。

林木绿化率的使用,容易造成诸多误导,不便于涉林工作的数据统计、国际履约和学术交流等活动的开展。

10.3.1.4 森林覆盖率

森林覆盖率是反映一个国家、地区森林资源和林地占有的实际水平的重要指标,也是反映森林资源的丰富程度和生态平衡状况的重要指标。该指标是世界各国及我国各省(直辖市、自治区),进行林业保护和建设绩效评价的核心指标。

(1)优点。森林覆盖率能够反映最主要的森林类型的综合状况,体现区域森林覆盖与土地面积的比例关系。森林覆盖率,有助于克服过度关注森林面积,而忽视区域土地面积差异,势必造成森林资源状况比较出现偏差。因此,森林覆盖率是国内外进行森林资源调查时,最主要的目标性指标之一。森林覆盖率应用最为广泛,便于长期开展林业资源统计与管理。鉴于森林覆盖率作为《中华人民共和国森林法》(2019修订)的正文条款,该指标将长期用于我国林业建设成效评价工作,因此必将会得到持续应用。

森林覆盖率作为表征我国森林资源和林业建设的主要指标,具有操作方便、表征准确的特点,可长期作为反映森林覆盖状况的主要技术指标。由于我国幅员辽阔,省级行政单位之间及省级行政单位内部,气候特征、自然条件差异巨大,在反映特定区域森林覆盖状况时除了计算常规的森林覆盖率以外,还可计算区域扣除不适合森林分布土地面积后的森林覆盖率作为补充。这样可以,一方面充分体现实事求是、尊重自然的理念,另一方面如适合森林分布土地上森林分布比例较为适宜,则可将森林资源管理与经营,由造林增量向保护增效转变。

就宁夏而言,由于地形和气候的双重影响,适宜林木分布的区域十分有限。因此,仅依据森林覆盖率很难充分反映本区生态安全状况。鉴于此,宁夏可在核算森林覆盖率的同时,核算扣除不适合林木分布区土地面积后的修正森林覆盖率,一方面按照符合林业行业法律和实践规范,另一方面能够真实展现本区森林覆盖的实际情况和潜在空间。

(2)缺点。森林覆盖率的测算,仅将国家特别规定的灌木林地纳入,而其他灌木林未被纳入。宁夏除国家特别规定的灌木林范围县(市、区)之外,其他县(市、区)依旧存在相当面积的灌木林,这些灌木林在发挥水土保持、水源涵养、生物多样性维持等方面作用巨大,不将其纳入森林覆盖率的计量具有一定不合理性。

森林覆盖率计量,未考虑到宁夏存在不适宜林木分布土地面积巨大的实际情况。

目前,我国考量区域生态安全状况时,多以森林覆盖率作为参考技术指标,但无法全面反映宁夏以草为主、以林为辅、林草结合的省域生态安全格局构建实际。

10.3.2 草原覆盖状况指标

根据草原覆盖状况指标的概念、内涵、测度方法和可操作性等,分别对草原植被覆盖度和草原综合植被覆盖度进行分析和比较,为草原覆盖状况指标的优化提供参考。

10.3.2.1 草原植被覆盖度

草原植被覆盖度,指的是草原植被在单位土地以面积上的垂直投影面积所占百分比,用于反映某一片草原的植被浓密程度。

(1)优点。草原植被覆盖度,作为草原生态学的基本参数,具有具体的生物学和生态学意义,能够直观地反映草原生态防护和牧草生产能力，是草原生态学研究和草原生态监测的重要的元指标。

草原植被覆盖度的测度方法多样，可采用实地调查、无人机调查和遥感影像估算等独立或综合方法实现，也便于实现尺度转化。

(2)缺点。草原植被覆盖度，如同林木郁闭度，能够反映较小空间尺度上的草原植被的浓密程度，并不适于反映中大空间尺度草原的覆盖状况特征。

草原植被覆盖度无法有效体现完整的草原的面积信息，难以直观判断特定行政单元或区域内的草原规模。

10.3.2.2 草原综合植被覆盖度

草原综合植被覆盖度，指某一区域各主要草地类型的植被覆盖度与其所占面积比重的加权平均值。

(1)优点。草原综合植被覆盖度，可在较为直观地反映了某一行政单元或特定区域内草原植被的平均浓密程度，能够反映草原植被的生态防护能力，也能反映出牧草的生产潜力。

草原综合植被覆盖度，长期作为草原行政管理的核心技术指标，已得长期执行和广泛认可，并已成为生态文明建设、绿色发展等评价体系中关于草原的主要技术指标。

(2)缺点。草原综合覆盖度无法直观体现区域草原面积信息，难以根据该指标判断区域草原规模。

草原综合覆盖度，由于是通过不同类型草原覆盖度及其面积比重，综合加权得到的，所以该指标也无法直观体现不同草原类型间的覆盖度差异，不便于直接指导草原管理与经营。

10.3.3 林草综合覆盖状况指标

根据林草综合覆盖状况指标的概念、内涵、测度方法和可操作性等，分别对林草覆盖率、绿化覆盖率、归一化植被指数、叶面积指数、生态防护植被覆盖率进行分析和比较，为林草综合覆盖状况指标的优化提供参考。

10.3.3.1 林草覆盖率

林草覆盖率是指在特定土地单元或行政区域内，乔木林、灌木林与草原等林草植被面积之和占土地总面积的百分比，能够较好反映森林和草原在区域生态保障中的实际效用。

(1)优点。林草覆盖率充分融合了森林和草原的覆盖状况信息，能够有效体现林草资源规模，并可为区域林草资源协同规划、管理和利用，生态安全格局有效构建创造条件。同时，林草覆盖率作为重要参数，在国土部门开展的地理国情普查中已得到试用，并且达到了预期成效。

林草覆盖率可有效规避，同一块土地由于林草重复确权，致使森林和草原面积之和与实际不相符合的问题，便于国家和行业部门进行高效的林草综合管理。

林草覆盖率能够克服，因气候变异、人为活动等所导致灌木覆盖度变化，引起的灌木林与草原面积之间的此消彼长，以及灌木林面积因气候原因而减小等问题。

林草覆盖率可采用数据统计、遥感解译等多种方法快速获取，并且不存在复杂的尺度转换问题。

采用林草覆盖率，对于气候和自然条件恶劣的宁夏而言，可将更多精力放在草原保护和建设上，对于保障区域生态安全、促进畜牧业发展、规避草地植树造林等具有重要引导意义。

(2)缺点。林草覆盖率虽在一定程度上，将森林和草原覆盖状况进行了归并，但依赖于对土地权属和性质(同一块土地,只能被认定为林地或草原其一)进行全面确认。如果无法在今后的自然资源确权过程中,实现土地林权和草权的有效确认,做不到是林则非草、是草则非林,那么林草覆盖率的测算依旧难以有效开展。

宁夏林草资源中,草原面积比重远大于森林,而草原(特别是覆盖度极低的荒漠类、荒漠草原类和草原化荒漠类草原)易受短期气候波动影响,势必会造成草原面积的年际波动。因此,在气候变异较大时,林草覆盖率可能会因草原面积变化较大,产生较为明显的年际差异。

如果采用林草覆盖率,可能会降低现有森林保护的积极性,使得林业管理者和经营者减少林业生产相关的经费和人力物力投入,具有不利于森林资源保护的潜在倾向。

10.3.3.2 绿化覆盖率

绿化覆盖率通常指城市建成区内绿化覆盖面积占土地面积的比例,能够直观反映城市建成区内绿化程度,并可以基本反映城市的生态环境状况。

(1)优点。绿化覆盖率能够全面反映城市建成区的绿地覆盖状况,涵盖了除森林、草原以外的各类绿地类型,囊括的植被类型更多。

(2)缺点。绿化覆盖率的主要在城乡规划、园林城市和森林城市创建中使用,应用范围相对较窄。由于城市绿地数量和规模都相对较小,并有相对清晰的统计数据,因此绿化覆盖率适用于城市建成区的绿地覆盖状况表征。但是,对于更大区域而言,绿化覆盖率的各项测算指标较难获取,可操作性不强。此外,绿化覆盖率更多表达的是城市人工绿化工作的成效,而与林草资源主体为自然植被这一特点不相符合,难以准确表征更大空间尺度上的林草综合覆盖状况。

10.3.3.3 归一化植被指数

归一化植被指数是一种基于遥感数据处理,获取的反映地表植被覆盖状况和植被长势的指标。

(1)优点。归一化植被指数,适合在较大空间尺度上应用,能够较为便捷地获得相对较大区域植被覆盖的基本情况。采用归一化植被指数反应较大区域林草覆盖状况,省时省力,工作流程标准,具有良好的可重复性和可操作性。

(2)缺点。归一化植被指数不区分森林植被、草原植被,甚至难以区分农作物,因此精度较低。尽管归一化植被指数,能够很好反映植被覆盖状况,但完全不区分森林和草原植被,无法为林草行业部门高效管理提供针对性的依据。由于归一化植被指数是通过遥感影像解译方式获取的,因此影像的时/空分辨率、季相等都会对结果产生影响。

10.3.3.4 叶面积指数

叶面积指数指的是单位土地面积上绿色植物的叶片面积之和。

(1)优点。叶面积指数并非简单地反映植被覆盖率状况,而比植被覆盖率、归一化植被指数等具有更多的生物学和生态学信息。

叶面积指数能够高效反映植被覆盖的密度,在核算植被蒸腾耗水、叶片滞尘、有毒气体吸收、噪声消减等方面具有独特的优势。

(2)缺点。叶面积指数与归一化植被指数相同,其也存在无法有效区分森林、草原和人工植被(包括农作物),同时该指标受年际气候变异影响极大。

而且,叶面积指数是通过遥感影像解译方式获取的,因此影像的时/空分辨率、季相等都会对结果产生影响。同时,叶面积指数的计算方式相对复杂,需要专业的技术人才和分析设备。

10.3.3.5 生态防护植被覆盖率

生态防护植被覆盖率,指的是某一行政单元或特定区域内,森林面积和植被覆盖度超过20%

的草原面积之和，占该行政单元或区域土地总面积的百分比。

（1）优点。生态防护植被覆盖率能够充分体现林草的生态防护功能属性，而非一般意义上简单呈现森林与草原面积之和占土地面积的比例。同时，该指标还包含一定的草原植被覆盖度信息，能够起到有机融合林草主要技术指标的作用。

采用生态防护植被覆盖率，可发挥对森林资源和高覆盖度草原资源协同增长的双重引导作用，有助于促进林草质量并重发展。

（2）缺点。生态防护植被覆盖率依赖于对土地权属和性质进行全面确认，在未完全确权情况下，不便于该指标的准确测算。

生态防护植被覆盖率测算，还需对草原植被覆盖度进行定期调查，一定程度上增加了林草管理工作量。

生态防护植被覆盖率作为本项研究提出的，反映林草植被覆盖状况的指标，并根据宁夏林草资源状况进行了试用。如果，该指标能够得到林草行业管理部门认可，可在一个或几个西北省区先行试点，待进一步规范后予以适度推广。

10.3.4　综合分析

10.3.4.1　森林覆盖状况指标

目前，采用森林覆盖率反映特定区域的森林覆盖状况，能够较好反映森林的规模，但部分林业建设成果（特别是其他灌木林等）无法得到充分体现，且森林的综合覆盖状况也未能体现。

今后，可尝试采用类似草原综合植被覆盖度测算方式（森林覆盖度与其所占面积比重的加权平均值），通过地面实测（森林资源连续清查）和遥感估算相结合的手段，构建森林综合植被覆盖度。

采用森林覆盖率并结合森林综合植被覆盖度，能够更加全面反映特定区域的森林规模和覆盖度状况，可以有效规避当前森林资源管理政策的死角，即出现森林面积持续增大但森林覆盖质量持续下降的不利情况。

10.3.4.2　草原覆盖状况指标

尽管，采用草原综合植被覆盖度是反映草原植被的浓密程度，可从整体上反映特定区域草原植被对所占土地的覆盖程度，但却难以反映草原的面积信息。

今后，可尝试采用类似森林覆盖率测算方式（草原面积与土地面积的比值），通过地面实测（定期的草原资源综合调查）和遥感估算相结合的手段，构建草原覆盖率。

采用草原综合植被覆盖度并结合草原覆盖率，能够更加全面反映特定区域的草原覆盖状况和规模，可以有效规避当前草原资源管理政策的死角，即草原覆盖状况持续提高但草原规模逐年缩小的不利情况。

10.3.4.3　林草综合覆盖状况指标

此前，由于森林和草原分属不同行业部门管理，林草监测评估的融合问题长期被搁置。当前，通过机构改革，森林和草原的管理职能合归一处，森林和草原资源同步监测、融合发展需要实现。但是，目前受制于森林覆盖状况采用森林覆盖率（森林的土地占比，反映森林规模状况），草原覆盖状况采用草原植被综合覆盖度（草原覆盖度与其面积占比的加权平均，反映草原植被密度状态），二者各自反映植被覆盖的一个方面，因此围绕这两项指标尝试进行指标整合是完全不现实的。

虽然，林草资源现已实现共管，但是森林资源和草原资源必将独立确权，即特定土地仅能获得林权证或草原证，而不可同时被认定为森林和草原。因此，将符合森林认定条件的土地，认定为林地;将符合草原认定条件的土地,认定为草原;既符合森林认定条件,又符合草原认定条件的土地,无特殊原因可优先认定为林地。所以,今后开展林草覆盖状况监测评价,一定是在森林覆盖状况、草原覆盖状况的测算基础上进行综合计算即可,而不存在林草之间的交集状态。

在不考虑森林和草原类型条件下,较大区域的林草覆盖状况综合监测评估可采用归一化植被指数等指标通过遥感估算手段获取,不仅可了解区域植被覆盖比率,还可了解植被覆盖度时空分布状况。但是,由于无法有效区分森林和草原,不宜区分森林覆盖状态、草原覆盖状态,难以确定森林和草原覆盖状况的动态特征(以反映资源规模和质量增减及区域差异),因此无法为森林和草原资源保护和管理提供有针对性的建议。

林草覆盖率已被长期运用于区域水土流失防治与监测,以反映特定区域水土流失防治的程度。我国西北省区面临的最主要的生态环境问题是水土流失和风沙危害,因此采用林草覆盖率评估省级行政单位范围内的植被和生态状况是合理的。因此,可以尝试采用林草覆盖率作为当前林草覆盖监测评估工作的重要指标。

10.3.4.4 研究建议

结合当前的实际情况,建议将森林覆盖率、草原植被综合覆盖度继续作为森林和草原覆盖状况的主要监测指标,并可将森林综合植被覆盖度、草原覆盖率作为补充指标,用于反映森林植被状况和草原规模状况;建议采用林草覆盖率和生态防护植被覆盖率,作为特定区域林草综合覆盖状况和生态防护状况的指标,可在宁夏等我国西北省区进行探索性应用和试点实施。

10.4 林草资源基本情况及潜力分析

10.4.1 森林资源概况

10.4.1.1 森林资源清查结果(2015年)

第九次全国森林资源清查宁夏森林资源清查成果显示,截至2015年,宁夏回族自治区森林面积65.60万公顷,森林覆盖率12.63%。森林资源中,天然乔木林6.16万公顷,天然特灌林面积15.89万公顷,人工乔木林11.15万公顷,人工特灌林32.40万公顷。

林地面积179.52万公顷,森林面积占林地面积的36.54%;乔木林面积17.31万公顷,占林地面积的9.64%;疏林地面积2.22万公顷,占1.24%;灌木林地面积50.90万公顷,占28.35%;未成林造林地面积25.66万公顷,占14.29%;宜林地面积82.79万公顷,占46.12%。

活立木总蓄积量1111.14万立方米,其中,森林蓄积量835.18万立方米(天然乔木林蓄积量384.42万立方米,人工乔木林蓄积量450.76万立方米),占75.16%;疏林地蓄积量21.56万立方米,占1.94%;散生木蓄积量49.11万立方米,占4.42%;四旁树蓄积量205.29万立方米,占18.48%。

森林各林种中,防护林在各林种中所占比重最大,面积47.75万公顷,占森林面积的72.79%,蓄积量344.36万立方米,占森林蓄积量的41.23%;特用林面积13.01万公顷,占19.83%,蓄积量458.56万立方米,占54.90%;用材林面积0.52万公顷,占0.79%,蓄积量30.38万立方米,占3.64%;经济林面积4.32万公顷,占6.59%,蓄积量1.88万立方米,占0.23%。

全自治区生态公益林地面积172.55万公顷，占林地面积96.12%，其中国家级公益林地75.19万公顷，占43.58%，地方公益林地97.36万公顷，占56.42%。商品林地6.97万公顷，占林地面积的3.88%。

乔木林每公顷蓄积量48.25立方米，每公顷株数655株，每公顷年均生长量3.34立方米，平均郁闭度0.44，平均胸径13.3厘米。

10.4.1.2 森林资源现状(2018年)

根据宁夏回族自治区林业和草原局统计结果显示，截至2018年，全自治区森林覆盖率为14.60%，共有森林面积76.73万公顷，其中，有林地16.52万公顷，灌木林31.56万公顷，其他林地28.65万公顷(表10-1)。

表10-1 宁夏森林资源统计数据

年度	森林覆盖率(%)	林地面积(万公顷)	森林面积(万公顷)	天然林面积(万公顷)	人工林面积(万公顷)	森林蓄积量(万公顷)	全国森林覆盖率(%)
2008[①]	6.08	115.34	40.36	—	—	392.85	18.21
2011[②]	9.84	179.03	51.10	—	—	492.14	20.36
2013[③]	11.89	180.10	61.80	—	—	660.00	21.63
2015[④]	12.63	179.52	65.60	43.55	22.05	835.18	21.66[⑤]
2017[⑥]	14.00	—	—	—	—	—	—
2018[⑦]	14.60	—	76.73	—	—	—	22.96[⑧]

数据来源：①国家林业局2008年全国森林资源情况；②国家林业局2011年全国森林资源情况；③国家林业局《中国森林资源报告(2009—2013年)》；④国家林业局西北森林资源监测中心《全国第九次森林资源清查宁夏清查成果报告》；⑤国务院新闻办公室《发展权：中国的理念、实践与贡献》；⑥宁夏回族自治区统计局《2018年宁夏统计年鉴》；⑦宁夏回族自治区林业和草原局《宁夏林业和草原"十三五"发展情况及"十四五"规划调研相关问题的汇报》；⑧国家林业和草原局《中国森林资源报告(2014—2018年)》。

然而，通过对宁夏植被遥感影像进行分析，并结合全自治区土地利用数据计算，2018年宁夏森林面积49.19万公顷，森林覆盖率为9.46%。

需要说明的是，由于林地统计时效性、林地和草地重复确权、地面调查与遥感监测精度匹配度等问题，通过统计方式获得的宁夏森林面积及森林覆盖率，与遥感手段结合土地利用数据获取的宁夏森林面积及森林覆盖率均存在一定差异。同时，由于过去土地测量手段有限，宁夏全自治区及各市均存在土地实际面积小于统计数据的问题，而采用遥感手段结合土地利用数据取得的森林面积及覆盖率，能够有效解决森林面积统计精度不高、土地面积统计存在较大误差的问题。因此，本报告以遥感影像分析结合土地利用数据，获得的2018年宁夏森林面积及覆盖率为基础，进行宁夏森林资源现状评估和发展规划制定。

宁夏森林统计资料与采用遥感手段获得的森林面积和森林覆盖率存在较大出入，主要原因是受土地使用性质变更滞后的影响，地类统计存在较大出入；受统计手段限制及精度约束，原有统计途径的各市及全自治区土地面积、森林面积存在较大出入；退耕还林、防沙治沙工程等生态工程，形成的大规模灌木/半灌木林地，原先以特别规定的灌木林(灌木盖度≥30%)名义认定为森林，但受灌木生长周期、气候变异等影响，灌木盖度降至30%以下，不被计入森林进行统计。

宁夏森林资源的持续增长有目共睹，已得到国家和行业主管部门的肯定。宁夏作为我国主要的贫困省区，其中南部存在众多贫困人口，但在森林资源保护和发展方面取得诸多成绩，首先得益于坚持"生态立区"，依托国家三北防护林体系建设工程、国家天然林保护工程、退耕还林工程等国家重大林业工程，积极组织林业建设和森林资源保护；其次，得益于区内重点林业建设工程，诸如六盘山重点生态功能区降水量400毫米以上区域造林绿化、引黄灌区平原绿洲绿网提升工程、南华山外围区域水源涵养林建设提升工程、同心红寺堡文冠果种植工程等的持续开展；再次，通过主干道路大整治大绿化、市民休闲森林公园建设、村屯绿化等，为居民居住、休息和出行提供绿色空间的同时，促进了森林面积的持续增长；此外，随着城镇化的快速发展，以及较大规模的生态移民工程的开展，在生态移民迁出区开展的生态修复，为森林（特别是特别规定的灌木林）面积的持续增加创造良好条件；同时，宁夏自然保护地体系的不断发展，诸如国家级自然保护区、自治区级自然保护区、国家森林公园、国家沙漠公园、国家湿地公园和国家沙化土地封禁保护区的广泛建立，为森林资源的保护提供重要机制，并为全自治区森林面积的持续增长提供长效保障。

《全国主体功能区规划》(2010年12月21日)、《宁夏回族自治区主体功能区规划》(2014年6月18日)及《黄河流域生态保护和高质量发展重大国家战略》(2019年9月18日)的陆续实施，宁夏作为国家生态安全战略格局—北方防沙带和黄土高原—川滇生态屏障的重要组成部分以及黄河中游流域生态保护和高质量的关键区域，随着自然保护地体系构建、生态保护、植被建设力度加大，增加了人工林规模、促进了天然林和草原的恢复。

因此，综合而言，随着国家和宁夏对生态保护、林草建设的重视程度和投入力度的持续增大，宁夏森林面积、草原面积和林草覆盖率将稳步增加，为提供越来越多的生态服务产品、保障宁夏及国家生态安全提供基础条件。

10.4.2 森林的主要类型、分布及覆盖状况

10.4.2.1 森林类型

（1）气候类型。宁夏回族自治区西、北、东被腾格里沙漠、乌兰布和沙漠和毛乌素沙地包围，南面与黄土高原相连，处于黄土高原与内蒙古高原的过渡地带，地势南高北低，西部高差较大，东部起伏较缓。宁夏按地形可分为黄土高原、鄂尔多斯台地、洪积冲积平原、山地（六盘山、罗山和贺兰山等），平均海拔1000米以上。按地表特征，还可分为南部暖温带森林地带、中部中温带半荒漠及平原地带，北部中温带荒漠及平原地带。

宁夏森林主要由暖温带针叶林、阔叶林，中温带针叶林以及中温带灌木林组成。南部六盘山一带山地位于暖温带，分布有多种类型的针叶林、阔叶林，中部罗山山地主要分布中温带针叶林，北部贺兰山山地主要分布中温带针叶林及阔叶林；银川平原及毛乌素沙地位于中温带，主要分布人工阔叶林及人工灌木林。

其中，六盘山、南华山和罗山一带的森林，多数被纳入国家级自然保护区和国家森林公园，作为重要水源涵养林予以严格保护；贺兰山一带森林也已被纳入国家级自然保护区和国家森林公园内，作为重要水源涵养林、防风固沙林予以重点保护；毛乌素沙地一带的人工固沙乔木林、灌木林，作为宁夏防风固沙体系的重要组成，部分位于哈巴湖国家级自然保护区、白芨滩国家级自然保护区、多个沙漠公园和国家级沙地封禁保护区，能够得到较为严格的保护；银川平原分布有相当数量的农田及通道防护林，在维护区域生产生态安全方面作用巨大；宁夏其他区域多自然或人工种植多种灌木林。

在全国生态区划中，宁夏南部属于东部季风生态大区，北部属于西部干旱生态大区，具体生

态分区情况：东部季风生态大区—黄土高原农业与草原生态区、黄土高原西部农业生态亚区、六盘山典型草原-落叶阔叶生态亚区、陇东南黄土丘陵残塬农业-草原生态亚区，西部干旱生态大区—内蒙古高原中部-陇中荒漠草原生态区、河套-银川平原灌溉农业生态亚区、鄂尔多斯高原西部荒漠草原生态亚区、陇中-宁中荒漠草原生态亚区。

从宁夏生态区划及森林空间分布来看，森林资源主要分布在六盘山典型草原-落叶阔叶生态亚区(宁夏南部，以中卫市南部、固原市西北至东南一带为主)、河套—银川平原灌溉农业生态亚区(宁夏北部西侧，以银川市西北部、石嘴山市西部为主)、鄂尔多斯高原西部荒漠草原生态亚区(宁夏中东部，银川市东南部、吴忠市东北部)三大森林集中分布区。

(2)组成类型。根据2015年公布的全国第九次森林资源清查结果显示，宁夏森林面积中灌木林所占比重极大(73.61%)，乔木林面积仅占全自治区森林面积的26.39%。乔木林面积与灌木林面积的比值约为1∶3。这主要是由宁夏的气候条件所决定，因其地处内陆、气候干旱，除六盘山、贺兰山及银川平原之外，其他区域生态环境恶劣，不利于乔木集中连片分布，但灌木树种则具有更强的环境适应能力。特别是，在宁夏的干旱、半干旱沙地和黄土高原，天然灌木林与人工灌木林作为主要的植被类型，在防风固沙、保持水土等方面发挥着重要的生态服务功能。

乔木林主要树种与分布。宁夏现有乔木林以各山地天然次生林、沙地及平原人工林为主。其中，六盘山山系森林主要有华北落叶松林、油松林、华山松林、山杨林、白桦林、辽东栎林及混交林；罗山山地森林主要有青海云杉林、油松林、山杨林及混交林；贺兰山山地森林主要有青海云杉林、油松林、山杨林、灰榆林及其混交林；毛乌素沙地主要以人工杨树林为主；银川平原以人工杨树防护林为主，兼有少量经济林。

乔木林中防护林和特用林比重最大。其中，防护林面积9.21万公顷、特用林面积7.42万公顷、用材林面积0.52万公顷及经济林面积0.16万公顷，分别占比53.21%、42.87%、3.00%和0.92%。

第九次全国森林资源清查宁夏森林资源清查成果显示，截至2015年，宁夏乔木林中，幼龄林占比最大。其中，幼龄林面积7.46万公顷、中龄林面积5.53万公顷、近熟林面积2.76万公顷、成熟林面积1.40万公顷、过熟林面积0.16万公顷，分别占乔木面积的43.10%、31.95%、15.94%、8.09%和0.92%。

宁夏现有乔木林中阔叶林占比大。其中，阔叶林面积12.74万公顷、针叶林面积4.37万公顷，分别占乔木林面积的73.59%、25.25%。

灌木林主要树种与分布。灌木作为比乔木更加适应恶劣环境的植物类型，其生长期更早，能够将同化物质更少地分配到营养生长，而更多地分配到繁殖生长中去。同时，灌木多属于低矮高位芽和地上芽植物，具有更强的适应寒冷干旱的潜力。宁夏各山地，气候寒冷，除局部适宜乔木林分布之外，多数地段主要分布环境适应性更强的天然灌木林。宁夏中部及北部，特别是腾格里沙漠、毛乌素沙地及乌兰布和沙漠影响区域，气候干旱、土壤贫瘠，主要分布有耐干旱、抗逆性强的人工固沙灌木林及少量的天然灌木林。

宁夏山地分布的灌木林包括沙棘、蒙古扁桃、虎榛子、灰枸子、小叶金露梅、紫丁香、蒙古绣线菊及酸枣灌木林等。毛乌素沙地天然灌木林(乌柳、毛刺锦鸡儿、黑沙蒿、白刺和盐爪爪灌木林等)及人工灌木林(柠条、北沙柳和杨柴灌木林等)。

(3)起源类型。第九次全国森林资源清查宁夏森林资源清查成果显示，截至2015年，宁夏回族自治区天然乔木林、天然灌木林分别占森林面积的9.39%和24.22%，人工乔木林和灌木林分别占森林面积的17.00%和49.39%。

宁夏天然乔木林主要分布在六盘山、贺兰山和罗山天然林区，是自治区境内主要的水源涵养区，也是国务院确定的重要水源涵养林区，长期以来受到严格保护。同时，在以上山地还分布有相当数量的天然灌木林，与天然乔木林镶嵌分布，共同发挥水源涵养等生态服务功能。而在除山地之外的区域，特别是荒漠集中分布区，主要生长一些天然柽柳、白刺、毛刺锦鸡儿、红砂、沙冬青、盐爪爪、乌柳、杨柴和黑沙蒿灌木林等。

宁夏的自然条件决定其开展人工林建设进行树种选择时，将面临巨大困难。目前，宁夏在主要山地，为提升水源涵养功能、控制水土流失，多采用耐寒的针叶树种为造林树种，包括青海云杉、华北落叶松等；在平原防护林建设和城镇绿化中，多种植人工杨树林等；在荒漠化和沙化土地治理过程中，多种植小叶杨林、新疆杨林、柠条灌木林、中间有锦鸡儿灌木林、北沙柳灌木林、柽柳灌木林及杨柴灌木林等。

10.4.2.2 森林分布

(1)地理分布。宁夏全自治区受水热条件尤其是水分因素的制约，植被地带性差异非常明显，自南向北呈现森林草原—干草原—荒漠草原—草原化荒漠的水平分布规律。但是，影响森林地理分布的主因除气候条件外，更主要受山地分布影响。宁夏天然林(次生林)主要分布在贺兰山、六盘山和罗山等海拔相对较高的山地。在这些山地，植被垂直差异十分明显，从低山草原向高中山地森林及亚高山草甸植被过渡，具有温带干旱区山地植被组合特点和规律。尽管，在宁夏主要林区进行了较大规模的人工造林，但是从实际成效来看，严格遵循森林分布规律的营林效果更好，而在非森林自然分布带的营林效果相对较差。

除三大林区之外，宁夏森林主要集中在各市县保护区、森林公园及国有林场等地，多为历年营造的人工乔木林(以杨树、青海云杉、樟子松等为主)，成片状零星分布。

(2)行政区域分布。利用宁夏植被遥感影像，并结合全自治区土地利用数据，分析和提取2018年各市森林分布面积，并计算其森林覆盖率(表10-2)。

表10-2 2018年宁夏各市森林面积及覆盖率

行政单位	土地面积(万公顷)	森林面积(万公顷)	森林覆盖率(%)
银川市	63.78	5.03	7.89
石嘴山市	40.86	3.53	8.63
吴忠市	173.41	10.04	5.79
中卫市	136.72	5.85	4.28
固原市	105.00	24.74	23.56
宁夏	519.77①	49.19①	9.46②

数据来源与说明：①宁夏及各市土地面积、森林面积为采用遥感手段获取的数据(下同)；②利用遥感影像解译方式获取的宁夏2018年森林覆盖率，结果低于原国家林业局公布的同期数据(14.60%)，主要受数据精度、土地和森林面积统计、地类认定、特灌林认定覆盖度下限等综合影响。

以2018年宁夏森林资源状况为本规划基准年，分别制定宁夏2020—2025年及2025—2030年森林面积及覆盖度规划目标。

宁夏森林面积由大到小依次为固原市(24.74万公顷)、吴忠市(10.04万公顷)、中卫市(5.85万公顷)、银川市(5.03万公顷)和石嘴山市(3.53万公顷，表10-2)。

宁夏各市中，固原市森林覆盖率最高(23.56%)，其余依次为石嘴山市(8.63%)、银川市

(7.89%)、吴忠市(5.79%)和中卫市(4.28%)。

固原市森林覆盖率较高,主要得益于良好的气候条件,其为暖温带季风性气候,降水相对较多、气温和土壤条件适宜森林植被生长,加之该市境内河流众多,水资源条件较好,为森林植被广泛分布创造良好条件。石嘴山市和中卫市森林覆盖率排名靠后,主要是因为这两个市气候干旱、荒漠集中分布,不利于森林植被广泛分布。石嘴山市森林主要集中分布于贺兰山,其他区域极少分布。中卫市森林主要集中分布于海原县南华山一带,其他地区极少分布。

10.4.2.3 森林覆盖状况

宁夏现有森林中,林木覆盖度≥70%的比例为64.16%,20%≤林木覆盖度<70%的比例为35.84%,表明宁夏现有森林以高林木覆盖度森林为主(表10-3)。

一般地,同一区域、相同树种组成条件下,高林木覆盖度森林具有更高的生态服务功能。因此,尽管宁夏全自治区森林覆盖率相对较低,但其拥有较大面积的高覆盖度天然林,其单位面积森林的生态服务功能和价值相对较高。

宁夏各市森林覆盖度组成可分为3类,具体如下。

第一类:固原市的森林覆盖度组成以高覆盖度占绝大多数(超过90%),其低覆盖度(20%~50%):中覆盖度(50%~70%):高覆盖度(70%~100%)为0.60:4.44:94.96,以高覆盖度森林占绝大多,中覆盖度和低覆盖度森林占比极小(小于10%)。

表10-3 宁夏各市现有森林覆盖度状况

行政单位	森林面积(平方千米)	覆盖度 20%~30%		覆盖度 30%~50%		覆盖度 50%~60%		覆盖度 60%~70%		覆盖度 70%~80%		覆盖度 80%~100%	
		森林面积(平方千米)	比例(%)	森林面积(平方千米)	比例(%)	森林面积(平方千米)	比例(%)	森林面积(平方千米)	比例(%)	森林面积(平方千米)	比例(%)	森林面积(平方千米)	比例(%)
银川市	503.29	4.52	0.90	176.26	35.02	95.34	18.94	64.74	12.86	60.12	11.95	102.30	20.33
石嘴山市	352.68	16.99	4.82	158.69	44.99	43.88	12.44	26.65	7.56	45.97	13.03	60.50	17.16
吴忠市	1004.63	4.85	0.48	415.71	41.38	243.51	24.24	132.85	13.22	95.98	9.55	111.74	11.12
中卫市	584.81	3.03	0.52	82.58	14.12	77.33	13.22	91.42	15.63	172.67	29.53	157.77	26.98
固原市	2473.60	0.50	0.02	14.35	0.58	29.40	1.19	80.35	3.25	974.09	39.38	1374.91	55.58
宁夏	4919.02	29.89	0.61	847.59	17.23	489.47	9.95	396.02	8.05	1348.83	27.42	1807.23	36.74

第二类:银川市、石嘴山市和吴忠市的森林覆盖度组成较为均匀,其低覆盖度(20%~50%):中覆盖度(50%~70%):高覆盖度(70%~100%)为(35.92~49.81):(20.00~37.46):(20.69~32.27),高、中和低覆盖度森林占比均接近1/3。

第三类:中卫市森林覆盖度组成为14.64(低覆盖度20%~50%):28.86(中覆盖度50%~70%):56.50(高覆盖度70%~100%),高覆盖度森林占比超过1/2。

宁夏各市森林的林木覆盖度组成差异主要因为气候条件和森林组成。固原市位于暖温带,属东部季风生态大区,且海拔相对较高,降水和土壤条件有利于高覆盖度森林分布;中卫市局部位于暖温带(海原县一带),属东部季风生态大区,降水量相对较高,因此存在较大比例的高覆盖度森林;其余三市均位于中温带,属西部干旱生态大区,森林由山地森林和荒漠(沙地)森林共同组成,其中山地森林多为中、高覆盖度,荒漠(沙地)森林的林木覆盖度相对较低。

10.4.3 森林资源及覆盖增长面临的问题

10.4.3.1 空间分布

宁夏作为全国城市化战略重点发展区(宁夏沿黄经济区)、农业战略重点发展区(河套灌区主产区),同时,分布有相当数量的沙漠(沙地)、湿地,可用于进行林草建设的土地资源非常有限。加之,宁夏中部及北部降水稀少、气候干旱,难以支撑更大规模的人工林建设。因此,受可利用土地规模及自然条件限制,宁夏森林资源面积持续增加有较大困难。

10.4.3.2 统计核算

由于此前森林和草原资源管理长期分属不同部门,加之宁夏山地森林和草原、沙地灌木林和草原均存在明显的重叠、镶嵌和交错分布特点,往往会造成一块土地同时被认定为森林和草原,农牧民同时获得林权证和草原证,相应的土地分别被计入森林面积和草原面积,因此造成森林面积和草原面积之和超过林草资源分布的实际面积。

今后在统计林草面积,核算区域林草覆盖率时,应依据相关标准,严格区分森林和草原,进而明确区域内森林面积和草原面积。然后,通过森林面积和草原面积的加和,确定区域内林草面积,进而核算区域林草植被覆盖率。

10.4.3.3 经营理念

随着全国主体功能区规划和宁夏主体功能区规划的落地,宁夏森林以充分发挥其生态功能为主要经营目标。宁夏现有森林主要分布于贺兰山防风防沙生态屏障带、宁夏平原绿洲生态带、中部防沙治沙带、六盘山水源涵养和水土流失防治生态屏障等,其在防风固沙、水源涵养、保持水土、净化大气和生物多样性保护等方面的生态服务功能作用显著,有效保障了宁夏及国家生态安全。

随着以生态为主要目标的森林经营理念的确立,宁夏森林自然恢复能力相对较低,多通过在山区人工营造乔木林、在黄土丘陵区、沙区和山地人工营造灌木林等方式,促进本区森林面积的增加,以实现宁夏生态保障能力的进一步提升。目前,人工林营造所设定的林木覆盖度和造林密度标准,往往超过当地的植被承载能力,进而导致造林成本高昂、林木保存率不高、生态防护能力低下等问题。因此,宁夏应根据本区实际,摒弃盲目追求提高森林覆被率的做法;同时,积极寻求国家政策支持,适度降低人工造林密度、灌木林覆盖度标准;此外,对灌木林生态功能、天然林恢复潜力、森林质量提升的关注程度依然较低,应予以重视。

与此同时,作为我国社会经济发展相对落后,群众(特别是农村居民)生活水平相对较低的省区,在林业建设过程中,除了重点考虑森林的生态效益之外,还应充分发挥其经济效益,进而实现区域生态环境改善、人民生活水平提升和贫困人口脱贫的多目标经营。否则,林业建设导致生产性用地被大量占用,农村居民获得生产性收益的空间不断缩小,一方面不利于提高林业建设积极性和保存林业建设成果,另一方面对于农村居民实现全面发展缺乏必要的公平性。

10.4.3.4 相关政策

(1)林业管理信息化水平有待提升。近20年来,宁夏依托 三北防护林体系建设工程、退耕还林工程、防沙治沙工程等大型生态建设工程,营造了数量可观的人工林。这些人工林受自然条件和经营水平的影响,最终的保存状况参差不齐,其中小部分已成林、大部分未成林。尽管这些林地均被纳入林业管理信息系统进行管理,但无法清晰描述其起源、经营方式等细节,制约了对其进行管理的有效性。同时,一些土地在造林后(如耕地实施退耕还林),由于地类未及时完成变更,造成林业部门与国土部门在森林统计数据上存在较大差异。

（2）森林资源普查工作存在诸多困难。国家及各省区定期组织全面的森林资源普查工作，进而确定一个调查间隔期内，森林资源的变化情况。由于宁夏森林规模相对较小，森林资源普查尚未形成稳定的机制，相关经费也未纳入部门预算，同时从事普查的人员缺乏，造成森林资源普查难度大、效果差等现实问题。

（3）现行林权制度不利于集约化经营和管理。宁夏集体所有制的森林已通过林权制度改革，将林地使用权下放到农户，但是一家一户的森林经营，不利于集约化经营和管理，森林经营质量无法保证，在有害生物防治等方面，也无法充分体现科技贡献率。同时，受自然保护地相关法律法规的约束，取得林权证的农牧民又无法从森林经营中获利，造成了潜在的社会矛盾源。

（4）自然保护地重叠，增加了管理难度。宁夏目前拥有较为完备的森林生态系统自然保护地体系，国家级自然保护区、国家森林公园、国家沙漠公园等在自治区范围内交错分布，为宁夏森林资源保护和发展提供了制度保障。然而，由于不同自然保护地之间，存在管辖土地和管理职责相互重叠的问题，且目前尚无具体解决方案，造成责权不明、管理困难，为开展高效的森林资源保护和管理带来了很大困难。

（5）人工造林补助额度低于实际成本。宁夏目前开展人工造林的区域多为沙地和山地，位置偏远、条件恶劣，开展森林保护和建设投入的成本较高，目前，国家投入单位土地面积的资金严重不足，自治区财政无法进行有效配套，最终导致项目规模缩水和成效打折。

（6）林业建设项目的科学性审查不到位。由于森林覆盖率一直作为地方政绩考核的内容，通过增加森林面积提升森林覆盖率的做法成为唯一可行手段。因此，许多地方盲目地在湿地和草原造林，大力实施灌溉造林、客土造林等。出现这类现象，一方面是由不合理的考核机制引起，另一方面是因为林业建设项目的科学性审查工作未得到有效落实。

10.4.4　森林资源及覆盖增长潜力分析

10.4.4.1　空间潜力

（1）生态移民迁出区利用潜力。经过多年的实践，通过实施生态移民，有助于同步实现人口脱贫和生态恢复。当前，宁夏存在大面积的生态移民迁出区，为高效林业建设提供了空间。然而，这类区域的林业建设，要根据区域功能定位，尊重自然，坚持科学理念，采用现代林业相关技术，实现林业建设为生态环境改善、社会经济发展服务的最终目标。

（2）弃耕地和撂荒地利用潜力。城镇化的发展，带来农牧业劳动力逐步向城镇转移，停止耕作的农田或撂荒地为营造人工林提供了空间。可参照退耕还林等政策及标准，利用弃耕地营造速生丰产林、经济林、旅游景观林等，为区域生态经济协同发展，将绿水青山转变为金山银山创造条件。

（3）黄土高原汇水区利用潜力。宁夏南部黄土高原区位于黄河支流上游，受长期水力侵蚀，侵蚀沟高度发育。为控制土壤侵蚀发展，营造水土保持林成为最主要的生物防治措施。在侵蚀沟中种植乔木或灌木，能够得到周期性的汇水补给，进而实现正常生长。同时，随着林木生长，侵蚀沟的溯源侵蚀过程得到有效遏制，进而实现林业建设与水土保持的高效统一。

10.4.4.2　经营潜力

（1）采用科学方式增加森林面积。实现宁夏森林资源的持续增长，应在三大林区，实施封山育林、人工促进天然修复的方式，促进林木自然更新和森林自然扩张；在宜林荒地可通过人工造林

(以灌木林为主)的方式,实现森林面积的持续增加;在适宜开展林果业发展的区域,进行经济林建设,为森林增加和经济发展创造条件。

(2)采用科学抚育提升森林质量。宁夏森林资源增长,可通过科学方式,不断提升森林质量,包括通过森林抚育提高林地生产力和蓄积量,同时实现生态效益的同步提升;对中幼龄林进行间伐抚育,对灌木林进行保护和复壮,对林区资源进行合理开发利用等。

(3)综合举措减低林业建设成本。目前,宁夏人工林营造树种选择单一,多非乡土树种。这些苗木的购置及调运成本、整地和种植人力成本高昂,且成活率往往不高,许多具有良好适应性的乡土树种(乔木和灌木),尚未得到有效开发和利用,具有较好的应用前景。同时,应注重在不适宜开展乔木林营造的区域,发展人工灌木林。总之,应采用综合措施,降低营林成本,同时提升人工林的气候适应性,保证森林生态功能的充分发挥。

10.4.4.3 政策潜力

(1)黄河流域重大国家战略的提出。随着国家将黄河流域生态保护与高质量发展重大国家战略的提出和实施,宁夏作为黄河中游生态保护和高质量发展的关键区域,森林和草原保护和建设将更受重视,并进一步增加投入,因此将成为宁夏林草事业快速发展的重要政策契机。

(2)林业管理信息化具备条件。随着社会信息化水平的整体发展,林业信息化的硬件和软件条件已完全具备。林业管理信息化的关键环节,精准测量、准确定位、实时监测等已充分具备实现手段。同时,借助第三次全国国土调查的实施,可有效掌握全自治区森林资源情况,为林业管理信息化提供本底资料。因此,当前宁夏林业和草原局,应积极推进林业管理信息化建设,提升林业管理能力和科技水平,为宁夏森林资源保护和发展创造基础条件。

(3)将森林资源普查与队伍能力建设相结合。宁夏林业和草原局应全面统筹森林资源普查工作,组织各级林草部门采用标准方法,定期完成固定样地的森林资源普查工作。同时,提前规划森林资源普查经费,开展技术人员培训,将森林资源普查工作与人员队伍能力建设统一起来。

(4)尝试开展专业化林业经营和管理。农牧民集体林地,可采用专业合作社等模式,开展集约化经营和统一管理,确保森林经营管理的集约化、专业化和高效化。同时,可采用适当的政策,将林业建设的资金采用合理的方式,用于引导农民投入到林业建设中来,为农民创造更多收益,并实现生态环境显著改善。

(5)生态红线制度为森林资源保护提供保障。目前,宁夏全自治区生态红线已完成划定,基本的生态保护格局已初步具备。虽然,目前部分涉及森林生态系统自然保护地存在不同程度的重叠,存在一定的权属争议,但生态红线制度能够基本保障森林资源得到最为严格的保护,为森林资源的持续增长提供保障。

(6)优化造林方式降低造林成本。今后,要重视采用封山育林、自然恢复的方式促进森林资源的持续增长;同时,宜积极采用乡土树种、营造灌木林等方式,实现造林及管护成本的大幅降低。总之,应采用科学合理的手段,降低造林成本同时,提升森林生态防护能力。

(7)强化林业建设的科学性审查。未来,宁夏应进一步强化林业建设项目的科学性审查工作,对一些不符合自然规律、科学性差的项目采用一票否决,进而避免为造林而造林,以及治理性破坏等现象的出现。强化林业建设项目的科学性审查,一方面有助于全面提升区域林业建设水平规避低水平建设,另一方面可避免造林资金的浪费。

10.4.5　草原的主要类型、分布及覆盖状况

10.4.5.1　草原类型

宁夏现有草原211.06万公顷，占自治区土地总面积的40.61%。全自治区天然草原类型多样，有11个大类51个组352个型。其中，温性荒漠草原、温性草原占比最大，分别占比约60%和25%。

(1) 温性草甸草原类草原。草甸草原面积为3.99万公顷，占总面积的1.89%，是由多年生中旱生或旱中生植物为建群种的草原类型，主要建群种为铁杆蒿、牛尾蒿、异穗薹和甘青针茅等，其中，以牛尾蒿为建群种以铁杆蒿为优势种的中旱生蒿类草本组占本类总面积近一半。

该草原类型分布于六盘山、月亮山、南华山等山地以及海拔1800~1900米及以上的阴坡半阴坡。本区保留较好的草甸草原多在阴湿、半阴湿山地，一般草层生长茂密，草层高35~50厘米，覆盖度67%~95%，每平方米平均有植物35种左右。

(2) 温性草原类草原。温性草原是由真旱生多年生草本植物或旱生蒿类半灌木、小半灌木为建群种组成的草原类型，常常有丛生禾草在群落中占优势，分布于本区南部广大的黄土丘陵地区。其北界为东自盐池县青山乡营盘台沟，西经大水坑青龙山东南—沿大罗山麓—经窑山、李旺以南—海原庙山以北—甘盐池北山一线，温性草原面积51.18万公顷，占总面积的24.25%。

以长芒草为建群种的低丛生禾草广泛分布于本区黄土高原地区的丘陵、低山地带，具有最广的地带性，其面积约占温性草原面积的1/3；旱生蒿类半灌木茭蒿和铁杆蒿也是南部森林草原带的重要草场类型，面积约占温性草原面积的1/5；旱生小半灌木冷蒿，作为长芒草草原受强烈风蚀和过度放牧演替而成的次生类型，分布在干草原区的北部，自西吉县西部，原州区东、北部，至盐池县南部一带，面积占温性草原面积的四成左右。

温性草原分布区内年降水量300~500毫米，土壤主要为黑垆土类。温性草原平均覆盖度40%~70%，每平方米分布有植物15种左右，平均草层高度为12~30厘米，平均每公顷产鲜草1782.75千克。

宁夏的温性草原，因长期的农业活动而遭到较为严重的破坏。在大部分地区，多以小片分布于农田之间。近20年来，得益于退耕还草、禁牧封育的实施，温性草原得到一定程度的改善，草层高度、植被盖度和单位面积产草量均有所增加。

(3) 温性荒漠草原类草原。温性荒漠草原是以强旱生多年生草本植物与强旱生小半灌木、小灌木为优势种组成的草原类型。温性荒漠草原是宁夏中北部占优势的地带性类型，广布于本区中北部地区，包括海原县、同心县和盐池县北部，以及引黄灌区各县大部分地区，面积116.13万公顷，占全自治区草原面积的55.02%，是宁夏最主要的草原类型。

温性荒漠草原分布地区属半干旱气候，年降水量200~300毫米，土壤以灰钙土和淡灰钙土为主，在南部与干草原交接处有少量的浅黑垆土，主要类型是以低丛生禾草、短花针茅为建群种的荒漠草原，约占本类草原面积的18.4%；以刺旋花、猫头刺、毛刺锦鸡儿等垫状刺灌木为建群种的荒漠草原，约占17.1%；以珍珠、红砂、木本猪毛菜为建群种的盐柴类小半灌木荒漠草原，约占13.7%；还有以老瓜头、骆驼蒿、多根葱、大苞鸢尾等为主的强旱生杂类草草原，以甘草、苦豆子、披针叶黄华等为主的豆科植物草原，以中亚白草为建群种的根茎禾草以及中间锦鸡儿、黑沙蒿为主的沙生灌木半灌木为建群种组成的各类荒漠草原。

荒漠草原类草场平均覆盖度20%~60%，平均草层高度为6~40厘米，每平方米平均有植物12~24种。

(4)温性草原化荒漠类草原。温性草原化荒漠类草原，是以强旱生的小灌木、小半灌木或灌木为优势种，混生有强旱生多年生草本植物和一年生草本植物的草原类型，是半干旱至干旱地带的过渡性草原类型。

出现在宁夏生境最严酷的北部地区，如中卫、中宁北部，青铜峡西部至石嘴山的贺兰山东麓洪积扇以及黄河东的灵武、利通区平罗（陶乐）的局部地区，面积为18.27万公顷。不同程度耐盐的珍珠、红砂、列氏合头草、木本猪毛菜等小半灌木为建群种的草原占本类面积的八成以上，草层高度5~40厘米。其次，还有以强旱生骆驼蓬、多根葱等杂类草为建群种的草原，以猫头刺为建群种的垫状刺灌木草原及以沙冬青为建群种的强旱生灌木草原等。

温性草原化荒漠类草原植被稀疏，平均覆盖度10%~30%，每平方米有植物7~16种，草层高度5~40厘米。此类型草原是宁夏干旱地区的主要放牧场，尤其是滩羊和中卫山羊的重要放牧地。

(5)温性荒漠类草原。温性荒漠类草原是在极端严酷的生境条件下形成的典型荒漠草原，以超旱生的灌木、半灌木、小灌木小半灌木小乔木或适应雨季生长发育的短营养期一年生植物为主要建群种。植被稀疏，区系简单，覆盖度低。

该类分布在宁夏中北部干旱地区，以局部生境的严峻化为依附呈隐域性出现。总面积3.93万公顷，占全自治区草场总面积的1.86%，一般覆盖度为15%~30%，草层高度为10~40厘米。其中，以盐爪爪、西伯利亚白刺等盐生灌木为主要建群种的草原，占温性荒漠类草原面积的近一半。

(6)低地草甸类草原。低地草甸类草原是在地势低平的中生生境上发育的，主要是以中生草本植物组成的草原类型。主要分布在黄河、清水河冲积平原及其低阶地。总面积2.24万公顷，占全自治区草场总面积的1.06%，每公顷平均鲜草产量5077.5千克，其中以大型禾草草原面积最大，约占该类草原面积的一半左右。低地草甸类草原一般覆盖度为25%~90%，草层高度为30~90厘米。

(7)山地草甸类草原。山地草甸类草原是在山地中等湿润的环境下生成的，建群种以中生杂草风毛菊、紫苞风毛菊为主，主要分布在六盘山及其余脉等山地。面积4.16万公顷。山地草甸类草原，一半覆盖度为80%~95%，草层高度为25~40厘米。

(8)其他类型。宁夏还有分布在黄灌区各县的低洼积水或过分潮湿生境的沼泽类草原，分布在南部六盘山及其支脉、南华山、月亮山等阴湿、半阴湿山地的灌丛草甸类草原。此外，分布在贺兰山浅山和东麓沟谷洪积扇下缘有灌丛草原类草原，灌丛高30~150厘米，草层高度20~300厘米。

10.4.5.2 草原分布

宁夏各地级市中，吴忠市草原面积最大（8369.89平方千米），其余由多到少依次为中卫市（6617.59平方千米）、固原市（2953.01平方千米）、银川市（1833.68平方千米）和石嘴山市（1331.53平方千米），见表10-4。

表10-4 宁夏各市现有草原覆盖度状况

行政单位		银川市	石嘴山市	吴忠市	中卫市	固原市	宁夏
草原面积（平方千米）		1833.68	1331.53	8369.89	6617.59	2953.01	21105.70
覆盖度 5%~20%	面积（平方千米	3.20	3.36	2.73	0.40	0.51	10.20
	比例（%）	0.18	0.25	0.03	0.01	0.02	0.05

(续)

行政单位		银川市	石嘴山市	吴忠市	中卫市	固原市	宁夏
覆盖度 20%~30%	面积(平方千米)	52.43	139.13	194.51	163.09	3.14	552.29
	比例(%)	2.86	10.45	2.32	2.46	0.11	2.62
覆盖度 30%~50%	面积(平方千米)	1285.05	1015.35	5889.67	4452.66	161.10	12803.83
	比例(%)	70.08	76.25	70.37	67.29	5.46	60.67
覆盖度 50%~60%	面积(平方千米)	339.67	106.97	1657.80	981.19	410.42	3496.05
	比例(%)	18.52	8.03	19.81	14.83	13.90	16.56
覆盖度 60%~70%	面积(平方千米)	127.09	45.35	530.32	754.99	1168.05	2625.80
	比例(%)	6.93	3.41	6.34	11.41	39.55	12.44
覆盖度 70%~80%	面积(平方千米)	26.24	21.37	94.86	265.26	1209.79	1617.52
	比例(%)	1.43	1.60	1.13	4.01	40.97	7.66
覆盖度 80%~100%	面积(平方千米)	0.00	0.00	0.00	0.00	0.00	0.00
	比例(%)	0.00	0.00	0.00	0.00	0.00	0.00

按区域来看，宁夏草原植被覆盖度呈"南高北低、东高西低"的分布特点。以固原市各区县、中卫市海原县和吴忠市同心县南部为代表的温性草原区和温性草甸草原区植被覆盖率较高，普遍高于50%，大部分可达60%~80%。宁夏中部及北部分布有较大面积的温性荒漠草原，其植被覆盖率普遍为20%~50%；少量分布的温性草原化荒漠，植被覆盖度多为5%~20%。

从行政区域来看，草原覆盖率由大到小依次为中卫市(48.41%)、吴忠市(48.27%)、石嘴山市(32.59%)、银川市(28.76%)和固原市(28.12%)，见表10-5。

表10-5 2018年宁夏各市草原面积及覆盖率

行政单位	土地面积(平方千米)	草原面积(平方千米)	草原覆盖率(%)
银川市	6378	1834	28.76
石嘴山市	4086	1331	32.59
吴忠市	17341	8370	48.27
中卫市	13672	6618	48.41
固原市	10500	2953	28.12
宁夏	51977	21106	40.61

说明：草原覆盖率指草原面积占土地面积的比例(%)，下同。

遥感监测数据显示，宁夏草原覆盖率为40.61%，其中植被覆盖度为5%~30%的草原面积为562.51平方千米(占比2.67%)，植被覆盖度为30%~50%的草原面积为12803.83平方千米(占比60.67%)，植被覆盖度为50%~60%的草原面积为3496.05平方千米(占比16.56%)，植被覆盖度为60%~70%的草原面积为2625.80平方千米(占比12.44%)，植被覆盖度为70%~80%的草原面积为1617.51平方千米(占比7.66%)，无植被覆盖度超过80%的草原(表10-4、表10-5)。

综上，宁夏草原植被覆盖率以 30%～50% 为主，草原植被覆盖率提高的潜力仍然存在。同时，通过全自治区禁牧、荒漠化防治、退耕还林(草)、生态移民等重点生态工程项目的实施，全自治区草原植被覆盖率尚有较大提升空间。

10.4.6 草原资源及覆盖增长面临的问题

10.4.6.1 空间分布

(1)温性荒漠草原区存在沙化加剧风险。历史上不合理的草原滥垦、滥采和滥牧等不当利用，导致草原退化、沙化问题突出。尽管宁夏全自治区禁牧已实施近 20 年，并已取得良好成效，然而局部的违法放牧现象依旧存在。特别是，荒漠草原区的植被虽然得到较好的恢复，但是土壤基质仍十分脆弱、松散，极易受到放牧等人类活动的影响，进而引起草原退化和土地沙化的反弹。

(2)温性草原区面临人类干扰风险。宁夏南部存在较大面积的温性草原，其在本区草原生态系统完整性和生态服务功能发挥方面至关重要。然而，随着宁夏南部风力资源的开发，大量风力发电机及其附属设施的建设，因占用土地和渣土堆砌等已经引起了草原破碎化。同时，该区域开展的大规模造林活动，也对草原生态系统整体性造成不利影响。

10.4.6.2 统计核算

由于此前森林资源和草原资源长期分属林业部门和农业部门管辖，存在草原面积计入林地面积的问题，今后一段时期内，应对予以复核纠正。

同时，草原盖度遥感监测受短期气候波动影响较大，今后应增加年内草原盖度遥感监测频度，综合计量某一年的草原盖度，提升草原盖度监测精度。

此外，部分草原存在灌丛入侵等现象，应加强遥感和地面监测，当灌木/半灌木盖度高于 30%～40% 时(灌木/半灌木的种类在认定灌木林时应不受限制)，应将该土地单元纳入林地进行统计，不再作为草原进行核算。

10.4.6.3 经营理念

(1)高强度放牧诱发草原退化。宁夏作为我国少数民族聚居区、经济欠发达地区和重点贫困区，畜牧业依然是部分市县重要的生产方式。因此，将自有或公有草原尽可能多的转化为经济收益的传统意识并未发生根本性改变，草原可持续利用的生态意识较为薄弱。虽然，当前全自治区牲畜多以舍饲为主，但极高强度的夜间非法放牧现象在本区各市县频繁发生。总之，在本区草原退化势头逐步扭转的同时，局部地区草原植被退化和土地沙化风险依旧存在。

(2)草原利用方式的落后。荒漠草原春季返青时，植被稳定性极差，过早的高强度利用，不利于草原生产能力充分发挥。但是，由于此时牧草饲料相对短缺，过早在荒漠类和荒漠草原类草原进行放牧，往往会由于牲畜采食顶芽、强度过大、践踏，导致草原植被衰退，无法充分发挥其生产力潜能。同时，春季的放牧干扰，造成表层土壤松散，加之大风天气频发，土壤极易遭受风蚀，草原和土地退化难以避免。同时，放牧几乎是本区草原利用的唯一方式，对于荒漠草原而言，采用人工打草方式将更加有利于其可持续经营。

(3)退化草原治理难度极大。宁夏北部荒漠草原，由于过牧、滥采造成的草原退化，经过近 20 年时间的治理初见成效，其生态与生产功能依然未恢复到破坏前的状态。同时，因此投入荒漠化防治、草原保护等的成本高昂，技术难度大，见效缓慢。可见，草原(特别是荒漠草原)一旦被破坏，极难得到有效恢复，应进一步加强保护。

(4)草原生态服务功能认识不足。在宁夏北部的荒漠草原，不合理的放牧会加剧土壤风蚀，致使草原退化和沙化。宁夏南部的温性草原地处黄土高原丘陵区，高强度放牧会导致使其植被覆盖降低，进而引发水土流失等生态环境问题。因此，在宁夏草原经营和利用过程中，要充分考虑其生态服务功能是否能够稳定和可持续发挥，实现生产利用与生态保护的协同，进而保障区域生态安全和草原利用可持续性。

10.4.6.4 相关政策

宁夏北部为我国北方防沙带的组成部分，南部为黄土高原—川滇生态屏障的组成部分，中部为黄河流域中游生态保护与高质量发展的重要组成部分，生态地位极其重要、生态系统极其脆弱，草原作为宁夏生态安全格局的最重要的组分，其在生态保护和建设中具有至关重要的地位。因此，要分析不利于草原高效利用、保护、管理和建设相关政策，为促进草原相关政策完善和优化，创造条件。

（1）草原管理体系不完善。长期以来，由于森林和草原管理归属不同部门，林草管理纠纷不断，难以形成相互协调、相互促进的工作局面。同时，草原管理作为农牧业部门的非重要项工作内容，给予的重视程度不够。出现以上问题的核心，则是草原管理体制的不完善。

（2）草原保护能力相对薄弱。从事草原管理、执法专门性机构，在最近一次机构改革中发生了重大调整。总体而言，得益于林草共管，草原管理能力得以一定提升。然而，草原执法职能进一步弱化，可能会对草原保护能力造成进一步的削弱。

（3）草原保护的重视程度相对不足。由于草原保护见效慢，其建设成效显示度不高，因此给予的重视程度和经费支持均不及林业建设、荒漠化防治等工作。然而，对于宁夏而言，草原生态系统则是其实现生态安全保障的重要组成部分，一旦草原受到破坏，将会造成严重的生态危害，并将严重影响社会经济体系的正常运转和持续发展。因此，应重视草原保护工作，从根源上防治荒漠化，保障本区生态安全。

10.4.7 草原资源及覆盖增长潜力分析

10.4.7.1 空间潜力

依据宁夏不同区域天然草原的功能定位，一是加强中北部荒漠草原区的保护和生态修复；二是逐步提高南部六盘山山区人工草地质量，积极发展草产业，拓宽农牧民增收渠道。提升草原生态系统稳定性和生态服务功能，筑牢生态安全屏障，促进区域经济社会协调发展。

（1）黄土丘陵水土保持山地草甸草原生态区。黄土丘陵水土保持山地草甸草原生态区位于固原市，功能定位于水源涵养，具体做法：划定草原、自然保护区等生态保护红线；封坡育草，严格保护现有草原，增强水源涵养、水土保持功能；禁止毁林毁草开荒，禁止陡坡垦殖，防止产生新的水土流失；充分发挥草原水源涵养功能。

（2）中部防沙治沙荒漠草原生态区。该区位于吴忠市和中卫市，功能定位于防风固沙，具体做法为：划定草原、荒漠植被保护红线，以封育为主，实行自然修复，有效保护草地生态系统；进一步实施封育禁牧，禁止滥垦滥牧，保护改良天然草场，对风沙危害严重的天然草原实行封育，防止草场退化沙化；加强自然保护区、沙区湿地和现有人工林地的保护，严格控制地下水开采，禁止发展高耗水工业；建设草地防沙林带，实施新一轮退耕还林；加大退牧还草和退耕还草力度，人工种草，发展舍饲养殖，恢复草原植被；以灌草为主，划管封育，综合治理沙化退化土地；重点对农牧交错带、退化沙化草原带、荒漠带的沙漠进行治理，巩固防沙治沙成果，遏制沙漠化扩展。

(3) 贺兰山林草区。该区位于银川市和石嘴山市，定位于水源涵养，具体做法为：按照自然保护区要求，加强草原保护，充分发挥其水源涵养功能。

(4) 鄂尔多斯台地过渡地带草原生态区。该区位于平罗县和灵武市，定位于水源涵养，具体做法为：划定草原生态保护红线，加强区域草原保护，防止过度开发利用，充分发挥其水源涵养功能。

10.4.7.2 经营潜力

(1) 荒漠草原生态修复具有可行性。宁夏退化草原补播改良为天然草原持续恢复奠定了基础，局部草原荒漠化问题得到治理，天然草原生态环境明显改善。通过天然草原补播改良控制草原演变趋势，一方面防止草地逆向演替，保持其良好的生产力；另一方面随着生产技术水平的提高，利用农业技术措施，植入优良生态草种，改善草地植物的生活条件，优化草地植被结构，进一步提高草地植被覆盖度和生产力。通过天然草原补播改良项目建设，荒漠草原植被覆盖度明显增加，以灵武县项目区为例，项目区植被覆盖率由补播前的20%以下提高到了70%以上，局部草原荒漠化问题得到治理。

(2) 人工草地建设和灌木饲料开发促进天然草原保护。近年来，宁夏大力实施人工种草，有效缓解了禁牧后饲草短缺问题。同时，大力支持含饲棚圈、青贮池等基础设施建设，引导畜牧养殖业由过去依赖天然草原放牧的粗放型生产方式向集约型生产方式转变，确保禁牧后农牧民畜牧业养殖规模和收入"两不减"。同时，宁夏现有大规模柠条灌木林，其具有较大的畜牧饲料开发潜力，对于弥补本区饲草缺口、降低天然草原放牧压力具有重要作用。

(3) 生态草产业结构逐步改善。自"十二五"以来，宁夏相关部门先后从国内外引种了近400个苜蓿、燕麦、高粱和玉米等优良牧草饲料作物品种，经过多年多点选育和比较试验、示范，针对生产需要，分年度提出了宁夏水旱地、南北部适宜种植的主推品种，提出了围绕农机与农艺一体化，主推了牧草精量播种、激光平地、机械适时收获加工技术和坡耕地小型自走式刈割压扁机械及其农机、农艺配套技术等；围绕田间丰产高产管理，主推了灌区测土配方高效施肥技术、病虫害监测预报与安全防治技术、草粮轮作模式等主推技术。

积极探索"公司+专业合作组织+农户""公司+基地+农户""协会+合作社+农业服务站+草畜大户产、供、销一体化"和"协会+企业"等模式，提升龙头企业在当地草业和畜牧业发展中发挥了重要作用。

10.4.7.3 政策潜力

(1) 草原管理体制完善。通过《中华人民共和国草原法》的修订及草原管理相关政策法规的实施，草原法制化管理将加强。草原的所有权（国家所有和集体所有）、使用权和承包经营权等权属制度将更加明确，承包经营权不完善等问题将逐步得到妥善解决，草原保护的主体责任将得以落实。草原管理体制，得益于林草管理部门的合并，在机构建设、人才队伍、监测手段等方面得以进一步完善。

(2) 天然草原保护力度加强。党的十九大山水林田湖草生命共同体的提出，对草原生态保护的要求达到新的历史高度。草原保护法律法规建设将进一步完善，草原保护人才队伍建设将持续加强，草原核查监管的长效机制逐步完善。同时，随着新一轮草原生态奖补政策的实施，草原的保护力度大幅提升，将有力遏制天然草原植被退化。"十三五"期间，宁夏草原沙化面积由1376.5万亩减至1088.61万亩，草原综合植被盖度达到55.43%。

(3) 草原生态修复受到重视。通过开展草原生态修复项目，宁夏沙化、退化草原植被覆盖度得到显著提高。宁夏根据主要草原分布区的区位特点和主导生态服务功能,进行天然草原生态区优化布局,通过实施针对性保护和重点建设,以充分发挥其水源涵养、防风固沙等生态服务功能。同时,通过制定综合性政策、技术措施体系,全面促进草原生态系统功能恢复和生态服务功能发挥。此外,目前林业和草业管理部门的管理职能的归并、黄河流域生态保护和高质量发展重大国家战略的提出等,都会进一步提升草原生态保护和修复的重视程度。

10.4.8 林草覆盖率及生态防护植被盖率

10.4.8.1 林草覆盖率

截至2018年,宁夏全自治区森林面积4919平方千米,草原面积21106平方千米,林草总面积26025平方千米,因此,2018年宁夏全自治区林草覆盖率为50.07%。

10.4.8.2 生态防护植被覆盖率

截至2018年,宁夏森林面积4919平方千米,植被盖度≥20%的草原面积21095平方千米,生态防护林草植被面积为26014平方千米,因此当年宁夏全自治区生态防护植被盖度为50.05%(表10-6)。

表10-6 宁夏生态防护植被面积及覆盖率现状(2018年)

土地面积 (平方千米)	森林		草原(盖度≥20%)		生态防护植被	
	面积 (平方千米)	覆盖率 (%)	面积 (平方千米)	覆盖率 (%)	面积 (平方千米)	覆盖率 (%)
51977	4919	9.46	21095	40.59	26014	50.05

尽管其数值略低于林草植被覆盖率,但此指标更能反映林草植被的质量,而非单纯的面积占比。目前,由于宁夏低覆盖度草原(5%≤植被覆盖度<20%)占比极低,因此采用林草植被覆盖率能够近似反映生态防护植被覆盖率的状况。

10.5 林草覆盖状况规划目标

10.5.1 林草覆盖状况近期规划目标(2021—2025年)

10.5.1.1 森林覆盖状况近期规划目标

根据国家林业局、宁夏林业局公布的2008年、2011年、2013年、2015年和2018年森林覆盖率,宁夏的森林覆盖率由6.08%(2008年)提升至14.60%(2018年)。然而,根据第三次全国国土调查工作的初步结果,宁夏全自治区及各市土地面积与原有统计数据存在较大出入,灌木林认定的盖度下限提高幅度较大,造成宁夏全自治区森林覆盖率数据将会发生较大变化。因此,本研究采用利用遥感手段结合土地利用数据,确定宁夏森林面积及覆盖率现状(2018年),并根据潜在森林分布状况制定近期(2021—2025年)和远期(2026—2030年)森林面积和覆盖率规划目标。

经过研究确定,宁夏2018年森林面积为4919平方千米,全自治区森林覆盖率为9.46%。同时,预测至2025年,宁夏森林面积可增加509平方千米,达到5428平方千米,届时全自治区森林覆盖率将可达到10.44%;预测至2030年,宁夏森林面积可再增加426平方千米,达到5855平方千米,届时全自治区森林覆盖率将可达到11.26%(表10-7)。

表10-7 宁夏规划基准年及规划目标年森林面积及覆盖率

行政单位	土地面积（平方千米）	2018年		2025年			2030年		
		森林面积（平方千米）	覆盖率（%）	森林面积较2018年预计增加量（平方千米）	森林面积（平方千米）	覆盖率（%）	森林面积较2025年预计增加量（平方千米）	森林面积（平方千米）	覆盖率（%）
银川市	6378.03	503.20	7.89	100.49	603.70	9.47	62.21	665.91	10.44
石嘴山市	4086.19	352.70	8.63	50.38	610.68	14.94	17.11	874.25	21.40
吴忠市	17341.40	1004.56	5.79	257.98	1054.94	6.08	263.57	1072.04	6.18
中卫市	13671.76	584.81	4.28	98.06	682.87	4.99	83.95	766.82	5.61
固原市	10499.62	2473.76	23.56	2.06	2475.82	23.58	0.06	2475.88	23.58
宁夏	51977.00	4919.03	9.46	508.97	5428.01	10.44	426.89	5854.90	11.26

10.5.1.2 森林覆盖状况近期规划目标的空间分布

2021—2025年,宁夏潜在森林面积可增加508.97平方千米,可实现森林资源近期规划目标(宁夏森林覆盖率将达到10.44%),见表10-8。其中,近期规划森林面积增加主要集中在吴忠市、银川市和中卫市。当前至2025年,宁夏各市森林面积潜在增加量分别为吴忠市(257.98平方千米)、银川市(100.49平方千米)、中卫市(98.06平方千米)、石嘴山市(50.38平方千米)和固原市(2.06平方千米)。

表10-8 宁夏规划基准年及规划目标年草原面积及覆盖率

行政单位	土地面积（平方千米）	2018年		2025年			2030年		
		草原面积（平方千米）	覆盖率（%）	草原面积较2018年预计增加量（平方千米）	草原面积（平方千米）	覆盖率（%）	草原面积较2025年预计增加量（平方千米）	草原面积（平方千米）	覆盖率（%）
银川市	6378.03	1833.68	28.75	265.48	2099.17	32.91	108.76	2207.93	34.62
石嘴山市	4086.19	1331.53	32.59	58.54	1390.06	34.02	39.81	1429.88	34.99
吴忠市	17341.40	8369.89	48.27	651.60	9021.49	52.02	104.78	9126.27	52.63
中卫市	13671.76	6617.59	48.40	386.07	7003.66	51.23	190.58	7194.23	52.62
固原市	10499.62	2953.01	28.12	0.05	2953.06	28.13	0.01	2953.07	28.13
宁夏	51977.00	21105.69	40.61	1361.75	22467.44	43.23	443.94	22911.38	44.08

2021—2025年(近期目标),吴忠市新增森林集中分布在盐池县、利通区、青铜峡市及同心县南部;银川市新增森林集中分布在贺兰山东麓、黄河东岸及灵武市;中卫市新增森林集中分布在黄河北岸及腾格里沙漠南缘一带;石嘴山市新增森林集中分布在贺兰山东麓及黄河东岸一带;固原市近无森林面积增长空间。

10.5.1.3 草原覆盖状况近期规划目标

(1)草原增量目标。预计到2025年,宁夏通过禁牧休牧、封山育草、退耕还草等措施,潜在草原面积可增加1361.75平方千米,届时宁夏草原覆盖率将达到43.00%左右(表10-8)。

(2)草原增效目标。2021—2025年，宁夏应着力对草原植被覆盖度为30%~40%的草原开展提质增效作业，即通过封育禁牧、轮牧补播等手段，将该部分草原植被覆盖度提升至40%，以达到生态防护高效的目的，同时提升草原生产力，为畜牧业发展提供饲料保障。

至2025年，宁夏预计有5172.74平方千米（草原植被覆盖度为30%~40%），可将其草原植被覆盖度提升至40%，届时宁夏草原植被盖率超过40%的草原面积将达到20543.19平方千米，届时宁夏草原植被覆盖度超过40%的草原覆盖率将达到39.52%（表10-9）。

表10-9 宁夏低覆盖度草原面积及覆盖率现状

土地面积（平方千米）	草原（盖度5%~30%）		草原（盖度30%~40%）		草原（盖度≥40%）	
	面积（平方千米）	覆盖率（%）	面积（平方千米）	覆盖率（%）	面积（平方千米）	覆盖率（%）
51977.00	562.50	1.08	5172.74	9.95	15370.45	29.57

10.5.1.4 草原覆盖状况近期规划目标的空间分布

（1）草原增量目标的空间分布。从目前至2025年，宁夏潜在草原面积增加1361.75平方千米，可实现草原资源近期规划目标（草原覆盖率达到43.23%，表10-8）。其中，近期规划草原面积增加的空间分布，集中在吴忠市（651.60平方千米）、中卫市（386.07平方千米）、银川市（265.48平方千米）、石嘴山市（58.54平方千米）和固原市（0.05平方千米）。

从目前至2025年，宁夏潜在新增草原集中在中卫市黄河北岸及香山乡一带、吴忠市盐池县及同心县东北部、银川市灵武市等地。

（2）草原增效目标的空间分布。宁夏草原增效近期规划（2021—2025年）的空间分布，主要集中在吴忠市大部、中卫市中北部、银川市贺兰山东麓与黄河东岸及灵武市、石嘴山市贺兰山东麓与黄河东岸。

10.5.2 林草覆盖状况远期规划目标（2026—2030年）

10.5.2.1 森林覆盖状况远期规划目标

根据宁夏历年森林面积及覆盖率数据，以及当前森林资源统计面临的诸多问题，预计2030年宁夏森林覆盖率将达到11.26%，可将其作为宁夏森林资源远期规划目标（2026—2030年）。至2030年，全国森林覆盖率约为25.02%，宁夏全自治区森林覆盖率（11.26%）约为全国森林覆盖率的45.00%。

10.5.2.2 森林覆盖状况远期规划目标的空间分布

2025—2030年，宁夏潜在森林面积增加426.89平方千米，可实现森林资源远期规划目标（森林覆盖率将达到11.26%）（表10-7）。其中，远期规划森林面积增加的空间分布为吴忠市（263.57平方千米）、中卫市（83.95平方千米）、银川市（62.21平方千米）、石嘴山市（17.11平方千米）和固原市（0.06平方千米）。

2025—2030年（远期规划），宁夏各市潜在新增森林分布区域，与各市近期规划（2021—2025年）潜在新增森林分布区域彼此相邻且呈交错分布。

10.5.2.3 草原覆盖状况远期规划目标

（1）草原增量目标。随着新一轮草原生态保护补助奖励机制、天然草原质量提升等工程的实施,到 2030 年,全自治区草原面积将达到 22911 平方千米,全自治区草原覆盖率将达到 44.08%。

(2)草原增效目标。2025—2030 年,宁夏将对草原植被覆盖度为 5%~30% 的草原开展增效做作业,采用综合手段将植被覆盖度提升至 40%,以达到进一步增强生态防护和牧业生产效率的目的。

至 2030 年,宁夏可对 444 平方千米草原(草原植被覆盖度为 5%~30%)进行增效作业,将草原植被覆盖度提升至 40%,届时宁夏植被盖度超过 40% 的草原面积可达 21106 平方千米,此类草原覆盖率可达到 40.61%。

10.5.2.4　草原覆盖状况远期规划目标的空间分布

(1)草原增量目标的空间分布。2025—2030 年,宁夏潜在草原面积增加 443.94 平方千米,全自治区草原植被覆盖率可达到 44.08%(表 10-8)。其中,远期规划草原面积增加的空间分布为中卫市(190.58 平方千米)、银川市(108.76 平方千米)、吴忠市(104.78 平方千米)石嘴山市(39.81 平方千米)和固原市(0.01 平方千米)。2025—2030 年,宁夏潜在新增草原与近期规划(2021—2025)新增草原空间分布区交错分布,集中在吴忠市大部、中卫市中北部、银川市贺兰山东麓与黄河东岸及灵武市、石嘴山市贺兰山东麓与黄河东岸;固原市近无草原面积增长空间。

(2)草原增效目标的空间分布。宁夏草原增效远期规划(2026—2030 年)的空间分布,主要集中在吴忠市大部、中卫市中北部、银川市贺兰山东麓与黄河东岸及灵武市、石嘴山市贺兰山东麓与黄河东岸。

10.5.3　林草覆盖率规划目标

10.5.3.1　林草覆盖率近期规划目标(2021—2025 年)

至 2025 年近期规划期满之时,得益于森林和草原面积的共同增加,宁夏林草覆盖率可由 2018 年的 50.07% 提升至 53.67%,提升 3.60 个百分点(表 10-10)。

10.5.3.2　林草覆盖率远期规划目标(2026—2030 年)

至 2030 年远期规划期满之时,森林和草原面积较近期规划均有增加,宁夏林草覆盖率度可由 2025 年的 53.67%,提升至 55.34%,与目前相比共提升 5.27 个百分点(表 10-10)。届时,宁夏除不适宜林草植被分布的区域之外,基本实现林草全覆盖,生态防护和生产能力将显著增强。

表 10-10　宁夏林草覆盖率现状及规划期目标

土地面积(平方千米)	2018 年			2025 年			2030 年		
	森林面积(平方千米)	草原面积(平方千米)	林草覆盖率(%)	森林面积(平方千米)	草原面积(平方千米)	林草覆盖率(%)	森林面积(平方千米)	草原面积(平方千米)	林草覆盖率(%)
51977	4919	21106	50.07	5428	22467	53.67	5855	22911	55.34

10.5.4　生态防护植被覆盖率规划目标

10.5.4.1　生态防护植被覆盖率近期规划目标(2021—2025 年)

至 2025 年近期规划期满之时,得益于森林面积的增加,宁夏生态防护植被覆盖率可由 2018 年的 50.05%,提升至 51.03%,提升近 1 个百分点(表 10-11)。

10.5.4.2　生态防护植被覆盖率远期规划目标(2026—2030 年)

至 2030 年远期规划期满之时,森林面积持续增加,低覆盖度草原植被盖度提升至 20% 以上,宁夏生态防护植被覆盖率将由 2025 年的 51.03%，提升至 51.87%，较目前共提升 1.82 个百分点（表 10-11）。至此，宁夏超过一半的土地受到较高盖度林草植被庇护，水土流失、土壤风蚀等生态问题将得到持续缓解，为区域及国家生态安全格局构建做出重要贡献。

表 10-11 宁夏生态防护植被覆盖率现状及规划期目标

土地面积（平方千米）	2018 年			2025 年			2030 年		
	森林面积（平方千米）	草原面积（盖度≥20%，平方千米）	生态防护植被覆盖率（%）	森林面积（平方千米）	草原面积（盖度≥20%，平方千米）	生态防护植被覆盖率（%）	森林面积（平方千米）	草原面积（盖度≥20%，平方千米）	生态防护植被覆盖率（%）
51977	4919	21095	50.05	5428	21095	51.03	5855	21106	51.87

10.6 研究建议

10.6.1 政策性建议

10.6.1.1 完善森林和草原覆盖度指标体系

除采用森林覆盖率反映森林覆盖状况之外，可尝试采用类似草原综合植被覆盖度测算方式，通过地面实测和遥感估算相结合的手段，构建森林综合植被覆盖度作为补充指标，进而更加全面反映特定区域的森林的相对规模、林木浓密程度和覆盖度状况等；除采用草原综合植被覆盖度反映草原覆盖状况之外，可尝试采用类似森林覆盖率测算方式，通过地面实测和遥感估算相结合的手段，构建草原覆盖率作为补充指标，以更加全面反映反映特定区域的草原相对规模、草原植被浓密程度和覆盖状况等。

10.6.1.2 提出林草综合覆盖指标，促进林草同步管理和融合发展

推进林草融合发展，要加快建立林草植被综合覆盖率指标。当前，林草资源现已实现共管，但森林资源和草原资源将独立确权，即特定土地仅能获得林权证或草原证，而不可同时被认定为森林和草原，今后开展林草覆盖状况监测评价，一定是在森林覆盖状况、草原覆盖状况的测算基础上进行综合计算即可。因此，建议借鉴使用林草覆盖率作为林草融合植被综合植被覆盖考评指标；可尝试采用生态防护植被覆盖率，作为反映林草生态防护绩效的植被综合覆盖指标。今后，可在宁夏等西北省区试点实施林草综合覆盖状况相关指标，为促进林草资源同步监测、协同管理和融合发展创造条件。

10.6.1.3 对林草工作进行精准定位，服务国家大局和地区发展

宁夏林草各项工作，在服务于国家及本区生态安全保障体系有效构建的同时，还要重点考虑本区经济发展、社会进步和民生改善等突出问题，应该想方设法将生态建设与经济建设、社会发展和民生改善相统一起来，实事求是、讲求实效地开展林草生态保护和建设。因此，应充分考虑宁夏的实际情况，并结合国家各项战略需求，对本区林草工作进行精准定位，突出林草资源生态效益的同时，更要充分发挥其经济和社会效益，以促进本区在生态环境持续改善前提下，实现经济社会全面、可持续发展。

10.6.1.4 科学有序开展林草保护与建设，提升自然资源整合性管理

宁夏林草保护与建设，应严格遵循因地制宜、因害设防、宜林则林、宜灌则灌、宜草则草、

宜荒则荒、宜沙则沙的原则；坚持黄河流域协同生态保护与本区重点生态建设相结合，生态建设和富民惠民相结合，全面保护和重点治理相结合，林草并重和林牧协调发展相结合，拓展林草空间与提质增效相结合，自然修复和人工促进相结合。同时，应率先统筹考虑山水林田湖草沙生命共同体协同管理，充分融合林草及其他相关自然资源要素管理职能，实现整合性、综合性管理。

10.6.1.5 整合资源、创新体制机制，不断提升林草建设科技贡献率

宁夏应依托区内外科研机构，充分利用区内已布局的森林、草原和荒漠等监测研究站点，构建、完善和优化林草生态效益监测体系布局，将本区生态系统监测水平提升至国内领先水平。同时，创新体制机制，优化林草发展与建设规划的科学审议，科学高效地开展林草保护与建设，将科学技术作为宁夏生态保护和建设的主引擎。

10.6.1.6 利用信息技术，建立林草资源全过程信息化管理平台

鉴于宁夏土地面积和林草资源总量规模相对较小，且森林和草原信息化软硬件条件已基本成熟，可强化实施林草管理全过程信息化建设，包括基于林草资源本底及定位确定本底信息化平台构建，融合林草资源动态监测、林草资源综合管理等相关数据和信息的实时更新，可为全自治区林草资源可持续发展和高效管理提供基础条件，也可为在省域水平开展林草资源全过程信息化管理提供尝试。

10.6.1.7 根据自治区实际，科学制定林草发展规划目标

本研究是在对宁夏森林和草原资源及其潜在发展空间充分挖掘基础上设定的未来发展规划目标。相关目标的实现，需在得到充分的资金、政策和人员保障基础前提下方能实现。但受限于宁夏地方财政较为紧张，林草建设用地征集困难等问题，应根据本区及各市实际情况，在本项研究制定的目标框架内，确定合理的林草建设目标。

10.6.1.8 重视林业人才队伍建设，服务生态区战略定位

重视林草业人才队伍建设，要特别关注基层林草建设与管理人员的培养，建议在机构编制、人员待遇、人才引进、晋升机制、人员培训等方面，给予政策照顾，把人才队伍建设切实体现在生态立区战略定位中。

10.6.2 技术性建议

10.6.2.1 把握林业发展新契机，不断挖掘营林空间

宁夏林地资源虽较为充足，但立地条件较好的宜林地却相对短缺，不断挖掘潜在的宜林土地资源，是促进森林资源不断增长的关键。首先，充分利用生态移民迁出区的空间优势，在南部山区可重点发展高标准人工乔木林，在北部地区以发展人工或天然灌木林为主；其次，利用弃耕地和撂荒地，进行防护林、用材林、经果林和景观林等建设；再次，在黄土高原侵蚀沟集中分布区，营造水土保持林，控制水土流失的同时，增加森林面积。

10.6.2.2 转变森林经营旧观念，不断提升管理水平

宁夏现有森林经营水平较为低下，应转变重造轻管、重面积轻质量的经营模式，破解生态林经营的制度约束；森林经营应以天然更新和人工促进天然更新为主，人工更新为辅；造林树种要坚持使用乡土树种，谨慎使用引进树种，坚持以水定林、量水而行，因地制宜、宜林则林；除重要水源涵养地和城镇、村庄周边外，不提倡大面积人工造林，禁止大面积扰动原生植被和灌溉造林，各类天然草原严禁人工造林；强化科学抚育和精细经营，不断提升森林各项生态服务功能，并获得更多森林资源综合开发利用收益；通过优化造林规程，降低整地强度，在立地质量较差地段应以营造灌木林或恢复草原植被为主。

10.6.2.3 拓展草原建设空间，提升草原修复能力

通过防沙治沙、人工改良等措施，治理退化草原，促进草原面积增加；不断增加人工草地面积，促进畜牧业高效发展的同时，降低天然草原保护压力。通过封山禁牧、人工补种、改变草原利用方式等措施，促进退化草原的植物群落结构优化和生产力提升。积极开展经济林生态化经营探索，利用现有枸杞等经济林的林下空间，种植优质牧草或绿肥种植，一方面可增加地表覆盖、降低土壤侵蚀风险，另一方面可为畜牧业提供饲料或为经济林提供有机肥料。

10.6.2.4 注重草业技术开发，促进牧业生产增效

宁夏相关部门通过引进、选育和示范优良牧草品种，开发配套栽培、丰产高产、高效施肥和病虫害防治等关键技术，同时探索多种公司+农户的经营模式，开展畜牧业高效、有机经营探索，促进本区牧草产业发展、畜牧业增效，以及农牧民增收、贫困人口脱贫和生态环境持续改善。

参考文献

董治宝，陈渭南，董光荣，等，1996. 植被对风沙土风蚀作用的影响[J]. 环境科学学报，16(4)：437-443.

贺晶，2014. 草原植被防风固沙功能基线盖度研究——以正蓝旗为例[D]. 北京：中国农业大学.

魏宝，2013. 低覆盖度沙蒿植被对土壤风蚀影响模拟研究[D]. 北京：北京林业大学.

赵串串，杨晶晶，刘龙，等，2014. 青海省黄土丘陵区沟壑侵蚀影响因子与侵蚀量的相关性分析[J]. 干旱区资源与环境，28：22-26.

中国科学院生态环境研究中心，2019. 中国生态系统评估与生态安全数据库[J/OL]. http://www.ecosystem.csdb.cn/ecosys/ecosystem_tree.jsp/, 07, 20.

Chen C, Park T, Wang X, et al, 2019. China and India lead in greening of the world through land-use management. Nature sustainability, 2：122-129.

Cherlet M, Hutchinson C, Reynolds J, et al., 2018. World Atlas of Desertification (3rd Edition) [M]. Publication Office of the European Union, Luxembourg.

Fan D Q, Qin S G, Zhang Y Q, et al, 2015. Effects of sand-fixing vegetation on topsoil properties in the Mu Us Desert, Northwest China [J]. Nature Environment and Pollution Technology, 14(4)：749-756.

Giles F S, David S G, Anna E, et al, 2006. Dune mobility and vegetation cover in the southwest Kalahari Desert [J]. Earth Surface Processes and Landforms, 20(6)：515-529.

Jiang C, Zhang H, Zhang Z, et al. 2019a. Model-based assessment soil loss by wind and water erosion in China's Loess Plateau: dynamic change, conservation effectiveness, and strategies for sustainable restoration [J]. Global Planet Change, 172：396-413.

Jiang C, Liu J, Zhang H, et al, 2019b. China's progress towards sustainable land degradation control: insights from the northwest arid regions [J]. Ecological Engineering, 127, 75-87.

Martinez-Zavala L, Jordan-Lopez A, Bellinfante N, 2008. Seasonal variability of runoff and soil loss on forest road backslopes under simulated rainfall [J]. Catena, 74 (1)：73-79.

Moreno-de Las Heras M, Merino-Martin L, Nicolau J M, 2009. Effect of vegetation cover on the hydrology of reclaimed mining soils under Mediterranean-Continental climate [J]. Catena, 77：39-47.

Snelder D J, Bryan RB, 1995. The use of rainfall simulation tests to assess the influence of vegetation density on soil loss on degraded rangelands in the Baringo District, Kenya [J]. Catena, 25：105-116.

Zhang J T, Zhang Y Q, Qin S G, et al, 2018. Effects of seasonal variability of climatic factors on vegetation coverage across drylands in northern China. Land Degradation & Development, 29(6)：1782-1791.

11 天然林保护修复制度研究

天然林是结构最复杂、群落最稳定、生物量最大、生物多样性最丰富、生态功能最强的陆地生态系统，保护好天然林不仅对维护淡水安全、国土安全、物种安全、气候安全、生存安全具有重大战略意义，而且对实现中华民族永续发展具有深远的历史意义。1998年以来，我国在长江上游、黄河上中游及东北、内蒙古等重点国有林区实施了天然林资源保护工程（以下简称天保工程），标志着我国林业由以木材生产为主向以生态建设为主的重大转变。这一重大决策，体现了我国积极参与、引领应对全球气候变化的担当与自信。20多年来，工程区发生了历史性变化，天然林保护取得了巨大的生态、经济及社会效益，在国际社会赢得广泛赞誉，成为我国生态文明建设的典范。

天然林是我国森林资源的精华，保护好珍贵的天然林资源，是全面提升森林生态系统质量和稳定性的关键举措。党的十八大以来，党中央、国务院高度重视天然林保护工作，习近平总书记在中央财经领导小组第五次会议上谈到："上世纪90年代末，我们在长江上游、黄河上中游以及东北、内蒙古等地实行了天然林保护工程，效果是显著的。要研究把天保工程范围扩大到全国，争取把所有天然林都保护起来。眼前会增加财政支出，也可能会减少一点国内生产总值，但长远是功德无量的事"。党的十九大报告中，非常明确地把"完善天然林保护制度"作为加快生态文明体制改革、建设美丽中国的重点任务，体现了党中央对天然林资源保护事业的高度重视和期待。

11.1 研究背景与方法

11.1.1 研究背景

2019年1月23日，中央全面深化改革委员会第六次会议审议通过了《天然林保护修复制度方案》（以下简称《制度方案》），提出"着力建立全面保护、系统恢复、用途管控、权责明确的天然林保护修复制度体系，维护天然林生态系统的原真性、完整性"。天然林分布区域与集中连片特困地区的重合度较高，很难协调天然林保护与利用的关系；对于制度建设过程中出现的新情况、新问题，坚持全面保护天然林和精准提升天然林质量的基本方向，灵活调整政策措施。为防控政策风险，宁夏要加强天然林保护修复制度建设顶层设计，鼓励各地积极探索经验，加强学习交流，及时总结，稳步推广。为科学谋划宁夏"十四五"林草业发展战略，对建立和完善宁夏天然林保护修复制度体系开展了专题研究，提出相关政策建议。

11.1.2　研究意义

天然林保护修复，不仅是要全面保护天然起源的林分，而是保护和修复以天然林为主的生态系统。天然林保护修复的目的是促进生态系统恢复、健康与稳定，从而维护人类生存所依赖的生态环境，是为确保天然林生态系统稳定、健康而实行的区域保护。天然林保护要求保护区内全面停止商业性采伐，诸多影响生态改善的经济活动要受到限制，势必会造成当地经济收入减少。但保护不能极端化，即完全保护起来，任其自然发展，要通过积极、科学的经营方式达到提质增效的目的，使天然林生态功能发挥最大化。因此，在天然林保护的同时，要通过相关政策或就业，解决当地群众的经济问题，才能保证天然林保护修复能够持续高效。

11.1.3　研究方法

（1）文献研究。查阅了近年来宁夏森林资源清查和林地调查等数据资料，整理和总结了近20年来宁夏实施天保工程的政策执行情况和建设成效，结合全国天然林保护修复的实施情况，分析全面保护宁夏天然林生态系统面临的问题，提出对策建议。

（2）实地调研。研究启动之初，深入宁夏回族自治区开展了座谈会议、现地考察，与相关行业部门的管理者、专家深入交流，收集了大量第一手材料，形成了研究的基本思路。

11.2　天然林概况

11.2.1　森林资源类型及分布

宁夏森林主要由暖温带针叶林、阔叶林、中温带针叶林以及中温带灌木林组成。南部六盘山一带山地位于暖温带，分布有多种类型的针叶林、阔叶林，中部罗山山地主要分布中温带针叶林，北部贺兰山山地主要分布中温带针叶林及阔叶林；银川平原及毛乌素沙地位于中温带，主要分布人工阔叶林及人工灌木林。其中，六盘山、南华山和罗山一带的森林，多数被纳入国家级自然保护区和国家森林公园，作为重要水源涵养林予以严格保护；贺兰山一带森林也已被纳入国家级自然保护区和国家森林公园内，作为重要水源涵养林、防风固沙林予以重点保护；毛乌素沙地一带的人工固沙乔木林、灌木林，作为宁夏防风固沙体系的重要组成，部分位于哈巴湖国家级自然保护区、白芨滩国家级自然保护区、多个沙漠公园和国家级沙地封禁保护区，能够得到较为严格的保护；银川平原分布有相当数量的农田及通道防护林，在维护区域生产生态安全方面作用巨大；宁夏其他区域多自然或人工种植多种灌木林。

宁夏现有乔木林以各山地次生林、沙地及平原人工林为主。其中，六盘山山系森林主要有华北落叶松林、油松林、华山松林、山杨林、白桦林、辽东栎林及混交林；罗山山地森林主要有青海云杉林、油松林、山杨林及混交林；贺兰山山地森林主要有青海云杉林、油松林、山杨林、灰榆林及其混交林；毛乌素沙地主要以人工杨树林为主；银川平原以人工杨树防护林为主，兼有少量经济林。

总体来看，宁夏森林资源总量不足，质量不高，分布不均衡，结构不合理，林分单一，抗逆性差，整体生态功能较弱。全自治区森林覆盖率低于全国平均水平，人均森林面积占全国人均面积的62%，人均森林蓄积量仅为全国人均的9.3%。宁夏地表水分布相对集中，其分布与天然林分布区域不重叠，黄河沿岸多被开发为耕地，土壤以灌淤土、盐土为主，成林难度大。

11.2.2 天然林资源

第九次全国森林资源清查数据显示，宁夏天然林面积占森林面积的9.26%，蓄积量占45.99%。乔木林单位面积蓄积量为48.25立方米/公顷，天然林单位面积蓄积量62.34立方米/公顷。与全国平均水平相比，森林单位面积蓄积量为全国（79.66立方米/公顷）的60.57%，天然林单位面积蓄积量为全国（100.47立方米/公顷）的62.04%（表11-1）。

表11-1 宁夏森林资源总量

森林资源	第八次清查	第九次清查
森林面积（万公顷）	61.80	65.60
森林蓄积量（百万立方米）	6.60	8.35
天然林面积（万公顷）	5.72	6.16
天然林蓄积量（百万立方米）	3.43	3.84

宁夏70%以上的天然林分布在六盘山、贺兰山和罗山3个国家级自然保护区，形成了宁夏从北到南至关重要的3条生态安全屏障，生态地位极其重要，是宁夏天然林保护的重点区域。

截至2019年年底，宁夏林地资源总面积170.73万公顷（2019年林地变更调查），其中乔木林地21.6万公顷，疏林地1.93万公顷，灌木林地60.27万公顷，未成林造林地（包括封育地）49.2万公顷，其他林地37.73万公顷。森林覆盖率15.2%。按起源划分，宁夏天然林面积仅为6.16万公顷，占总森林面积的28.52%。天然林蓄积量3.84万立方米，占比45.99%。

现有国家级公益林面积58.38万公顷，其中：按权属分，国有林35.54万公顷，集体林22.84万公顷；按保护等级分，国家级公益林保护等级为一级的20.01万公顷；二级的38.37万公顷。乔木林每公顷平均蓄积量48.25立方米、株数655株、年均生长量3.34立方米、平均郁闭度0.44、平均胸径13.3厘米。森林各林种中，防护林在各林种中所占比重最大，占森林面积的72.79%，占森林蓄积量的41.23%。

11.3 天然林保护工程建设成效显著

宁夏天保工程区覆盖22个县（市、区）以及5个国家级自然保护区[①]。2000—2018年累计投入

[①] 天保工程二期区覆盖范围：兴庆区、西夏区、金凤区、永宁县、贺兰县、灵武市、利通区、青铜峡市、同心县、盐池县、红寺堡区、大武口区、平罗县、惠农区、沙坡头区、中宁县、海原县、原州区、泾源县、西吉县、隆德县、彭阳县、六盘山国家级自然保护区、贺兰山国家级自然保护区、罗山国家级自然保护区、白芨滩国家级自然保护区、哈巴湖国家级自然保护区。

资金 11.53 亿元，森林覆盖率由 2000 年的 6.37% 提升至 2019 年的 15.2%。工程建设在改善全自治区生态环境、保护生物多样性、促进区域经济可持续发展和改善民生方面发挥了重要作用，为促进林区社会和谐稳定作出重大贡献。

11.3.1 天保工程建设成效

（1）生态环境明显改善。天保工程一期，全自治区完成封山育林 323.5 万亩，飞播造林 99.86 万亩，森林蓄积量由 464 万立方米增加至 609 万立方米，水土流失明显减少，森林覆盖率由 2000 年的 6.37% 增加至 2010 年的 11.4%。累计完成投资 42726 万元，其中：中央投资 40042 万元，占 93.7%，自治区财政资金 2684 万元，占 6.3%。免除国有林场等金融机构债务 9577 万元。

天保工程二期实施以来，全自治区累计完成森林培育 178.26 万亩，其中：人工造林 59.96 万亩，封山育林 118.3 万亩，森林抚育 87.2 万亩，森林管护面积 1530.8 万亩。中央财政补助专项资金 121133 万元，其中：森林管护 57223 万元，森林抚育 10464 万元，社会保险补助 52504 万元，政策性社会性补助 942 万元。2016—2018 年，全自治区累计完成投资 72599 万元；其中，中央资金 63695 万元，占 87.7%，自治区财政资金 8904 万元，占 12.3%。天保工程森林管护面积达到 1530.8 万亩，其中国有天然林面积 365 万亩。"十三五"期间，宁夏造林和抚育工作平稳推进，分别完成了预期的 61.06% 和 71.72%（图 11-2、图 11-3）。全自治区森林覆盖率由 2015 年的 12.63% 提高到 2018 年的 14.6%，提高了 1.97 个百分点。

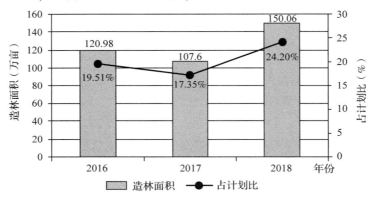

图 11-2　2016—2018 年造林面积变化

工程区森林结构明显改善，林分稳定性明显凸现，抗御自然灾害能力增强：一是森林资源持续增长。通过天保工程公益林建设以及森林资源的有效管护，工程区林业用地面积比工程实施前增加 1246 万亩，增幅 42%。其中，有林地面积增加 19 万亩。森林覆盖率由 6.37% 增加到 11.4%，增加 5 个百分点。森林蓄积量由 464 万立方米增加到 624 万立方米，增加 160 万立方米。商品材由工程实施前的 11.6 万立方米调减为零。二是实现了沙漠化逆转。通过天然林保护工程实施，宁夏水土流失初步治理程度接近 40%，沙化土地面积减少 2584 平方千米，每年减少入黄河泥沙 4000 万吨。实现了治理速度大于扩展速度的历史性转变，在全国率先实现了沙漠化逆转。宁夏的治沙模式、理念和成效为全国治沙防沙起到了榜样性的作用。

（2）生物多样性得到保护。森林资源休养生息的环境得到改善，野生动植物栖息环境逐年向好，物种的丰富度进一步提升。宁夏通过开展物种资源清查，分别筛选优质物种、珍贵物种和濒危物种，对濒危物种进行了驯化繁育和野外保护。六盘山、贺兰山国家级自然保护区对濒危物种

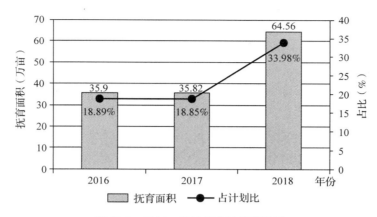

图 11-3 2016—2018 年抚育面积变化

水曲柳、马鹿阿拉善亚种、四合木等的救护与繁育取得了较好的成绩，使全自治区濒危物种数量得到提高。通过对保护区内有害生物进行普查和野生动物疫源疫病的监测，把好了动植物检疫关口，确保野生动植物资源的安全。珍稀野生动物数量增加：宁夏贺兰山自然保护区通过天然林保护工程实施，岩羊、马鹿、石鸡等野生动物种群数量不断增加，特别是岩羊的种群数量已达 15000 只左右，在调查的 850 平方千米范围内，岩羊的分布密度已达到 17.6 只/平方千米，是目前世界岩羊分布密度最大的地区之一。

（3）产业结构不断优化。宁夏回族自治区"十三五"期间林业产业得到快速发展，产业总值在宁夏回族自治区国民经济的影响逐年加大。其中，枸杞产业规模全国最大，品牌优势突出，生产要素最全；生态旅游与休闲为代表的第三产业发展势头强劲；苹果、红枣和花卉等特色产业发展迅速；草原生态恢复效果较好，草产业发展稳步推进。主要作法：一是以种苗工程为依托，加快国有林业场圃的发展。天保工程实施以来，国家林业局共安排全自治区天然林保护工程种苗基地建设项目资金 4639 万元，这一项目在全自治区的 27 个国有林业场圃实施，极大地改善了基础设施和生产条件，场容场貌发生了根本性变化。国有林业场圃建立的骨干苗圃和良种采种基地，为全自治区林业重点工程提供了充足的良种壮苗，对新品种的引进、培育、优良品种的推广起到了积极的示范作用，提高了林业重点工程建设质量，拓宽了林场职工的就业和收入渠道，取得了较大的经济效益。青铜峡市树新林场以建设市级中心苗圃和林木良种基地为契机，加强苗圃生产基地建设，加大科技应用推广力度，引进优良树种，合理搭配苗木品种，科学育苗，增强苗木的市场竞争力，年产各类苗木 150 多万株，每年收入在 500 万元。泾源县以种苗产业为龙头，苗木收入近 3000 万元。

（4）民生得到有效改善，林区社会保持稳定。林区林场社会和谐稳定。工程一期启动实施后，工程区就业结构变化明显，第一产业就业人口比重已明显下降，工程实施单位富余人员全部进行了妥善安置。通过实施森林管护、公益林建设、中幼林抚育、产业发展等项目，为天保工程区创造了一定数量就业机会，为林区群众开辟了新的增收渠道，为周边农村脱贫致富作出了积极的贡献，成为林区群众心目中实实在在的"民生工程"。全自治区国有林场 6879 名在岗职工纳入天保工程养老、医疗、失业、工伤、生育五项保险补助范围，解决了职工后顾之忧。

自天保工程实施以来，全自治区国有林场借助天保工程实施的有利时机，积极探索机制创新的路子，大力发展多种经营，带动了林场经济的发展。国有林业场圃以市场需求为导向，以林区资源为依托，打破区域界限，在最具优势的项目上，形成具有规模效益的企业，积极调整产业结构，培育新兴产业，在大力发展的旅游、林产品开发为主的龙头产业的基础上，大力发展以绿色产品为主的多种经营。特别是高度重视森林风景资源的保护和培育，大力发展森林生态旅游业，带动餐饮、运输、信息等第三产业的发展，广泛拓宽国有林业场圃职工的就业渠道，为林场职工开辟脱贫致富的新途径。六盘山林业局、贺兰山管理局大力开发旅游、种植、养殖、加工等多种产业，积极发展民营经济、合作制、股份制等非公有制经济，经济效益明显增高，年创收 700 万元。青铜峡树新林场大力发展经果林产业，营造速生林，壮大种苗产业，职工的年收入 10 万元以上的户达 20 多户，年收入在 3 万~5 万元的达 80 多户，职工年均收入比 2000 年前翻了近 5 倍，90%的职工住进了小康楼及新居。

（5）改善民生，助推精准扶贫。工程实施选聘工程区近 3000 名群众为护林员管护森林资源，每人年管护收入 0.72 万~1.8 万元，解决就业增加收入，并提高了全社会的生态保护意识。宁夏天保工程实施近 20 年，对改善国有林场民生和建设林场和谐社会发挥了重要作用。首先是国有林场职工收入明显增加，国家天保工程投入成为国有林场职工收入和社会保障的主渠道。由于天保工程的实施，缓解了国有林场经济危机、资源危困局面，维持了国有林场的社会稳定，被誉为国有林场的"救命工程"。许多林场职工积极开展林果采集、林下种养、森林旅游等多种经营。社会保障不断完善，国有林业场圃职工的养老、医疗、失业、工伤、生育保险五项保险补助政策基本得到落实，解决了全自治区林业职工的后顾之忧，林业职工老有所养、老有所医，林业职工思想稳定，工作热情高涨。

（6）生态保护意识深入人心，促进了生态文明建设。天保工程一期和二期建设取得了集生态保护、宣传教育、社会行动于一体的良好效果，有力地促进了森林资源保护和生态文明建设。20 多年来，天保工程区实现了森林资源由过度消耗向恢复性增长的转变，生态状况由持续恶化向逐步改善转变，林区经济社会发展由举步维艰向稳步复苏转变。天保工程的实施，让人民群众切身感受到了生态改善带来的实惠，提高了人民群众的生态文明意识，坚定了保护自然、改善生态的理念。

11.3.2 实施天保工程的主要做法和经验

宁夏自 2000 年天然林保护工程实施以来，按照党中央、国务院的部署，在国家林业局的大力支持下，自治区党委、政府带领全自治区广大人民，以改善生态环境、增加林业职工收入为目标，精心组织、认真实施，全面完成了国家下达的天然林保护工程任务，并取得了显著成效。

（1）天然林质量得到精准提升。为有效提高造林成活率、保存率和森林覆盖率，宁夏提出了精准造林的理念。主要是遵循降水线和不同区域水资源分布规律，实施规划设计、造林小班、造林模式、造林措施、项目管理、成林转化的"六精准"，分类提升山、川、沙不同区域造林绿化的质量与效益。2017 年，宁夏启动实施六盘山重点生态功能区降水量 400 毫米以上区域造林绿化和引黄灌区平原绿洲、绿网提升工程，共完成造林 75 万亩，总投资 3.49 亿元。

森林生态系统修复方面，贺兰山东麓大尺度森林景观示范基地项目通过区块造林、封育、人工促进天然更新等多种手段，用有限的人工干预手段，促进天然灌丛加快生长，并在其周边进行生态绿化，增加生物多样性，形成了稳定正向演替的生态系统，保持了贺兰山东麓典型特点。森林病虫害防治方面，重点防治以落叶松叶蜂、甘肃鼢鼠、沙棘木蠹蛾、松落针病为主的森林病虫鼠害，成灾率控制在 4‰以下。

(2)天然林利用日益规范。天然林利用主要包括天然林林木、林地、生物资源和景观资源的开发和经营。

林木资源利用方面,《关于完善集体林权制度的实施方案》规定,允许依规合理利用公益林。划入国家级公益林的集体林地(自然保护区内的除外),在不破坏生态功能的前提下,按照生态功能区规划,可依法依规开展林下种养业和森林景观利用。

种质资源利用方面,《宁夏国有林场中长期发展规划(2018—2025年)》中强调,对于国有林场中的乡土树种,特别是天然林种质资源要加强保护,制定种质资源收集与开发计划,加强林木良种基地建设。

景观利用方面,国有林场中长期规划中提出,要加大国有林场森林体验地的公共服务设施建设力度,重视发挥生态教育、游憩休闲、森林康养等功能,要将森林旅游纳入全域旅游范畴。《宁夏回族自治区旅游条例》规定,在利用自然保护区、森林公园等自然资源开发旅游项目时,应当遵守有关法律法规,保护自然资源生物多样性和生态系统完整性,确保资源的可持续利用。

林地利用审批方面,宁夏制定了《林地管理办法》,划定了生态红线,明确县级以上人民政府林业行政主管部门在编制林地保护和利用规划时,对需要重点保护的林地,应当划定重点林地保护区,实行重点保护。严禁乱批滥占林地,严格控制各类建设工程使用林地,确保林地总面积不减少。

(3)天然林保护管理能力持续提升。宁夏各级党委政府十分重视天保工程,2002年率先实施封育禁牧,停止天然林商业性采伐。强化森林资源管理,严厉打击违法采伐及乱砍盗伐等犯罪行为,先后开展了"天保一号行动"和"天保二号行动",林业、公安、政法等多部门联合监督检查,齐抓共管,确保天保工程的顺利实施,保护森林资源安全。不断加强天然林管护能力建设,完善天然林管护系统,运用高新技术,高标准建设了全方位、多角度、天地一体的智能化管护网络,实现了监控管护区域、护林员巡护一体化。

(4)充分发挥天保工程资金使用效益。全自治区认真执行《宁夏回族自治区〈天然林保护工程财政资金管理规定〉实施细则》的规定,加强林业财务管理机制,明确了天保工程资金支付结算办法,严格按年度合同的约定支付工程资金,全年资金使用中,未出现在森林管护费、社会保险补助费和政策性社会性支出补助费等项目之间进行调整以及对预算下达的建设内容擅自改变的情况,坚决杜绝挤占、挪用、截留天保工程建设资金的现象发生。对天然林保护国有林业单位职工参加社会保险项目采取项目管理,严格执行国家基本建设项目管理程序、标准,严格按照实施单位及实施内容每年具体落实,各场圃积极为职工缴纳了养老和"四险"保险金,并逐级落实到个人,解决了职工后顾之忧。

11.3.3 宁夏天然林保护修复现行制度

(1)国家层面。中共中央办公厅、国务院办公厅印发了《天然林保护修复制度方案》(以下简称《方案》),该方案是贯彻落实习近平生态文明思想的重要成果,是党中央、国务院对林业草原工作的最新部署,是指导天然林保护修复工作的纲领性文件。《方案》明确了党在天然林保护修复中的领导地位,强调天然林保护是广大人民群众共同参与、共同建设、共同受益的事业,是一项长期的任务,要一代代抓下去。天然林保护管理方面,提出要实行天然林保护与公益林管理并轨;要提高天然林质量,重视科技投入;资金管理方面,要求优化天然林保护修复资金支出结构,实行绩效管理;实施周期方面,提出要将天然林保护从周期性、区域性的工程措施逐步转向长期性、全面性的公益性事业；强调要高度重视研究编制全国天然林保护修复中长期规划，在省级层面编制规划，县（区）级层面编制实施方案。

（2）自治区层面。从天然林禁（限）伐制度、林地征占用、林下经营、采矿、天然林资源监测评价及天然林保护修复责任落实方面，因地制宜地制定了一系列法律法规（表11-2），落实国家有关政策措施，从工程考核、资金管理、管护责任、规划设计、成效考核等方面规范完善，进一步提高了宁夏天保工程管理质量，保障天然林保护修复顺利实施。

表11-2 宁夏天然林保护相关法规制度

分类	名称
资金管理	《宁夏林业重点工程项目及国债资金管理暂行办法》
	《宁夏回族自治区森林生态效益补偿基金管理实施细则》
	《宁夏天然林资源保护工程财政资金管理实施办法》
	《宁夏回族自治区中央财政林业补贴资金管理实施细则》
	《宁夏重点生态林业工程资金稽查工作暂行规定》
	《宁夏回族自治区中央财政林业改革发展资金管理办法实施细则》
森林管护	《宁夏回族自治区天保工程区森林管护暂行办法》
作业设计	《天然林保护工程公益林建设作业设计编写提纲》
成效考核	《宁夏天然林资源保护工程县级考核办法（试行）》

11.4 天然林保护制度建设

天保工程实施以来，为规范工程管理，宁夏回族自治区相继制定出台了一系列针对性和可操作性都非常强的管理办法、规程、规范和标准，为工程建设顺利进行提供了必要保障。

11.4.1 天然林禁（限）伐

（1）国家层面。《国务院关于全国"十三五"期间年森林采伐限额的批复》中提出，要不断创新森林经营管理机制，积极引导和鼓励森林经营者编制森林经营方案，科学开展森林培育和采伐。"十三五"期间，宁夏天然林非商业性采伐限额为1.3万立方米。《国务院办公厅关于健全生态保护补偿机制的意见》进一步提出，要合理安排停止天然林商业性采伐补助奖励资金。《国务院关于印发"十三五"脱贫攻坚规划的通知》中提出，要扩大天然林保护政策覆盖范围，全面停止天然林商业性采伐，逐步提高补助标准，加大对贫困地区的支持。《国家林业和草原局关于进一步放活集体林经营权的意见》中指出要鼓励探索跨区域森林资源性补偿机制，市场化筹集生态建设保护资金，促进区域协调发展。探索开展集体林经营收益权和公益林、天然林保护补偿收益权市场化质押担保。

（2）自治区层面。《宁夏生态保护与建设"十三五"规划》中强调了天然林保护的重要性。重点构建"三山"森林生态屏障，提高防风防沙和水源涵养能力。要加强天然林和野生动植物保护，加强贺兰山东麓地下水资源保护，禁止一切与保护无关的开发建设活动。实施封山育林，禁止采伐林木，防治水土流失，保护生物多样性。

11.4.2 天然林地征占用

根据《中华人民共和国森林法》《中华人民共和国土地管理法》《中华人民共和国森林法实施条例》等法律法规，宁夏结合实际出台了《宁夏回族自治区林地管理办法》。管理办法对于林地规划建设、部门协调、林地确权等一系列问题作出了明确规定。

（1）林地保护主体责任。县级以上人民政府林业行政主管部门负责本行政区域内林地的规划、建设、保护和利用工作。国土资源、农牧、农垦、建设、水利、公安、交通、环保等部门在各自职责范围内协同林业行政主管部门做好林地管理工作。责任落实：县级以上人民政府依法办理林地、林木的初始登记或者变更登记，核发全国统一式样的林权证，确认所有权或者使用权。

（2）林地利用规划。县级以上人民政府林业行政主管部门，应当根据林业区划和林业长远规划，编制本行政区域内的林地保护利用规划，报同级人民政府批准实施。林地保护利用规划应当与土地利用总体规划相衔接。城市规划区内的林地保护利用规划，还应当符合城市总体规划。

（3）林地征占用审批。《宁夏回族自治区林地管理办法》规定，确需征收、征用或者占用林地的，应当按照审批权限，由林业行政主管部门审核同意后，按照国家规定标准预交森林植被恢复费，领取使用林地审核同意书。用地单位凭使用林地审核同意书依法办理建设用地审批手续。未经林业行政主管部门审核同意，土地管理部门不得受理建设用地申请。

11.4.3 天然林生态环境修复治理

针对环保督察的反馈意见，宁夏回族自治区政府对人为开矿等破坏贺兰山地带天然林生态系统的现象进行整改。宁夏全面落实《环境保护部约谈纪要》(2016年1月14日)要求，按照环境保护部等10部委《关于进一步加强涉及自然保护区开发建设活动监督管理的通知》，宁夏人民政府制定出台了《宁夏贺兰山国家级自然保护区总体整治方案的通知》。2017年5月，宁夏全面打响贺兰山生态环境综合整治攻坚行动，对所有存在问题的点位排序销号。目前，169家矿山和其他企业全部停产退出，陆续开展生态修复治理。截至2019年年初，自治区财政共投入资金9.47亿元，市县财政投入0.66亿元，妥善安置职工4300余人。所有矿山开采点、渣堆场和破坏点位生态治理均已完成第一阶段修复治理任务，其中110处通过了自治区阶段性验收，33处通过市级自查初验，20处完成拆除整治进入生态修复阶段，总体已完成整治任务约80%。生态系统修复治理有效地延缓了天然林退化进程，维持天然林生态系统稳定，取得了显著的效果。

11.4.4 植被恢复及林业病虫害监测

（1）植被恢复成效监测方面。《宁夏回族自治区禁牧封育条例》规定：县级以上人民政府农牧、林业主管部门应当加强对禁牧区域内的草原、林地生态植被恢复效果的监测预报，并定期向本级人民政府报告监测结果。

（2）林业有害生物防治监测方面。《宁夏回族自治区林业有害生物防治办法》规定在林业有害生物防治责任落实上，县级以上人民政府林业主管部门负责林业有害生物防治工作，其所属的林业有害生物防治检疫机构(以下简称林业防治机构)具体负责林业有害生物监测、检疫、防治以及宣传普及、技术服务、业务培训等工作。林业主管部门应当根据本辖区林业资源分布、林业有害生物种类及其发生发展规律，科学布局测报站(点)和网络系统。林业防治机构应当加强对林业有害生物的日常监测，科学确定主要林业有害生物种类、分布、发生和危害等情况，分析发生发展趋势，及时向本级林业主管部门和上级林业防治机构报送辖区内的监测预报情况。

11.4.5 天然林保护修复目标责任制度

（1）生态环境修复方面。《宁夏回族自治区生态保护红线管理条例》明确天然林生态环境修复治理主体责任，县级以上人民政府要统筹实施包括天然林保护在内的保护与修复工程，改善和提升生态保护红线生态功能。

（2）造林质量方面。按照《国家林业局关于造林质量事故行政责任追究制度的规定》实行责任追究制度。

（3）林业有害生物防治方面。县级以上人民政府应当建立健全林业有害生物防治体系，将重大林业有害生物防治目标完成情况列入政府考核评价指标体系，并将林业有害生物普查、监测预报、植物检疫、疫情除治和防治基础设施建设等资金纳入本级财政预算。

（4）工程实施方面。自治区每年根据年初向各县（市、区）林业和草原局、自然保护区管理局下达的工程任务，分批次对基层落实情况进行绩效考核，对考核过程中出现的问题要求相应的各市、县（区）林业和草原局、自然保护区管理局进行整改。对天然林保护修复情况、天保工程管理制度执行情况进行全程检查、监督和绩效考评。

11.5 完善天然林保护修复制度面临的主要问题

11.5.1 天然林利用管控制度不够完善

目前，我国对于天然林及其林木、生物资源的可持续利用尚处于探索阶段。针对不同生态区位、不同立地条件、不同保护形式的天然林，如何科学、合理地利用天然林，需要制定差异化的利用政策。在天然林利用监管上，由谁来监管、如何监管尚不清晰，还没有较为完善的监管制度体系。

林地利用过程中，由于跨部门管理、违法盗采等原因，也产生了一系列问题。2016年7月，中央第八环境保护督察组对宁夏回族自治区开展环境保护督察时发现，贺兰山国家级自然保护区内86家采矿企业中，81家为露天开采，大面积破坏地表植被，矿坑没有回填，未对渣堆等实施生态恢复。以神华宁煤汝箕沟煤矿露天超量开采为例，4个采区中上一上二、阴坡大岭湾等2个采区侵占自然保护区的核心区和缓冲区面积108公顷，开采过程中切断了自然保护区生物廊道，弃土、弃渣随意沿山堆放，也未采取挡砌和覆土措施，压覆、破坏林地347公顷。不合理利用对于天然林及其生态系统产生了巨大的破坏。

在利用范围与利用形式上，仍需要进一步探索。天然林及其林木资源利用分类上，对重点保护区域和其他区域，应根据实际情况建立分级利用制度体系，重点保护区域适用更加严格的管控措施。对于林木、林地、生物质资源等天然林相关产业，需要制定准入、限制清单，特别是对天然林生态系统产生破坏的林业产业负面清单。需要研究现有天然林利用的退出机制，在利用过程中破坏了资源环境时，要能够及时制止，并限期修复。

11.5.2 天然林保护修复效益监测工作相对滞后

《天然林保护修复制度方案》提出，"制定天然林保护修复效益监测评估技术规程，逐步完善骨干监测站建设，指导基础监测站提升监测能力。定期发布全国和地方天然林保护修复效益监测评估报告。建立全国天然林数据库"。目前，我国森林资源清查5年完成一次，天然林家底不清，对资源的动态变化不能及时掌握，区域经济社会和产业发展对天然林的破坏和威胁状况没有客观、及时的评估结果，致使天然林保护、修复和管理工作难以科学规划。

为确保科学开展全自治区天然林保护修复工作，需尽快查清天然林资源的现状，掌握森林资源的动态消长规律，定期对全自治区天然林质量状况进行全面、客观的评估，为天然林保护、管理提供及时准确的决策参考，为编制天然林保护修复中长期规划提供基础资料。长期以来，宁夏没有独立开展天然林保护修复成效的监测工作，监测布点、技术规程、指标体系、数据库建设、评估方法等需要进一步建立完善，形成体系。

11.5.3 天然林保护责任难落实

天保工程实行目标、任务、资金、责任"四到省"管理，"四到县"考核中地方政府主体责任压的不实，相关考核制度还未建立。亟须建立"谁来监督、如何监督、怎样评价管护成效"的监督与评价体系。目前，自然资源资产已纳入领导干部离任审计，自然资源得以保量。地方各级政府作为天然林保护修复责任主体，如何落实自身责任，正确引导和鼓励社会主体积极参与，使林权权利人和经营主体依法尽责，如何使全社会共同关注天然林保护修复，还需要进一步研究。

自治区政府还没有把天然林保护和修复目标任务纳入经济社会发展规划，尚未建立行政首长负责制。对于具体森林经营单位及其他林权权利人、经营主体，需要落实具体负责区域内的天然林保护修复任务，制定保护修复实施方案。

11.5.4 天然林保护修复中长期目标不够明确

实施退化天然林修复，要全面考虑气候、立地条件、林业政策等多方面因素。宁夏地理位置与气候条件独特，生态区位重要，但生态系统脆弱。目前，我国对于森林退化界定、程度分级、改造标准等在地方的适用性不高，宁夏天然林退化的程度、类型、分布等尚不明确。要在编制天然林保护修复中长期规划的基础上，分区、分类制定修复技术标准。对于天然林更新、抚育、复壮和补造等，需要根据不同林种、不同退化程度采取不同的修复措施。在退化林修复管理上，需进一步建立配套的制度体系，明确天然林修复实施方案、资金渠道和监管途径等。

此外，天然林保护修复尚未纳入林草规划目标任务。宁夏生态保护与建设"十三五"规划中的森林生态系统的建设指标，对森林面积（营造林）、森林覆盖率、森林蓄积增量提出了明确要求（表11-3），退化林修复未纳入整体规划，也就没有具体目标。受水资源限制，宁夏地区造林、成林困难。沿黄城市集中地、人口密集地区、工矿业地区和清水河沿岸，地下水超采严重。全自治区5个地下水超采区[①]水位持续下降，地下水污染也有加重趋势。南部山区淡水超采，咸水入侵、水质变异等问题逐渐显现。城镇化、工业化的快速发展对水资源的需求加大，黄河上下游用水矛盾突出。加上全自治区降水量不足，新造林需要长期灌溉，也需要多年补植。据统计，乔木林每亩平均造林费用在2000~3000元，部分地区造林成本甚至上万元。高昂的造林费用并未带来地带生态环境的明显提升，造林后管护成本加大，气候恶劣，持续供水不足，新造林成林转化率低。因此，对不同主体功能、生态区位的天然林，需要分别制定保护修复中长期规划。

---

① 位于银川平原的银川市和石嘴山市一带，银川市1处，石嘴山市4处

表 11-3　宁夏"十三五"生态保护与建设规划森林生态指标

指标	2015 年	2020 年	2025 年
完成营造林任务（万亩）	—	620	1120
森林覆盖率（%）	12.63	15.8	17
森林蓄积量（万立方米）	793	995	1171

11.6　"十四五"期间天然林保护修复的目标任务

11.6.1　天然林保护修复的主要目标

加快完善宁夏天然林保护修复制度体系，确保天然林面积逐步增加、质量持续提高、功能稳步提升。2020 年，天然林得到全面保护，总结评估天然林资源保护二期工程实施方案执行情况。建立全自治区天然林资源本底数据库，推进天然林保护重点区域的区划落界工作，做好天然林保护与公益林并轨前期工作，组织编制天然林保护修复规划和实施方案。到 2025 年，天然林得到有效保护管理，建立天然林保护修复法规制度体系、政策保障体系、技术标准体系和监督评价体系。到 2035 年，天然林质量实现根本好转，生态系统得到有效恢复、生物多样性得到科学保护、生态承载力显著提高。到 21 世纪中叶，全面建成以天然林为主体的健康稳定、布局合理、功能完备的森林生态系统，满足人民群众对优质生态产品、优美生态环境的需求。

11.6.2　天然林保护修复的关键任务

天然林保护制度主要包括：

分级管护制度，即根据区位重要性、生态脆弱性、物种稀缺性等因素，确定保护级别和利用强度，防止过度开发利用，同时兼顾经济社会发展需求。

天然林管理体制，即建立稳定的管理、管护队伍，形成天然林保护出长效机制，最终替代工程管理。

利用管控制度，监督天然林资源的开发利用行为，防止过度开发和无序利用。

天然林质量精准提升工程，在生态区位重要、退化天然林集中连片的区域开展森林质量精准提升工程，改良天然次生林或疏林。建立退化天然林强制修复制度，明确森林植被修复责任主体，强化科技支撑保障。

目标责任制，将天然林总量和质量指标纳入地方政府的国民经济和社会发展规划中，围绕实现规划目标，建立反映天然林保护成效的评价指标体系，纳入地方党委政府的政绩考核、离任审计、责任追究等制度体系。建立天然林保护成效奖惩机制。

投融资机制，建立以中央财政资金为引导、地方财政资金为主体、金融机构和社会资本广泛参与的天然林保护投融资机制。推进中央与地方各级政府就天然林保护与修复的事权划分，明确天然林保护与修复的责任主体。进一步完善生态补偿、资源税、碳汇交易等规则体系，健全天然林保护和森林植被修复的投资激励机制。

11.7 建立健全天然林保护修复制度的建议

2020年，天保工程二期结束后，宁夏天然林保护修复将从周期性、区域性的工程措施逐步转向长期性、全面性的公益性事业，天然林保护与公益林管理并轨。

总体思路上，以"三山"天然林生态屏障等集中连片分布的天然林和以城镇、村庄、工业园区等点带状分布的天然林为重点保护区域，构建与国家生态安全战略格局相衔接，与自治区"六廊十区"生态格局相协同，连通黄土高原—川滇生态屏障，对接北方防沙带的中国西部地区天然林生态安全屏障。

11.7.1 完善天然林利用管控制度

建立天然林利用管控制度的目的，是要减轻经济社会发展对天然林生态系统的破坏。首先，要明确允许天然林利用的范围和项目。国家级公益林、自然保护区、风景名胜区、森林公园等重点保护的天然林及其林地资源不得出让使用权，利用范围只能限于生态景观的观光旅游等，不得开发宾馆等永久性、商住型建设项目。将餐饮、住宿等配套设施建设在临近的城镇，控制每日进入的旅游人数，有利于天然林保护。各天然林管理单位，根据宁夏生态功能主体区划，科学划定允许开展天然林利用的范围，重点探索森林旅游、森林康养、林下种养殖等对天然林破坏较小的利用形式，控制利用规模，避免继续破坏天然林。其次，要健全天然林利用监管体系，有效维护天然林使用者的合法权益。生态保护优先，探索以出租、特许经营等方式开展有偿使用；对于天然林生态景观开展森林旅游、森林康养、林下种养殖等利用形式时，各级林业和生态主管部门要开展定期检查。第三，对于开展天然林利用过程中，对森林产生破坏的单位或个人，要及时制止，依规开展生态修复；产生严重后果的，要依法追究法律责任。

11.7.2 建立天然林保护修复绩效监测评价制度

为及时掌握全自治区天然林保护修复工作进展与成效，尽早建立天然林保护修复绩效监测评价制度，在利用好现有监测点的基础上，在一些重点和一般保护区域合理布局固定监测点，及时掌握天然林总量、质量和退化状况等关键信息，建立天然林生态系统监测结果发布和共享机制。建立专家论证和社会公示制度，保护修复监督评估与专家验收，形成长效机制，推动天然林生态环境质量改善。

将监测结果用于指导天然林保护修复工作。分地区、分类别制定天然林生态系统修复技术标准。对不同气候和水文条件的地区，制定不同的修复成效评估及验收标准。对于立地条件差、水资源匮乏区域，修复成效评估应侧重生态系统稳定性，验收时可适当放宽修复、改造面积等数量指标。生态脆弱和生态区位重要地区优先，分片逐步完成修复任务。如贺兰山保护区的修复要增强贺兰山东麓林草资源总体抗逆性和水土保持能力，改善浅山区生态状况，重视群落稳定性，逐步恢复地带性植被。建立完整的评估指标和方法体系，授权有资质的第三方评估机构，定期对全自治区退化天然林修复状况进行检查。每年出具评估报告，并向社会公开，依此推动落实相关责任。

11.7.3 健全天然林保护修复绩效目标奖惩制度

健全天然林资源保护修复目标责任追究机制。各市、县(区)林草主管部门认真制定本地区、本部门(单位)专项保护修复方案与责任,细化目标任务,确保天然林保护修复责任逐级分解落实。依据"谁破坏、谁修复、谁付费"原则,建立天然林破坏赔偿机制,各地林草部门研究制定天然林破坏评估和赔偿制度,责成破坏天然林的单位或个人限时恢复天然林。下放天然林修复监管权限,由市级政府负责审批地方性天然林修复方案并监督实施并向省级林草主管部门备案。将天然林保护修复指标纳入林草业"十四五"规划目标任务,纳入国民经济和社会发展规划以及生态文明建设相关规划。结合山水林田湖生态修复工作,争取中央财政专项资金,谋划退化天然林修复工程。建立市、县(区)地方人民政府天然林保护修复行政首长负责制和绩效奖惩制度。将天然林保护修复成效列入领导干部自然资源资产离任审计事项,作为地方党委和政府及领导干部综合评价的重要依据,建立天然林损害责任终身追究制度。

11.7.4 加强天然林管护能力建设

严格执行天然林保护制度,对纳入天保工程管护的 748 万亩林木资源和纳入森林生态效益补偿的 768.61 万亩国家公益林进行全面管护。争取启动森林生态补偿,对天保工程区退化林分进行改造修复,健全相关管护和信息化设施等,进一步提升天保工程的管护能力。

中央与自治区分别出资保障天然林管护体系建设,自治区财政设立天然林管护能力建设专项资金。完善天然林管护体系,加强管护站点能力建设,运用高科技技术成果,构建全方位、多角度、高效运转、天地一体和天然林管护网络,健全天然林防火监测预警体系,加强天然林有害生物监测、预报、防治工作,提高管护效率和应急处理能力。

11.7.5 科学编制天然林保护修复规划

建议按照国家林业和草原局规划纲要和编制规划技术指南,编制《宁夏天然林保护修复规划(2021—2035 年)》。坚持保护优先、自然恢复基本原则,对天然林及其生态环境保护和修复分阶段、分区域有针对性地制定中长期规划。要结合《宁夏生态文明建设工作要点》《宁夏环境保护"十三五"规划》《宁夏回族自治区主体功能区规划》等,统筹考虑生态红线、耕地红线等重大生态保护政策。分区施策略,对于不同主体功能、生态区位的天然林制定差异化的措施:

(1)引黄灌区平原绿洲生态区。该区在主体功能区划中属于重点开发区和国家农产品主产区,以保护基本农田、城市绿地,保持水质为出发点,着重对现有天然林,特别是对农田和沿岸湿地有着防护作用的天然林带实行修复工作。该区域要慎重新造林,严守耕地红线,避免加剧消耗地下水资源,修复措施上以提升现有天然林质量为主。

(2)中部荒漠草原防沙治沙区。这是宁夏沙地和草原的集中分布区,有着大量的荒漠天然灌木林,还有中部干旱带上唯一的天然林集中分布林区——罗山。本区制定天然林保护修复规划时,重点关注两个方面:①实行保护修复时,优先考虑草原、荒漠生态系统中的天然灌木林(特别是特种用途灌木林)保护红线的生态作用。此区域继续实施封育禁牧,禁止滥垦过牧。②对于罗山天然林区,主要发挥水源涵养作用,以自然封育为主,对退化天然林分进行修复,重点对成过熟林等过密、生态功能退化地区进行抚育。以人工促进天然林更新为主,辅以适量人工造林;选择乡土的深根系阔叶树种。

(3)南部黄土丘陵水土保持区。本区在主体功能区划中主要发挥以水土保持作用,在实施保护修复规划时要优先考虑已划定的森林及自然保护区等生态保护红线。以封山育林、封坡育灌为主,严格保护现有天然林,增强水源涵养和水土保持能力。

(4)贺兰山林草区。该区植被类型多样,主要有针叶林、疏林草原、各种灌丛、草甸和落叶阔叶林等。重点关注生物多样性,以封山育林为主,严格控制偷采、偷盗苗木及其他生物资源,促进自然演替,稳定天然植被群落。以自然修复为主,在不继续破坏植被的前提下,在矿山破坏区域适度补植补造,尽可能减少人工干预。

(5)六盘山水源涵养林草区。该区植被类型多样,有温带落叶阔叶林、针阔叶混交林等,是宁夏天然林的重点分区域。涵养水源是该区域的主导功能,提升森林生态效益,禁止一切与生态保护无关的开发建设活动,加强监管,适度建设森林旅游设施,限制旅游进入人数,最大限度保持天然林生态系统原貌。

具体实施措施建议:①以稳定、高效为前提,优先选择与造林立地相适应的乡土树种。②对于水资源匮乏地区的重度退化林,可考虑停止继续供水,转而营造、培育荒漠化植被(灌草)。③极度干旱地区可考虑停止新造乔木林,转而营造耐盐碱、耐旱类灌木林,逐步恢复地带性顶级群落。④对于稀疏退化的天然林,开展人工促进天然更新,加快森林正向演替,逐步使退化次生林恢复生态功能。⑤强化中幼龄天然林抚育,促进形成地带性顶级群落。⑥加快在废弃矿山、荒山荒地上恢复天然植被。⑦严格封育保护天然荒漠植被,全面推进老化防护林更新改造和以平茬为主的灌木林抚育经营,增加森林保有量,恢复天然林生态功能,建设针阔混交、乔灌结合、复层异龄的防风固沙林(网),构建完善的防沙御沙林带。

参考文献

陈红翔,2006. 宁夏水资源存在问题及对策研究[J]. 水资源研究(01):1-2.
国家林业和草原局,2019. 中国森林资源报告(2014—2018年)[M]. 北京:中国林业出版社.
梁存柱,朱宗元,王炜,等,2004. 贺兰山植物群落类型多样性及其空间分异[J]. 植物生态学报(03):361-368.
马金元,2016. 实施精准造林 建设美丽宁夏[J]. 宁夏林业(02):14-15.
时忠杰,王彦辉,于澎涛,等,2005. 宁夏六盘山林区几种主要森林植被生态水文功能研究[J]. 水土保持学报(03):134-138.
史彦文,方树星,刘海峰,等,2004. 宁夏引黄灌区水资源利用研究[J]. 人民黄河(07):31-32.
孙颖,王得祥,张浩,等,2009. 宁夏森林生态系统服务功能的价值研究[J]. 西北农林科技大学学报(自然科学版),37(12):91-97.
薛菡虹,2013. 加强宁夏生态林业建设的几点建议[J]. 宁夏农林科技,54(02):73-74.
闫晓红,段汉明,吴斐,2011. 宁夏水资源现状、问题及对策[J]. 地下水,33(01):117-118.

12 六盘山区森林质量精准提升研究

12.1 研究背景

我国政府非常重视林业发展,尤其在改革开放以来的几十年间连续实施了多项重大工程,森林覆盖率大幅提高,土壤侵蚀和荒漠化得到明显遏制,为生态文明建设作出了巨大贡献。宁夏林业过去几十年的成就有目共睹,尤其在宁夏南部山区。但是,随着科学认识、技术水平、社会要求等的提升,国家和社会对林业发展要求也在不断提高。

森林资源量低、经济效益差、生态功能弱等问题,已成为限制我国林业可持续发展的关键问题。全面提升森林质量是我国林业发展的必由之路,更是实施生态文明建设、乡村振兴等国家重大战略的需要。党的十八大首次把生态文明建设提到中国特色社会主义建设"五位一体"总体布局的战略高度,提出了《中共中央国务院关于加快推进生态文明建设的意见》;习近平总书记对生态文明建设和林业改革发展做出了一系列重要指示和批示,要求"稳步扩大森林面积,提升森林质量,增强森林生态功能,为建设美丽中国创造更好的生态条件";2016年1月26日,习近平总书记主持召开中央财经领导小组第十二次会议,研究供给侧结构性改革方案、长江经济带发展规划、森林生态安全工作,特别强调:森林关系国家生态安全,着力推进国土绿化,着力提高森林质量,着力开展森林城市建设,着力建设国家公园,为加强森林经营管理指明了方向。国家林业和草原局对此高度重视,认真谋划,坚持提高森林质量,坚持保护优先、自然修复为主,坚持数量和质量并重、质量优先;为积极推动森林质量精准提升,组织编写了《"十三五"森林质量精准提升工程规划》(以下简称《规划》)。2017年年底,国家规划和启动了"十三五"森林质量精准提升工程,并在森林质量亟待提升的重点区域推动实施了一批森林质量精准提升工程示范项目。

习近平总书记在2019年9月18日主持召开的黄河流域生态保护和高质量发展座谈会上,提出了黄河流域生态保护和高质量发展的重大国家战略,要求把水资源作为最大的刚性约束,坚持山水林田湖草综合治理和系统治理,要求加强协同配合,除中游突出抓好水土保持和污染治理及下游做好黄河三角洲保护和河流生态系统健康等外,上游水源区要推进实施一批以提升水源涵养能力等生态功能为目的的重大生态保护修复和建设工程。这就是说,未来林业部门需站在全局高度,从促进和保障区域及流域可持续发展的视角来规划、评价和指导林业发展。

宁夏南部六盘山区是黄土高原的重要水源地,被确定为国家级水源涵养林保护区。因地处半湿润-半干旱过渡区,这里的森林植被和水资源的相互关系非常敏感、典型和突出,包括森林植被的水文作用和水资源对森林植被的限制两方面,而且影响到森林分布和生长及其一系列生态服务功能。过去几十年的林业建设取得了有目共睹的巨大成就,但也因科学认识、实用技术、管理政策、经济发展等原因形成和积累了很多亟须解决的问题,需基于最新科技进步和顺应国家战略需求,通过合理的林业发展规划和森林植被管理来实现森林的提质增效和促进区域可持续发展,并为北方及黄河流域类似地区的生态保护和林业高质量发展起到示范引领作用。

12.1.1 森林多功能复杂关系下林业未来发展道路

森林生态系统通过复杂的植被结构和立地环境(气候、地形、土壤等)的共同作用,能够提供一系列生态、经济和社会方面的服务功能。但能否充分利用这些服务功能以满足不断提高的社会经济发展需求,则主要取决于能否正确认识和管理这些服务功能。事实上,从促进社会经济发展的角度来看,林木的多种服务功能之间在很多情况下是相互矛盾的,包括直接和间接矛盾,例如增加森林面积(覆盖率)会利于提升森林的生产、固碳、保土、减洪等功能,但却会因增加植被耗水而降低流域和林地产水功能,也会降低农田和草地生态系统的生产与生态功能;再如,增加森林密度利于提高短期木材生产功能,却不利于林下自然更新、植物多样性保护、产水供给、高价值大径材生产、林木本身稳定性和长期生产力维持。在环境条件越恶劣、发展压力越大时,各种服务功能间的矛盾越突出,越要注意通过科学规划和合理经营来优化调控森林的多种服务功能间的对立统一关系。这就需在未来林业建设与管理中,从促进和保障国家与区域(流域)可持续发展的全局角度,开展林业发展的合理规划和森林生态系统的科学经营,注意平衡各种服务功能的供给与社会发展需求间的矛盾,通过优化调控森林内部及森林与其他生态系统之间的多种服务功能的关系,获得最大的整体效益,即走多功能林业和森林多功能管理的道路(王彦辉等,2010),借此实现森林的质量提升和功能增强。

12.1.2 "十三五"森林质量精准提升工程规划的西北片区要求

在"十三五"森林质量精准提升工程规划中,按自然条件、森林类型、质量状况和主体功能相似的原则,将全国划分为6个片区(长江、南方、中部、京津冀、西北、东北片区)。在全面停止天然林商业性采伐的同时,对分区施策,确定了各片区森林质量提升的主攻方向和重点,全面实施森林质量精准提升。

西北片区地处黄河中上游、西北诸河流域,范围包括内蒙古、山西、陕西、甘肃、青海、宁夏、新疆等省份或部分地区,是国家"两屏三带"生态格局中黄土高原-川滇生态屏障和北方防沙带的空间载体,也是"一带一路"倡议中"丝绸之路经济带"的生态空间。气候属中温带大陆性气候,地处干旱、半干旱地区,沙化、荒漠化土地分布广,区域环境非常脆弱,生态承载力严重不足。在防沙治沙、京津风沙源治理等林业重点生态工程中营造的防护林,很多已进入成熟期、过熟期,长势衰退,防风固沙能力下降;灌木林也大面积进入衰退期,枯死现象普遍,生态系统稳定性变差,部分地区的灌木植被退化严重,有二次沙化风险。维持健康稳定的乔灌群落,是抵御风沙危害和维护绿洲、草原、黄河上中游生态安全及牧区可持续发展的保障。

西北片区森林质量提升的主攻方向是严格封育保护天然荒漠植被，全面推进老化防护林更新和以平茬为主的灌木林抚育经营，增加森林保存量，建设针阔混交、乔灌结合、复层异龄的防风固沙林（网），恢复和增强森林防风固沙、绿洲防护、保持水土等生态功能，构建完善的防沙御沙带，维护黄河中下游地区生态安全，培育优质特色经济林，促进沙区生态型经济发展。

12.1.3 旱区水源森林多功能管理的指导思想与原则

西北干旱地区的生态环境先天脆弱，除森林植被极度缺乏、土壤侵蚀和沙尘暴危害严重外，还存在着水资源供给不足、局部洪水威胁等环境问题。森林植被在涵养水源、保持水土、净化水质、调节径流等方面有不可替代的特殊作用，因此恢复和增加森林覆盖成为西北地区改善生态环境、实现和谐发展的重要措施之一，要把充分利用森林的生态防护功能放在首位，这就要一方面努力扩大森林植被覆盖，另一方面注意改善森林植被的结构和功能，尤其依据主要防护功能来合理设计和优化调整森林植被的系统结构和空间布局，真正做到"因地制宜、因害设防"。

西北地区山地同时是区域的重要水源地和主要林区。由于山区及周边黄土区的森林历史上被反复破坏，曾存在森林面积减小、森林质量降低、水土流失和荒漠化加重等生态灾难。多年以来，虽然国家陆续投入巨资进行林业建设并取得了降低土壤侵蚀、减少洪水威胁、增加农民收入等成就，但由于没有深刻认识到和真正处理好森林植被与水资源的相互关系，也由于过分追求木材生产或侵蚀控制的单一功能，形成了大量过密的华北落叶松等人工用材纯林或刺槐、油松等水土保持林，且存在林木稳定性差、生长速度慢、病虫危害严重、生态效益很低等问题。在半湿润或半干旱区，由于忽视水资源的植被承载力，过密造林导致了土壤干化和"小老头"式退化，在温度升高、修建梯田、过密林木耗水加剧的共同作用下，林地和流域产流能力均大幅降低，流域径流量显著减少，已开始危及区域供水安全。此类地区的林业发展和森林经营必须充分考虑水分限制和对水资源的影响，必须控制在区域及立地的水分承载力之内，即除"因地制宜、因害设防"外，还要做到"以水定林、功能优化"。因此，旱区水源地森林多功能管理和提质增效需遵循以下基本原则。

（1）注意同时发挥森林的多种功能。森林同时具有多种功能，包括生产、生态、社会和文化功能，但不同功能在具体情况不同的各个地区和立地上的重要性差异很大，为此需区分不同地区、不同立地的森林主导功能、重要功能和一般功能。由于多种原因不能同时得到各种功能时，或说某些功能之间矛盾很大时，需首先保证主导功能，但同时尽可能不降低或少降低其他重要功能和一般功能，从而使森林的整体功能最大，这是多功能林业和森林多功能经营的精髓所在。这个原则也同样适合于六盘山及其周边干旱地区森林的营造和管理。

（2）绝不能降低防治侵蚀主导功能。在六盘山等西北山地水源林区，地形陡峭，土层瘠薄，土壤侵蚀的容量很小、风险很高；六盘山周边半干旱黄土区更是植被缺乏、侵蚀严重；增加和维持植被覆盖是治理和防止侵蚀的重要举措。在造林整地、森林经营等活动中，绝不能忽视维持较高的森林植被覆盖，要尽可能减少干扰地表覆盖，从而维持降低侵蚀的主导功能或重要功能。

（3）维持一定产水能力是刚性需求。现有研究表明，不论是在六盘山区还是周边黄土区，增加森林面积都会导致林地和流域产流减少，且减少幅度与森林植被茂密程度有关，随叶面积指数增加而增大，一般是森林耗水量大于灌丛和自然草地，间伐森林会起到一定节水作用。因此，依据主要由水分条件决定的森林植被承载力，合理确定区域（流域）的森林覆盖率、合理确定具体立地的植被类型、降低林木密度和叶面积指数，都可避免或减少森林耗水对区域供水安全的不利影响。努力维持林地和流域的一定产水能力，保障区域供水安全，是未来干旱地区尤其水源地林业建设中必须满足和高度重视的刚性要求。

(4)维持森林植被的长期稳定性。在森林经营周期很长及气候变化影响加剧的背景下，干旱地区必须首先保障林木生存和生长的水分供给，这是维持森林植被长期稳定的首要前提。在降水量过低的地方，即使造林后有前期积累的土壤水分或灌溉能保障早期成活率和保存率，但随树木长大和耗水增多，终究会出现土壤干化、地下水下降等问题，使得干旱胁迫逐渐增强，导致林木死亡或生长不良，加之气候变化带来的某些年份极端干旱威胁增大，使森林植被的长期稳定性成为一个很大问题。因此，需在区域、流域、小流域、坡面、立地等不同空间层次上，定量确定主要由水分条件(包括土壤湿度和流域产水要求)确定的植被承载力，并以此为基础确定合理的森林覆盖率以及空间分布格局和森林植被的群落结构，这是西北地区未来林业发展中需格外强调的一个基本原则。此外，过密林分结构使树木生长纤细，抵抗风雪灾害能力降低，自我更新不足，加上干旱胁迫，致使病虫鼠害和火灾风险加大，如何防范这些风险，也是提高和维持森林长期稳定性的重要内容。

(5)努力恢复近自然的多功能植被。以宁夏六盘山区为例，现有的人工林存在经营目标定位不准或不明确，林分结构单一、服务功能低下等问题；现有的次生林也因历史上反复破坏而存在结构退化和功能低下问题，其防护和生产功能均有待提高。需努力改善现有森林的质量、优化其空间分布和系统结构、提高其多种功能。尽可能采用乡土树种，恢复稳定高效的近自然植被，充分利用森林群落演替规律，利于高质量、快速度、低成本地构建乔灌草有机结合的防护林体系，一般能较好地兼顾森林的生态效益及其他功能。

12.1.4 研究六盘山区森林经营问题及质量精准提升的意义

12.1.4.1 六盘山地区林业发展的主要问题

几十年来六盘山地区一直努力通过人工造林和森林保护来增加森林覆被，期望借此控制严重的水土流失，改善恶劣的生态环境。不容置疑，的确取得了森林覆盖率显著提升、土壤侵蚀显著降低的成就，但同时因林业的发展理念、管理技术、经营目标等问题，也引发了或正在加剧一些森林本身及其环境影响方面的问题。需在未来林业高质量发展和提质增效中重点关注和解决。

(1)深受用材林管理影响。由于深受林业发展传统思维的影响和相关科研滞后，六盘山地区以前林业发展(包括造林和营林)都是单一目标为主，主要为了增加木材生产经济功能或控制土壤侵蚀，追求最大限度地增加森林覆盖率和林木蓄积量。

(2)人工林过密和灾害风险过高。以往人工造林和营林时，在林分(群落)上追求高密度(成活率)、快生长、早郁闭，造林设计和经营技术基本是照搬速生丰产用材林的。加上"天然林保护"和"退耕还林"工程实施以来近20年的严格禁伐政策，形成了很多过密人工林，针叶纯林化问题也很严重，导致林分层次结构简单，林下植被和更新缺乏，遭受风雪灾害的风险很高，有些林地雪灾后林木会全部受害。此外，华北落叶松林的叶蜂等森林病虫害也非常严重，大发生年份的虫口密度最高可达11000余条/株，树叶被蚕食殆尽，严重影响树木生长和各种效益，药物防治又会污染水源、降低水质。鉴于森林病虫害往往是不利天气(如干旱)、造林未能适地适树、过密林分不及时间伐等问题导致的环境胁迫加重的结果，需采取森林规划和林分经营的预防措施。

(3)忽视水资源植被承载力。由于未能做到"适地适树"和"依水造林"，未能进行森林经营详细的分区分类,很多干旱立地造林出现生长量低、"小老头"式早衰、土壤干化等问题,并因干旱胁迫严重而导致病虫害频繁,不能发挥预期的多种服务功能。

(4)不符合水源林多功能管理要求。由于缺乏对复杂的林水相互作用和森林多功能关系的理解,错误地认为增加森林就能增加降水和水资源,多年来一直追求增加森林覆盖率和林木蓄积量,造成林地和流域产水都大幅下降。在黄土高原和六盘山区多年研究表明,无论是小流域、领域尺度,还是在区域空间尺度,造林减少年产流平均都在50%以上,且在林分尺度上随干旱程度增加可达100%,并因消耗降水外的其他水源而出现负产流。这表明,干旱地区过度造林会危及区域供水安全,不符合区域供水安全要求。

(5)多种原因形成了较多"小老头"林。因过分追求扩大森林面积和覆盖率,在六盘山区一些干旱瘠薄立地上,特别是外围地区,因造林未"适地适树"或抚育管理不及时等,形成了较多生长缓慢、死亡率高、枯梢退化、林地稀疏的"小老头林",其森林质量、景观效果和服务功能都较差,需依据"小老头林"形成原因、立地潜力、功能需求、森林现状等,采取针对性、区别性的提质增效管理。

(6)大量天然次生林亟待抚育改善。六盘山区森林面积的主体仍是天然次生林,以桦类(白桦、红桦、棘皮桦)和辽东栎的退化次生林为主,尤其在六盘山自然保护区(六盘山林业局)内,是实现森林提质增效的潜力所在。这些次生林是历史上反复采伐破坏后形成的,现有林木多为萌生起源,树干弯曲低矮、多枝丛生、林木稀疏、灌草过密,更新不足,均需通过及时合理抚育来提升森林的质量和功能。但受限于自然保护区森林管理法规(或对法规的理解),多年只封不管,森林自然恢复和演替进程缓慢,浪费了这些最适合森林生长的良好立地的生产潜力与其他功能,急需在保护区森林管理政策和天然次生林抚育技术上取得突破。

以上问题说明,现有的林业发展理念、规划目标、经营措施、管理模式已明显不能适应现在国家提倡的山水林田湖草统筹治理,不符合黄河流域生态保护和高质量发展的国家重大战略需求,也不利于区域可持续发展和生态文明建设。急需通过合理的林业发展规划和森林经营来提高森林植被的稳定性和多种服务功能。

12.1.4.2 研究六盘山地区森林质量精准提升的意义

(1)保障生态安全和建设美丽宁夏的需要。六盘山地区是宁夏林业发展的主战场,也是宁夏落实习近平总书记"绿水青山就是金山银山"发展理念的重要任务组成。在结合当地的自然环境、林业发展、社会经济特点进行创新性的落实,需准确理解青山与绿水间的关系、绿水青山与金山银山间的关系,还需理解和量化特定立地和森林条件下各种森林服务功能间的复杂关系、森林服务功能与森林的数量和质量及空间分布的关系以及森林服务功能需求在局地、流域和区域水平上的差异,更需研究和应用在不同时空尺度上进行森林多种服务功能权衡管理的途径与技术,尤其在落实山水林田湖草统筹治理上进行政策与规划创新,并落实到生产实践中,从而改善宁夏和六盘山所在宁南山区的生态环境,同时提高生态安全、供水安全、食品安全的保障水平,并促进区域生态旅游和经济的快速发展。

(2)提高宁夏在国家生态安全格局中地位的需要。宁夏和六盘山区既是黄土高原生态屏障的重要组分,也是北方防沙带的重点区域。提高六盘山区林业发展水平,实现森林植被的精准管理和提质增效,对建设宁夏乃至黄河流域和西北地区的生态屏障和保障生态安全及供水安全具有重要的支撑作用。通过加快发展六盘山区多功能林业和推动现有森林的多功能管理,可促进植被恢复和环境改善,增强多种服务功能,提高生态建设资金使用效率,增加人民经济收入。当地政府格外重视六盘山区生态建设和林业发展,而且目前已积累了先进可行的技术成果,有条件在全国率先制定一个以多功能规划与管理为指导思想和实现途径的省(区)级林业发展规划,把已有技术广泛推广应用到生产中,充分挖掘和依靠科技第一生产力推动区域林业发展和生态文明建设,形成在省(区)域推进多功能林业发展的(包括规划、工程、政策、技术、科研、管理等各环节)成套经验或模式,从而在西北乃至更大区域起到引领示范作用。

(3)提高林业创新能力和发展水平的需要。六盘山区作为我国西北典型生态脆弱区和生态恢复重点区,通过几十年连续实施以水土保持或生产木材为主导功能的"三北防护林""退耕还林""天然林保护"等工程,虽然森林和植被覆盖及林木蓄积均显著提高,控制侵蚀成效十分显著,却伴随产生了大规模人工纯林的结构不良、生长量低、自然更新缺乏、冰雪灾害风险高、土壤干化、流域产水减少等问题,危及森林本身稳定和区域可持续发展,要解决这些森林经营目标单一、经营不善导致结构退化和功能浪费等林业发展水平低和效益差的深层次问题或难题,不仅需基础理论和管理技术创新,更需以解决问题为导向的包括发展理念、发展规划、工程实施、管理政策等全链条的系统创新。只有实现了六盘山区和其林业及森林的生态服务功能整体提升,才能实现山水林田湖草统筹治理,其核心理念转变突出体现在从关注解决个别突出问题转到关注促进森林植被多功能利用,从注重单一技术利用转到综合措施运用,从重点促进森林植被恢复增加转到森林植被结构改善和功能提升。在治理策略和技术方面,从仅关注水土保持或木材生产的坡面治理或林分经营、关注生态经济的小流域治理、关注上下游协调的流域管理等阶段,转入面向区域可持续发展宏观布局的多尺度综合管理阶段,越来越多地考虑森林植被恢复和管理等生态工程的多种效益可持续性,如在植被措施上从提高森林植被盖度转到考虑水分限制的优化植被结构或"近自然林业""生态系统自然恢复",同时追求森林植被稳定性和整体服务功能及区域或全局影响的优化,通过在多个空间尺度上对多种功能的权衡来实现促进区域可持续发展的目标。

12.1.5 六盘山区森林精准提升研究的目的、方法和技术路线

12.1.5.1 基本概念

森林质量。森林质量概念很抽象,会随森林功能需求的人群及地点差异而变,目前并无统一认识。Dudley(1999)认为森林质量指森林所有生态、社会和经济效益。因此提高森林质量的内涵就是提高森林多种功能,达到森林生态系统有序、和谐、稳定和平衡发展,满足人类生态、社会和经济需求。景观水平上,森林质量体现3个指标:①森林生态系统完整性和健康性,指所有预期的生态系统功能都无限期运行;②环境效益,包括一系列与生态系统和人类社会健康相关的问题,如森林与土壤和水相互作用的程度,对气候的影响及森林在庇护生物多样性方面的作用等;③社会和经济效益,即专注森林与人类社会间的相互作用,包括从林产品利用到生活和娱乐需求,特定森林类型或地点的文化、美学和精神价值等。森林质量与立地环境、森林结构健康、发挥功能等有关。森林-功能-人类需求间的关系非常复杂,有时空变化;不是独立、简单相加、线性关系;有时提供的功能组成与人类需求并不一致,需合理权衡和调控(王彦辉等,2010)。

森林质量精准提升。在《"十三五"森林质量精准提升工程规划》中指出:要牢固树立新发展理念,以精准提升森林质量、增强生态功能和优质生态产品供给为主攻方向,以多功能森林经营理论为指导,坚持目标引领、示范推动,分区、分类、分林施策,全面保育天然林、科学经营人工林、复壮更新灌木林,完善政策支撑机制,创新经营技术模式,培育"结构合理、系统稳定,功能完备、效益递增"的森林生态系统,为维护森林生态安全、筑牢国家生态安全屏障、推进林业现代

化建设作出新的贡献。森林质量精准提升要坚持保护优先，自然修复为主；坚持数量和质量并重，质量优先；坚持优化结构，补齐短板；坚持突出重点，精准施策；坚持政府引导，社会参与。

12.1.5.2 研究目的

开展本次六盘山区森林精准提升研究的目的：①正确和全面认识六盘山区自然环境特点和生态系统服务功能的供需特征；②从如何提高林业促进区域可持续发展贡献的角度，审视六盘山区林业发展的过去、现在和将来，找到在林业发展规划和森林经营管理方面的问题、不足与成因，尤其是现有人工林管理方面，从而明确未来工作重点和发展方向；③总结在六盘山区及相邻或相似地区取得的科研成果，包括理念突破、理论发展、技术进步，奠定实现六盘山区林业发展目标的科技基础；④为制定"十四五"乃至更长时期的六盘山区（乃至整个宁夏）林业发展规划提供基本理念、指导思想、发展目标、管理政策、技术进步、工程实施、研究支撑等方面的可行建议。

12.1.5.3 研究方法

在进行六盘山区森林提质增效研究时，采用的研究方法包括收集分析已有数据、查阅相关文献、实地考察调研、进行专家访谈咨询等。

在文献资料和本底数据收集方面，为了摸清本底情况，收集分析了宁夏林业和草原局的相关工作报告及总结材料、全国第九次森林资源清查宁夏清查成果报告（省级使用版）、六盘山及外围水源涵养林建设工程规划、400毫米降水线造林规划、固原市生态环境建设"十三五"发展规划等。

在查阅分析相关文献方面，为准确判断行业发展趋势及其技术可行性，学习领会了国家领导人有关生态文明建设和林业发展的相关讲话，查阅和分析了在固原六盘山地区以及在相邻和类似地区开展有关森林生态、森林水文、森林生长、森林效益、森林经营、多功能林业和森林多功能管理方面的研究报告、学位论文、期刊论文和专著。并将文献分析结合六盘山区林业与社会经济发展的实际情况，深入分析和准确评价六盘山地区林业发展中的成效、不足、困难、原因和可能的解决办法，进行未来林业创新发展的准确诊断。

在实地考察调研方面，主要是组织专家到宁夏各地尤其六盘山地区考察，了解林业发展和森林管理方面的思想认识、当前情况、基本措施、生态工程建设成效与不足等，并通过访谈从事林业管理的决策者、管理者、实施者和科研人员，明确了林业发展规划和森林管理方案制定上的发展理念、可用技术、实施政策、利益期盼、执行困难等。

通过开展以上研究，希望为制定将来六盘山地区的林业发展规划和森林多功能管理措施提出既先进引领又切实可行的相关建议。

12.1.5.4 技术路线

六盘山区森林提质增效研究的技术路线（图12-1）。首先了解六盘山区自然环境特点和林业发展现状及由此决定对生态系统服务功能供给特征，以及区域社会经济发展决定对生态服务功能的需求特征，从而明确六盘山区林业管理改进和高质量发展方向；然后，基于以往研究成果，深入分析六盘山区森林的主要服务功能与林分结构间的复杂关系及对不同发展模式和森林管理模式的响应，从通过提高六盘山区森林（林业）整体服务功能而促进区域可持续发展的角度，审视六盘山区林业发展规划和森林结构经营管理方面的问题、不足及成因，尤其在人工林管理方面；再者，总结六盘山区森林多功能管理的科技成果和可行技术，指明未来改进六盘山区林业发展的主攻方向、工作重点和实现途径；最后，提出实现未来林业发展转变所需要的发展规划、管理政策、工程项目、技术保障等方面的建议。

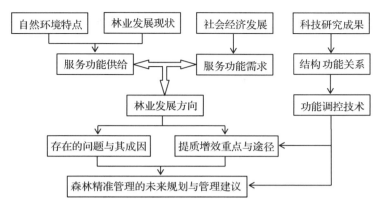

图 12-1 六盘山区森林质量精准提升研究的技术路线

12.2 六盘山区自然环境、森林状况及林业发展

12.2.1 自然环境特征

12.2.1.1 地理位置和地形地貌

六盘山区及外围地区包括六盘山、月亮山、南华山和西华山，突兀于黄土高原的西部，分隔开陇东盆地和陇中盆地，气候高寒阴湿，适宜林木生长，称为黄土高原上的"绿岛"和"湿岛"。黄河有众多支流以六盘山区为中心向外辐射，如源于六盘山的清水河向北流入黄河，泾河向东流入渭河，源于月亮山南麓胡家垴的葫芦河向南流入渭河。泾河与葫芦河年出境水量共 3.85 亿立方米，流入陕西和甘肃。六盘山地区作为这些河流的发源地，其涵养水源、保持水土作用，远超宁夏辖区范围，广达陕甘二省乃至黄河中下游，是宁夏南部、甘肃陇东、陕西关中 22 个县市、300 多万人的饮水和灌溉的重要来源，具有全局意义。因此，六盘山在 1980 年被国务院确定为黄土高原重要的水源涵养地，1982 年宁夏回族自治区成立了六盘山自然保护区，1988 年晋升为国家级自然保护区，南华山 2015 年也晋升为国家自然保护区，主要保护对象为水源涵养林及野生动植物。多年来，六盘山地区的森林植被在涵养水源、调节气候、保护动植物资源和维持生态平衡等方面起到了极重要的作用，需要努力保护好黄土高原上这个稀有的"湿岛""绿岛""物种基因库"。

六盘山处于华北地台与祁连山地地槽之间的过渡带，是个南北走向的狭长山地，地势大致呈东南高西北低，山地海拔多在 2500 米以上，主峰米缸山高 2942 米，相对高差在 800~1000 米。山顶浑圆，山坡陡峻呈阶状，山地两侧及前山丘海拔多在 1700~2000 米，地表受流水切割十分破碎，红层大部裸露。月亮山属屈吴山余脉，其东南连接着作为六盘山余脉的西峰岭，其西北与西华山接界，主峰海拔 2633 米，呈西北—东南走势，长约 40 千米，宽约 20 千米，山体呈窄条鱼脊状，两侧坡度一般在 40°~60°。南华山和西华山位于海原县，主峰马万山海拔 2955 米，是宁夏南部最高峰。地势高寒，雨量较多，有少量天然次生林零星分布。

12.2.1.2 气 候

六盘山区气候特征为日照充分，降水充足，温度偏低。年日照时数 2100~2400 小时，年均气温 5.8℃，最热月（7月）和最冷月（1月）平均气温为 17.4℃和-7.0℃；极端最高温 30℃，极端最低温-26℃。年平均降水量 676 毫米，年均蒸发量 1426.5 毫米，年均相对湿度 60%~70%。无霜期

90~130 天。林区内霜冻、低温等自然灾害频繁，不利于农作物生长，但气候湿润，降雨适中，适宜多种树木生长，是发展林业的理想基地。

12.2.1.3 水 文

六盘山区是清水河、葫芦河、泾河等众多河流发源地，是宁夏回族自治区内降水最丰富地区，年降水量多在 600~800 毫米，有大小河流 60 余条。区内地表水资源较充沛，如六盘山国家级自然保护区及周围地区的天然地表水资源为 6.69 亿立方米，占宁夏全境自产地表径流水资源（8.92 亿立方米）的 75%；但地下水资源相对贫乏，潜水资源总量只有 0.58 亿立方米/年，仅占宁夏天然地下水资源总量的 2.4%。年径流深达 100~300 毫米（平均 108 毫米），是全宁夏平均年径流深（18.3 毫米）的 5 倍。在六盘山自然保护区内，年均产水 20.5 万立方米/平方千米，年径流总量 2.1 亿立方米。

清水河为直接注入黄河的最大支流，其主要支流有冬至河、莧麻河、中河、西河、园河、双井子河、石井河，集水面积 3177 平方千米，流域面积 8497 平方千米。清水河多年平均径流量 2.1 亿立方米，流域内黄土层以下由于存在第三纪红岩、石膏地层而水质较差，矿物质很多，含盐量高，上游矿化度为 0.65 克/升（原州站），中游为 3.6 克/升（韩府），寺口子坝下臭水泉高达 28 克/升。

葫芦河是渭河的一大支流，其主要支流有马莲河、什字河、好水河、滥泥河，集水面积 2326 平方千米，流域面积 3267 平方千米；多年平均径流量 1.50 亿立方米。水质总体上较清水河好，但亦含盐碱和其他矿物质。流域东侧水资源较丰富，水质好，泥沙小；西部地区水量少，水质差，泥沙大。干流右岸矿化度为 2~5 克/升。

泾河是渭河的最大分支，其主要支流有二龙河、暖水河、颉河、红河和茹河，集水面积 2436 平方千米，流域面积 4198 平方千米，多年平均径流量 2.35 亿立方米。水质最佳，矿化度低于 2 克/升。

清水河、葫芦河、泾河流域均因植被覆盖低而水土流失严重和河水泥沙含量大，多年平均输沙模数分别为 4172、3920、4926 吨/平方千米。提高和维持较高植被覆盖，是这些流域的重要治理任务。

12.2.1.4 土 壤

六盘山区在自然地理上处于暖温带半湿润区向半干旱区过渡的边缘地带，在山地环境和森林植被的作用下，土壤类型带有明显的山地特征，且随海拔升高和气候差异呈较规律的垂直分布。林区划分出 6 个土壤类型：亚高山草甸土、灰褐土、新积土、红土、潮土和粗骨土。六盘山区土壤以山地灰褐土为主，占土壤总面积的 94.44%，红土和亚高山草甸土分别占土壤总面积的 2.34% 和 1.11%，其他土壤均在 1% 以下。土层平均厚度 30~60 厘米，薄厚分布不均。土壤中含有较多的基岩碎片，且部分阳坡有岩石裸露现象。土壤有机质含量较高。

12.2.1.5 植 被

六盘山区植被分温性针叶林、落叶阔叶林、常绿竹类灌丛、落叶阔叶灌丛、草原、荒漠、草甸 7 个植被型，32 个群系和 89 个群丛。温性针叶林仅华山松 1 个群丛。落叶阔叶林类型分别以辽东栎、山杨、白桦、红桦、糙皮桦、少脉椴、中国椴等为主组成群丛。常绿竹类灌丛由华西箭竹组成。落叶阔叶灌丛有筐柳、沙棘、虎榛子、榛、峨嵋蔷薇、秦岭小檗、中华柳、灰栒子等群丛。草原有狼针茅、羊茅、草地早熟禾、篙类等群系。草甸有薹草、紫穗鹅冠草、蕨、紫苞凤毛菊等群系。组成天然林的主要树种（组）有桦类、山杨、辽东栎、华山松、椴树、山柳、山榆等，人工林以华北落叶松、油松、云杉为主要树种。

六盘山区的相对高差达 1000 米，植被的垂直带谱较为明显。海拔 1700~2300 米为森林草原带，阴坡和半阴坡分布着辽东栎、少脉椴、山杨和白桦组成的落叶阔叶林；阳坡和半阳坡分布着狼针茅、羊茅、草地早熟禾草甸草原和山桃灌木草原。海拔 2300~2600 米为山地森林带，阴坡、半阳坡以温性针叶林为主，目前分布的山杨、白桦和红桦林均为云杉、冷杉林被破坏后出现的次生类型；阳坡、半阳坡以落叶阔叶林为主，主要建群树种为红桦，杂有华山松等针叶树种，也因破坏多被峨嵋蔷薇、秦岭小檗等次生灌丛或由蕨、薹草和风毛菊等所组成的次生草甸所代替。海拔 2700 米以上为糙皮桦组成的山顶落叶阔叶矮曲林带。

12.2.2 社会经济情况

六盘山区主要涉及固原市的 4 县 1 区(泾源县、隆德县、西吉县、彭阳县、原州区)，以及中卫市的海原县。

据《固原市统计年鉴(2015 年)》，全市面积 10468.34 平方千米，辖 62 个乡镇、3 个街道办事处、30 个居委会、893 个村委会。据固原市 2015 年国民经济和社会发展统计公报，2015 年末全市总户数 45.16 万户，户籍总人口 149.77 万人，农业人口 111.43 万人，非农业人口 38.34 万人，回族人口 69.99 万人占 46.7%。全自治区生产总值 217.04 亿元，按可比价格计算，比 2014 年增长 8.5%，其中第一产业增加值 45.23 亿元，增长 4.4%；第二产业增加值 59.03 亿元，增长 12.2%；第三产业增加值 112.78 亿元，增长 8.4%。全市财政收入 21.3 亿元，支出 199.31 亿元。全市城镇居民人均实现可支配收入 21144.1 元。2015 年固原市全年实现农林牧渔总产值 102.02 亿元，比 2014 年增长 4.9%。其中农业产值 63.7 亿元、林业 5.89 亿元、牧业 26.57 亿元、渔业 0.04 亿元、农林牧渔服务业 5.82 亿元；实现农林牧渔业及农林牧渔服务业增加值 48.96 亿元，增长 4.6%。2015 年全市荒山造林 39.01 万亩，年末实有封山育林达 101.62 万亩，育苗面积 41.89 万亩，当年苗木产量 2.76 亿株。

据《中卫市统计年鉴(2015 年)》，海原县全县面积 4989.55 平方千米，辖 5 个镇、12 个乡、165 个行政村。据海原县 2015 年县域经济运行分析，全县生产总值 43.75 亿元，同比增长 10.8%，其中第一产业增加值 11.23 亿元，增长 4.1%；第二产业增加值 13.68 亿元，增长 21.2%；第三产业增加值 18.84 亿元，增长 8.4%。全县完成财政收入 1.74 亿元，公共预算财政支出 40.01 亿元。全县城镇居民人均实现可支配收入 19046 元，全县农村居民人均可支配收入 6258 元。2015 年海原县全年实现农林牧渔总产值 22.43 亿元，同比增长 4.4%，其中农业 15.79 亿元、林业 0.37 亿元、牧业 5.48 亿元、渔业 0.05 亿元、农林牧渔服务业 5.82 亿元。

六盘山区是我国西部地区生态安全的重要绿色屏障。国家在"十二五"期间已把六盘山及周边黄土高原纳入全国"两屏三带"生态安全战略格局。国家主体功能区规划将六盘山区域划为重点生态功能区。2012 年国家发展改革委、财政部、国家林业局将宁夏固原市列为生态文明示范工程试点市；2015 年国家发展改革委等 11 部委将固原市确定为全国生态保护与建设示范区。《陕甘宁革命老区振兴规划》中提出要加强生态建设和环境保护，构建黄土高原生态文明示范区。

六盘山地区既属于陕甘宁革命老区，又属于少数民族聚居的贫困地区，是国家确定的 14 个连片特困地区的脱贫攻坚的主战场。

12.2.3 六盘山区林业资源和发展状况

宁夏回族自治区党委和政府一直高度重视六盘山及外围地区的水源涵养林、水土保持林等的建设。通过实施天然林资源保护工程、三北防护林工程、退耕还林工程等，六盘山区的林业建设发生了巨大变化，取得了巨大成就，不仅新增了森林面积和蓄积量，而且森林的保持土壤、调蓄径流、净化水质等生态功能也有提升，改善了当地生态环境。在进入生态文明建设新时代以后，不仅继续重视六盘山区森林面积增加，如 2005 年开始实施的《宁夏大六盘生态经济圈建设总体规划》，而且更加重视提高林业建设和森林资源的质量以及如何通过科学管理来提高森林的服务功能。

12.2.3.1 林业用地组成

对六盘山及外围水源林区，可依区内的地形地貌、土壤、气候等的差异，划分为六盘山区、月亮山区、南华山和西华山区 3 个分区。这 3 个分区的土地总面积为 401988 公顷（602.98 万亩）；其中林业用地 218512 公顷（327.77 万亩），占土地总面积的 54.36%，含自然保护区林地面积 83093 公顷（124.64 万亩）和非自然保护区林业用地 135419 公顷（203.13 万亩）；六盘山及外围水源林区（规划区）的乔木林地 59133 公顷（88.70 万亩）和疏林地面积 1441 公顷（2.16 万亩），二者合计形成了森林覆盖率 15.07%；另有灌木地 52977 公顷（79.47 万亩）、未成林造林地 35073 公顷（52.61 万亩）、无立木林地 39113 公顷（58.67 万亩）、宜林地 30406 公顷（45.61 万亩）、林业辅助用地 10 公顷。区内各县区的林地现状见表 12-1。

在六盘山分区，包括六盘山国家级自然保护区、泾源县、隆德县部分乡镇（山河、陈靳、好水、观庄等）、原州区部分乡镇（张易、红庄、开城、中河等）、彭阳县部分乡镇（新集、古城等）。本分区以六盘山自然保护区为核心，辐射周边林区，地形地貌以六盘山山地为主，山脊海拔多在 2000 米以上。土壤主要为山地灰褐土，砾石含量较高，年降水量 350~600 毫米，是全自治区降水最多的区域。植被主要以次生林为主，主要分为温带针叶林、落叶阔叶林、落叶阔叶灌丛、草原、草甸等植被型。天然林以油松、山杨、白桦、栎类为主；人工林以落叶松、油松、云杉、刺槐、山桃、山杏、沙棘等居多，主要是乔木类型的水源涵养林。本分区的林地面积 210 万亩，其中森林 125 万亩，未成林地 30 万亩，其他林地 55 万亩；森林覆盖率达 38%。

表 12-1 六盘山区的 6 县（区）林地现状统计（2015 年）

区县	土地总面积（公顷）	林业用地 合计（公顷）	乔木林（公顷）	疏林地（公顷）	灌木（公顷）	未成林造林地（公顷）	苗圃地（公顷）	无立木林地（公顷）	宜林地（公顷）	林业辅助用地（公顷）	非林业用地（公顷）	森林覆盖率（%）
合计	401988	218512	59133	1441	52977	35073	359	39113	30406	10	183476	15.07
原州区	87325	31663	2053	198	8113	3384	123	9098	8693		55663	2.58
西吉县	52021	22664	792	51	9226	11958			636	1	29357	1.62
彭阳县	25052	18103	3813	256	3820	3500	16	441	6257		6949	16.24
隆德县	47752	29872	15882	453	5134	5483	53		2867		17880	34.21
泾源县	112690	85307	33795	483	14650	8463	113	19452	8342	9	27383	30.42
海原县	77148	30904	2798		12034	2284	54	10122	3612		46244	3.63

在月亮山分区，其水源涵养林是六盘山外围水源涵养林的组分，规划区域包括固原市西吉县的火石寨、沙沟等乡镇，以及中卫市海原县的李俊、红羊、三河等乡镇。本区地势高寒，海拔在 1950~2633 米，相对高差 170~370 米。阳坡山势陡峭，岩石裸露，植被稀疏，土壤多为粗骨土或风化母质；阴坡山势一般较缓，植被茂密，覆盖度在 80%~95%。土壤多为山地灰褐土，肥沃湿

润,但土层较薄(0.5~2米)。年降水量较多,一般在450~500毫米;气温低,年均温为4.7℃,蒸发量小,空气湿度大,无霜期125天。本分区的自然条件对农业发展限制较大,但利于林业和牧业发展。植物类型主要是落叶阔叶林、落叶阔叶灌丛、草原、草甸等。月亮山水源林区的森林覆盖率近年来有明显提高,现有林地面积近50万亩,其中森林面积31万亩,未成林地面积12万亩,其他林地7万亩。

在南华山和西华山分区,规划区包括南华山自然保护区及海原县的部分乡镇(西安、史店、海城、树台、曹洼、红羊等)。南华山和西华山区地势起伏较大,属中山地貌,海拔1905.5~2954.5米。土壤以山地灰褐土为主。本分区的年均气温5.5℃,≥0℃的有效积温2400℃,≥10℃的活动积温1600℃,无霜期107天,年平均降水量400毫米左右,局部可达600毫米,年潜在蒸发量2136毫米左右。本区的主要乔木有落叶松、云杉、油松、白桦等;灌木有沙棘、山毛桃、丁香等;草本植物有莎草、道生、穿地蒿、黄花棘等;动物有野鸡、猫头鹰、狐狸、兔子等。本区域现有林地面积30万亩,其中,森林面积10万亩,未成林地面积17万亩,其他林地3万亩。

12.2.3.2 林地资源结构

在六盘山及外围水源林区,林木总蓄积为232172立方米,其中,有林地林分蓄积228210立方米、疏林地蓄积3962立方米。按林木使用权属划分,包括国有林面积182286公顷(273.43万亩)、集体林面积219702公顷(329.56万亩,其中,农户家庭承包经营131233公顷、联户合作经营61700公顷、集体经济组织经营26769公顷)。

按森林的起源划分,包括天然林59136公顷(88.70万亩,其中纯天然8204公顷、人工促进32803公顷、萌生18129公顷)、人工林90234公顷(135.35万亩,其中植苗71181公顷、直播6370公顷、萌生12683公顷)。

按森林的龄组结构划分,在乔木林面积59113公顷(88.67万亩)中,包括幼龄林43373公顷(65.06万亩)、中龄林7774公顷(11.66万亩)、近熟林4570公顷(6.86万亩)、成熟林3391公顷(5.09万亩)、过熟林23公顷(0.04万亩)。

12.2.3.3 六盘山区森林多功能分区和立地类型

(1)六盘山区的森林多功能分区。森林植被的物种组成和生长及服务功能都和环境密切相关,因此,不论是人工造林、森林经营还是多功能管理,都必须在合理分区和立地类型划分的基础上,以明确各自的经营目标、限制和措施。

在生态系统服务功能管理上,虽然国家规划把宁夏六盘山区划入了黄土高原丘陵沟壑水土保持重点生态功能区,但还缺乏六盘山区内的生态功能详细分区;在六盘山区及周边地区,曾进行了造林立地类型划分,对指导当时造林的"适地适树"发挥了指导作用,但尚未开展多功能管理分类以用于指导森林的多功能经营。这必然限制着以提高整体服务功能为目标的森林植被的恢复规划、营造设计、管理方案等的制定。因为造林成活率高并不等同于森林植被服务功能的整体优化。

在以往林业(造林)工程规划中,已注意到对六盘山区及外围地区的粗略分区,如在"六盘山重点生态功能区降水量400毫米以上区域造林绿化工程"的规划中,依据地形地貌、土壤、降水量等的差异,将工程任务按六盘山土石质山区(山地为主,山脊海拔多在2000米以上,气候湿润,森林植被较好,主要生态功能是水源涵养和生物多样性保护)、黄土丘陵沟壑区(典型黄土梁峁丘陵地貌,地形切割较深和水土流失严重,除局部山地外的海拔一般为1500~2000米,主要生态功能是控制侵蚀和保护生物多样性)、河谷川道区(河流两侧,地势平坦,立地较好;主要生态功能是建设防护林网保护高标准农田和发展特色经济林)进行了布局;还划分了年降水量400~500毫米和>500毫米分区的面积与工程任务。

①六盘山土石质山区。包括泾源县全部、隆德县东部、西吉县东北部、原州区西南部、彭阳县西部部分乡镇及六盘山国家级自然保护区。本区即六盘山半湿润区山地森林生态亚区，以六盘山国家级自然保护区为核心并辐射周边林区，地形地貌以六盘山山地为主，山脊海拔多在2000米以上。该区气候湿润，降雨充足，动植物资源丰富。本区的植被特征主要以六盘山次生林植被为主，植被类型主要分为温带针叶林、落叶阔叶林、落叶阔叶灌丛、草原、草甸等植被型；已形成以六盘山天然林为核心并向周边辐射的森林生态系统，具有功能较为强大、系统较为稳定、自身调节和修复能力较强等特征。本区的主要生态服务功能是水源涵养、生物多样性保护。

针对本区生态特点及生态功能，其生态建设任务主要是加强区域水源涵养能力，加强森林资源科学管理、保护与生物多样性保护，加强自然保护区能力、基础设施建设，加强小流域治理，促进生态系统的修复与完善。因此，本区生态建设的重点是营造针阔混交、阔叶混交、乔灌混交的水源涵养林。在阴坡、山谷（山洼）、平地立地条件较好的地方，以及在通道、旅游线路两侧、旅游景区结合补水措施，营造大规格苗木，使其尽快成林。

②黄土丘陵沟壑区。包括彭阳县、原州区、西吉县大部和隆德县西部，本区即黄土丘陵农林牧生态亚区。属于典型的黄土梁峁丘陵地貌，地形切割较深，水土流失严重。植物类型主要为落叶阔叶林、落叶阔叶灌丛、草原、草甸等。其地表覆盖有较厚的第四纪黄土层，地貌以黄土丘陵为主，间有塬、峁、盆、塥、川地等，除局部山地外，海拔一般1500~2000米。地形切割较深且破碎，水土流失严重，是退耕还林还草的主要区域，本区的生态功能是通过加强小流域综合治理来控制土壤侵蚀、保护生物多样性。

结合本区生态功能及自然地理条件，其生态建设的重点是加强小流域综合治理，大力开展退耕还林还草。因此，本区生态建设的重点是营造阔叶混交、乔灌混交、灌木混交的水土保持林。在阴坡、山谷（山洼）、平地立地条件较好的地方，以及通道、旅游景区结合补水措施，营造大规格苗木，使其尽快成林。

③河谷川道区。本区主要包括茹河、红河、清水河、葫芦河两侧，其地势平坦，立地条件相对较好，部分具备灌溉条件。主要生态功能是建设高标准农田防护林网，发展特色经济林，结合小流域治理，促进生态效益和经济效益同步发展。本区生态建设重点是营造阔叶混交的农田防护林网、地方特色的生态经济林，以及在河谷丘陵营造乔灌混交、灌木混交的水土保持林。该区域立地条件相对较好，补水条件较为便利，要尽量营造大规格苗木，使其尽快成林，发挥生态效益。

（2）六盘山区的造林立地类型划分。划分立地类型时需遵守的原则：①科学性原则，即分类依据因子能反映立地本质和特征并能用于立地评价和生产力预估。②实用性原则，即依据的划分因子直观、稳定、可靠，划分的立地类型容易掌握和运用。③主导因素原则，即在综合分析基础上仅应用对林木分布和生长有显著影响或限制作用的主导因素进行立地类型划分。

在《中国森林立地类型》（《中国森林立地类型》编写组，1995）中，划分出了六盘山山地丘陵沟壑立地亚区，包括宁夏六盘山和甘肃关山地区的泾源、隆德、原州、西吉、海原和甘肃的华亭、平凉、灵台、张家川、庄浪、崇信的全部或部分地区，面积0.997万平方千米，主要依据地貌、海拔、地形部位、坡向、土壤类型，划分了13个立地类型。还划分出了海拔在1500~2300米、具黄土丘陵地貌的西海固黄土丘陵沟壑立地亚区，包括环绕六盘山的东、北、西面的彭阳、原州、泾源、西吉、海原、同心、盐池、隆德8县（区）部分地区，面积1.16万平方千米，然后主要依据海拔、坡向、坡度划分了16个立地类型。对每个立地类型，给出了适宜生长的植被与树种。

张源润等(2012)研究了宁夏的宜林地立地类型划分,对应进行了造林适宜性评价,其中在六盘山所在的固原市划分出了六盘山山地类型区、黄土丘陵立地区,然后依据地貌、坡向、坡位、土壤类型均划分出了 13 个立地类型,给出了各自适宜的林种和适宜造林树种。

在上述立地类型划分中,都把土壤类型作为划分依据,但对多数林业技术人员和工人而言,在野外准确判定土壤类型是困难的,因而难以应用;而且有的划分结果里没有给出各立地类型适宜的栽培树种(灌木)。因此,六盘山林业局(自然保护区)对其管辖范围的土石山区,主要依据海拔和坡向划分了 11 个立地类型,评价了各自的主要服务功能需求、现有植被和适宜造林的主要树种与非主要树种。

在 2017—2020 年实施的"六盘山及外围水源涵养林建设工程"中,主要依据地貌类型(土石山区、黄土丘陵区)、海拔(≤2000 米、2000~2500 米、≥2500 米)、坡向(阳坡、阴坡、半阴坡、半阳坡)、地形部位(河谷地、台塬坡地、梁峁顶部、台地)划分了工程区各县(区、局)的立地类型共 26 个。其中六盘山林业局(自然保护区)立地类型划分与上段所述划分非常相近,但其他各县(区)的土石山区和黄土丘陵区的立地类型划分并不一致,如隆德县土石山区和黄土丘陵区都仅划分出了阴坡和阳坡两个类型,而西吉县土石山区和黄土丘陵区区都划分出了阴坡、阳坡、半阴坡、半阳坡、梁峁顶部 5 个类型。

此外,在上述几个立地类型划分结果中,仅有六盘山林业局的划分结果考虑了不同立地类型的多功能利用需求的差异,而其他划分结果都仅是为造林树种选择服务的。

12.2.3.4 林业生态工程和政策措施

近些年来自治区政府把继续扩大六盘山区森林覆盖率作为主攻目标。为森林植被恢复,除依托国家林业生态工程,还启动了几个新工程,包括"宁夏回族自治区六盘山及外围水源涵养林建设工程(2017—2020 年)""建设美丽宁夏六盘山重点生态功能区降水量 400 毫米以上区域造林绿化工程(2017—2020 年)"。

在"六盘山及外围水源涵养林建设工程"中,计划通过新造林及改造提升现有林,围绕六盘山、月亮山、南华山和西华山主脉,发展水源涵养林。进一步巩固和完善周边生态体系,形成以规划区为中心并向外辐射的发展格局,与各县(区)生态工程衔接,将规划区打造成结构稳定、景观多样、功能完备、效能突出、可持续经营的高标准水源林示范区。并在此基础上,通过规范管理逐步形成林业良性发展机制、林地有效保护机制、生态长效建设机制,实现资源增长、生态良好、林区和谐的目标。按工程规划,建设规模达 150 万亩,其中新建林 80 万亩(人工造林 50 万亩、封山育林 30 万亩)、改造提升 70 万亩(未成林补造 50 万亩、退化林改造 20 万亩);工程总投资 15.33 亿元。

在"六盘山区降水量 400 毫米以上区域造林绿化工程"中,估算总投资 20.55 亿元,总任务为 260 万亩,其中新造林 90 万亩、未成林补植补造 110 万亩、退化林改造 60 万亩,降雨量 500 毫米以上区域总任务 106 万亩(新造林 25 万亩、未成林补植补造 52 万亩、退化林改造 29 万亩)。计划按六盘山土石质山区、黄土丘陵沟壑区、河谷川道区 3 个分区布局实施:①六盘山土石质山区,属六盘山半湿润区山地森林生态亚区,包括泾源县全部、隆德县东部、西吉县东北部、原州区西南部、彭阳县西部部分乡镇及六盘山国家级自然保护区。本区主要生态服务功能是水源涵养和生物多样性保护,生态建设重点是营造针阔混交、阔叶混交、乔灌混交的水源涵养林,在阴坡、山谷(山洼)、平地立地条件较好的地方,以及通道、旅游线路两侧、旅游景区结合补水措施,营造大规格苗木,使其尽快成林。②黄土丘陵沟壑区,属黄土丘陵农林牧生态亚区,包括彭阳县、原州区、西吉县大部和隆德县西部，属典型的黄土梁峁丘陵地貌，地形切割较深，水土流失严重，是退耕还林草主要区域，本区生态功能是控制土壤侵蚀、保护生物多样性，加强小流域综合治理，生态建设的重点是营造阔叶混交、乔灌混交、灌木混交的水土保持林，在阴坡、山谷（山洼）、平地立地条件较好的地方，以及通道、旅游景区结合补水措施，营造大规格苗木，使其尽快成林。③河谷川道区，主要包括茹河、红河、清水河、葫芦河两侧，其地势平坦，立地条件相对较好，部分具备灌溉条件；主要生态功能是建设高标准农田防护林网，发展特色经济林，结合小流域治理促进生态和经济效益同步发展。本区生态建设重点是营造阔叶混交的农田防护林网、地方特色的生态经济林，并在河谷丘陵营造乔灌混交、灌木混交的水土保持林。因该区域立地条件较好，补水较便利，计划尽量营造大规格苗木，使其尽快成林和发挥效益。

除通过实施重大工程带动森林面积增加外，自治区政府还非常重视提高森林的质量与功能。一是加强保护现有森林植被资源，通过林业普法和宣传工作不断提高爱林护林意识和改善森林保护的法制环境，防止放牧、开垦等破坏行为，确保森林资源稳定增长。二是努力探索如何实现保护与利用的双赢，协调好生态建设和经济发展的关系。三是鼓励保护优先、自然恢复为主，要求林业建设因地制宜、分区施策、分类指导、重点突破，将林业发展方式由粗放经营转向集约经营、由重造轻管转向造管并重、由重数量轻质量转向数量质量并重、由人工造林为主转向保护优先和自然修复为主、由单一造林绿化转向提供多种生态产品。四是认真落实精准造林技术，全面提升造林质量，实施规划设计、造林小班、造林模式、造林措施、项目管理、成林转化的"六精准"，全面提高营造林质量，确保种一片活一片成一片，逐步解决"年年造林不见林"的问题。五是坚持生态建设资金以政府投入为主，同时，引导社会资本走生态建设产业化、产业发展生态化之路。这是因残留的可造林地质量越来越差，单位面积投入成本越来越高，森林经营的经济收入竞争力越来越低，在加强科技创新和提高科技贡献率的同时需保障和提高资金投入，改善和完善生态效益补偿；并建立多元化投资机制，鼓励各种社会主体跨所有制、跨行业、跨地区投资发展林业，推动生态建设和产业发展的高效融合，实现林业生态建设的可持续发展。

12.3　森林质量精准提升的指导思想、基本原则、规划目标

12.3.1　指导思想

坚定不移贯彻创新、协调、绿色、开放、共享的发展理念，以提高森林质量、充分发挥森林多种功能、实现森林可持续经营为目标，以多功能森林经营理论为指导，以保障国家生态安全和增强生态功能为主攻方向，围绕"一带一路"与"宁夏都市圈"建设，"调结构、转方式、惠民生"，坚持目标引领、示范推动、分区、分类、分林、全周期、依树种、定目标，全面保育天然林、科学经营人工林、复壮更新灌木林，增强森林的供给、调节、服务、支持功能，促进培育健康、稳定、优质、高效的森林生态系统，持续获取森林生态产品，不断适应新时代社会发展对林业功能供给要求的新变化，以满足人民美好生活向往对森林生态、社会、经济功能的需求，为推进林草现代化建设、建设生态文明和美丽中国作出贡献。

12.3.2 基本原则

（1）坚持保护优先，自然修复为主。坚持生态优先的林业发展战略，把保护放在优先位置，以生态建设为主，严格保育天然林和公益林，禁止超强度、不合理营林生产，积极保护物种多样性及其栖息环境。在理解自然的基础上尊重自然、顺应自然、保护自然和恢复自然，以人工促进天然更新、人工促进自然竞争、人工辅助自然恢复为主，促进森林正向演替，加快保护和修复森林生态系统。

（2）坚持数量和质量并重，质量优先。树立多功能森林经营理念，发挥森林的多种功能和多重效益。转变发展方式，由注重森林数量增加转变到质量和数量并重且更加重视质量的转变，把提升森林质量、构建功能完备的森林生态体系作为林业建设的优先任务和重中之重。建立健全全周期森林经营制度，加强科技攻关、良种壮苗培育、专业化和机械化作业，不断提高森林质量提升的科技含量。

（3）坚持优化结构，补齐短板。依据生态区位、森林类型和培育目标，以最优密度进行控制，造、封、抚、补、替多措并举，调整低质森林的树种、林层、林龄结构和空间配置布局。注重近自然多树种混交，培育健康稳定的森林生态系统，显著增加优质生态资源总量、优化生态空间，补齐生态短板，夯实经济社会发展的生态基础。

（4）坚持政府引导，社会参与。完善财政支持政策，发挥政府调节、管理和引导的作用，调整林分结构，改进木材品质，增强生态功能，推进森林质量精准提升。发挥市场配置资源的决定性作用，创新产权模式和投融资模式，优化资源配置，使更多生产要素流向森林质量提升。明晰权责利，形成政府引导、企业带动、专业合作社组织联动、农户参与的建设模式，有序推进工程实施。

（5）坚持合理布局、重点突出。根据自然地理条件，按适地适树原则，以400毫米等雨线以南区域为重点，尤其是年降水量450毫米以上的区域，系统规划，跨区布局，在水、热、肥条件较好的南部区域以乔木林结构和水源涵养功能为主，在条件相对较差的北部区域以灌木结构和保持水土功能为主。要注意坚持突出主导功能并兼顾其他功能的原则。按照区域主体功能、生态区位及森林类型，针对各区域森林经营突出问题，遵循森林生长演替的自然规律，科学制定各区域的森林多功能经营方向、经营目标、经营策略和技术措施。

（6）坚持多种方式、多种模式。坚持森林的多功能性，借鉴森林可持续经营的国内外先进模式和经验，创新经营管理机制；坚持造抚并重、保育结合，商业性禁伐与适度抚育结合保护天然林，良地良种良法培育人工林；坚持补植补造、现有林改培与近自然经营措施相结合，培育针阔混交、复层异龄林；坚持长中短周期经营目标相结合，以短养长；坚持一般树种、乡土树种、珍稀树种相结合，调整结构。

（7）坚持示范带动、总体推进。采用典型引路、示范带动的方式，推进森林质量精准提升工程，重点建设一批规模较大、示范水平较高、辐射带动能力强的示范基地，带动区域森林质量精准提升总体推进。

（8）坚持统筹规划、稳步推进。与国家重大战略规划和林草发展规划、行业相关专项规划等相协调，统筹各地自然资源和经济社会发展对林草的要求，科学规划，合理布局，先急后缓、先易后难，规模化稳步推进。

12.3.3 规划目标

通过建设森林质量精准提升的支撑体系，建立森林质量精准提升工程建设标准，实施精准作业、精准管理和精准监测，着力推进天然林保育、人工林经营和灌木林复壮。"十四五"期间，基本完成各级森林经营规划和森林经营方案编制，森林生态资源持续增加，国土生态安全屏障更加稳固，优质生态产品和林产品更加丰富，乡土珍稀树种和大径级用材自给保障能力全面提升，森林经营达到现代化水平，森林质量精准提升，满足人民美好生活对森林产品与服务的多样化需求，初步形成生态良好、社会有益、经济发达的林草现代化体系。

到 2025 年，宁夏六盘山地区的森林经营取得明显提升和重大进展，具六盘山地区特色的森林多功能经营的理论、技术、政策和管理体系基本建立，森林可持续经营全面推进。在同步提高森林的数量和质量的同时，持续提高森林的多种服务功能，尤其作为水源地的森林和林区的水文调节功能，使林地和林区的产水供水能力得到保障，整体生态系统服务功能得到优化和提升。包括水文调节、护土防蚀、生产木材、固碳释氧、物种保护等多种服务功能的整体价值得到显著提升。森林经营示范区的森林质量与多功能管理水平超过同期世界平均水平，重点林区的森林质量达到同期类似自然环境下的国际先进水平。建成健康、稳定、优质、高效、多功能的森林生态系统，基本满足国家生态保护、绿色经济发展和林区充分就业的需求。

到 2025 年，森林经营支撑体系基本建成，包括建立森林经营规划制度，全面编制和执行森林经营方案；完善相关经营标准，构建比较完备的森林经营技术标准体系；优化主要树种和林种的经营技术模式，基本建成以森林作业法为核心的多功能经营技术体系；建设森林多功能经营人才培训制度和培训体系，培养造就一支数量充足、结构合理、素质良好、适应林业发展要求的森林经营专业技术队伍、管理人员队伍和施工作业队伍。

12.4 森林质量精准提升的技术与政策建议

随着生态文明建设的深入推进，加快发展多功能林业已成为进一步提升林业对生态文明建设贡献的必要途径，也是推动林业高质量发展和实现提质增效的着力点。在我国林业科研人员的长期研究与推动下，我国林业行业已认可了多功能林业的先进理念和可行的管理技术，在《全国森林经营规划（2016—2050 年）》中已明确将多功能林业作为今后全国森林经营的指导思想。自治区政府也对发展多功能林业高度重视，如在颁布《全国森林经营规划（2016—2050 年）》之前就设立了多功能林业研究专项和多功能林业研究中心。但是，在实际推进多功能林业发展时还存在认识、技术、政策等很多方面的困难。为解决这些问题，提出以下建议。

12.4.1 全面宣传和提升多功能林业发展理念

中国林科院研究人员基于在六盘山区的长期研究，分析了华北落叶松人工林的多种功能随密度、林龄、海拔的变化，提出了多功能管理决策方法，确定了不同海拔和林龄满足多功能需求的合理经营密度，还制定了宁夏地方标准《土石山区水源涵养林的多功能经营技术规程》。这说明宁夏和六盘山地区有条件率先开展多功能林业，而且这些成果已在其他部分地区大规模应用（如德国援助的北京森林经营项目），还通过一系列国内外学术交流产生了广泛影响，如确定未来中欧林业科技合作方向和亚太地区林业发展趋势等。

在干旱缺水的宁夏宁南山区，无论是在林业发展规划还是在森林经营上，对多功能管理的需求格外突出。例如，六盘山水源区的人工林密度非常大、树种结构单一，致使林地水分严重亏缺、森林生产力降低、林地产流减少、木材质量不高、林下更新不足、生物多样性降低、森林稳定性变差和整体服务价值发挥不足等问题严重，亟须改变几十年来沿用的"加大投入、扩大面积、增加蓄积"的简单扩张发展模式，改变因片面追求某个（如木材生产）或某类（如水土保持、固碳释氧）功能而降低森林整体价值的做法，深刻理解和主动调整森林的多种功能关系，发展以多功能优化利用为特征的现代林业，追求科学规划和精细管理，实现满足区域社会经济发展要求的单位面积森林的整体服务功能最大化。

然而，由于深受过去几十年传统林业政策的影响，以及先进理念与技术向基层传播的时间滞后、惯性思维等，一些县（区）政府和林业管理部门的领导还对多功能林业了解不多、理解不深，还习惯于"严格禁伐""森林面积和蓄积双增长"等传统思维与管理模式，当地林业局（林场）的技术人员和工人也不了解多功能林业的发展方向与实现途径，对作为干旱区水源地的六盘山区森林的经营特点更缺乏科学认识，极大地限制着多功能林业和经营在宁夏及六盘山区的实现。为此，需大力宣传多功能林业，普及多功能管理的先进理念和技术，以此武装和指导有关干部和技术人员及民众的思想与行动，这是实现林业和森林精细化管理的关键。为此，提出六盘山地区林业发展的多功能管理要求。

12.4.1.1 确定水源林多功能管理目标

在作为严重缺水的黄土高原和宁夏南部的重要水源地的六盘山区，其森林被确定为水源涵养林。社会经济发展对六盘山区水源涵养林的服务功能需求是多样化的，但首要的是保护山区稀薄的土壤，增加降水入渗和减少地表径流及由此引发的洪水灾害和土壤侵蚀；在此前提下，还要为周边干旱地区尽可能多提供径流水资源，这在干旱缺水地区属于最重要的功能；此外，保护生物多样性、固碳释氧等也是重要功能；作为经济落后地区，提供木材和其他林产品、发展旅游等功能也同样占据着重要地位。

12.4.1.2 关注水承载力限制和森林提质增效

在容易造林和能用于造林的土地面积越来越少的实际情况下，要想继续通过提高森林植被的质量和功能并借此促进区域社会经济可持续发展，就不能仍走以大规模造林为主的森林面积机械扩张的老路，而是需把工作重心转移到如何科学有效地规划和管理好有限的林地面积和森林资源的利用上来。六盘山区的林业发展要考虑区域和立地的水资源（水分）条件的限制（承载力），将森林覆盖度控制在适当规模以内，合理配置乔、灌、草各类森林植被。此外，还要在深入研究和定量刻画人工林草植被的空间格局、系统结构与多种功能的复杂关系基础上，通过借鉴和集成国内外的有关发展理念、研究成果和治理技术，并结合当地情况进行创新与推广，及大规模应用到生产实践中，进行水源林的多功能管理。

12.4.1.3 通过技术进步实现林水协调的多功能管理

要进行水源林多功能管理，就需做到：①合理划分立地类型，确定各立地的多种功能及重要性排序；②量化多功能林的理想结构要求，这与森林多种主要功能的需求紧密相关；③在森林不同发育阶段，采取针对性经营措施，促进形成多功能近自然森林理想结构；④在充分发挥水文功能的同时，还要充分利用其他多种功能。这样才能把科技进步转化为综合效益和社会进步，实现"绿水"和"青山"之间的平衡和"绿水青山"向"金山银山"的转变。

12.4.2 通过多功能管理提质增效的技术基础

要在六盘山区通过发展多功能林业来实现提质增效，是个包括很多方面的系统工程，从发展规划制定到森林经营管理的许多环节，都需相应改进，需要提供促进多功能林业发展的坚实基础。

12.4.2.1 森林多功能管理的分区分类

在六盘山区内部，存在着自然环境（气候、地形、土壤）和森林植被（生长潜力、生长现状）以及由它们决定的生态系统服务功能的提供潜力和社会经济发展的功能需求的巨大空间差异，因此只有先分区、分类地制定林业发展规划和森林经营方案，才能实现森林的精细化管理和林业的高质量发展。这里的分区首先是指自然环境条件分区，也可进一步理解为自然-社会经济复合条件分区；分类首先是指立地条件分类，也可扩展为立地-植被的复合条件分类。

为此，需开展六盘山区的国土生态功能分区分类及其多功能评价，这就是说，要根据气候、地形、土壤等自然环境特征和社会经济发展情况，在考虑生态环境问题、生态环境敏感程度、生态系统服务功能供求关系等方面的基础上，确定进行六盘山区生态功能区划的主导因子及区划依据，进行全范围的包括各类生态系统（土地利用类型）的生态功能区划，使其成为指导整个六盘山区及所在区域的林业发展以及环境保护、生态建设、土地利用等的有前瞻性的基本科学依据。在此基础上，为加强功能分区对林业生产活动的指导作用，需继续进行六盘山各生态功能分区内的详细立地分类与多功能评价，即按直接影响植物生长的水、热、光、养等条件或按间接影响这些要素的地形（海拔、坡向、坡度、坡位、地貌部位、土壤厚度等）进行立地分类，明确给出不同立地类型应发挥的主导功能及其他功能的重要性排序和潜力，以及在植被修复和多功能利用中应注意的原则与事项。这是保障实现森林等生态系统多功能利用的基础，利于满足生态修复和林业建设中的多功能要求，也利于使生态功能区划和林业发展规划满足生态文明建设新形势下对林业多功能的要求。

在进行六盘山林区多功能区划时，建议首先按气候条件（年降水量）详细分区，不是仅区分为年降水量400毫米以下或以上两类，例如依据林木的生长潜力（如立地指数、潜在生产力等）响应差异和生态服务功能需求，更多区分为年降水量<400毫米、400~450毫米、450~540(550)毫米、>540(550)毫米[或继续区分为540(550)~650毫米、>650毫米]几个分区（Wang et al., 2011; 2015）。在每个分区内，分别依据主要影响因子（海拔、坡向、坡度、坡位、地貌部位、土壤厚度等），在兼顾简洁性、实用性、准确性的条件下，进行多功能立地分类与评价，如在宁夏六盘山自然保护区范围制定的主要立地类型及确定的主要功能和适宜造林树种。

12.4.2.2 合理规划森林数量与空间分布

为积极应对气候变化和充分利用森林提供的多种多样的生态系统服务功能，全世界都在鼓励恢复森林，包括我国西北地区。但在干旱缺水的宁夏南部作为区域重要水源地的六盘山区，需格外关注林业发展和森林经营受到的水分限制以及产生的水文影响。除了降低洪峰、增加（或减少）基流、侵蚀控制、改善水质等森林水文功能以外，林水关系突出体现在两个同等重要的方面：一是向人类提供高质量的水源，二是向森林本身提供足够的水分。以往由于研究不足，限制了对林水关系的全面认识和利用，甚至错误地认为增加森林就能增加水资源（注意：增加微量的降水并不能视为增加人类可用的水资源），使得人们努力追求提高森林覆盖率，在制定林业（面积）发展规划时，主要考虑可用土地面积和土地利用的限制，忽视水资源安全的限制。但随着相关研究的开展，越来越多数据证实了干旱地区造林后形成的土壤干化、产流减少、林木生长不良甚至干旱死亡等问题，使国内对退耕还林和增加森林的水资源影响更加关注。在理解林水相互关系的基础上开展林水综合管理，已得到越来越多的认同，尤其在干旱缺水地区。

在干旱缺水地区，要迎接如何实现林水协调管理这个巨大挑战，首先需在制定林业发展规划时重视、量化和应用水资源的植被承载力。如前所述，在六盘山地区和周边黄土高原研究取得的水资源植被承载力研究结果，已能够为此提供科技支撑。因此，六盘山地区和宁夏的林业发展在这方面没有理由不走在全国前列。

在制定基于水分承载力的六盘山区（及所在区域）的多功能林业发展规划时，可以先利用已有的年降水量（湿润度、干燥度）与流域潜在森林覆盖率的数量关系，确定流域潜在森林覆盖率；再利用水资源指标（年径流量、洪峰流量、枯水流量等）与降水量、流域森林覆盖率的已有数量关系，确定满足一定水资源管理（如年产流量）要求的流域合理覆盖率；这样即可确定增加考虑水资源管理限制后的合理森林覆盖率（森林面积）。当然还需在应用中不断完善这些数量关系。

在确定流域的森林覆盖率以后，还需继续确定这些森林的合理空间格局，即在什么地方恢复或营造森林。这一方面要考虑林木存活和生长对地形、土壤、水分等条件的要求；另一方面可以在满足更重要的土地利用（如基本农田保护、自然保护区样地、生活样地等）限制的前提下在那些剩余的能生长林木的立地空间范围内寻找对水资源影响最小的立地优先恢复森林；从而既能维持一定的森林覆盖率，又能充分降低由此带来的不利水文影响（如降低流域年产流量）。

除了应用那些简单的统计关系以外，也可以利用审定和验证过的流域生态水文模型进行不同气候、地形、土壤和森林植被条件变化的水文影响的多情景模拟与对比，找到满足特定水资源管理要求合理的森林覆盖率及其空间配置格局。在这方面，可以推广利用以前在源于六盘山区的泾河流域开发的水资源植被承载力决策支持系统（潘帅，2013）。

在实际开展或修订六盘山区（及所在地区）的林业发展规划时，不必要也不可能对不同生态功能分区内的所有流域都进行复杂的模型模拟运算。可在各多功能分区内选择一些典型的小、中、大流域进行模型模拟，在确认计算结果合理以后，可将其作为参考模板，指导其他流域的规划制定。

12.4.2.3 确定各类森林的多功能理想结构

森林植被的多种服务功能，包括水文影响，很大程度上取决于气候条件、地形特征、土壤环境和植被结构的共同影响。相比于其他条件，森林植被结构可以较容易地通过森林植被恢复与经营的合理规划和设计来优化调整，从而满足植被稳定和多功能优化的要求。

森林植被结构特征有很多，如植被种类和树种组成、林分（群落）密度、年龄结构、地表覆盖度、林冠郁闭度、生物量大小和组成、叶面积指数等，也包括枯落物层厚度和根系层孔隙度等。我们不可能同时和独立地调整这些结构特征，因很多指标相互关联，有些指标变化非常缓慢（如土壤孔隙度组成），只能调整那些最重要的指标

基于以前六盘山区华北落叶松人工林多功能管理研究，提出了一个一般的多功能水源涵养林理想结构（3×0.7+X）（郝佳，2012），即①林地覆盖度在0.7以上，有效控制土壤侵蚀（及固碳和维持养分）；②林冠郁闭度在0.7左右（0.6~0.8），既维持天然更新又适当抑制林下灌草生长；③林木高径比（米/厘米）在0.7以下（最多不超过0.9），以减免雪折危害风险，可通过间（择）伐林分来调控树木高径比；此外，这里的X指其他措施，如需吸纳近自然林业的有益经验，遵从多树种、多世代、多层次的稳定高效森林结构要求，并充分考虑森林发挥多种功能的需要和对山地流域产水功能的刚性需求（水分的植被承载力），尽可能选用比较节水的阔叶树种，等等。

但是，森林的理想结构不是一成不变的，而是随立地环境（海拔、坡向、坡位、坡度、土壤厚度等）、植被组成（植被类型、树种组成等）、生长阶段、经营目标的不同组合而变的。如六盘山区树木生长潜力主要是由水分和温度条件决定的；在同时考虑土壤保持、林地产水、木材生产、固碳释氧、物种变化、林分稳定等功能要求的条件下，已提出了不同海拔和林龄时的华北落叶松人工林的合理密度范围（田奥，2019）。在合理划分六盘山的多功能分区及各分区内的立地类型以后，需依据立地类型和植被现状及多功能经营目标的差异，分别提出各自的一系列理想结构，作为森林多功能经营的实现目标。此外，还要注意通过合理制定林业发展规划和进行林分结构管理来提高森林本身的稳定性，从而减免风雪及病虫等危害，如科学选择适宜造林地、维持合理林木密度、近自然混交和避免大面积人工纯林等。

12.4.2.4　开展各类森林的多功能经营方案编制和实施

结合国内外研究进展和实践经验以及在六盘山地区的研究结果，之前已初步提出了六盘山区水源涵养林的多功能经营技术标准，但仅局限在林分尺度的森林构建与经营技术方面。

该技术标准的基本原则：①合理划分立地类型，确定对应的多种功能；②提出多功能林的理想结构要求（见上节所述）；③在不同发育阶段，均需采取针对性经营措施，加快形成和良好维持多功能的理想结构；④在充分发挥水文功能的同时，充分利用其他多种功能。

构建多功能水源涵养林的技术要点：①树种选择要符合多功能、抗旱、节水、抗雪灾、改良土壤等要求；②考虑不同立地的水分植被承载力，造林密度适当，一般为2500~3333株/公顷，在能够保证成活率和不以生产木材为主要目标时可以更稀些；③提倡多树种混交，针阔混交比通常为1∶1，鼓励模拟天然林的多树种组成；要充分保护天然幼苗和利用自然更新，必要时形成和保留一定面积的天窗来促进天然更新，加快适宜乡土树种的进入；④造林整地时要尽力减少对地表覆盖的干扰，尽量保留原有植被；对于一些具有生长乔木潜力的灌丛，可将能忍耐灌木庇荫的适生树种（青海云杉、华北落叶松等）以低密度（3米×4米以上）稀疏栽植到灌丛内，一方面充分利用现有灌木的各种功能，另一方面少整地、省苗木、免抚育、低耗水，也避免因干扰植被覆盖和土壤结构而造成土壤碳库的碳损失。

多功能水源涵养林的经营决策步骤包括5步：①立地质量调查与分类；②立地主要功能及其优先性确定；③现有林分结构特征调查；④现有林分结构与功能诊断；⑤面向结构/功能的经营计划编制。

经营现有多功能水源涵养林的技术要点：①建群阶段：加强管护，松土除草，保障林木生长，促进幼林郁闭；②郁闭阶段：加强管护，保障生长，促进尽快郁闭和分化；避免不必要的择伐、修枝、间伐；充分利用自然整枝，形成良好树干；③分化阶段：保护幼苗幼树，促进形成混交异龄复层结构；选择并标记和培育目标树；若林冠郁闭度>0.8，及时适当间伐（间伐后郁闭度不低于0.6），使间伐后的林冠郁闭度维持在0.7左右（0.6~0.8）；有条件时可对目标树进行抚育（如修枝），但不必花费时间和财力去抚育那些没价值的竞争木；④恒续阶段：保持良好林分结构，防止过度采伐；选择并标记目标树，采取近自然经营，单株采伐径级成熟的目标树；时间伐郁闭度过大的林分，间伐强度控制在伐后郁闭度在0.6左右，促进天然更新和乡土树种混生，维持和形成良好的森林结构。

要按以上基本原则和技术要点，分区分类地制定六盘山区水源林多功能经营方案编制。在经过专家评审和实地操作验证以后，就可作为六盘山区水源林多功能经营管理的技术依据。

12.4.3 多功能森林营造和管理模式

为便于指导生产中六盘山区多功能水源涵养林的营造和经营，在进行分区分类多功能评价、合理确定森林覆盖率和空间分布、提出理想林分结构和经营管理技术标准以后，还需选择一些典型立地-林分的情况，提出面向基层和方便应用的实用模式。下面是一些例子。

12.4.3.1 人工林多功能经营模式

华北落叶松人工林是六盘山区最主要的人工林，这里仅以几个典型海拔为例，介绍华北落叶松人工林的多功能经营，强调依据立地质量确定合理的多功能经营目标，按照不同海拔和林龄时的合理密度，对过密人工林进行密度调控而实现多功能优化（表12-2）。有关管理决策技术也可作为油松等人工林多功能经营的参考。

表12-2 六盘山不同海拔和林龄时华北落叶松林多功能管理密度区间

海拔（米）	特征	多功能排序	20年（株/公顷）	30年（株/公顷）	40年（株/公顷）	50年（株/公顷）
1800	气候干旱，不宜木材生产	产水>物种保护>固碳=木材生产	1300~1800	1100~1400	1100~1300	700~800
2100	降水较多，较湿润	产水>木材生产>物种保护>固碳	1300~2400	1100~1600	900~1300	700~800
2400	水热组合最佳，产优质大径材	木材生产=产水>物种保护>固碳	1300~1400	850~950	550~700	300~600
2700	各功能中等，产流高，湿冷	产水>木材生产>物种保护>固碳	1300~1700	900~1200	800~1100	600~800

在海拔1800米的气候干热的低海拔地区，基于六盘山区华北落叶松人工林各主要服务功能时空变化的研究结果，确定属于木材生产非适宜区，不宜追求培育大径材，因此将木材生产功能更多看重林分蓄积量；但因地处水源涵养林保护区、占有较大流域面积比例、产水潜力较高，因而对其产水功能要求非常突出，故而应在满足无土壤侵蚀[只要维持林地覆盖良好（在70%以上）就可实现]和维持林分稳定的条件下尽可能多产水，即，将产水作为主导服务功能；此外，需兼顾以较高的林下植被生物量及覆盖度为主要特征的林下植被保护功能，但可能无法充分兼顾林下植物种数要求；另外，因这一海拔地区的气候干热，森林植被生长差，有机质分解快和积累少，也不能过高地期望其固碳功能，包括植被固碳和土壤固碳。因此，此海拔段的各主要功能的重要性排序：产水功能>物种多样性保护>固碳功能=木材生产功能。在保持林分稳定（对应林冠郁闭度0.6~0.8）的基本密度区间，与上述排序的4个主要服务功能的各单一功能能满足相对功能90%以上的最优密度（或满足相对功能80%以上的适宜密度）区间求交集，确定了不同林龄时的多功能密度管理区间。

在海拔2100米处，随着海拔增高导致的降水增多、温度降低、潜在蒸散减少，水分条件变好，树木生长加快和其蒸腾及截持耗水增多，林地的产水系数明显变得低于海拔1800米处，但林下植被多样性、林分蓄积量及森林固碳功能均明显高于1800米处，虽然各功能均处在中等水平，如低于海拔2400米处，因此难以仅根据林地提供各种功能的潜力大小进行功能重要性排序，而是仍需兼顾当地社会经济发展对山地林区服务功能的需求。考虑到位于重要水源地，对林地产水功能仍需首先高度重视，因此在海拔2100米处仍将产水功能作为主导功能，排在第一位。此外，木材生产功能是林业生产的最基本功能，可直接带来经济效益，且因海拔2100米处为木材生产适宜区，将追求林分总蓄积量作为木材生产指标，为排在第二位的主要功能。这一海拔段的林下植被多样性整体水平与研究地区最优水平较接近，即潜力较大，因此在多功能排序中将其列在第三位；而森林固碳功能排在最后。这样一来，考虑的几个森林功能重要性排序：产水功能>木材生产>植物多样性保护>森林固碳。由林木的基本密度区间（对应林冠郁闭度0.6~0.8）与各单一功能的最优密度（或适宜密度）区间的交集，确定了不同林龄时的多功能密度管理区间。

在海拔2400米处，立地条件良好，表现为水热条件组合最佳，为生产优质大径材提供了可能，因此在这里将追求较大单株材积作为衡量木材生产的主要指标之一，并以木材生产作为主导功能。基于各功能的时空变化分析，海拔2400米处因树木生长最快导致其林地产流功能最弱，而固碳功能与林下植物多样性保护功能均可达到最优水平，根据服务功能的提供潜力和社会发展需求可排在较后。然而，从维持区域供水安全的角度考虑，作为水源涵养林的主要功能，林地产水功能仍将是最重要的功能之一，因此将其置于和木材生产功能同等重要的位置。综合来看，各功能的重要性排序：木材生产=产水功能>林下植物多样性保护>森林固碳。确定了由基本密度区间与各单一功能的最优密度（或适宜密度）区间的交集，作为不同林龄时的多功能密度管理区间。

在海拔2700米处，森林能提供的各功能处于中等水平，难以仅基于各功能的发展潜力进行功能排序。然而，考虑到高海拔处的降水量增加、温度降低、蒸散减少导致的产流量高于其他海拔，加上位于水源涵养林保护区，所以仍将维持林地产流功能作为主导功能而排在首位，其他各功能的重要性排序与海拔2100米一致，即功能重要性排序：产水功能>木材生产>林下植物多样性保护>森林固碳。确定了由基本密度区间与各单一功能的最优密度（或适宜密度）区间的交集，作为不同林龄时的多功能密度管理区间。

这样就完成了六盘山区多功能水源涵养林经营的5个决策步骤中的第一步（立地质量调查与分类）和第二步（立地主要功能及其优先性确定），之后需进行后3步的经营决策，即：①现有林分结构特征调查、②现有林分结构与功能诊断、③面向结构/功能的经营计划编制。

12.4.3.2 天然次生林多功能经营模式

六盘山区的天然次生林是森林面积的主体，并集中在六盘山自然保护区内，且以桦类（白桦、红桦、棘皮桦）和辽东栎的退化次生林为主。这里以辽东栎次生林为例，介绍次生林多功能经营技术（侯元兆等，2017）。

六盘山辽东栎林主要分布于海拔1700~2300米的阴坡和半阴坡，也生长在生境较恶劣的陡壁上和较平缓的山脊地带，林内生境湿温，林下土壤为山地灰褐土和普通灰褐土，在六盘山林业局的挂马沟、东山坡、秋千架、二龙河、龙潭、西峡等12个林场均有分布。辽东栎在六盘山林区为建群树种，伴生有多种其他乔木；在坡陡山地和悬崖陡壁上往往形成纯林，但面积很小；大多数为混交林，主要混交类型有辽东栎-桦树、辽东栎-山杨、辽东栎-华山松、辽东栎-椴树的混交林。现有的辽东栎林多为中幼龄林，平均林龄30~40年，密度较大（平均1046株/公顷），平均树高7.8米，平均胸径12.4厘米，胸径5~10厘米株数比例>50%，平均蓄积量仅40立方米/公顷。由于辽东栎林多处在自然保护区内，受保护区管理规定影响，从未进行过任何经营。历史上反复采伐后形成的辽东栎次生林的林相很差，林分质量低，如林木稀疏、树干弯曲、单株林木材质很差。辽东栎的林下天然更新相对较多，有种子更新和萌蘖更新，但以萌蘖更新居多，且不少是多代萌蘖更新，这也是林相很差的一个重要原因。需在国家自然保护区管理条例容许的范围内，通过合理抚育来提高辽东栎林的质量和功能，这既需要技术上的突破，也需要政策上的改进与创新。

在六盘山辽东栎林多功能管理上，可区分出乔林经营、矮林经营、矮林的乔林化转变（中林经营)几种类型。不论什么经营类型,都可参考使用前面提出的 5 步决策步骤,即①立地特征调查与分类;②主要功能优先性确定;③林分调查和定量描述;④现有林分结构与功能诊断;⑤面向功能/结构的管理措施。

由于六盘山地区辽东栎林的地形复杂,需依据立地质量所决定的生态敏感性和多功能提供潜力,考虑社会经济发展的多功能需求,分区、分类地确定多功能经营目标和各主要服务功能的优先性顺序;然后,依据林分发育阶段和结构特征与对应的理想结构的差异,制定合理结构与多功能导向的经营管理措施,确定需要实施的经营措施的类型、强度与时间。

在水热条件优良、土层深厚(如>60 厘米)和地势平缓(如坡度<25°)的林地,可确定优质大径材生产作为主导经营目标,并同时考虑林地产水、物种保护、固碳释氧、景观美化等其他服务功能,开展集约的多功能经营;在水热不佳、土层瘠薄(如<30 厘米)、地势陡峭(如坡度>35°)的林地,由于水土流失风险大、木材生产潜力差、投入产出比低,则应以土壤保护、固碳释氧、景观美化等生态功能为位置靠前的主导或主要功能,木材生产功能位置靠后排,林地不宜经营,而是进行封山育林。对条件居中的,可视情况不同开展适度经营,如近自然恢复、人工补植结合封育、轻度经营利用等。

在进行辽东栎次生林经营时,需首先鉴别林分起源以及经营形式。如实生的林木数量占比>80%,萌生的个体数量占比<20%,即为乔林;如实生的个体数量占比<30%而萌生的个体数量占比>70%,则为矮林;介于二者之间的可称为中林。矮林经营中可多次利用伐桩萌蘖,在老的萌条达到目标直径后采伐,然后利用伐桩的新萌芽,所以初期生长快、生物质产量高,但不能培育大径材,适于获得短期经济效益。

对栎林或栎树混交林(栎树蓄积占比>75%)进行乔林经营时,其目标林相(恒续林)是复层异龄混交(幼龄个体数量应大于老龄个体);接近目标直径的辽东栎个体(目标树)密度为 110~150 株/公顷,目标直径为 45 厘米左右,目标高度在 22 米左右;其他阔叶树的目标直径在 40 厘米以上,高度在 18 米以上;林分活立木蓄积量要>150 立方米/公顷。乔林的培育分 5 个阶段,每个阶段 20~25 年,整个生命周期 100~125 年。当进行矮林经营时,目标林相为:幼龄个体密度大于老龄个体密度,胸径 4 厘米以上的个体密度在 1500~2000 株/公顷,其中达到或接近目标直径的林木个体密度为 1000 株/公顷。林木目标直径为 10~15 厘米,目标高度 10~15 米,林分活立木蓄积量>150 立方米/公顷。矮林的培育分两个阶段,每个阶段 10 年,全周期为 20 年;当立地条件严酷时可适当延长培育周期到 30~35 年。

在栎树乔林经营的 5 个发育阶段,采取以下经营措施。

(1)森林建群阶段(包括造林/幼林形成/林分建群阶段)。当树高<3 米时,即处在造林/天然幼林形成时期时,阶段经营目标是促进郁闭,主要抚育措施是林地保护,避免人畜干扰。需保护好实生苗,有条件时可对 1 年生幼苗遮阴,割除影响实生苗的周边草灌,尤其加强对 3~5 年生后的重点幼树的保护。对伐桩萌苗及时适当抚育,根据伐桩直径大小每个伐桩保留 1~3 个萌苗即可。同时,还要保护其他乡土乔木树种的幼苗。当树高达 3~6 米时,阶段目标是选出和培育可能的目标树,需标记约 300 株/公顷的高品质辽东栎用材目标树;其他乡土树种可作为促进混交的生态目标树。对团块状丛生林木或过密的优势木进行间伐抚育,割除侧方竞争的灌木。一般在林冠郁闭度 0.85 以上后可间伐,主要是间伐丛生团块、干扰木、劣质木,从而为目标幼苗/幼树扩大生长空间。根据森林类型和立地条件,每次间伐后保留郁闭度 0.6~0.75,伐桩高度不高于 5 厘米。

(2)竞争生长阶段(个体竞争、高快速生长期)。此时树高 6~15 米,阶段目标是促进和保证目标树形成高大、通直、无节疤的良好树干，需进一步选择、保育用材目标树在250株/公顷左右；可对重点林木开始修枝，但修枝高度控制在3~3.5米。要继续保持一定郁闭度，以促进林木高生长和形成目标树的通直树干，一般在郁闭度0.85以上后即可间伐掉部分干扰树（以及劣质木、病虫木、团块丛生林木）；可保留优秀的树木群组，以群组为空间单元进行间伐抚育；也需抚育生态伴生林木，促进混交树种生长。注意预留或开创林间集材道。每次抚育间伐的间隔期为8~10年，间伐后保留郁闭度0.6~0.75，伐桩高度不高于5厘米。

（3）质量选择阶段（目标树直径速生阶段）。此时树高在15~20米，阶段目标是促进目标树的直径生长，需进一步选择、保育目标树在150株/公顷，在每个目标树周边间伐1~2株干扰树，间伐掉劣质木、病虫木，以促进目标树和生态目标树个体生长。注意在高度1.5米以上的幼树中选择培育下代目标树，在重要的幼树侧方进行抚育、修枝，促进其生长。对针阔叶生态目标树进行修枝，修枝高度为6米，以提高混交树种的林木质量。每次抚育的间隔期为8~10年，在郁闭度0.85以上后可间伐，间伐后保留郁闭度0.6~0.75，伐桩高度不高于5厘米。注意完善集材道。

（4）森林近自然阶段（中大径乔木林，林木直径、林分蓄积持续生长阶段）。此时树高在20~22米，需选择培育目标树在80~100株/公顷。要注意培育林相景观，展示生态文化功能；注意培育下代目标树，可进行修枝，对影响下代目标树和当代目标树的林木应间伐掉。在郁闭度0.85以上后可间伐掉每株目标树周边的1株干扰木，保持下木和中间木生长条件，形成和保持较大的林木径级差异。每次抚育间伐的间隔期为10年，间伐后保留郁闭度0.6~0.75，伐桩高度不高于5厘米。要使用集材道集采，减少对林地破坏。

（5）恒续林阶段（目标树择伐、二代目标树培育阶段）。此时树高>22米，需择伐达到目标胸径与高度的用材目标树和生态目标树，生产高品位木材；同时伐除中间木层和劣质木，培育下代目标树80~100株/公顷。注意保护目的树种和乡土树种的幼苗幼树，对重点幼苗幼树要特殊保护（如建立防护网）；保护优良乡土乔木的幼苗幼树；如林间空地过大时可人工补植幼苗。抚育间伐的间隔期为10年，在郁闭度0.8以上后可间伐，间伐后保留郁闭度0.6~0.75，伐桩高度不高于5厘米。

在栎树矮林经营的2个发育阶段采取以下经营措施。

（1）矮林培育阶段（林分建群阶段）。此时树高<3米，主要抚育措施首先是两次除萌，选择生长最旺盛、杆型通直的萌苗予以保留，第一次除萌时，若伐桩直径<15、15~30、30~45厘米，在采伐当年秋天或第二年春天保留2、3、3个萌苗，在第三生长季结束后进行第二次除萌时分别保留萌苗1、2、3个；在4年以后需对伐桩萌苗进行修枝抚育，促进其生长。其次，对老伐桩（采伐—萌蘖≥3次）要及时清除或连续两年完全抹除萌芽，使衰老伐桩不再萌苗。如能选择用材目标树，则优先选择生长旺盛、主干通直的实生苗，其次选择树干通直、生长旺盛伐桩萌生苗；对影响栎类实生苗生长的草灌进行侧方割除抚育。若林地中有其他乡土树种的生态目标树时要予以保护。在林冠郁闭度达0.85以上时进行抚育间伐，伐除影响目标树生长的干扰树、劣质木、病虫木；间伐的间隔期为5年，在生境优越时可适当缩短间隔期。注意结合抚育间伐，开创林间集材道，避免对林地破坏。

（2）恒续林阶段（择伐期阶段）。此时树高6~15米，在矮林培养的小径材工艺成熟（直径对薪炭材为10厘米、坑木为15厘米、菌棒为10~15厘米）后可择伐，伐桩高度小于5厘米；每次择伐后保留林冠郁闭度0.7左右；将择伐的伐桩伤口及时覆盖土壤以避免伐桩失水干枯或病虫侵染。在矮林林木达到目标直径后可择伐或皆伐利用，一般采取择伐，仅利用达到目标直径的林木，以保持林地多种服务功能的相对连续和稳定;皆伐只能在比较平缓的山地进行,且面积不超过 0.5 亩。在择伐利用时,本阶段的间伐间隔期一般为 5 年,也可根据郁闭度来确定,即郁闭度达到 0.85 以上即可间伐,间伐后的郁闭度不低于 0.65。无论是择伐或皆伐还是间伐,都要利用集材道,避免对林地的破坏。

矮林的乔林化转变(中林经营),就是对立地质量好、有生产优质大径材潜力、无水土流失等生态风险的矮林,为发挥其生长木材主导功能,逐步转变为乔林,不要采取皆伐后重新造林或除保留木外全部皆伐的改造。在矮林转变为乔林的过程中,会形成萌生和实生树木共存的中林。在这样的中林(或历史上采伐后长期封禁形成的中林)里,往往是各龄级的萌生树和实生树同时存在,因而形成上下林层或多个林层。要将矮林转变为乔林(中林经营),就是一方面在萌生林层标记保留木,疏伐萌生树,继续采伐利用萌生木;另一方面同时注意利用采伐成熟萌生树的机会,通过抚育伐促进部分实生的幼苗和幼树的生长,使其能生长到杆材阶段并进入主林冠层,还要培育出一些具有通直、高大、无节疤树干的大径材目标树。为此,先对中林里的萌生树进行条带状的疏伐,每 20~25 米伐出一条带,以便于调查、标记、采伐、集材等作业;或进行小块状采伐(面积约 1 公顷),目的是促进出现大量实生幼树,使其在林分透光条件下正常生长,并利用幼树之间的强烈竞争促进形成通直树干。在能够确定实生目标树以后,为促进目标树的径级生长,需逐步间伐去除目标树的竞争木或病弱木,每次间伐材积比例应为 10%~20%,可每 8~12 年间伐一次。在乔林化转变过程中,要充分利用天然更新的实生苗,保护生态目标树以提高树种多样性,必要时可人工补植实生苗;如林中有较大面积空地(超过正常林窗面积),则视为无林地,采取封山育林或人工造林。

对于目标树,必须选择占据林分主林层、树冠均匀饱满、树干通直圆满并无损伤的特优木或优势木,不能选中庸木和被压木。早期可多选,以在后面发育过程中当有目标树受损或发育不良或林地空间不够时能淘汰较差个体。在立地差和林分质量不高时可降低目标树的标准。选择目标树的目的是将其培育成大径材,为此需持续抚育,不断间伐影响其生长干扰树、清除缠绕的藤本以及没前途的劣质木和病虫木,有条件时可适度人工修枝。在当目标树接近目标直径时,如果周边有了足够多的第二代更新幼树,为培养第二代目标树,可择伐利用目标树,形成经济收入。

对生态目标树,必须选择那些能丰富林分树种结构、增加树种多样性和混交度、为鸟类或其他动物提供栖息场所的林木,所以在栎类纯林经营的早期要重视保护其他树种,尤其是珍稀乡土树种。在森林生长过程中,如生态目标树对目标树无不利影响时则应抚育保护,如生态目标树开始衰老且周边有旺盛的二代生态目标树时可择伐利用。

对干扰树,则是那些生长在目标树周边且对目标树产生不利影响的林木,如在高处压迫目标树树冠生长或在旁边挤压目标树树冠发育;对一些虽未直接影响目标树的劣质木、病虫木,因无培养前途,也可作为干扰木在近期作业中伐除。

对一般林木,是指那些除目标树和干扰木以外的当前和近期都不会对目标树生长造成不利影响的林木;有些林木虽然距目标树很近但其树冠仍处于目标树树冠下方因而并未影响目标树的正常生长,而且伐后无利用价值,则不宜选作干扰树,而是作为一般林木,不予采伐。

12.4.3.3 灌木多功能经营模式

在六盘山区,有大面积灌木存在,需要以充分发挥不同立地的多功能潜力为原则,进行差别化管理,不能一刀切地说保持、扩大、改造(转变)灌木。

对因土层瘠薄和干旱胁迫不能生长乔木林的立地上的灌木,只需保护现有灌丛,不必经营改造。由于现在很少有人需要薪柴，所以平茬利用没有经济驱动力。如果割除的灌丛有经济价值，且坡度在35°以下和土层厚度在30厘米以上，可适度利用，但必须控制割除强度、保护地表不被干扰，使地表覆盖度始终维持在70%以上，以免形成土壤侵蚀。

对那些坡度较缓和土层较厚的阳坡或半阳坡上的天然灌丛（如野李子灌丛），为改善景观和提高功能，可选择土壤和水分条件较好的局部地点，稀植一些乔木树种，在尽量维持现有灌丛覆盖和各种功能的同时，逐渐改善林区景观。

对那些立地水肥条件优良、本来具有生长乔木林的潜力和只是因乔木林被破坏而退化形成的灌木，为充分发挥立地的木材生产、保持土壤、固碳释氧、水文调节、美化景观等多种功能，可转变为乔木林。

无论是在灌丛稀植乔木还是改造为乔木林，都不大规模割除原有灌丛和整地，而是尽可能降低对原有植被和枯落物层及土壤的干扰，保持多种服务功能的稳定与提升。具体经营措施：①可以带状、小块状或单株混交造林，造林密度不高于750~1500株/公顷。②依据补植/造林密度，选择土层较厚和水分条件较好的局地，进行空间分布不规则的小鱼鳞坑整地，尽量少破坏原有植被覆盖，整地面积不要过大。③稀疏种植青海云杉、华北落叶松、油松等乔木树种，以形成乔灌复层结构，提高生产力和多种服务功能。④在补植和以后的抚育过程中，尽量少砍除原有灌丛，一方面形成便于新栽苗木或幼树生长的小环境，另一方面充分利用灌木对新栽苗木的庇荫以促进其高生长和自然整枝，形成良好树干。此外，野外调查还表明，灌丛内植树可有效减少鼢鼠啃食苗木根系和野兔啃食幼苗造成的危害。

曾在六盘山区多种立地上（海拔<2000、2000~2500、>2500米；坡向阴坡或阳坡）的灌丛内进行过稀植（3米×4米）华北落叶松或青海云杉的实验，第3年保存率都在80%~95%，第6年保存率仍在80%~92%的高水平；树木高生长也不错，如华北落叶松造林6年后树高达到164厘米，已达到或超过一般灌丛的高度，开始形成林冠层并逐渐摆脱灌丛竞争，成为乔灌混交林。

12.4.3.4　多功能水源林的近自然构建

多功能水源涵养林近自然构建技术包括树种选择、配置、整地、植苗和之后的管护等环节。

在树种选择上，必须满足以下原则：①优先利用多功能树种；②优先选择具较强抗旱能力的树种；③尽可能选用节水树种，减少林木生态耗水；④优先选用具较强抗灾能力的乡土树种；⑤优先选择枯落物丰富且易分解、改善土壤结构功能强的树种。具体立地的造林树种选择：①在海拔2500米以上，阴坡、半阴坡主要选择云杉、红桦、白桦等；阳坡、半阳坡选择云杉、华山松、沙棘、野李子、糙皮桦等。②在海拔2000~2500米范围内，如土层较厚、水分养分条件较好，尤其阴坡半阴坡立地，可培育优质大径材，适宜多栽植产材性能好的云杉、华山松、华北落叶松、红桦、白桦、辽东栎、元宝枫等主要造林树种；适生的非主要造林树种也较多，如陕甘花楸、糙皮桦、少脉椴、山桃、山杏、甘肃山楂。③在海拔2000米以下，立地干旱瘠薄，不同坡向的水分条件、生产能力、产水能力和适宜树种都差别较大，一般只能在沟底和阴坡造林，适宜栽植的树种较少，主要有桦树、辽东栎、华北落叶松、油松、椴树、华山松等；在水分不足的立地，应多采用非主要造林树种，尤其是抗旱、节水性强的灌木，如毛梾、栒子、球花荚蒾、野李子、暴马丁香、沙棘、稠李、卫矛等。

在空间配置上，包括造林密度与混交比、种植点配置、种植行走向、配置方式等内容。①确定造林密度（及林分经营密度）时，除像常规造林中考虑培育树木干形和抑制灌草竞争对密度的要求以外，还要依据不同立地土壤水分的植被承载力和对坡面的产水要求来计算确定。造林密度一般为 2500~3333 株/公顷,在能保证成活率和不以生产木材为主要目标时可更稀些。一般为混交造林,针阔叶树种混交比通常为 1∶1,鼓励模拟天然林的多树种组成,在有实验成功先例的基础上鼓励更多树种混交(不少于 4 个),在适宜地块一定要搭配一些易天然更新的树种(华山松、桦树、辽东栎、水曲柳等)以便创造未来天然更新的有利条件。②在种植点配置上,原则是按立地类型和确定的树种组成及造林密度进行种植点配置,并灵活考虑微地形对林木生长条件(土壤厚度、水分条件等)的影响。此外,要充分保护和利用天然更新形成的各种幼树。③在种植行走向上,平地造林时宜南北走向,坡地造林时宜沿等高线走向,在风害严重地区宜与主风向垂直。④在配置方式上有几种形式,品字形配置指相邻两行的各株相对位置错开,排列成品字形,或等腰三角形,种植点位于等腰三角形的顶点;群状配置指植株在造林地上呈不均匀的群丛状分布,群丛内植株密集(3~20 株),群丛间距离较大,此种配置方式适宜在立地条件较差的地方营造近自然混交林。自然配置指在造林地上随机配置种植点,恰似天然林中的林木分布。

在造林前整地时,要保留造林地上原有枯落物和植被等地表覆盖,不要把枯枝落叶及采伐剩余物移出,以避免导致土壤侵蚀和养分损失。确需清理时,将采伐剩余的树枝等沿等高线集中放置,或放在坡面上沟道内用于拦截泥沙,枯枝落叶仅在造林整地挖坑时进行局部清理,并在植苗后回填覆盖栽植坑。整地方式与规格也有规定:①穴状整地,适用于各林种、各树种的平坦立地条件,尤其是河滩、平台地带的造林地整地。穴状整地采用圆形或方形坑穴,其大小因林种和立地条件而异。在平台造林时,穴径(宽)和穴深均 30~50 厘米;对大苗造林、经济林、培育大径材的用材林及速生丰产用材林,整地规格要大些,穴径(宽)和穴深分别在 50 厘米和 40 厘米以上。在河滩或缓坡地穴状整地时,规格为圆形,穴径 60 厘米,穴深 30 厘米。②鱼鳞坑整地,适用于退耕还林区的坡地及需蓄水保土的石质山地的造林整地。整地时挖掘近似半月形的坑穴,排列呈品字形。挖坑时先把表土堆放在坑上方;把生土堆放在坑下方,按要求规格挖好后,再把表土垫入坑内,用生土围成半环状高 30~35 厘米的土埂,并在上方左右两角各斜开一道引蓄雨水的小沟。鱼鳞坑的大小和距离因小地形和栽植树种不同而变,一般长 60 厘米、宽 40 厘米、深 30 厘米。整地在造林前一个月或雨季前整地,在有冻拔害的地区和土壤质地较好的湿润地区可随整随造。

在植苗环节上,包括裸根苗和容器苗两种植苗方式,①裸根苗栽植时分穴植和缝植。穴植用于栽植各种裸根苗,穴的大小和深度应略大于苗木根系;苗干要竖直,根系要舒展,深浅适当,填土一半后提苗踩实,再填土踩实,然后覆上虚土,最后覆盖枯落物(或石砾)以减少土壤蒸发和保水。缝植一般用于在新采伐迹地、沙地上栽植松柏类小苗;在已整地的造林地上用锄或锹开缝后放入苗木,深浅适当且不窝根,拔出工具后踩实土壤。裸根苗造林时间以春季为主。②容器苗栽植采用穴植法,穴的大小和深度应适当大于容器,以便容器苗植入。栽植时要去掉苗木根系不易穿透或不易分解的容器,回填土时一次性填满踩实,并保护好根团,不得踩碎根团并提苗。容器苗造林以雨季为佳。可以推广栽植苗木根系周边安放防鼠网的大苗稀植技术,避免反复多次造林而提高造林成本。

在植苗后采取的管护措施,包括补植、抚育、生物灾害防治、防火等。①补植在造林后的第 2 和第 3 年进行,即对成活率和保存率达不到标准的地块用同等规格的合格苗及时补植;为增加树种多样性,可以采用与初次造林不同的树种的苗木。②抚育一般连续进行 3 年,第 1、2、3 年各抚育 2、1、1 次,包括松土、除草、培土等。松土除草一般在造林后的雨季进行,应做到里浅外深,不伤害幼树根系,深 5~10 厘米。及时割除种植穴外影响幼树生长的杂草和灌木。③有害生物防治指在造林后 3 年内,采用投毒和人工捕打等方式,加强鼠兔等有害生物防治,以确保造林成果。④防火护林指在规划区建护林点,设置专职护林员,施行轮流不间断看守,严禁牲畜践踏及人为破坏,杜绝火灾等各种毁林案件发生。

12.4.4 加强发展多功能林业实现提质增效的政策保障与创新

12.4.4.1 强化对多功能林业的领导和组织保障

为贯彻落实山水林田湖草统筹治理理念,发展面向区域可持续发展的多功能林业是一个重要实现途径,但与以往把林业发展看成独立的部门任务很不相同,在未来林业发展中必须更多考虑林业发展和森林经营与社会经济发展的关系,与其他部门和土地利用的关系,既要宣传林业发展给其他方面带来的正向效益,也要顾及其他方面对林业发展的限制和要求,例如与粮食安全、供水安全、草业发展的关系,与就业增收、文化保护、生态旅游、气候变化等的关系。从这方面来看时,发展多功能林业是个系统工程和长期过程,涉及很多社会方面和相关部门,不再是林草部门一家的事情,这就需在区域可持续发展的全局中来看待、理解、规划和引导多功能林业发展,需在政府最高层面上加强对多功能林业的领导、组织和协调的机构保障。建议在自治区林业和草原局成立多功能林业发展领导小组,由自治区政府主要领导出任领导小组组长,有国土、水利、水土保持、农业、草业、环保等部门领导参与,在宁夏全自治区多功能土地利用规划的框架内,研究出台多功能林业的发展政策,统筹制定六盘山区及宁夏的多功能林业发展规划。还要组织自治区内外的相关院士和专家,成立咨询专家委员会,研究与多功能林业发展有关的重大战略问题和对策,并对各地实行及时有效的审查、监督、咨询和建议。

12.4.4.2 颁布促进多功能林业发展的地方政策和技术标准

发展多功能林业是一项政策性强而且技术性也高的长期系统工程,需有对应的政策基础和技术指导。林业管理部门要根据多功能林业的发展要求和指导基层工作的需要,调整过去的管理方式,明确新的管理权限和职责范围,修订现有的相关地方规程或制订新规程,不断完善相关技术标准。

要对现行的林业发展规划、分类经营、采伐管理、生态补偿等政策做出必要调整,强调林业和森林的多功能性。除自然保护区核心区以及特殊保护的森林需严格限制采伐和严格保护以外,允许在不危及森林生态和社会效益的前提下对当前划分为公益林的森林及时、合理、适度的抚育性采伐和利用性择伐。对当前规定为商品林的森林尤其是人工同龄纯林,在承认主导功能是生产木材的同时,也要提倡增强其他功能,鼓励乡土树种造林和多树种异龄化转变。

12.4.4.3 适时制定和修改促进多功能林业发展的地方法规或实施条例

建议根据我国多功能林业发展的新形势,基于《中华人民共和国森林法》及实施细则,尽早提出符合《中华人民共和国森林法》要求并与区域林业发展特色相适应的《中华人民共和国森林法》地方实施条例或详细实施方法。

12.4.4.4 完善现有的森林生态效益补偿机制

要在国家和自治区及地方政府不断加大林业建设投入的同时,不断完善现行森林生态效益补偿机制,探索将依据森林面积补偿改为依据生态服务功能高低或维持生态服务功能造成的投入增加或收益降低给予补偿;要逐步提高生态补偿标准,多方筹集补偿资金,提出和完善森林生态服务功能准确计量评价的技术体系以及补偿经费使用机制,逐步探索将以往的林业建设工程的政府投入机制转变为林业生态服务功能全额补偿或国家/政府购买机制,提高投入经费的效率。还可以尝试着调整林业税费政策,拓宽和推进林业融资改革,构建和完善林业金融市场,建立小额贷款机制，把信贷政策与营林补贴和贷款贴息结合起来，加大对多功能林业生产的基础设施建设投入和税费扶持。

12.4.4.5　将多功能林业列入自治区科技发展规划和科研重点

发展多功能林业，需有强力科技支撑，而我国这方面研究基础还很薄弱，虽然在宁夏六盘山地区有较多的科研积累，但其离生产应用还有很大距离。因此，需把多功能林业纳入自治区中长期林业科技发展规划和林业科研支持重点，加大对多功能林业科技研究和技术推广的投入力度，建立研究—试验—示范区网络。

自治区科技厅和林草局也应主动争取自治区政府、国家科技部、国家自然科学基金委员会、自然资源部和国家林草局等相关部门的支持，争取把面向宁夏的多功能林业科技列入国家科技重大专项和重点研发专项领域，组织自治区内外的科研机构联合申请国家级野外科学研究观测站、重大科研项目、林业行业科技推广项目等，合作开展多功能林业的基础理论、实用技术、管理政策的科技攻关，编制并不断完善森林多功能利用优化模式及技术指南，研发多功能林业决策支持系统，集成创新并推广应用不同地区、不同条件下的各类多功能林业技术和模式，为宁夏和六盘山区的林业高质量发展和森林提质增效提供有力的科技和政策支撑。

12.4.4.6　尽快形成多功能林业知识体系并培养人才队伍

要加快发展宁夏和六盘山区的多功能林业，关键在于培养一批用多功能林业理论和技术武装起来的人才。但我国以及宁夏当前现有的林业知识体系、教育体系、培训体系和人才评价体系还不能适应发展多功能林业的需要。因此，宁夏可先行探索，进行一系列改革，出台一系列政策，形成统一的人才培训体系和有利的人才成长环境，加速培养自治区、市、县（林业局、保护区）、乡（镇）、村（林场）各级的多功能林业管理人员和技术人员队伍，大力宣传多功能林业的理念、政策和技术，率先培养一大批熟悉政策、掌握知识、拥有技术、精通管理的多功能林业人才骨干和实干家，力争能够发挥引领周边省区乃至全国多功能林业发展的作用。

要尽快提出比较完整和具有宁夏及六盘山区特色的多功能林业基础理论、管理模式、决策支持、经营技术、标准规范等；还要更新高校和专科学校教材，改进教育质量和教学环节。要在全自治区林业技术培训体系内增加多功能林业培训内容，进行林业干部和技术骨干再培训。要编制多功能林业宣传和技术推广材料，充分利用各种媒体提升大众意识和技术水平。要改进现有人才评价体系，把在多功能林业方面的领导水平、知识水平、应用能力作为新的评价指标。

要鼓励成立各种形式的多功能林业经营组织或决策咨询机构，这对提高国有、集体及个人所有的森林经营水平至关重要，因为多功能经营决策比传统的单功能经营决策要复杂很多，不可能要求各个林场的领导和农户个人都有很高专业知识与决策水平，但专业的经营组织或决策咨询机构可提供技术帮助，同时这也将增加就业机会和促进多功能林业技术推广。

12.4.4.7　将多功能林业列入自治区国内及国际合作重点

要落实多功能林业的宏伟目标，就需广泛吸收其他国内省区以及国外的先进经验，增强与奥地利、德国、美国、日本、澳大利亚等林业先进国家的合作交流，引进比较成熟的技术、软件和政策，尽快提高宁夏和六盘山地区的多功能林业实施能力。为此，要把多功能林业列为宁夏与科研单位以及国外相关机构的重点合作领域和技术引进范围，并请求国家科技部和外专局将其列入重点国际合作内容。

12.4.4.8　启动多功能林业建设工程并保障科技支撑经费

随着我国和宁夏以提高林分质量和功能为特点的森林经营任务越来越重要，林业发展重点已由造林转向森林资源多功能经营。因此，建议分区、分类地逐渐启动多功能林业建设工程，如半湿润区或半干旱区的土石山区人工林或次生林或灌丛，再如半干旱的黄土区水土保持林等。还要提高对森林多功能经营的经费投入和技术提升，在工程经费当中预算不少于总经费5%的专项经费，用于森林多功能利用的工程规划、科学研究、技术开发、示范推广和质量监督。

还可设立通过推动宁夏/六盘山区的多功能林业而促进少数民族贫困地区就业增收、消除贫困的特殊项目，对实施多功能林业发展给予专项计划补助资金，实行各级政府按比例配套安排的政策，提出鼓励多功能林业发展和森林精准管理的各项优惠政策，促进就业，推动增收，改善环境，提高区域可持续发展水平。

在规划辽东栎等次生林经营管理工程时，需格外考虑如何解决以下必须面对的科技与管理问题：①若要恢复辽东栎林面积，如何确定适宜区域和立地？是人工还是自然恢复？②在辽东栎林经营目标上，如何依立地质量确定多功能经营目标？③对一直未抚育过的现有退化林，其林相差，质量、生产力、多种功能低下，多萌生，干形和材质差，如何依据林分现状和经营目标进行多功能经营(恢复)？④对自然分布区边缘的辽东栎林，其用材主导功能肯定只能限在少数优质立地上，应如何确定其多功能平衡的经营模式？即如何平衡木材生产与其他功能？如何实现短、中、长期收益结合？⑤在自然保护区内不能开展生产性经营前提下，如何探索以促进森林质量和功能恢复为目标的适宜抚育管理模式？⑥辽东栎有易萌生的生物学特性，在考虑生产优质木材时还需格外注意避免树干萌生枝降低材质。

为明确适宜辽东栎生长的潜在区域和立地，需建立辽东栎分布和生长指标与海拔(降水、温度)、坡向(小气候)、坡位、土壤厚度、坡度的数量关系并确定分区阈值，从而提出适宜的恢复立地并编制多功能立地类型表。对采用人工恢复还是自然恢复技术的问题，现在看来辽东栎林既可自然更新(萌蘖更新和种实更新)也可植苗或直播种子更新，但究竟采用那种更新方式，还与林分现状、立地质量、经营目标等有关。如当林相很好时不急于更新；当林相较差但立地质量也差因而主要经营目标不是生产木材时，不必为促进更新而扰动现有植被和土壤；只有当立地质量好因而具有生产优质木材潜力时，才值得对林相差的林分结构进行改善，通过种实更新(或植苗更新)来改善林分结构、提高森林质量与功能。

为依立地质量确定辽东栎林的多功能经营目标，可像前面介绍的多功能分区分类一样，对辽东栎林也要制定多功能分区(主要考虑水分和温度条件)和各分区内的立地类型(考虑海拔、坡向、坡位、坡度、土厚等)，依据树木生长情况调查结果来编制立地指数表、量化各因子影响，预测和评价树高、胸径、材积、密度等林木生长指标随立地条件的变化规律，以及主要森林服务功能(木材生产、水文调节、控制侵蚀、保持养分、固碳释氧、物种保护、景观美化、非木产品等)随立地环境、林分结构的变化规律。然后，对应立地分类表，结合考虑社会经济发展的功能需求，提出多功能重要性确定方法，确定各立地的功能重要性排序，为多功能经营规划和政策制定提供科技基础。不同区域内各种立地上的辽东栎次生林的多功能经营模式需依据多功能性的要求而定，可包括用材林多功能经营模式、水源林多功能经营模式、景观林多功能经营模式等，探讨能促进短期收益的小径萌生材利用方式、林下空间合理适度开发利用方式、薪柴林多功能经营模式、菇料林多功能经营模式等。

12.4.4.9 六盘山自然保护区内森林提质增效的管理改进

六盘山自然保护区是由很多原来的造林或营林林场组成的，并在后来陆续加入了一些外围地区的林场，所以作为其森林主体(约占2/3)的天然林都是林相差、质量劣、功能低的多次采伐后形成的次生林，并不是所期望保护的地带性植被的顶级群落状态；其人工林面积很大，以在20世纪70年代开始从山西引进的华北落叶松的人工同龄纯林为主，但多数都是20世纪80年代和21世纪初退耕还林工程以来营造的中幼林，因高密度造林和长期禁止抚育采伐，导致现有林密度过大，生长不良，风雪灾害及病虫害风险很高，而且消耗更多水资源，经济效益预期不高，急需通过合理经营来提高森林的稳定性、质量及多功能总体价值，也需要逐渐转变为与乡土树种混交的森林或以乡土树种为主的近自然林。然而，由于对《中华人民共和国森林法》存在片面理解，也可能是因为怕对自然保护区内森林的抚育管理被错误地认定为采伐而担责任，长期以来缺乏对次生林及人工林的经营管理。长此以往，这些历经几代人辛苦营造的人工林可能会被毁坏，辽东栎、桦树、华山松等树种的天然次生林也很难恢复为高质量的天然林，这实际上对六盘山保护区森林的质量提高和功能提升很不利。

在《中华人民共和国自然保护区条例》的第十八条规定，自然保护区的核心区禁止任何单位和个人进入，除依照本条例第二十七条的规定经批准外，也不允许进入从事科学研究活动；缓冲区只准进入从事科学研究观测活动；实验区可以进入从事科学试验、教学实习、参观考察、旅游以及驯化、繁殖珍稀和濒危野生动植物等活动。这就是说，至少在缓冲区有可能容许进行以改善森林质量和提高森林功能为目的的抚育管理科学实践。

因此，建议尽快改变思想、完善法规，提出更正确和全面的考核指标与方法，以有利于森林质量提升工作的科学有序开展。

12.4.5 注重不断夯实森林提质增效的科技基础

虽然在宁夏尤其六盘山区的多功能林业及森林多功能管理的理论与技术研究都取得了较好成果，并开始发挥着越来越重要的作用和影响，但针对生产实践要求而言，仍还存在许多不足。一是以往研究集中在个别树种（华北落叶松）人工林上，对油松、桦树、青海云杉等人工林以及辽东栎、华山松、桦树等次生林还缺乏研究；二是研究涉及的森林多种服务功能还十分有限，主要关注了木材生产、固碳释氧、物种保护、林地产水，很多其他森林服务功能还尚未涉及，尤其尚未涉及直接经济功能，也没进行基于服务功能货币化计量的管理决策研究尝试；三是有关研究还集中在小规模研究样地上，而且其在海拔、坡向、坡位、林龄、密度等方面的代表性还不充分；四是尚未进行将本地研究成果以及国内外相关技术集成创新为适合本地的实用技术的研究；五是基于以往研究结果提出的森林多功能管理技术还未开展大规模、多树种、多地点的试验和示范。因此，目前有限的研究成果在复杂野外条件下的大规模应用效果及长期性还有待验证，因而需要注重不断夯实森林提质增效的科技基础。

12.4.5.1 长远布局森林多功能管理的基础与应用研究

要通过发展多功能林业和进行森林多功能经营实现宁夏和六盘山区的林业发展方向转变和森林植被提质增效，还有很长的路要走，还面临着理论基础、实用技术、管理方法、法规政策等方面的许多挑战。此外，森林生长周期长，期间不可预测的自然环境、社会经济、林木生长变化及其对森林服务功能的影响很大，短期有效的技术措施未必是长期有效的。因此，还需进行森林多功能管理研究的长远布局，建议在宁夏回族自治区层面上制定一个具法律基础和经费及人才团队保障的《宁夏多功能林业和森林多功能管理的中长期研究规划》，布局和指导未来50年的相关基础理论、实用技术、管理方法、法规政策、生态补偿等的研究。当然，这个规划需根据实际发展情况不断及时调整。

12.4.5.2 建立森林多功能管理提质增效研究中心

建议依托中国林科院等相关单位成立一个面向宁夏尤其六盘山等山地水源林多功能管理的"山水林田湖草统筹治理研究中心",或"山地多功能林业研究与发展中心",并为此专门设立一个长期研究专项或研究基金,在进行研究基础设施、购置仪器设备、批准研究用地、提供野外用房、组建研究团队等硬件建设的同时,还要规划一系列的长期研究项目,面向国内外知名专家和机构进行招标,从而保障在国际高水平起步,形成一个国际性平台,开展卓有成效的合作研究,引进先进知识和技术,利用外来力量迅速提高宁夏和六盘山区的多功能林业和森林多功能管理水平;同时,通过策划一系列国际和国内学术会议,扩大宁夏林业在国内及国外的影响。

12.4.5.3 开展森林的提质增效监测与评价

要实现六盘山区森林植被的整体提质增效,除研发先进适用的多功能林业规划技术和森林多功能管理技术外,还需全面监测、客观评价、准确预报现有森林植被及未来不同程度地实施多功能管理的森林植被的多种服务功能的提供能力及其整体服务价值的现状和动态。为此,需建立一个覆盖整个区域、涵盖各种森林植被、考虑立地差异和植被结构动态的六盘山区森林多功能监测体系,包括由科学研究重点样地、森林资源监测样地、林业生产调查样地等不同等级样地组成的样地体系,以及对立地环境、森林植被结构、生态系统服务功能进行研究的监测指标体系和对应的监测方法体系及评价标准体系。在制定统一的森林多功能监测标准以后,结合应用地面调查、遥感监测、模型模拟等技术手段,对六盘山地区森林植被及功能的时空变化进行长期的定期监测与评价,及时掌握区域内森林植被的多功能利用水平变化,分析存在的不足和确定继续改进的方向,从而促进更好更快地实现六盘山区乃至宁夏的森林提质增效目标。

12.4.5.4 加快制定和完善森林多功能管理技术标准

为充分发挥相关研究成果的生产指导作用,引领森林多功能利用水平提升,需综合集成在六盘山区取得的研究结果以及国内外其他人的研究结果,形成并编写出适宜不同立地环境、不同发育特征、不同多功能要求的森林植被多功能规划与管理的一系列技术模式与一系列技术标准。在这些标准中,需要细化以多功能利用为导向的造林立地条件划分,定量评价不同立地的森林植被多功能提供潜力,指导合理的森林植被结构与树种组成设计,提出流域多功能土地利用规划方法,发展完善多功能造林技术与森林管理技术,确定各种服务功能的货币化评价方法,研发多功能管理决策支持技术等。从而使六盘山区乃至宁夏的森林植被恢复与管理的发展规划和生产实践都做到高标准和规范化,取得整体最佳的经济、社会和生态效益。

12.4.5.5 加强森林多功能管理技术培训与示范推广

为在六盘山区乃至宁夏加快推广应用多功能林业规划和森林多功能管理的先进适用技术,需基于前面提及的多功能林业建设与管理技术标准,按不同区域和不同立地类型的自然环境与社会经济条件差异,结合生产经验,细化提出一系列的多功能利用技术模式。此外,考虑林业建设的长周期性,需建立并长期维持一个完整的推广示范基地体系,持续开展人员培训、技术推广和实地示范,尽快提高相关领导和技术人员的认识水平与决策能力,并在推广示范基地进行技术效果的长期监测与评价,从而在应用与研究中不断细化、总结、提高和完善相关技术内容与水平,保持在相关技术领域的国内外领先水平,引领并促进多功能林业发展。

参考文献

郝佳, 2012. 宁夏六盘山华北落叶松人工林密度对多功能的影响[D]. 北京: 中国林业科学研究院.

侯元兆, 陈幸良, 孙国吉, 2017. 栎类经营[M]. 北京: 中国林业出版社.

潘帅, 2013. 区域水资源植被承载力计算系统开发及其应用[D]. 北京: 中国林业科学研究院.

田奥, 2019. 六盘山半湿润区华北落叶松人工林的多种功能时空变化与优化管理[D]. 北京: 中国林业科学研究院.

张源润, 蒋齐, 许浩, 2012. 宁夏宜林地立地类型划分及造林适宜性评价研究[M]. 银川: 阳光出版社.

中国林业科学研究院"多功能林业"编写组, 2010. 中国多功能林业发展道路探索[M]. 北京: 中国林业出版社.

《中国森林立地类型》编写组, 1995. 中国森林立地类型[M]. 北京: 中国林业出版社.

Dudley N, 1999. Evaluation of forest quality towards a landscape scale assessment [R/OL]//IUCN and WWF. Interim Report, 18-25. http://www.iucn.org/themes/forests/quality.

Wang Yanhui, Pengtao Yu, Karl-Heinz Feger, et al, 2011, Annual runoff and evapotranspiration of forestlands and non-forestlands in selected basins of the Loess Plateau of China[J]. Ecohydrology, 4(2): 277-287.

Wang, Yanhui, Wei Xiong, Stephan Gampe, et al, 2015. A water yield-oriented practical approach for multifunctional forest management and its application in dryland regions of China[J]. Journal of the American Water Resources Association (JAWRA) 51(3): 689-703.